COURS COMPLÉMENTAIRE

* * *

A. BRÉMANT

Les Sciences Physiques

du BREVET ÉLÉMENTAIRE

Notions

de PHYSIQUE et de CHIMIE

Ouvrage illustré de nombreuses gravures.

NOUVELLE ÉDITION

*complètement refondue
et mise au courant des plus récentes découvertes.*

PARIS

LIBRAIRIE HATIER, 8, RUE D'ASSAS

1917

AVERTISSEMENT

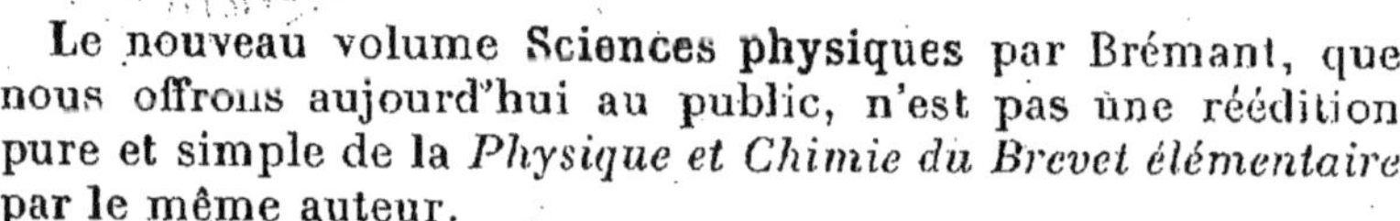

Le nouveau volume Sciences physiques par Brémant, que nous offrons aujourd'hui au public, n'est pas une réédition pure et simple de la *Physique et Chimie du Brevet élémentaire* par le même auteur.

Les progrès incessants réalisés dans l'enseignement des Sciences rendaient nécessaire la refonte de cet ouvrage. Nous n'avons pas hésité à le reviser complètement. Nous nous sommes efforcé de le mettre d'accord avec les méthodes nouvelles et les données actuelles de la Science. Toutes les corrections, toutes les additions jugées indispensables ou simplement utiles ont été faites : nous avons insisté davantage sur les *Applications industrielles* des Sciences : nous avons en particulier notablement développé la partie consacrée à l'étude de *l'électricité*.

Toutefois nous nous sommes fait une loi de garder tout ce qu'il a été possible de l'ancien texte, car il importait avant tout de conserver à cet ouvrage la clarté qui est sa caractéristique et qui a fait son succès.

L'illustration a été également l'objet de tous nos soins. Les gravures sont nombreuses, judicieusement choisies, d'une exécution parfaite, rigoureusement exactes, et partant capables de faciliter l'intelligence du texte et le travail de la mémoire.

Nous avons maintenu absolument dans ce volume le principe de *présenter partout et toujours des figures théoriques* à côté des figures perspectives. Nous avons en effet disséqué tous les appareils pour n'en présenter à l'élève que la partie utile à la démonstration du principe physique, — le reste regardant seulement le mécanicien. — Nous avons fait les figures que le professeur trace au tableau dans son enseignement, les figures que l'élève doit reproduire — même sans connaître le dessin — chaque fois qu'il fait un devoir ou qu'il est interrogé.

Notre expérience de l'enseignement nous a prouvé qu'il y avait là une lacune à combler ; que l'élève ne comprend pas le fonctionnement des mécanismes, même simples ; qu'il ne sait pas comment tiennent les diverses parties qui composent l'appareil. Et, d'ailleurs, comment le saurait-il ? Le plus généralement, le livre lui présente des figures — très belles, c'est vrai — mais dont il ne voit que l'extérieur, souvent agrémenté d'une banale scène d'intérieur, quelquefois même n'étant que le sujet accessoire d'un paysage.

Nous avons montré à l'élève, dans notre livre, ce qu'il y avait à l'intérieur de l'appareil ; nous le lui avons ouvert pour qu'il voie son fonctionnement ; nous le lui avons simplifié pour qu'il le comprenne. Toutes les figures théoriques qu'il a sous les yeux, il peut les faire, il doit — et il faut l'exiger — les reproduire à toute interrogation ; il fera ainsi véritablement preuve d'intelligence.

Tels qu'ils sont, ces dessins n'effrayeront pas les élèves par leur difficulté de détails, et nous ne les verrons pas reculer devant leur reproduction. Nous y gagnerons un enseignement meilleur et plus sérieux.

Enfin, nous avons, dans ce volume, complété les résumés placés à la fin de chacun des chapitres destinés à être appris par cœur. A notre avis, ces résumés devraient être faits par les élèves eux-mêmes. Mais nous avons l'expérience que ce qui les frappe souvent le plus n'est pas l'utile, l'indispensable, mais l'accessoire : c'est pourquoi nous avons voulu leur donner au moins un guide.

Nous avons la conviction que cet ouvrage, ainsi remanié, continuera à trouver près des maîtres et des élèves le plus bienveillant accueil.

Mots d'origine GRECQUE ou LATINE.

(Racines).

Acétique (lat. *acetum*, vinaigre) qui est de la nature du vinaigre.

Acide (gr. *akis*, pointe, aigreur) : désigne en chimie des composés hydrogénés ayant la saveur du vinaigre et la propriété de rougir la teinture bleue de tournesol.

Acoustique (gr. *akouô*, j'entends) : *adj.* qui a rapport aux sons; *nom*, partie de la Physique consacrée à l'étude des sons.

Aéroplane (gr. *aèr*, *aéros*, air; franç. *planer*) : appareil qui peut planer dans les airs; ce nom est réservé aux plus lourds que l'air.

Aérostat, aérostatique (gr. *aèr*, *aéros*, air; *statos*, qui se tient en équilibre) : *aérostat*, appareil qui peut se maintenir dans les airs parce qu'il est gonflé avec des gaz plus légers que l'air : *aérostatique* : *adj.* qui concerne les aérostats: *nom*, science qui s'occupe des aérostats.

Alcoomètre (fr. *alcool*; gr. *métron*, mesure) : instrument servant à évaluer la richesse en alcool des eaux-de-vie.

Amalgame (gr. *ama*, ensemble; *gamos*, mariage) : assemblage, mélange, réunion de corps de nature différente.

Améthyste (gr. *améthustos*, qui n'est pas ivre) : les anciens attribuaient à l'améthyste le pouvoir de dissiper l'ivresse.

Amorphe (gr. *a*, privatif; *morphé*, forme) qui n'a pas de formes régulières, déterminées.

Amplitude (lat. *amplitudo*, même sens; de *amplus* : large, étendu.)

Amylacé (gr. *amulon*, amidon) : qui renferme de l'amidon.

Analyse (gr. *analusis*, décomposition, de *ana* de nouveau; *luein*, délier).

Anesthésique (gr. *an* privatif : *aisthèsis*, sensibilité) : substance utilisée en médecine pour produire l'insensibilité.

Anhydre, anhydride (gr. *an* privatif : *hudros* de *hudôr*, eau) : *anhydre*, qui ne contient pas d'eau; *anhydride*, mot servant à désigner en chimie, certains oxydes; en s'unissant à l'eau, l'anhydride forme un acide.

Anode (gr. *ana*, en haut, à travers; *odos*, route) nom servant à désigner l'électrode positive ou d'entrée, dans un bain galvanoplastique.

Anthracite (gr. *anthrax*, *anthrakos*, charbon.)

Antiseptique (gr. *anti*, contre; *sepsis*, pourriture) : corps ayant la propriété de prévenir l'infection des plaies. la putréfaction des chairs.

Aréomètre (gr. *araios*, peu dense: *métron*, mesure) : appareil servant à déterminer la densité des solides ou des liquides; le degré de concentration d'un mélange ou d'une dissolution

Argentifère (lat. *argentum*, argent; *ferre*, porter) : qui contient de l'argent.

Argile (gr. *argillos*, argile, de *argos*, blanc) ainsi nommée à cause de sa couleur ordinaire lorsqu'elle est pure.

Asphalte (gr. *asphaltos*, bitume).

Atmosphère, atmosphérique (*atmos*, vapeur, gaz, *sphèra*, sphère) *atmosphère* : couche d'air et de gaz, au sein de laquelle se meuvent la terre et les astres ; *atmosphérique* : qui concerne l'atmosphère.

Atome, atomique (gr. *atomos*, indivisible) : *atome*, parcelle d'un corps si petite qu'elle ne peut être divisée ; *atomique*, qui concerne les atomes.

Azote (gr. *a* privatif ; *zôè* vie) : gaz qui n'entretient pas la vie.

Baromètre (gr. *baros*, poids, pesanteur; *métron*, mesure). instrument servant à mesurer la pesanteur de l'atmosphère.

Baroscope (gr. *baros*, poids, pesanteur ; *skopeô*, je vois, j'examine) : balance employée en physique pour évaluer la poussée de l'air sur les corps.

Bi, bis, préfixe latin = deux fois, deux fois plus, deux.

Bicarbonate (lat. *bi*. deux fois; *carbonate*); le bicarbonate contient deux fois plus d'acide carbonique que le carbonate neutre.

Biconcave (lat. *bi*, deux fois: *concave*) : qui a ses deux faces concaves.

Biconvexe (lat. *bi*, deux fois *convexe*) : qui a ses deux faces convexes.

Bioxyde (lat. *bi*. deux fois; *oxyde*) : désigne le plus oxygéné des deux oxydes formés par un corps, le moins oxygéné étant le *protoxyde*.

Biplan (lat. *bi*. deux; *plan*) : aéroplane ayant deux surfaces planes superposées.

Calorie (lat. *calor*, chaleur) : unité servant en physique à évaluer la chaleur : elle égale la chaleur nécessaire pour élever de 0° à 1° un kilogramme d'eau.

Calorifère (lat. *calor, caloris*. chaleur ; *ferre*, porter) : appareil qui porte, envoie la chaleur dans les diverses pièces d'un logement.

Calorifique (lat. *calor, caloris*, chaleur ; *facere*, faire, produire) : qui produit de la chaleur.

Caséine (lat. *caseus*, fromage) : la caséine est la partie du lait qui donne le fromage.

Cathode, cathodique (gr. *cathodos*, descente, de *cata*, en bas, *odos*, route) : *cathode*, nom servant à désigner la lame négative dans les tubes de Crookes, l'électrode négative ou de sortie du courant dans un bain galvanoplastique; *cathodique*, qui provient de la cathode.

Caustique (gr. *Kaustikos*, brûlant, de *Kaiô*, je brûle) : qui brûle.

Cautériser (gr. *Kautèrion*, cautère, de *Kaiô*, je brûle) : brûler.

Cellule (lat. *cellula*, diminutif de *cella*, case.)

Cellulose (lat. *cellula*, diminutif de *cella*, case) : substance formant le tissu cellulaire des végétaux.

Centrifuge (lat. *centrum*, centre; *fugere*, fuir) : qui s'éloigne ou tend à s'éloigner du centre.

Centripète (lat. *centrum*, centre; *petere*, gagner) : qui gagne ou tend à gagner le centre.

Chlorhydrique (*chlore*; gr. *hudros*, de *hudôr*, eau) : désigne une combinaison acide de chlore et d'hydrogène.

Cohésion (lat. *co* = cum : avec; *haesum* : adhérer, être fixé, attaché).

Colophane (*Colophon* ?) ville d'Asie-mineure où cette substance fut d'abord préparée.

Comburant (lat. *comburere*, brûler) : qui produit la combustion.

Compensateur (lat. *com* = *cum* marquant idée d'égalité; *pensatum* : peser) : qui rétablit l'équilibre, qui contrebalance.

Concave (lat. *concavus*, de *cum*, avec; *cavus*, creux) : qui est en creux au centre, renflé sur les bords.

Concourante (lat. *con* = *cum* : avec : *currens* : courant, tendant) : forces *concourantes* : qui s'exercent dans le même sens.

Constant : (lat. *constare*, se maintenir, persévérer, ne pas changer.)

Convergent (lat. *cum*, avec; *vergere*, être dirigé) : qui se dirige vers un même point.

Convexe (lat *convexus*, arrondi, bombé) : qui est bombé au centre et aplati sur les bords.

Corrosif (lat. *corrodere*, ronger) : qui ronge, qui entame et détruit peu à peu.

Densimètre (lat. *densus*, dense, épais, gr. *metron* mesure) aréomètre spécial servant à déterminer rapidement la densité des corps.

Densité (lat. *densitas*, même sens, de *densus* : épais, dense) : poids de l'unité de volume d'un corps par rapport au poids d'un même volume d'eau.

Défécation (préfixe lat. *de*, privatif; *faex*, *faecis*, lie) : opération destinée 1° à séparer les excréments des substances nutritives; 2° à éliminer ou à laisser déposer les matières en suspension dans les sirops de sucre et par suite à éclaircir et purifier ces sirops.

Délétère (lat. *delere*, détruire) : qui détruit, qui s'attaque à la vie.

Di, **dis**, préfixe grec = deux fois; deux fois plus ; deux.

Diaphragme (gr. *diaphragma*, cloison, membrane),

Dilatation (lat. *dilatatum*, élargir, étendre) : accroissement de volume d'un corps sous l'action de la chaleur.

Dissolution (lat. *dissolutio*, même sens, de *dissolutum*, dissoudre).

Distillation (lat. *distillatum*, couler goutte à goutte) de *dis* marquant idée de pluriel, et *stilla* goutte) : opération consistant à extraire les principes volatils contenus dans un corps que l'on chauffe à une température voulue.

Divalent (gr. *di*, deux; lat. *valens*, valant) : corps dont un seul atome remplace deux atomes d'hydrogène dans la formation des oxydes basiques et des sels.

Divergent (lat. *divergere*, être tourné, dirigé vers deux ou plusieurs côtés).

Dynamo (gr. *dunamis*, puissance): sert à désigner les machines électriques.

Dynamomètre (gr. *dunamis*, puissance; *métron*, mesure) : instrument servant à mesurer les forces, le travail accompli.

Ductile (lat. *ductilis*, de *ducere*, tirer, étirer) : qui se laisse facilement étirer.

Ebullition (lat. *ebullitio* même sens, de *bulla* bulle de vapeur produite dans un liquide qui bout.) : état d'un liquide en train de se transformer en vapeur sous l'action de la chaleur.

Effervescence (préfixe lat. *e* augmentatif, *fervere*, bouillir, bouillonner) : bouillonnement.

Electricité (gr. *électron*, ambre, mot choisi pour désigner l'électricité à cause des propriétés électriques de cette substance).

Electrode (gr. *électron*, électricité; *odos*, route) : point par lequel le courant électrique pénètre dans un corps ou en sort.

Electrophore (gr. *électron*, électricité; *pheró*, je porte, je contiens): appareil permettant de produire et de conserver l'électricité.

Electroscope (gr. *électron*, électricité; *skopeó*, je vois, j'examine) : instrument permettant de reconnaître la présence de l'électricité dans un corps, et sa nature.

Electrolyse (gr. *électron* ambre et par extension électricité; *lusis* décomposition) : décomposition d'un liquide, l'eau par exemple, à l'aide d'un courant électrique.

Equilibre (lat. *aequilibrium* même sens : de *aequus*, égal ; *libra* balance) : état d'un corps qui reste en repos comme les deux plateaux d'une balance juste qui seraient chargés d'un même poids.

Evaporation (lat. *evaporatum*, s'en aller en vapeur) : passage lent d'un corps de l'état liquide à l'état gazeux.

Fluorhydrique (*fluor*; gr. *hudros*, de *hudór*, eau) : acide formé d'hydrogène et de fluor.

Fusion (lat. *fusio* même sens, de *fundere*, *fusum*, fondre).

Frigorifique (lat. *frigus*, *frigoris*, froid; *facere*, faire, produire) : qui produit du froid.

Galvanoplastie (*galvano*; gr. *plassó*, je fais, je fabrique) : procédé permettant de faire déposer sur le moule d'un objet ou sur un objet lui-même une couche métallique, grâce à un courant électrique agissant sur une dissolution du métal à déposer.

Gazogène (*gaz*; gr. *gennáo*, je produis).

Gazomètre (*gaz*; gr. *métron*, mesure) : grande cuve reposant sur l'eau et servant à garder et à mesurer le gaz.

Glucose (gr. *glukus*, doux, sucré): substance douce, sucrée, que l'on rencontre dans certains fruits, le miel, etc.

Graduation (lat. *graduatum*, graduer, de *gradus*, degré).

Graduer (lat. *gradus*, degré).

Graphite (gr. *graphein*, écrire) : carbone naturel presque pur servant à la fabrication de la mine des crayons.

Gravité (lat. *gravitas*, poids, pesanteur, de *gravis*, pesant, lourd).

Gypse (gr. *gupsos*, plâtre) : nom scientifique de la pierre à plâtre.

Hématite (gr. *héma, hématos*, sang) : minerai de fer de couleur brune, ou plus souvent rouge comme le sang

Hélium (gr. *hélios*, soleil) : corps gazeux découvert en 1895 dans l'atmosphère et certains minéraux.

Homogène (gr. *homos*, semblable, même; *génos*, race, nature) : de même espèce, de même nature, formé d'éléments de même nature.

Hydr. hydro (gr. *hudor*, eau) indique l'idée d'eau.

Hydracide (gr. *hudros*, de *hudôr*, eau; *acide*) : acide provenant de la combinaison de l'hydrogène avec un métalloïde.

Hydraulique (gr. *hudros* de *hudôr* eau; *aulos*, tuyau) qui concerne l'élévation et la conduite des eaux.

Hydrogène (gr. *hudros* de *hudôr* eau; *gennaô*, je produis, j'engendre) : corps simple qui entre dans la composition de l'eau.

Hydrostatique (gr. *hudros*, de *hudôr* eau; *statos* qui se tient en équilibre) : partie de la physique qui traite de l'équilibre des liquides.

Hygromètre, hygrométrie, hygrométrique : (gr. *hugros*, humide, de *hudôr* eau; *métron*, mesure) : *hygromètre*, appareil servant à mesurer le degré d'humidité de l'atmosphère; *hygrométrie* partie de la physique qui traite de l'humidité de l'atmosphère; *hygrométrique*, qui a trait à l'hygrométrie.

Hygroscope, hygroscopique (gr *hugros*, humide; *skopeô*, je vois, j'examine) : même sens que *hygromètre, hygrométrique*.

Hyper, préfixe gr. = au-delà, à l'excès.

Hypo, préfixe gr. = sous, au-dessous, en deçà, indique l'infériorité.

Incandescence (lat. *incandescens*, devenant lumineux sous l'action de la chaleur) : état d'un corps devenu lumineux sous l'action de la chaleur.

Instable (lat. *in* privatif; *stabilis*, stable, de *stare*, se tenir en équilibre, se maintenir, durer).

Inerte, inertie (lat. *iners, inertis*, sans mouvement, sans activité).

Iso, préfixe gr. marque l'égalité.

Isochrone, isochronisme (gr. *isos*, même, égal; *chronos*, temps) : *isochrone*, qui dure le même temps; *isochronisme*, égalité de durée.

Kilogrammètre (*kilogramme*; *métron*, mesure) : unité de mesure servant à évaluer le travail accompli; elle est égale à la force nécessaire pour élever 1 kg. à 1 m. de hauteur.

Krupton (gr. *Kruptos*, caché) : gaz découvert récemment après avoir été longtemps inconnu, d'où son nom.

Latéral (lat. *latus, latéris*, flanc, côté).

Lignite (lat. *lignum*, bois) : charbon incomplètement formé où se voient encore des traces de végétaux.

Liquéfaction (lat. *liquidus*, liquide; *factum*, faire, rendre) : passage d'un corps de l'état gazeux à l'état liquide.

Lithographique (gr. *lithos*, pierre; *graphô*, j'écris) : pierre sur laquelle on écrit; écrit sur la pierre.

Magnétisme, magnétique (gr. *magnès, magnètos*, aimant.) *magnétisme* : partie de la Physique qui raite des aimants et de leurs propriétés; *magnétique* : qui a rapport aux aimants.

Malléable (lat *malleare*, battre au marteau) : d'où susceptible d'être travaillé, aplati, façonné aisément avec le marteau (*malleus*).

Manipulateur (lat. *manipulus*, poignée) : partie de l'appareil télégraphique, munie d'une poignée qui sert à établir et interrompre le courant pour expédier un télégramme.

Manomètre (gr. *manos*, léger ; *métron*, mesure) : instrument servant à mesurer la tension des vapeurs et des gaz.

Margarine (gr. *margaron*, blanc de perle) : substance grasse que l'on rencontre dans le beurre, les huiles, et qui sert, parfois, à falsifier le beurre.

Mécanique (gr. *mékanè*, machine : partie de la Physique consacrée à l'étude des forces, du travail ; machine ; qui a rapport aux machines, qui est exécuté par une machine.

Météore (*météoron*, phénomène qui se produit dans l'atmosphère).

Métronome (gr. *métron*, mesure *nomos*, loi, règle) : instrument servant à indiquer, à régler la mesure en musique.

Microbe (gr. *micros* petit; *bios*, vie, être) : désigne des animaux excessivement petits, agents des fer mentations, des putréfactions et de nombreuses maladies contagieuses.

Microphone (gr. *micros*, petit ; *phonè*, voix) : appareil destiné à renforce et à rendre perceptibles les sons de voix les plus légers : il y a un microphone dans les appareils téléphoniques.

Microscope (gr. *mikros*, petit; *skopeô*, je vois, j'examine) : instru-

ment d'optique qui grossit énormément et permet d'étudier des êtres très petits et même invisibles à l'œil nu.

Monoplan (gr. *monos*, un seul; *plan*) : aéroplane ne comprenant qu'une seule surface plane.

Monovalent (gr. *monos*, un seul; lat. *valens*, valant) : corps dont un atome remplace un atome d'hydrogène dans la formation des oxydes basiques et des sels.

Morphine (*Morphée?* dieu du sommeil) : corps extrait de l'opium et qui a la vertu de produire le sommeil et l'insensibilité.

Myope, myopie (gr. *muô*, je cligne de l'œil; *ops*, *opis*, vue, œil) : *myope* qui ne voit distinctement les objets que de près; *myopie* : infirmité de celui qui est myope. Les myopes, quand ils n'ont plus leurs lunettes, clignent de l'œil et ferment à demi les paupières.

Neutre (lat. *neuter*, ni l'un, ni l'autre).

Néon (gr. *néos*, nouveau) : corps récemment découvert, d'où son nom.

Oléine (lat. *oléum*, huile).

Optique (gr. *optikos*, qui concerne l'œil, la vue) : partie de la physique qui traite de la lumière.

Oxyde (gr. *oxus*, aigre, acide) : corps résultant de l'union de l'oxygène avec un corps simple.

Oxygène (gr. *oxus*, aigre, acide, *gennaô*, j'engendre, je produis) corps simple qui existe dans l'air à l'état libre et forme des oxydes en s'unissant avec les métalloïdes et les métaux.

Ozone (gr. *ozein*, avoir une odeur): oxygène condensé, ainsi nommé sans doute à cause de son odeur forte et pénétrante.

Panification (lat. *panis*, pain *facere*, faire) : fabrication du pain.

Parallèle (gr. *parallèlos*, même sens : de *para*, auprès, à côté : *allêlos*, l'un de l'autre.) : lignes qui sont à côté l'une de l'autre sans se rencontrer.

Paratonnerre (gr. *para*, contre; *tonnerre*)..

Pneumatique (gr. *pneuma, pneumatos*, air, souffle) machine *pneumatique*, pompe à épuiser l'air; carte *pneumatique*, poussée dans un tube par l'air comprimé.

Pénombre (lat. *pene*, presque; *umbra*, ombre.)

Pétrolifère (*pétrole*; lat. *ferre*, porter, contenir) : qui renferme du pétrole.

Phénomène (gr. *phainomenos*, qui apparaît, qui se voit).

Phonographe (gr. *phônê*, voix; *graphô*, j'inscris) : instrument qui enregistre les sons et les reproduit ensuite à l'aide d'un mécanisme.

Phosphore (gr. *phôs*, lumière; *pherô*, je porte) : corps lumineux dans l'obscurité.

Photographie (gr. *phôs*, *photos*, lumière; *graphô*, j'écris, je grave) : art consistant à fixer l'image des objets sur une plaque impressionnable et à la reproduire ensuite, à l'aide de la lumière du soleil.

Physiologie (gr. *phusis*, nature, corps, *logos*, discours) : science qui a trait au corps.

Physiologique (gr. *phusis*, nature, corps *logos*, discours) : qui a trait au corps.

Physique (gr. *phusis*, nature).

Presbytisme (gr. *presbutès*, vieillard) : infirmité s'opposant à ce qu'on voie les objets de près : ainsi nommée parce qu'elle est très fréquente chez les vieillards.

Protoxyde (gr. *prôtos*, premier; *oxyde*) : le moins oxygéné des deux oxydesproduits par un corps ; le plus oxygéné est le *bioxyde*.

Protocarbure (gr. *prôtos*, premier; *carbure*) : premier degré de combinaison d'un corps avec le carbone.

Putride (lat. *putridus*, pourri).

Pyromètre (gr. *pur*, *puros*, feu, chaleur; *métron*, mesure) : appareil servant à mesurer la dilatation des solides sous l'action de la chaleur.

Repère (lat. *reperire*, trouver).

Réel (lat. *res*, *rei*, chose, réalité) : qui correspond à une réalité, qui existe vraiment.

Régale (lat. *régalis*, royal) : qui a la propriété de dissoudre l'or appelé autrefois le roi des métaux.

Réfraction (lat. *refractum*, brisé): changement de direction éprouvé par des rayons lumineux passant d'un milieu transparent dans un autre.

Réfrigérant, (lat. *refrigerare*, refroidir) : qui refroidit.

Saccharose (gr. *sakkaron*, sucre): principe sucré qu'on retrouve dans la betterave à sucre, la canne à sucre.

Saphir (gr. *sappheiros*, brillant): pierre précieuse de couleur bleue.

Saponification (lat. *sapo, saponis* savon; *facere*, fabriquer).

Saturé (lat. *satur*, rassasié).

Scaphandre (gr. *scaphè*, barque; *anèr*, *andros*, homme) : nageur se maintenant sur l'eau au moyen d'un corset garni de liège; vêtement fermé et imperméable qui permet de travailler sous l'eau.

Schéma (gr. *schéma*, figure, plan) : figure représentant un objet de façon très simple pour en faire mieux comprendre le mécanisme, la composition.

Schiste (gr. *schistos*, fendu) : roche feuilletée qui se divise facilement en lames minces : type, l'ardoise.

Sclérotique (gr. *sclérotès*, dureté) : substance fibreuse, opaque, assez résistante qui forme le globe extérieur de l'œil.

Sesquioxyde (lat. *sesque*, contraction de *semisque* un et demi ; *oxyde*) : corps contenant une fois et demie en plus d'oxygène que le protoxyde.

Solidification (lat. *solidus*, solide ; *factum*, faire, rendre) : passage d'un corps de l'état liquide à l'état solide.

Spécifique (lat. *specificus*, de *species* espèce : spécial, propre, particulier à une chose).

Stable (lat. *stabilis*, même sens ; de *stare*, se tenir en équilibre ; se maintenir, durer)

Stéarine (gr. *stéar*, suif.)

Sulfhydrique (lat. *sulfur*, soufre ; gr. *hudros* de *hudôr*, eau) : acide formé de soufre et d'hydrogène.

Super (préfixe latin, = au-dessus).

Synthèse (gr. *sun*, avec, ensemble ; *thèsis*, action de placer) : réunion, recomposition d'un corps dont on a fait l'analyse.

Téléphone (gr. *télé*, loin ; *phônè*, voix) : instrument permettant de parler au loin.

Tétravalent (gr. *tétra*, quatre ; lat. *valens*, valant) : corps dont un seul atome remplace quatre atomes d'hydrogène dans la formation des oxydes basiques et des sels.

Trivalent (gr. *tri*, trois ; lat. *valens*, valant) : corps dont un seul atome remplace trois atomes d'hydrogène dans la formation des oxydes basiques et des sels.

Turbine (lat. *turbo*, *turbinis*, toupie, tourbillon) : sorte de roue mise en mouvement par l'eau ou la vapeur et qui actionne des machines, des navires.

Vaporisation (lat. *vapor*, *vaporis*, vapeur, gaz) : passage d'un corps de l'état liquide à l'état gazeux.

Virtuel (lat. *virtualis*, qui n'existe pas en réalité ; supposé..)

Volatil (lat. *volatilis*, qui s'envole facilement, qui se transforme aisément en vapeur.

Xénon (gr. *xénos*, étranger, inconnu) . gaz inconnu jusqu'à ces dernières années, d'où son nom.

SCIENCES PHYSIQUES

I. — NOTIONS PRÉLIMINAIRES

1. Définition. — La **Physique** est une science qui a pour objet : 1° l'étude des **propriétés générales des corps inorganiques**; 2° l'étude des **phénomènes** qui ne sont que des modifications **non essentielles** et **non permanentes** de la nature des corps inertes.

L'étude de leurs modifications permanentes constitue la Chimie.

Exemples de phénomènes physiques. — Si nous prenons une barre de fer et que nous la chauffions, nous la verrons augmenter de longueur, elle se dilatera : voilà un phénomène; mais cette augmentation de longueur n'a pas changé la nature du fer; en outre, elle ne durera pas toujours : la **dilatation** est donc un phénomène physique.

Prenons de l'eau dans un vase et portons-la à l'ébullition, à l'aide de la chaleur. Cette eau va émettre un abondant brouillard blanc, de la vapeur; mais encore ici la modification, si elle est plus profonde que dans le phénomène précédent, n'est ni essentielle ni permanente; et la preuve que nous n'avons, dans la vapeur, que de l'eau sous un autre état, c'est que, si nous interposons au milieu de cette vapeur une plaque de verre froide, l'eau réapparaîtra sous forme de gouttelettes liquides : la **vaporisation** est encore un phénomène physique.

2. Constitution physique des corps. — Les corps, sous quelque état qu'ils se présentent, sont formés de matière.

La matière qui constitue les corps n'est continue qu'en apparence.

Les corps doivent être regardés comme la réunion de parties, excessivement petites et toutes semblables de matière, séparées les unes des autres par des espaces appelés **pores**.

Ils peuvent être simples ou composés. Les corps **simples** sont ceux dont on ne peut tirer qu'une sorte de matière. On les appelle encore **éléments** : comme le soufre, le cuivre, le mercure, l'oxygène.

Les corps **composés** sont ceux qui renferment plusieurs espèces de matières : comme l'argent monnayé, alliage de cuivre et d'argent; l'eau, combinaison d'oxygène et d'hydrogène; l'air, mélange d'oxygène et d'azote.

Les plus petites parties de matière dont la réunion forme les corps simples se nomment **atomes**. Dans les corps composés, les atomes se groupent pour former des **molécules**.

3. États des corps. — Les corps se présentent à nous sous trois états : les uns sont **solides**; d'autres **liquides**; d'autres **gazeux**.

Les molécules d'un corps solide, quoique n'étant pas soudées les unes aux autres, restent cependant voisines et résistent à la déformation, grâce à une force particulière d'attraction à laquelle on a donné le nom de **cohésion**. Dans les corps **solides**, la cohésion ou l'attraction des molécules entre elles est plus ou moins considérable; il faut déployer un certain effort pour rompre la cohésion, soit en dérangeant les molécules, ce qui déforme le corps, soit en les écartant, ce qui le brise. L'effort est d'autant plus considérable que le corps est plus solide, c'est-à-dire plus dur ou plus tenace.

Dans un corps **liquide**, la cohésion est faible, l'attraction moléculaire est presque nulle; le corps se tasse sous son poids; il prend la forme des vases dans lesquels on le place, les molécules glissant très facilement l'une sur l'autre : aussi la surface libre d'un liquide est toujours plane et **horizontale**, lorsque la pesanteur est seule à agir sur cette surface.

Chez les **gaz**, la cohésion est non seulement nulle, mais elle se transforme en répulsion. Un volume quelconque de gaz tend à occuper la totalité de l'espace dans lequel on l'enferme et pousse encore les parois qui le limitent. Cette force de répulsion, que les molécules des gaz possèdent vis-à-vis l'une de l'autre, est dite **force élastique** ou **tension** des gaz.

On peut mettre en évidence la force élastique d'un gaz, l'air par exemple, en faisant pénétrer une petite quantité d'air dans une vessie munie d'un robinet et en plaçant celle-ci, le robinet fermé, sous la cloche d'une machine pneumatique (*fig.* 1). Avant que la machine ne fonctionne, les parois de la vessie sont flasques et se touchent presque ; mais, dès que la machine fonctionne, raréfiant l'air de la cloche, on voit la vessie se gonfler. — Si auparavant la vessie était flasque, c'est que l'air qui s'y trouvait était à la même pression que l'air atmosphérique et que, par conséquent, la paroi de la vessie était également pressée sur ses deux faces. — Mais si, grâce à la machine, nous diminuons la pression qui agit sur la face extérieure, l'égalité de pression n'existant plus, la différence se manifeste au profit de l'air intérieur qui poussera les parois.

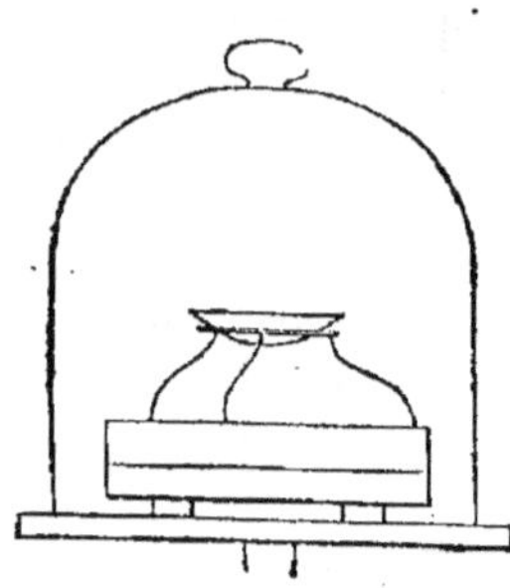

Fig. 1. — Force élastique des gaz. La vessie se gonfle au fur et à mesure qu'on enlève l'air sous la cloche.

Si nous permettons à l'air de rentrer sous la cloche, la vessie reprendra peu à peu sa forme primitive.

a) **Agents modifiant l'état des corps**. — On vient de voir que l'état d'un corps ne dépend que de l'écartement plus ou moins considérable qui existe entre ses molécules.

Mais, si un corps que nous connaissons habituellement sous l'état solide, par exemple, est soumis à l'influence d'un agent capable d'écarter ses molécules, ce solide se rapprochera de plus en plus de l'état liquide, deviendra même liquide et enfin gazeux si le même agent ne cesse d'intervenir. C'est, en effet, ce que nous observons journellement pour l'eau (*fig.* 2), que la chaleur peut transformer de glace solide en eau liquide, puis en vapeur ou gaz.

Tous les corps, comme l'eau, peuvent théoriquement passer par ces trois états. Il suffira, pour les corps qui jusqu'ici se sont montrés réfractaires à cette modification, de trouver les procédés convenables.

Les causes qui peuvent transformer un corps solide en liquide, ou un liquide en gaz, sont l'élévation de la température ou la diminution de pression.

Inversement, pour liquéfier un gaz, il suffit d'abaisser sa température ou d'augmenter la pression qu'on exerce sur lui; ce sont ces deux moyens combinés : abaissement de la tempé-

Fig. 2. — Les trois états de la matière

rature et augmentation de la pression, qui ont permis de liqué- fier ou de solidifier tous les gaz, même l'air.

Les liquides et les gaz sont appelés des **fluides**.

PROPRIÉTÉS GÉNÉRALES DES CORPS

4. Énumération. — Certaines propriétés sont communes à tous les corps; on les appelle **propriétés générales**. Celles-ci sont :

L'étendue, l'impénétrabilité, la **divisibilité**, la **porosité**, la compressibilité, l'élasticité, la **mobilité**, l'inertie.

a) Étendue. — L'étendue est la propriété que possèdent tous les corps, à tous les états, d'occuper une place dans l'espace. Cette propriété est évidente : un corps ne peut exister sans occuper de place. Et la place qu'il occupe, il ne peut être que seul à l'occuper; deux corps ne pouvant pas être simultané- ment à la même place. C'est ce qu'on entend en disant que les corps sont **impénétrables**. Un bâton qu'on plonge dans l'eau ne pénètre pas l'eau : il écarte les molécules de l'eau pour se loger; où se trouve le bâton ne se trouve pas l'eau [1].

b) Impénétrabilité. — L'impénétrabilité est donc la propriété qu'ont les corps d'occuper une place exclusivement à tout autre corps.

c) Divisibilité. — Par divisibilité on entend la propriété que possèdent les corps de pouvoir être partagés en plusieurs parties; il est toujours facile de concevoir que, dès qu'un corps existe, il est possible d'en prendre des parties. Mais la division a une limite, et la portion de matière indivisible s'appelle **molécule** et **atome**.

d) Porosité. — La **porosité** est la propriété que les corps possèdent d'avoir des pores ou intervalles entre leurs molécules. Ces pores ne sont pas visibles, même au microscope; mais leur existence résulte de l'hypothèse qui a été faite de la constitution des corps et est prouvée par la **compressibilité**, autre propriété commune à tous les corps [2].

Les liquides limpides sont compacts, mais ont aussi cette porosité théorique; ils sont déplacés, non pénétrés. Un mélange de liquides a ordinairement un volume égal à la somme des volumes de chacun. Toutefois, voici un fait qui sera une bonne preuve de leur porosité et de leur compressibilité : si à un certain volume d'eau on ajoute de l'alcool et qu'on agite le mé-

---

1. La preuve en est que, si on prend, pour faire l'expérience, un vase de petites dimensions, comme un verre, le niveau du liquide s'élève, et d'autant plus qu'on enfonce le bâton plus profondément. Le même phénomène se produit, mais n'est pas sensible à l'œil avec une quantité d'eau un peu considérable.

2. Il y a aussi une autre porosité qu'il importe de ne pas confondre avec la porosité théorique, propriété générale : c'est la porosité pratique des filtres et d'une foule de corps solides, qui se laissent pénétrer par des liquides, comme les pierres à bâtir, le sucre en pains, le bois, l'éponge. Les pores de ces corps-là, ce sont des trous, des lacunes, souvent visibles, au moins au microscope, où pénètrent très bien l'air, l'eau, les liquides, les poussières même.

C'est parce que la coquille de l'œuf a des pores pénétrables, que l'air peut aller corrompre la matière animale. Aussi, pour conserver les œufs, les enduit-on généralement d'un liquide solidifiable, par exemple d'une solution de silicate de potasse produisant la clôture hermétique des pores.

C'est par les pores de la peau que l'homme expulse au dehors de son organisme la sueur et diverses substances introduites dans son économie.

Certains métaux eux-mêmes sont poreux : les poêles de fonte sont malsains, parce que, chauffés au rouge, ils laissent échapper à travers leurs pores l'oxyde de carbone produit dans la combustion du charbon.

Le bois, creusé de vaisseaux et de cellules, gonfle lorsqu'on le mouille; au

lange, le volume qu'on trouvera après agitation sera inférieur à la somme des deux volumes mélangés ; l'alcool a donc occupé une partie des intervalles laissés entre les molécules de l'eau.

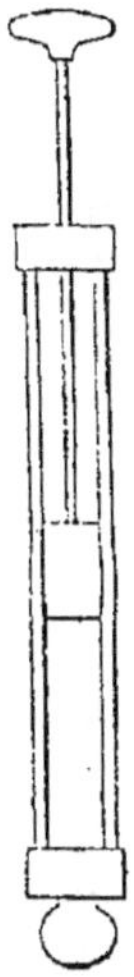

e) **Compressibilité.** — Par **compressibilité** on entend la propriété qu'ont les corps de pouvoir occuper, sous l'influence d'une pression, un volume moindre. Cette propriété est une conséquence de la porosité ; puisque les corps ont des pores, on conçoit la possibilité de restreindre le volume de ces pores.

Les solides et les liquides sont très peu compressibles. Dans la pratique, on considère l'eau comme incompressible.

Le fer, l'or et quelques autres corps restent cependant ainsi comprimés ou écrouis sous l'influence du martelage. Nous verrons que le froid diminue un peu leur volume ; de fortes pressions en font autant.

Quant aux corps gazeux, ils sont extrêmement poreux ; nous en verrons plus loin la preuve, à propos de leur compressibilité.

Fig. 3.—Briquet à air. Le morceau d'amadou est placé sous le piston.

Quand on comprime brusquement un gaz, on détermine une élévation sensible de température, ce qu'on montre dans le **briquet à air** (*fig.* 3). Dans un tube à très fortes parois peut descendre un piston muni d'une tige et garni d'un morceau d'amadou ; si l'on appuie vivement sur la tige du piston jusqu'à réduire presque à rien le volume de l'air enfermé dans le tube, on voit l'amadou s'enflammer.

f) **Élasticité.** — L'élasticité est la propriété que possèdent les corps de reprendre leur forme ou leur position dès que la force qui la leur avait fait perdre a cessé d'agir. Une bille que l'on jette sur une surface dure se déforme en s'aplatissant un peu, puis manifeste son retour à l'état sphérique en s'élevant au-dessus du corps résistant qui l'avait déformée.

contraire, il diminue de volume à la sécheresse : les tonneaux, les baquets qu'on laisse se dessécher se disjoignent ; pour les remettre en état, il suffit de les mouiller ; l'eau, pénétrant dans les petites cavités du bois, le gonfle et fait disparaître les fissures.

Les solides sont plus ou moins élastiques : l'acier l'est beaucoup ; le plomb, très peu.

C'est l'élasticité du crin qui donne leurs propriétés aux sièges rembourrés. C'est à cause de l'élasticité de l'acier qu'on emploie ce métal à la confection des ressorts de pendules ou de montres, comme à celle des ressorts de voitures.

C'est aussi l'élasticité qui est cause de la production et de la propagation des sons par les corps.

g) **Mobilité**. — La **mobilité** est la propriété que les corps possèdent de pouvoir occuper successivement différentes places dans l'espace quand ils ont subi l'influence d'une puissance étrangère au corps. Donc ils possèdent la propriété de ne pouvoir se déplacer d'eux-mêmes, mais aussi celle de ne pouvoir s'arrêter d'eux-mêmes. Une fois lancés, ils sont en état de mouvement et ne peuvent modifier cet état que par une cause extérieure.

h) **Inertie**. — L'inertie est cette double propriété qu'ont les corps, de ne pouvoir d'eux-mêmes ni se mettre en mouvement, ni modifier leur mouvement : C'est en vertu de l'inertie que les astres du ciel se meuvent, que les balles ou flèches vont frapper leur but, que le cavalier d'un cheval qui tombe ou s'arrête brusquement est lancé par-dessus sa tête.

Si donc un corps est passé de l'état de repos à l'état de mouvement, ou réciproquement, c'est qu'un agent extérieur a agi sur lui ; cet agent est une **force**.

L'étude des deux dernières propriétés générales des corps, la mobilité et l'inertie, forme une science à part, qu'on appelle la **mécanique**, dont nous ne donnerons ici que les premiers éléments.

II. — NOTIONS DE MÉCANIQUE

6. Forces. — Une **force** est toute cause capable de produire ou de modifier un mouvement.

Une force est déterminée lorsqu'on connaît son **point d'application**, sa **direction** et son **intensité**. On la représente par une flèche qui commence au point d'application et dont la longueur varie proportionnellement à l'intensité (*fig. 4*).

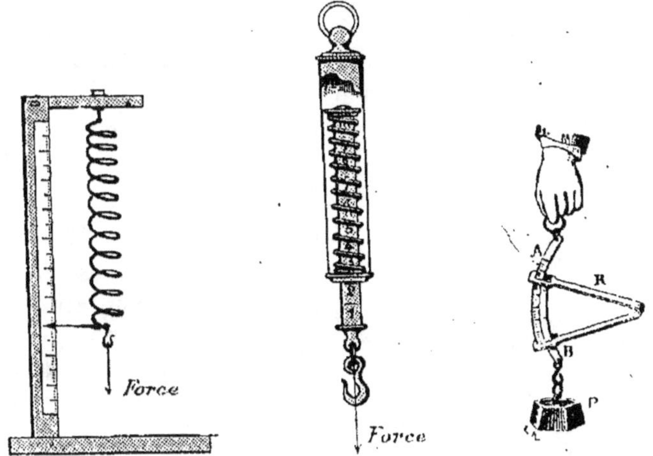

6. Mesure des forces. — On mesure les forces avec le **dynamomètre**; la partie essentielle de cet instrument est un ressort que la force à mesurer déforme plus ou moins. Pour le graduer on fait agir des forces connues, par exemple des poids marqués en kilogrammes ou en grammes. La *fig.* 5 représente les dynamomètres les plus simples.

Fig. 4. — Représentation graphique d'une force. A, point de départ.

Fig. 5. — Trois types de dynamomètres.

L'unité pratique de force est le **kilogramme-poids**, c'est-à-dire l'attraction exercée par la terre sur une masse de 1 kilogramme.

Les physiciens emploient aussi une autre unité, la **dyne**, qui vaut la 981e partie du poids d'un gramme (à Paris).

7. Composition des forces. — Lorsque plusieurs forces agissent simultanément sur un corps, on peut habituellement trouver une seule force capable de les remplacer, c'est-à-dire capable de produire à elle seule le même effet que les autres ensemble.

Cette force est dite la **résultante** des autres forces; celles-ci sont les **composantes**. Pour trouver la résultante de plusieurs forces on se sert des règles suivantes :

a) Forces concourantes. — La résultante de deux forces concourantes en un même point est
représentée en direction et en
intensité par la diagonale du
parallélogramme construit sur
ces deux forces. Exemple : la
résultante des deux forces F et
F′ est R (*fig.* 6).

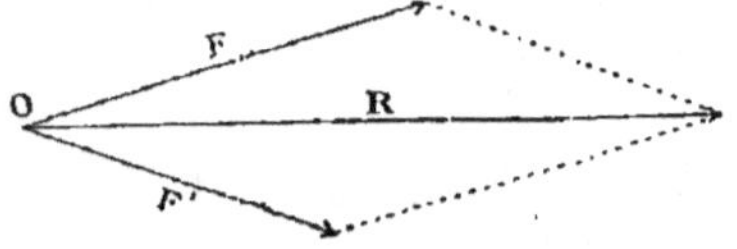

Fig. 6. — Forces concourantes.

b) Forces parallèles et de même sens. — La résultante de
deux forces parallèles et de même
sens est égale à leur somme et
a la même direction; son point
d'application O divise la droite AB
en parties inversement proportionnelles aux forces AF et BF′, c'est-
à-dire que l'on a

$$OA \times AF = OB \times BF' \; (fig. \; 7).$$

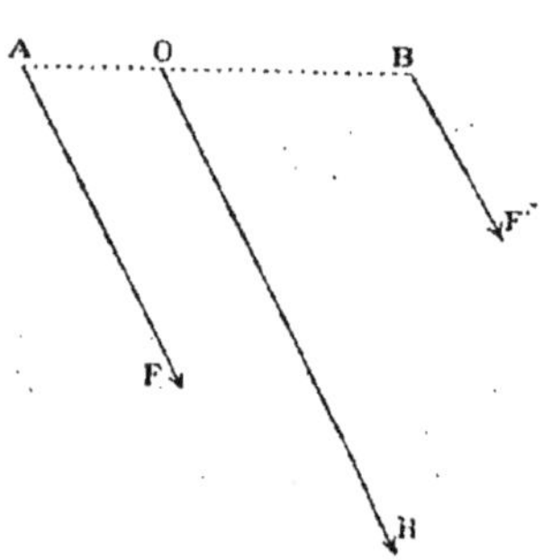

Fig. 7. — Forces parallèles
et de même sens

*c) Forces parallèles et de sens
opposés.* — La résultante est dirigée comme la plus grande des
deux forces; elle est égale à leur
différence; le point d'application est en dehors de la droite
AB et tel que l'on ait encore

$$OA \times AF = OB \times BF' \; (fig. \; 8).$$

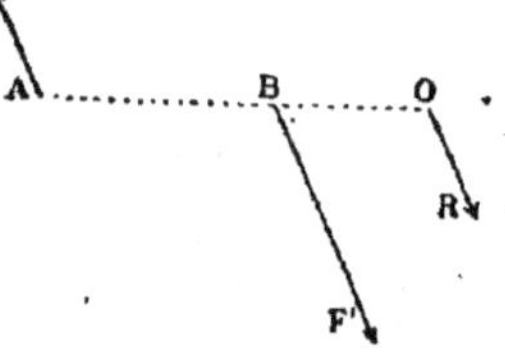

Fig. 8. — Forces parallèles
et de sens opposés.

Ces deux règles s'appliquent aux cas
particuliers où les points A et B sont
confondus.

Lorsque les deux forces parallèles
et de sens contraires
sont égales, il n'existe
pas de résultante; le
système des deux forces a pour effet de
faire tourner le corps sur lui-même; on lui
donne le nom de **couple** (*fig.* 9).

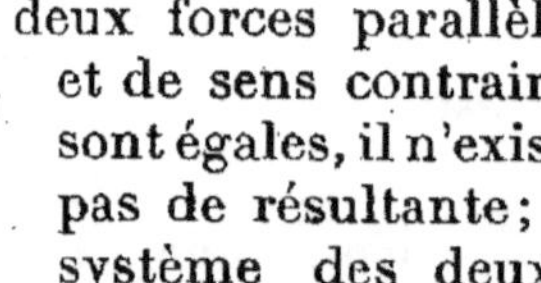

Fig. 9 — Couple.

8. Travail des forces. — Quand une force
appliquée à un corps le déplace, elle effectue un **travail**. Le
travail sera d'autant plus grand que le chemin parcouru et
l'intensité de la force seront plus grands. Si le corps est libre,

il se mettra en mouvement dans la direction même de la force ; dans ce cas simple, le travail a pour mesure le produit de la force par le chemin parcouru.

L'unité pratique de travail est le **kilogrammètre** ; c'est le travail accompli par une force de 1 kilogramme-poids qui déplace son point d'application de 1 mètre. Alors si nous soulevons un poids de 50 kilogs à la hauteur de 10 mètres, nous aurons produit un travail de $50 \times 10 = 500$ kilogrammètres.

Les physiciens comptent aussi le travail en **ergs** ; un erg est le travail produit par une **dyne** dont le point d'application est déplacé de 1 centimètre. Un multiple de l'erg est le **joule** qui vaut 10 millions d'ergs, et environ 1/10e de kilogrammètre.

9. Machines simples. — Les machines simples sont des appareils qui permettent une meilleure utilisation des forces dont nous disposons et en particulier de la force musculaire.

10. Levier. — Un levier est une tige rigide mobile autour d'un point fixe nommé **point d'appui**. A une extrémité on fait agir une force appelée la **puissance** ; à l'autre extrémité agit la force que l'on veut vaincre (poids à soulever, obstacle à déplacer, etc.) ; c'est la **résistance**. On appelle **bras du levier** les distances qui séparent le point d'appui de la puissance et de la résistance.

. Pour que le levier soit en équilibre il faut que le produit de chacune des deux forces par son bras de levier soit le même.

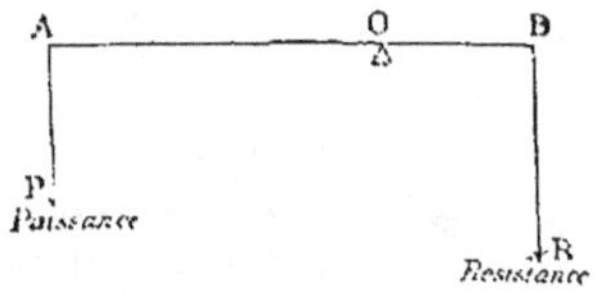

Ainsi la puissance P fera équilibre à la résistance R si l'on a :

$$P \times OA = R \times OB \ (\textit{fig. } 10).$$

Fig. 10. — Levier en équilibre.

Si nous nous reportons à la règle de composition des forces parallèles, nous voyons qu'alors en effet, les deux forces P et R ont leur résultante appliquée au point fixe O ; elle ne peut déplacer le levier qui est bien en équilibre.

Il existe trois genres de leviers ; ils diffèrent suivant la position du point d'appui par rapport à la puissance et à la résistance.

a) Leviers du premier genre. — Dans le levier du premier genre (*fig.* 11), le point d'appui A est placé entre la puissance P et la résistance R.

En prenant un grand bras de puissance par rapport au bras de la résistance, l'ouvrier peut facilement déplacer un bloc de pierre qu'il n'aurait seulement pas pu ébranler sans le secours du levier.

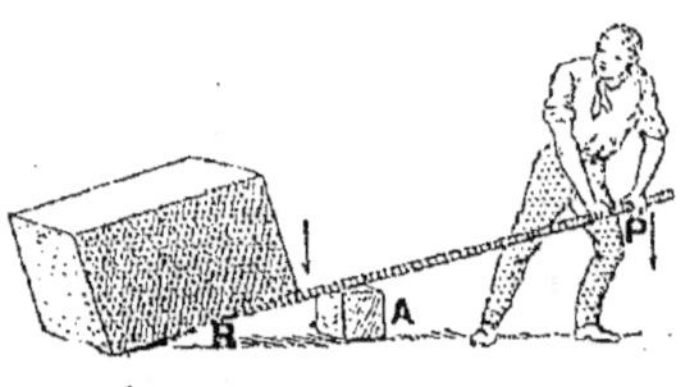

Fig. 11. — Levier du 1er genre.

D'autres leviers du premier genre sont : la balance ordinaire et les ciseaux de la couturière.

b) Leviers du deuxième genre. — Dans le levier du second genre, la résistance R est placée entre le point d'appui A et la puissance P (*fig.* 12).

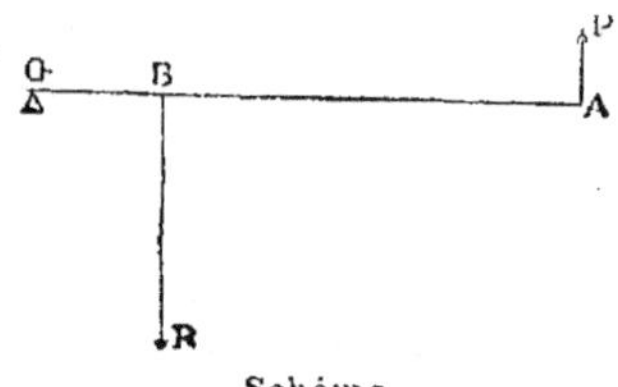

Schéma.

Fig. 12. — Levier du 2me genre.

Cette fois (*fig.* 12) l'ouvrier agit de bas en haut avec sa pince pour soulever son fardeau.

Outre cette pince, les leviers du second genre sont les avirons des bateaux : le point d'appui est l'eau, la résistance est le bord du bateau, la puissance, le batelier; puis, le casse-noisettes, la brouette, etc...

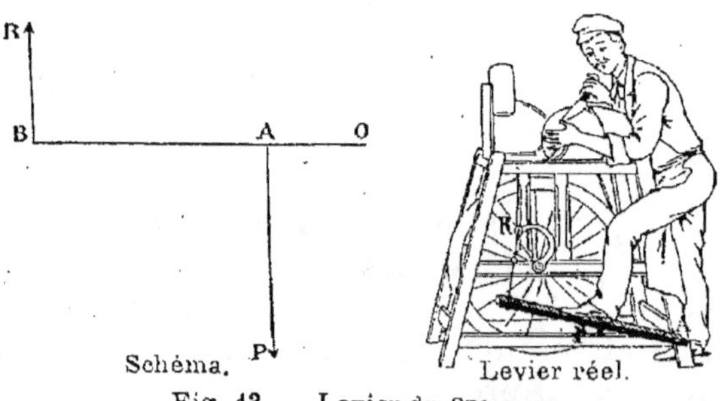

Schéma. Levier réel.

Fig. 13. — Levier du 3me genre.

c) Leviers du troisième genre. — Enfin, dans le troisième levier, c'est la puissance (*fig.* 13) qui se trouve située entre le point d'appui et la résistance.

Dans ce cas, le levier n'est pas employé à diminuer l'effort, mais à accélérer la vitesse.

Nous en trouvons un exemple dans la pédale du rémouleur (*fig.* 13) : un léger mouvement de son pied fait mouvoir rapidement l'extrémité de sa pédale, dont le mouvement est transmis par une corde à la roue de pierre.

Un autre levier du troisième genre est la pincette de notre foyer

11. Poulie.

— Il n'y a pas que les leviers qui permettent de transformer les mouvements et d'économiser de la force ; nous pouvons signaler dans cet ordre d'idées la poulie, les moufles, les treuils.

La poulie fixe (*fig.* 14) est une roue dont la circonférence est creusée en une gorge dans laquelle s'engage un cordage. La poulie est mobile autour d'un axe fixé à une pièce qui la supporte et qu'on appelle chape. A l'une des extrémités du cordage est maintenu le poids à soulever ; on tire l'autre extrémité soit à bras, soit au treuil.

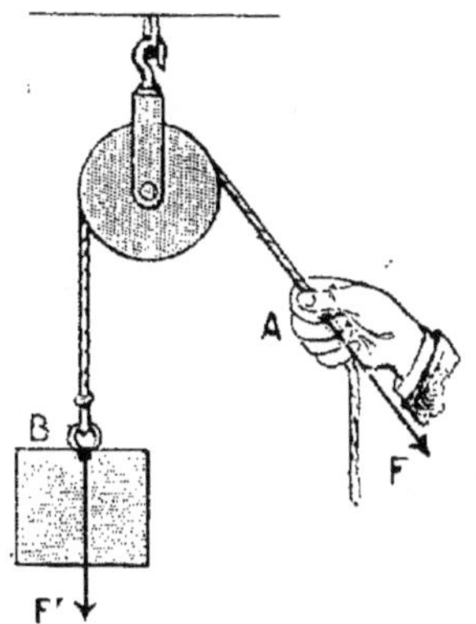

Fig. 14. — Poulie.
Vue de profil.

Dans cet appareil, on modifie seulement le mouvement sans gagner de force : la puissance doit être égale à la résistance ; mais c'est une traction de haut en bas qui fait élever le fardeau. On emploie la poulie pour tirer l'eau d'un puits, pour élever au grenier des sacs de grains ou de farine.

12. Moufle.

— Le moufle (*fig.* 15) est une réunion de poulies, les unes fixes A, les autres mobiles B ; une chape réunit les poulies fixes, une autre les poulies mobiles ; ce sont ces dernières qui supportent la résistance. La traction sur le cordage fait élever les poulies mobiles, qui entraînent le fardeau. Ici on gagne de la force en même temps qu'on modifie le mouvement ; si quatre brins de cordages réunissent les poulies, la puissance n'a besoin que d'être

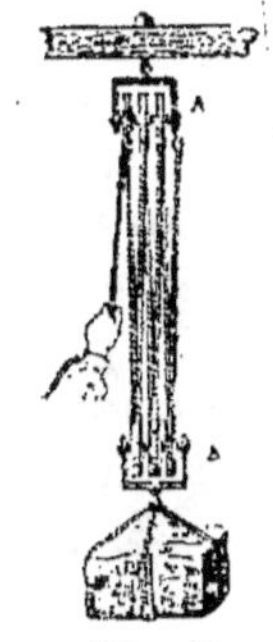

Fig. 15
Moufle.

le quart de la résistance pour obtenir l'équilibre du système.

13. Treuil. — Le treuil (*fig.* 16) est un cylindre horizontal

Fig. 16. — Treuil de carrier.

ou vertical suivant qu'il est destiné à élever un fardeau ou à le traîner sur le sol. Autour de ce cylindre s'enroule un cordage qui doit soutenir la résistance. Le cylindre se meut soit à l'aide de bras qui le traversent, soit par une grande roue garnie de chevilles, comme dans le treuil des carriers (*fig.* 16).

Ici l'on gagne d'autant plus de force que la circonférence décrite par la manivelle, par l'extrémité des bras ou par la roue est plus grande par rapport au cylindre autour duquel le cordage s'enroule.

Les machines simples facilitent le travail des forces, mais ne peuvent changer sa valeur. Par exemple, dans un levier qu'on fait tourner autour de son point d'appui, le travail accompli par la puissance est le même que le travail de la résistance.

Par exemple, soulevons une pierre de 200 kilogs avec un levier pour lequel le rapport des bras de levier est de 20 ; si la pierre est soulevée de 1 centimètre, le travail de la résistance est $200 \times 0,01 = 2$ kilogrammètres.

Mais le déplacement de la puissance est 20 fois plus grand, ou 20 centimètres ; cette puissance doit être de $\frac{200}{20} = 10$ kilogs. Le travail qu'elle effectue est $0,20 \times 10 = 2$ kgm ; c'est bien le même que celui de la résistance.

On ne gagne rien au point de vue du travail : on gagne énormément au point de vue de l'application des forces.

Le principe de la **conservation du travail** est général : quelle que soit la complication de la machine employée, le nombre de kilogrammètres à effectuer reste le même.

14. Mouvements. — Le mouvement d'un corps est rectiligne ou curviligne suivant que le chemin qu'il suit (appelé **sa trajectoire**) est une ligne droite ou une ligne courbe. Dans les mouvements rectilignes on distingue :

a) *Le mouvement uniforme*, dans lequel le corps parcourt toujours le même espace pendant le même temps ; **la vitesse,** c'est-à-dire l'espace parcouru pendant l'unité de temps, est constante.

b) Le mouvement varié, dans lequel la vitesse du mobile varie à chaque instant. Il peut être **accéléré** ou **retardé** suivant que la vitesse augmente ou diminue. Nous verrons en étudiant la pesanteur que la chute libre d'un corps est un mouvement **uniformément accéléré** dans lequel la vitesse augmente à chaque seconde de la même quantité.

15. Force centrifuge. — Parmi les mouvements curvilignes le plus important est le mouvement circulaire : le mobile décrit une circonférence et tend à s'écarter du centre de cette circonférence. Il paraît soumis à une force qui l'entraîne loin du centre de rotation et qu'on appelle la force centrifuge. ·

C'est cette force qui projette au loin la pierre placée dans la fronde après qu'on a lâché un des cordons pendant la rotation. C'est elle qui, au cirque, jetterait sur les spectateurs cavalier et cheval, si ceux-ci en tournant circulairement ne se penchaient pas vers le centre du cirque.

La force centrifuge est appliquée dans les essoreuses qui débarrassent de son eau le linge mouillé.

Sous son action un corps élastique se déforme, s'élargissant autour de l'axe de rotation, s'aplatissant dans le sens parallèle à l'axe. C'est ce qui fait que la terre au temps où elle était fluide s'est aplatie aux pôles et renflée à l'équateur.

RÉSUMÉ

1. La **Physique** étudie les **propriétés générales** des corps et les **phénomènes** qui ne sont que des modifications **non essentielles** et **non permanentes** de la nature des corps inertes : la dilatation, la vaporisation, etc.

2. **Constitution physique des corps.** — Les corps sont formés de **molécules** séparées par des **pores**; les molécules sont attirées les unes vers les autres par la **cohésion**.

3. **État des corps.** — Les corps se présentent sous trois états : **solide, liquide, gazeux.** La force élastique des gaz se démontre par l'expérience de la vessie mise sous la cloche de la machine pneumatique.

Tous les corps peuvent théoriquement passer par les trois états.

4. **Propriétés générales des corps.** — Les propriétés générales des corps sont : l'**étendue**, l'**impénétrabilité**, la **divisibilité** (atome), la **porosité** (de l'eau, des gaz), la **compressibilité** (briquet à air), l'**élasticité** (ballon, bille, acier, crin), la **mobilité**, l'**inertie**.

5-8. **Les forces : mesure, composition et travail des forces.** — On appelle **force** toute cause capable de produire ou de modifier un mouvement. Une force est déterminée par sa **direction**, son **point d'application** et son **intensité**.

L'intensité d'une force se mesure au **dynamomètre**.

La résultante de plusieurs forces est la force unique capable de les remplacer.

La résultante de deux forces concourantes est représentée par la diagonale du parallélogramme construit sur elles.

La résultante de deux forces parallèles est égale à leur **somme** ou à leur **différence** suivant qu'elles sont de même sens ou de sens contraires.

Le **travail** d'une force s'obtient en multipliant son intensité par le déplacement du corps suivant sa direction. L'unité de travail est le **kilogrammètre**.

9-13. **Machines simples : Levier, moufle, treuil.** — Un **levier** est une machine simple formée d'une tige rigide mobile autour d'un point fixe ; la **puissance** et la **résistance** sont les deux forces qui agissent aux extrémités.

Le levier est en équilibre lorsque le produit de chaque force par sa distance au point fixe est le même.

Il y a trois genres de leviers suivant la position du point d'appui par rapport à la puissance et à la résistance.

Dans la **poulie**, on modifie un mouvement sans gagner de force. Avec le **moufle** et le **treuil**, on gagne de la force, mais on perd de la vitesse.

Quelle que soit la machine employée, il y a toujours **conservation** du **travail**.

14. **Mouvements**. — Le mouvement **uniforme** est le déplacement d'un corps en ligne droite avec une vitesse constante.

Tout mouvement qui n'est pas uniforme est un mouvement **varié**.

15. **Force centrifuge.** — Un corps animé d'un mouvement **circulaire** est soumis à la **force centrifuge** qui tend à l'éloigner du centre.

QUESTIONS D'EXAMEN

1. Définir la Physique. — Donner des exemples de phénomènes physiques. — 2-3. Comment sont constitués les corps ? — Définir les trois états de la matière. — 4. Énoncer et définir les propriétés générales des corps. — Donner la preuve de la compressibilité des gaz. — Qu'arrive-t-il quand on comprime vivement un gaz ? — 5. Représenter complètement une force. — 6. Comment la mesure-t-on ? — Comment peut-on graduer un dynamomètre ? — 7. Énoncer la règle de composition des forces concourantes ; — des forces parallèles. — 8-9. Qu'est-ce qu'un couple ? — Comment obtient-on le travail accompli par une force ? — Définir le kilogrammètre. — 10. Énoncer la condition d'équilibre d'un levier. Distinguer les trois genres de leviers et donner des exemples. — 11-13. Qu'est-ce qu'une poulie, un moufle, un treuil ? — Énoncer le principe de la conservation du travail. — 14. A quoi reconnaît-on qu'un corps est en mouvement uniforme ? — Qu'est-ce qu'un mouvement accéléré ? — 15. Qu'entend-on par force centrifuge ? — Exemples de cette force

---

CHAPITRE PREMIER

PESANTEUR

1. Définition. — La pesanteur est la force qui sollicite tous les corps à tomber vers le centre de la terre. Si quelques-uns, la fumée, les ballons, paraissent ne pas subir son influence, c'est parce que, placés au milieu d'autres qui tendent avec plus d'énergie vers la terre, ils en sont repoussés comme plus légers.

La pesanteur agit de la même façon, avec une égale intensité sur tous les corps, quels que soient leur poids et leur volume.

Si plusieurs corps de même poids, mais de volumes différents, tombant d'une même hauteur, n'arrivent pas au sol en même temps, c'est que la résistance de l'air agit inégalement sur eux, parce qu'ils présentent d'autant plus de prise à la résistance que leur surface est plus grande.

Si les corps ont même volume, mais des poids différents, ce sont les corps les plus pesants qui toucheront le sol les premiers, car ils peuvent résister plus facilement à l'action de l'air.

Mais, *si nous abandonnons dans le vide des corps de volumes et de poids différents, ils tomberont tous avec la même vitesse.*

2. Expérience du tube de Newton.

— Pour vérifier que dans le vide tous les corps tombent avec la même vitesse, on prend un tube de verre d'environ 2 mètres de longueur, terminé par deux garnitures métalliques; l'un porte un robinet qui permet de maintenir le vide produit par la machine pneumatique (*fig.* 17).

On introduit d'abord dans le tube des corps de poids différents : une balle de plomb, une plume, un morceau de liège ; puis on fait le vide dans l'appareil. Si on retourne brusquement le tube, on remarque que les corps s'accompagnent pendant toute la durée de leur chute, ce qui vérifie le principe énoncé plus haut.

3. Direction de la pesanteur.

— La direction de la pesanteur en un lieu est le prolongement d'un rayon de la terre passant par ce lieu. Cette direction est indiquée par le **fil à plomb** Un fil à plomb est un poids quelconque suspendu à l'extrémité d'un fil (*fig.* 18). La direction du fil est celle que le corps suivrait s'il n'était pas arrêté dans sa chute par la résistance du fil. Cette direction de la pesanteur s'appelle **verticale**; la direction perpendiculaire à celle-ci est dite **horizontale**.

Fig. 17. — Tube de Newton. Les trois corps tombent en même temps dans le vide.

Fig. 18. Fil à plomb.

Il est facile de voir que deux fils à plomb, tendus à des points différents, ne donnent pas des directions absolument parallèles, leur prolongement devant en effet se rencontrer au centre de la terre (*fig.* 19). Mais ce centre est si loin et l'angle formé si petit qu'on peut considérer en un même lieu toutes les verticales comme parallèles.

Le fil à plomb permet au maçon de vérifier si le mur qu'il élève est vertical (*fig.* 20) : pour qu'il soit tel, il faut qu'il soit parallèle au fil à plomb. Il lui sert

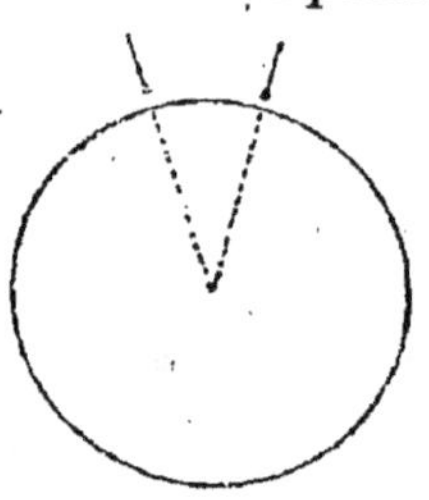

Fig. 19. — Les verticales se rencontrent au sein de la terre.

également à s'assurer que la rangée de briques qu'il dispose est horizontale. A cet effet, le fil à plomb est fixé au milieu d'un des côtés d'un rectangle en bois (*fig.* 21). Lorsque la base du rectangle est horizontale, sa hauteur figurée par le fil doit passer par le milieu de la base, lequel est indiqué par un trait ; si le fil passe à côté du trait, c'est que la base du rectangle, c'est-à-dire la rangée de briques, n'est pas horizontale.

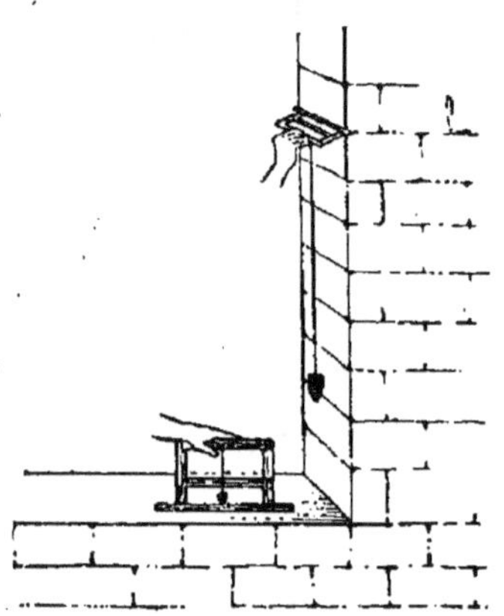

Fig. 20. — Niveau de maçon.

4. Mouvement d'un corps qui tombe librement. — En mesurant exactement les espaces parcourus par un corps qui tombe en chute libre, on a constaté que l'espace parcouru pendant chaque seconde n'est pas le même. La

Fig. 21. — Niveau des maçons. Si le mur n'est pas horizontal, le fil à plomb ne coïncide pas avec le milieu de la base.

pesanteur ajoute constamment son effet à la vitesse acquise et le mouvement s'accélère. Il satisfait à la loi suivante.

*Les espaces parcourus par un corps qui tombe sont propor-
tionnels aux carrés des temps employés à les parcourir.*

Pendant la 1re seconde le corps parcourt 4 m. 90, au bout
de 2 secondes il aura parcouru 4 m. 90 $\times$ 4 = 19 m. 60

3	—	4 m. 90 $\times$ 9 = 44 m. 10
4	—	4 m. 90 $\times$ 16 = 78 m. 40

Cette loi s'exprime par la formule :

$$e = 1/2\, gt^2$$

dans laquelle e représente l'espace parcouru dans le temps t,
et 1/2 g l'espace parcouru pendant la 1re seconde. Dans le vide,
1/2 g = 4 m. 90, à Paris.

Cette formule peut être utilisée pour mesurer la hauteur d'une
tour ; on notera exactement le nombre de secondes qui se seront
écoulées entre le moment où l'on aura abandonné une pierre à
elle-même du haut de la tour et le moment où elle aura touché
le sol : soit 5 secondes. La formule donne alors $e = 4,9 \times 5^2 =$
122 m. 5, qui est la hauteur de la tour.

La vitesse du corps qui tombe augmente sans cesse ; on peut
déduire de la loi précédente, et on l'a vérifié expérimentalement,
que l'espace parcouru pendant chaque seconde augmente
chaque fois de la même quantité, qui est précisément g = 9 m. 80.
Le mouvement est **uniformément** accéléré et g s'appelle
l'accélération.

5. Centre de gravité. — Le centre de
gravité d'un corps est le **point d'application de la résultante** des forces de la
pesanteur qui agissent sur ce corps (*fig.* 22).

Supposons une pierre brisée en plusieurs
fragments. Nous les tenons dans la main
et nous les lâchons d'un seul coup. Chacun d'eux tombe vers la terre par l'effet
de la pesanteur ; chacun est donc mû par
une force verticale. Supposons maintenant
ces morceaux emboîtés l'un dans l'autre
et tombant tous ensemble. Chacun d'eux
tombe comme s'il était seul. Il en sera de
même, si petits que soient les morceaux,
et nous pouvons concevoir que ces morceaux soient si ténus

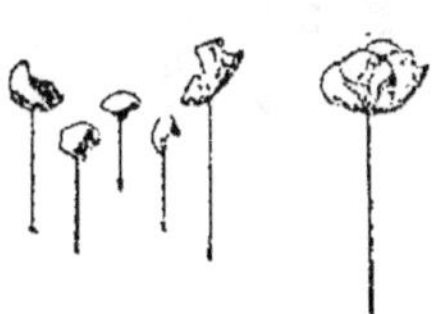

Fig. 22.
Action de la pesanteur.

qu'ils arrivent à ne former chacun qu'une molécule du corps.

La pesanteur agit donc sur toutes les molécules d'un corps comme si ces molécules étaient isolées, et nous avons vu qu'il était possible de remplacer plusieurs forces par une seule, qui était leur résultante ; si donc nous parvenons à trouver le point d'application de la résultante de toutes les forces de la pesanteur qui agissent sur chacune des molécules d'un corps, nous aurons trouvé le **centre de gravité** de ce corps.

Cette résultante a non seulement un point d'application, elle a aussi une intensité : cette intensité est le **poids** du corps ; elle a aussi une direction qui est la **verticale.**

Le centre de gravité d'un corps homogène et de forme géométrique est le même que son centre de figure. Le centre de gravité d'une baguette de fer (considérée comme ligne) est son milieu ; d'un cercle ou d'une sphère, leur centre ; etc.

On peut trouver expérimentalement le centre de gravité d'un corps irrégulier : il suffit de le suspendre (*fig.* 23) par deux points différents de sa surface. En équilibre dans ses deux positions successives, le centre de gravité doit se trouver sur le prolongement de son fil de suspension ; à la rencontre G de ces prolongements sera le centre de gravité du corps.

6. Équilibre. — Nous avons dit qu'un corps est en **équilibre** lorsque, soumis à l'influence de plusieurs forces, il ne se met pas en mouvement.

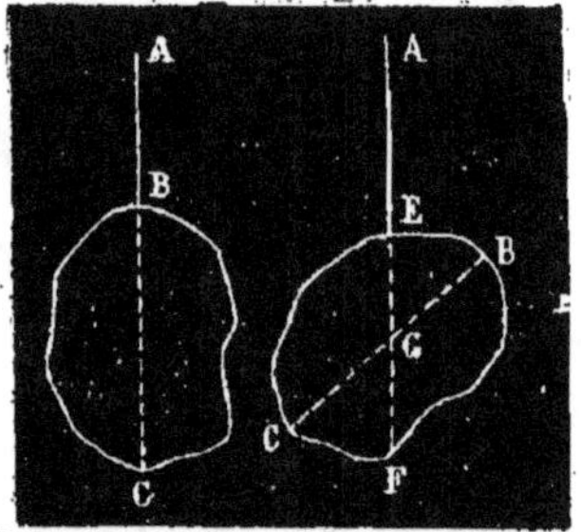

Fig. 23. — Centre de gravité d'un corps irrégulier.

On voit que, pour que cette immobilité se produise, il est nécessaire que les forces qui agissent sur le corps en équilibre se neutralisent, que leur résultante soit nulle. C'est ce qui arriverait, par exemple, si une voiture venait à être tirée en sens contraire par deux chevaux d'égale force.

Il y a trois espèces d'équilibres : l'équilibre **indifférent,** l'équilibre **stable** et l'équilibre **instable.**

a) Équilibre indifférent. — Un corps est en état d'équilibre indifférent lorsqu'il reste indifféremment en équilibre dans quelque position qu'on le place. Cet équilibre sera obtenu lorsque l'axe de suspension du corps passera par son centre de gravité.

Si, par exemple, on traverse une sphère par une aiguille AA

Fig. 24. — Équilibre indifférent. L'axe de suspension AA passe par le centre de gravité G.

(*fig.* 24), de telle sorte qu'elle passe par le centre de gravité G de la sphère, on pourra faire tourner à volonté la boule autour de l'axe; mais, dès qu'on ne la touchera plus, elle restera en équilibre.

b) **Équilibre stable.** — Un corps est dans l'état d'équilibre stable lorsqu'après avoir été éloigné de sa position d'équilibre, il y revient dès que la force qui l'en avait éloigné a cessé d'agir. Cet équilibre sera obtenu lorsque l'axe de suspension se trouvera au-dessus du centre de gravité du corps.

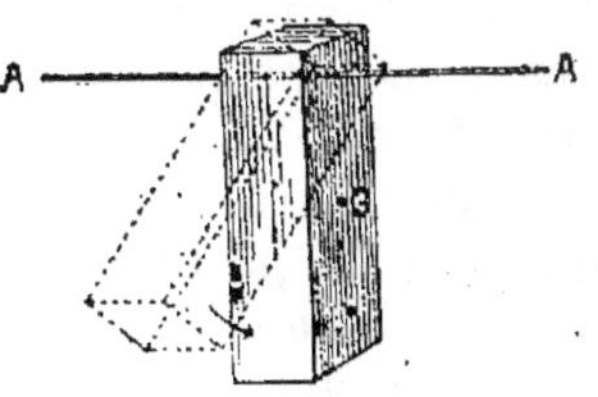

Fig. 25. — Équilibre stable. L'axe de suspension AA est au-dessus du centre de gravité G.

La pièce de bois ci-contre (*fig.* 25) traversée par une aiguille AA au-dessus du centre de gravité G du bois, reviendra dans sa position d'équilibre, verticale, si, après l'avoir éloignée, on l'abandonne à elle-même.

c) **Équilibre instable.** — On dira qu'un corps est dans l'état d'équilibre instable lorsque, dérangé de sa position d'équilibre, il continuera à s'éloigner de cette position quand il sera abandonné à lui-même.

Cet état sera obtenu lorsque l'axe de suspension AA se trouvera au-dessous du centre de gravité G du corps. Comme on peut s'en rendre compte dans la figure 26, si l'on vient à déplacer la pièce de bois placée dans sa position d'équilibre, elle tournera autour de AA, de telle sorte que G viendra au-dessous de AA, alors que primitivement il était au-dessus.

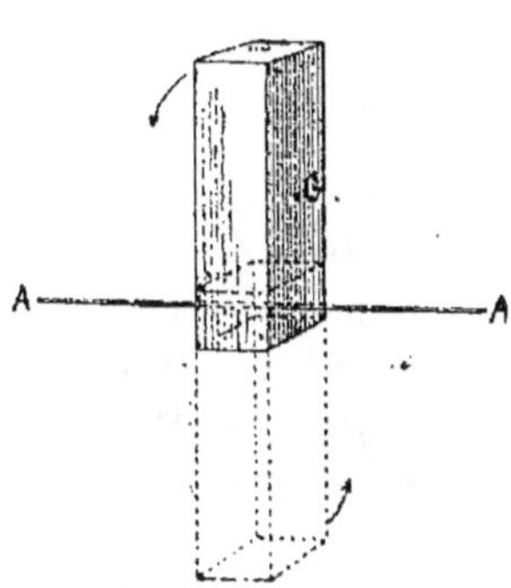

Fig. 26. — Équilibre instable. L'axe de suspension A est au-dessous du centre de gravité G.

PENDULE

7. Définition. — Le pendule est un corps pesant, une boule A, par exemple (*fig.* 27), suspendu à l'extrémité d'un fil OA fixé en O.

Lorsque l'appareil est en équilibre, son fil est vertical, c'est un fil à plomb. Mais, si l'on vient à l'écarter de sa position d'équilibre pour lui faire prendre la position OA′ et qu'on l'abandonne à lui-même, on verra la boule décrire un arc de cercle en se dirigeant vers A et dépasser cette position à cause de la vitesse acquise pendant cette petite chute. Comme il faut juste la même force pour arrêter son mouvement que pour le produire, elle remonte

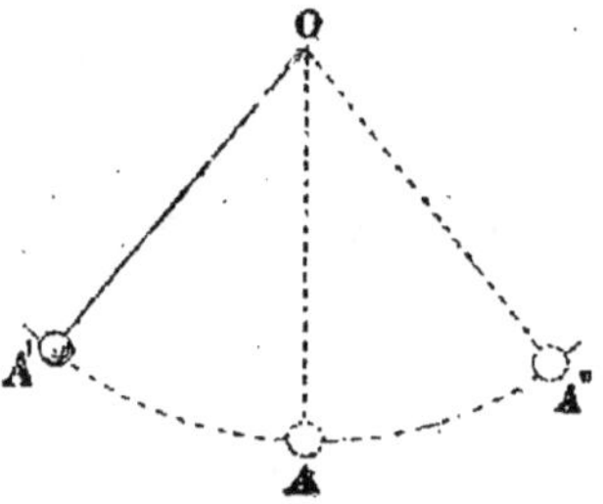

Fig. 27. — Pendule.

à la même hauteur d'où elle est partie en A″ pour redescendre en A, remonter en A′, et indéfiniment ainsi, si l'on admet que le mouvement se produit dans le vide et qu'en O n'existe aucun frottement. Mais, à cause de la résistance de l'air et des frottements au point de suspension, le pendule s'arrêtera au bout d'un certain temps.

Le mouvement de la boule pour passer de A′ en A″ s'appelle **oscillation** ; et l'angle A′OA″ est l'**amplitude** de l'oscillation.

Première loi. — *Toutes les fois que l'amplitude ne dépasse pas 4° à 5°, la durée des oscillations d'un pendule reste constante.*

Ainsi, si on laisse marcher un pendule pendant cinq minutes, il fera le même nombre d'oscillations pendant la deuxième minute que pendant la cinquième, quoique l'amplitude ait diminué à tout instant pour devenir peut-être nulle à la fin de la cinquième minute.

Cette constance du mouvement pendulaire, l'**isochronisme** des mouvements du pendule, comme on l'appelle, est utilisée dans les horloges et dans les pendules d'appartements. Le mouvement de chute du poids dans les horloges, le mouvement de détente du ressort dans les pendules, qui tous deux sont des mouvements variés, sont régularisés par l'adjonction d'un pen-dule.

DEUXIÈME LOI. — *Les durées des oscillations des pendules sont proportionnelles aux racines carrées de leurs longueurs.*

Ainsi, si un pendule est 4 fois plus long qu'un autre, la durée de son oscillation sera 2 fois plus lente ; s'il est 16 fois plus long, la durée de son oscillation sera 4 fois plus lente.

Ainsi, pour faire avancer une horloge, on diminue la longueur de son pendule ; pour la faire retarder, on l'augmente. En été, les horloges ordinaires retardent parce que leur pendule s'allonge à la chaleur ; en hiver, elles avancent parce que leur pendule se contracte sous l'influence d'un abaissement de température.

8. Application des propriétés du pendule. — *Métronome.* —

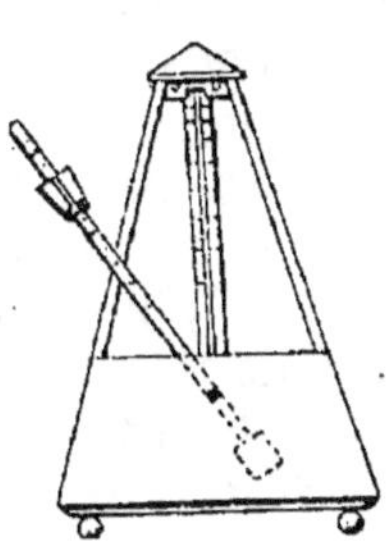

Fig. 28.
Métronome.

Outre l'application au réglage des horloges, l'isochronisme des oscillations du pendule et la durée de ses oscillations en fonction de sa longueur ont été appliqués dans le **métronome** (*fig*. 28). Cet instrument sert, en effet, non seulement à assurer des temps égaux, mais encore à indiquer l'exactitude des mouvements.

C'est une tige d'acier oscillant autour d'un axe et portant, à son extrémité inférieure une boule pesante fixe et, sur la tige au-dessus de l'axe, une masse mobile. Si on éloigne cette masse de l'axe, le mouvement se ralentit ; au contraire, si on la rapproche, la durée des oscillations devient plus courte. Une échelle graduée placée en arrière du pendule indique les endroits en regard desquels on doit placer la masse pour obtenir le mouvement voulu. Un déclanchement sonore signale à l'oreille les oscillations.

BALANCE

9. Poids d'un corps. — Le poids d'un corps est l'intensité de la **résultante** des forces de la pesanteur qui agissent sur ce corps ; il est égal à l'effort qu'il faut déployer pour empêcher ce corps de tomber. Le corps est d'autant plus pesant qu'il tend avec plus d'énergie vers la terre.

10. Balance. — La balance est un instrument qui sert à comparer le poids des corps à celui qui a été pris pour unité.

Elle se compose (*fig.* 29) essentiellement d'une barre rigide de cuivre ou de fer, appelée **fléau**, traversée en son milieu par un prisme triangulaire en acier, appelé **couteau**. Chaque moitié d'une arête vive de ce couteau repose de chaque côté sur un petit plan de matière très **dure**, acier ou agate, supporté par le **pied**

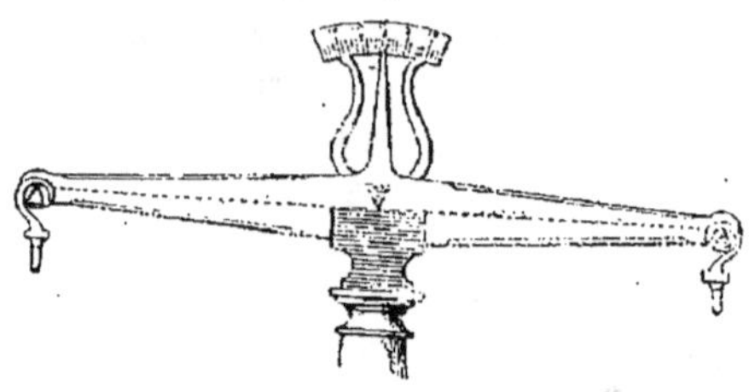

Fig. 29. — Fléau de la balance.

de la balance (*fig.* 30). A l'extrémité de chaque bras du fléau est suspendu, sur un petit couteau en sens inverse, l'anneau d'acier ou le support d'un **plateau**. Une aiguille est fixée perpendiculairement au fléau, en son milieu, et mobile avec lui : elle se meut devant un cadran fixe supporté par le pied de la balance. Ce cadran est réglé de telle sorte que l'aiguille se trouve en regard du O lorsque le fléau est horizontal, c'est-à-dire en **équilibre**.

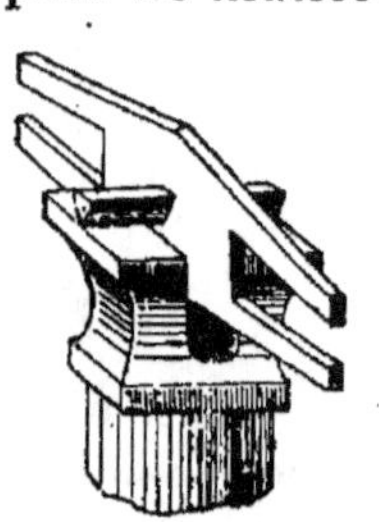

Fig. 30.
Support du couteau.

Une balance est donc un levier du premier genre dont le point fixe est la tranche du couteau. Et, comme les deux bras du levier sont égaux, il faut, pour que l'équilibre existe, que le poids du corps mis dans un plateau égale exactement celui des poids marqués mis dans l'autre.

11. Qualités requises pour une balance. — Une bonne balance doit réunir les deux qualités suivantes : elle doit être **exacte** et **sensible**.

Une balance est **exacte**, quand, ses plateaux étant chargés de poids égaux quelconques, le fléau se tient horizontal. Cette qualité exige que les deux bras du fléau soient rigoureusement égaux et que l'axe de suspension soit sur la verticale qui passe par le centre de gravité du fléau.

Une balance est **sensible**, quand un très petit poids placé dans un des plateaux suffit pour rompre l'horizontalité du fléau, que les plateaux soient chargés ou non. Cette qualité exige que les arêtes des trois couteaux soient dans le même plan

Fig. 31. — Balance de précision.

horizontal pour que la résistance des poids égaux des deux plateaux soit toujours détruite par la résistance du couteau médian. Il faut, pour cela que les bras du fléau soient pratiquement inflexibles, et en même temps très longs, et cependant le plus légers possible (*fig*. 31).

12. Pesée simple. — Avec une balance exacte et sensible, on obtient le poids d'un corps en plaçant dans un des plateaux le corps à peser et dans l'autre des poids marqués en nombre suffisant pour établir l'équilibre. La lecture de la somme de ces poids donne le poids du corps.

Il est difficile de construire et de conserver des balances de précision rigoureusement exactes, la moindre oxydation suffit pour les fausser. Mais une balance perd plus difficilement sa sensibilité.

Double pesée. — Avec une balance inexacte, mais sensible, on peut obtenir très exactement le poids d'un corps à l'aide de la **double pesée de Borda**.

On place alors le corps à peser C (*fig*. 32) dans l'un des pla-

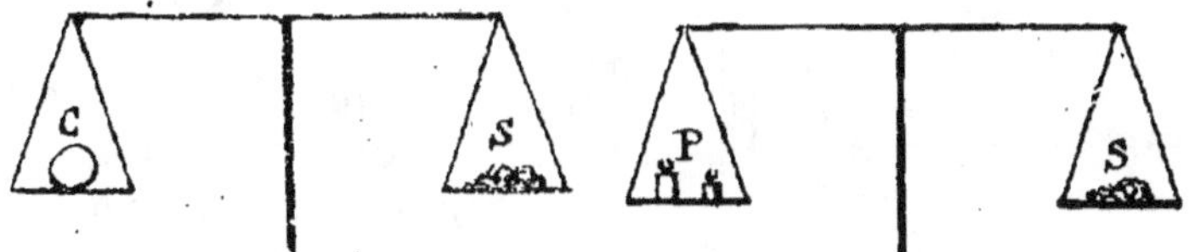

Tare du corps à peser.   Substitution de poids marqués au corps.

Fig. 32. — Double pesée de Borda.

teaux, et dans l'autre on met des corps pesants quelconques S sable, grains de plomb, etc., jusqu'à parfait équilibre. On retire ensuite le corps, et on le remplace par des poids marqués P. Lorsque l'équilibre est rétabli, la lecture de ces poids donne le poids exact du corps. En effet, le poids du corps et celui des poids marqués ont produit exactement le même effet dans les mêmes circonstances.

13. Différentes espèces de balances. — *a) Balance de Roberval.* — La balance de Roberval a deux fléaux parallèles, articulés aux

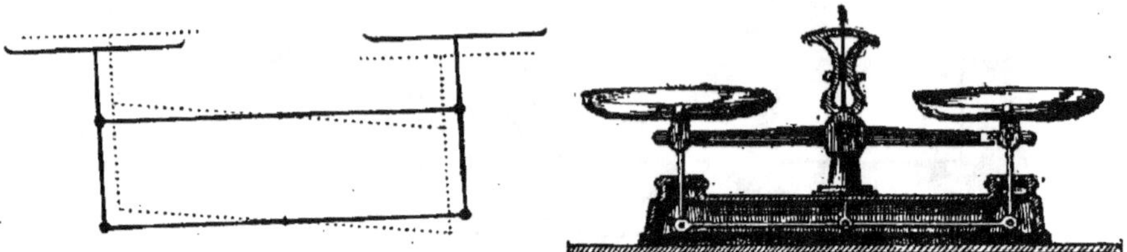

Fig 33. — Balance de Roberval.

deux tiges qui supportent les plateaux. Le tout forme un parallélogramme qui peut se déformer mais de telle façon que les plateaux restent toujours horizontaux (*fig.* 33). C'est la balance la plus pratique quand on ne recherche pas une grande sensibilité.

b) Balance de Quintenz. — On emploie, pour peser de lourds fardeaux, la balance de Quintenz ou **bascule** au dixième (*fig.* 34). Avec elle on peut peser une résistance de 10 kilogrammes avec une puissance de 1 kilogramme, le dispositif étant tel que le bras de résistance est dix fois plus petit que le bras de puissance. C'est une application du levier du premier genre.

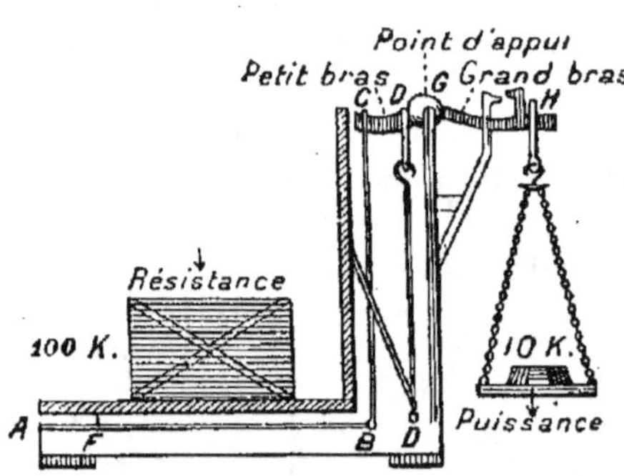

Fig. 34. — Bascule (Balance de Quintenz).

La partie de la résistance qui agit en F sur le levier AB, agit en C sur le levier CH.

L'autre partie de la résistance agit en D sur le levier DH. Mais on a AB = AF $\times$ 5; et DH = CG. $\times$ 2, d'où 1 kg. en H fait équilibre à 2 kg. en C et à 2 kg. $\times$ 5 ou 10 kg. en F.

On a d'autre part GH = DG × 10, d'où 1 kg. en H fait équilibre à 10 kg. en D.

Les deux parties de la résistance sont donc équilibrées en H. et par conséquent au plateau des poids, par un poids 10 fois plus petit.

c) *Balance romaine.* — La balance romaine (*fig*, 35) est fondée sur le même principe que celle de Quintenz, mais elle est plus commode, parce qu'elle est plus facilement portative et qu'elle ne nécessite pas l'emploi de poids marqués. C'est un fléau dont le plus petit bras, ayant une longueur constante, porte à son extrémité un crochet destiné à supporter les objets à peser. Sur son grand bras

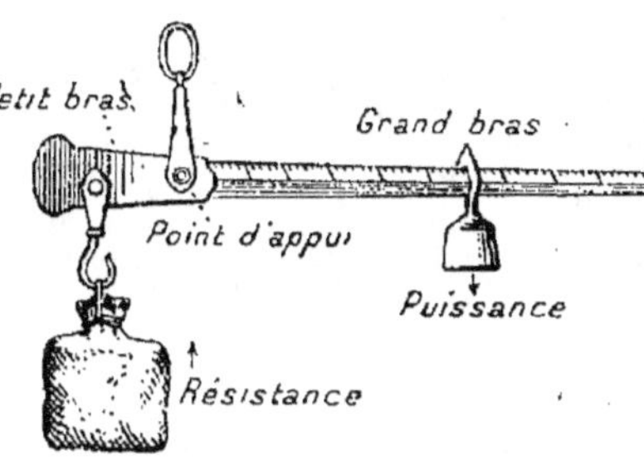

Fig. 35. — Balance romaine.

gradué peut glisser un poids, qui, suivant qu'il est plus ou moins rapproché du point d'appui, équilibre un poids moins ou plus lourd.

Une combinaison de la balance de Quintenz et de la balance romaine a remplacé la bascule dans les chemins de fer.

RÉSUMÉ

1-4. Pesanteur. — La pesanteur est une force qui sollicite tous les corps vers le centre de la terre.

Dans le vide tous les corps tombent avec la même **vitesse** (tube de Newton).

La direction de la pesanteur est **verticale** (fil à plomb, niveau de maçon).

Les espaces parcourus par un corps qui tombe sont proportionnels aux carrés des temps employés à les parcourir.

La vitesse d'un corps qui tombe s'accroît chaque seconde d'une quantité constante qu'on appelle l'**accélération**.

5-6. Centre de gravité ; équilibre. — Le **centre de gravité** d'un corps est le point d'application de la résultante des forces de la pesanteur sur ce corps.

Il y a trois sortes d'équilibre : *stable, instable, indifférent.*

7-8. Pendule. — Le pendule est un corps pesant suspendu à l'extrémité d'un fil fixé à son autre extrémité :

Première loi. — *Pour de petites amplitudes, la durée des oscillations d'un pendule est constante* (régularisation du mouvement dans les pendules et les horloges).

Deuxième loi. — *Les durées des oscillations des pendules sont proportionnelles aux racines carrées de leurs longueurs.*

Le **métronome** est une sorte de pendule employé pour marquer la mesure en musique.

9-13. Balance. — La **balance** est un levier du premier genre dont les deux bras sont égaux; il faut, pour qu'elle soit en équilibre, que la puissance égale la résistance.

Une bonne balance doit être **exacte** et **sensible**.

Double pesée de Borda pour obtenir une pesée exacte avec une balance inexacte.

Autres balances : Roberval, bascule, romaine.

QUESTIONS D'EXAMEN

1-2. Qu'est-ce que la pesanteur? — Agit-elle sur tous les corps? — Les corps tombent-ils avec la même vitesse dans l'air? et dans le vide ? Montrez-le. — 3. Quelle est sa direction? et par quel instrument est-elle indiquée? — 4. Enoncez la loi des espaces. — Qu'entendez-vous par l'accélération? — Par quel nombre est-elle représentée? — Comment calcule-t-on l'espace parcouru par un corps qui tombe? Exemples. — 5. Qu'appelez-vous centre de gravité d'un corps? Est-il toujours le même que le centre de figure?.Comment le trouve-t-on pour un corps irrégulier ? — 6. Quels sont les différents genres d'équilibre? — 7. Qu'est-ce qu'un pendule ? — Qu'appelle-t-on oscillation, amplitude : — Quelle est la loi des oscillations d'un pendule? — Enoncez les deux lois du pendule. — 8. Qu'est-ce que le métronome? A quoi sert-il? — 9. Qu'appelle-t-on poids d'un corps? A quoi est-il égal? — 10.A l'aide de quel instrument le trouve-t-on? — De quoi se compose essentiellement une balance? — 11. Quelles qualités doit-elle réunir? — Quelles dispositions exigent ces qualités? — 12. Comment effectuez-vous la double pesée de Borda? Quand faut-il l'employer? — 13.Décrivez les différentes espèces de balances.

CHAPITRE II

HYDROSTATIQUE
OU
(ÉQUILIBRE DES LIQUIDES)

1. Hydrostatique. — *Définition.* — L'hydrostatique est la partie de la physique qui traite de l'équilibre des liquides.

Les liquides, avons-nous vu, ont leurs molécules à distance constante mais roulant ou glissant les unes sur les autres avec une facilité extrême, de sorte qu'on peut les considérer pratiquement comme parfaitement mobiles et incompressibles.

Une des propriétés fondamentales qui résultent de cette constitution est la manière dont les liquides transmettent les pressions.

2. Pression. — On appelle **pression** sur une surface la force qui agit perpendiculairement sur un centimètre carré de cette surface. Exemple, si un bloc de pierre pesant 20 kilogrammes repose sur le sol par une surface de 40 centimètres carrés, il exerce une pression de

$$\frac{20}{40} = 0 \text{ kgr. } 5 \text{ par cm}^2.$$

Si en le retournant on le fait reposer sur une autre face ayant 200 cm², la pression sur le sol ne sera plus que

$$\frac{20}{200} = 0 \text{ kgr. } 1 \text{ par cm}^2.$$

3. Principe de Pascal. — *Dans un liquide, les forces de pression se transmettent en tous sens et proportionnellement aux surfaces pressées.*

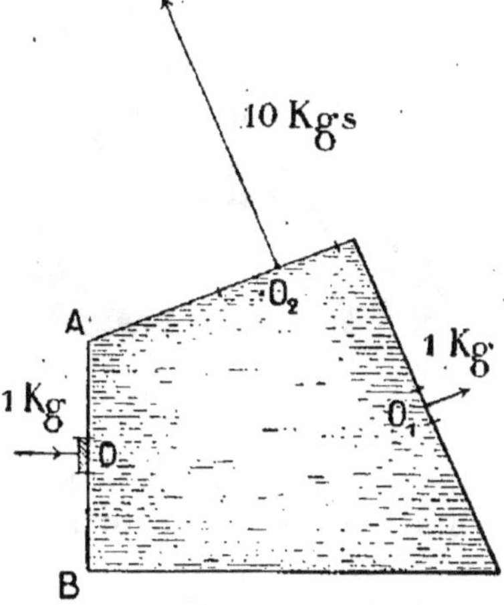

Fig. 36. — Démonstration du principe de Pascal.

Soit par exemple un vase fermé, entièrement rempli de liquide (*fig.* 36) au moyen d'un piston ayant 1 cm² de base; produisons au point O de la paroi AB une pression de 1 kg. D'après le principe précédent une surface quelconque O_1 de la paroi du vase égale à 1 cm² sera pressée vers le dehors avec une force de 1 kg. et si nous

prenons une surface O_2 de 10 cm², elle sera pressée avec une force de 10 kilogrammes.

Presse hydraulique. — *Application du principe de Pascal.* La presse hydraulique est fondée sur le principe de Pascal et a été inventée par lui. Elle se compose essentiellement (*fig.* 37) d'un gros corps de pompe très épais D, portant à sa partie inférieure un tuyau T qui le fait communiquer avec la partie inférieure d'un plus petit corps de pompe K, très résistant, lui aussi. Du fond du petit corps de pompe A part un tuyau d'aspiration qui plonge dans l'eau d'un réservoir; sa partie supérieure

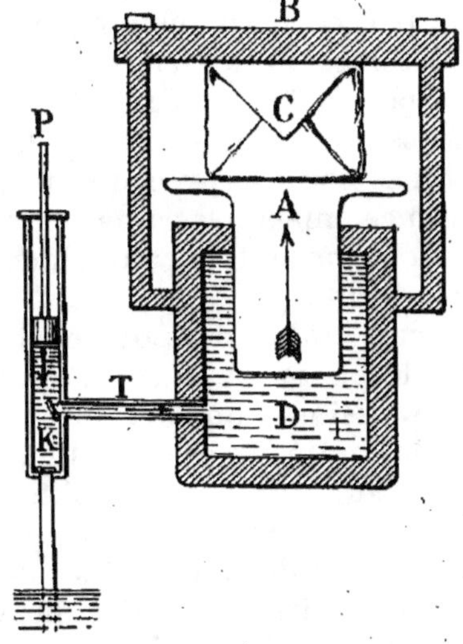

Fig 37. — Presse hydraulique (figure schématique).

A, plateau mobile; B, Plate-forme fixe; C, Matière à comprimer; D, Grand corps de pompe; K, Petit corps de pompe; — P, Piston; — T, Tuyau de communication.

est munie d'une soupape qui s'ouvre de bas en haut.

Dans le gros corps de pompe se meut un piston A à tête évasée
en forme de plateau ; en regard de ce piston se trouve une
plate-forme B solidement fixée au sol par des colonnes en fonte ;
c'est entre cette plate-forme et la tête du piston que l'on comprimera les objets. Dans l'épaisseur du gros corps de pompe, et

vers la partie supérieure, se trouve
pratiquée une cavité circulaire dans
laquelle on fait pénétrer une voûte
en cuir gras appelé cuir embouti
(*fig.* 38). Les parois extérieures de
ce cuir touchent, d'une part, le
piston, d'autre part, l'épaisseur du
corps de pompe.

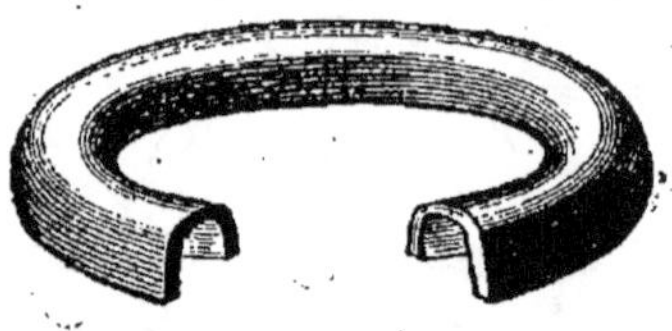

Fig. 38 — Cuir embouti.

Supposons maintenant l'appareil complètement plein d'eau.
Si la surface du gros piston est 1.000 fois plus grande que la
surface du petit, toute pression de 1 kilogramme exercée sur
l'eau par ce petit piston poussera le gros avec une force de
1.000 kilogrammes (moins le poids du piston), en vertu du
principe de Pascal. Or on presse sur ce petit piston de toute
la force d'un homme, amplifiée encore par un levier. Le gros
piston se soulève avec une force énorme, de milliers de kilogrammes, mais avec une lenteur extrême. Et c'est avec cette
pression que seront comprimés les corps placés entre les deux
plates-formes.

Le cuir embouti a pour effet d'empêcher l'eau de s'échapper
entre le piston et le corps de pompe, lorsqu'elle est soumise
à ces pressions considérables ; en effet, si elle parvient à se loger
dans la cavité circulaire, elle presse les parois du cuir qui ferment d'autant mieux que l'eau est plus pressée.

Usages. — Cet appareil, modifié suivant les opérations auxquelles il est destiné, sert à comprimer les objets embarrassants
pour leur faire occuper moins de place : par exemple, les fourrages et les balles de laine et de coton qui encombreraient un
navire sans le charger suffisamment ; à extraire les liquides
contenus dans certains fruits ou racines ; au pressurage des
olives, des graines oléagineuses, des betteraves, des cannes à
sucre, etc. Pour extraire des fleurs leurs huiles odorantes,
celles-ci sont comprimées entre des toiles graissées ; l'huile
reste dans la graisse, on l'en sépare ensuite, ou on emploie

directement cette graisse à la fabrication des pommades.

La presse hydraulique est surtout employée pour soulever des fardeaux pesants. Son usage a précédé l'emploi des plaques tournantes pour le changement de voie des wagons dans les gares. On s'en est servi pour pousser à la mer de très gros navires. Elle est employée à l'essai de la résistance des métaux, à l'essai des chaudières à vapeur. Ce sont de petites presses hydrauliques qui servent à soulever la tour Eiffel tout entière pour la caler.

C'est avec la pression de la presse hydraulique qu'on a pu, il y a quelques années, liquéfier certains gaz qui jusqu'alors avaient résisté au changement d'état.

Enfin, c'est encore le principe de la presse hydraulique qui est appliqué dans l'établissement des ascenseurs hydrauliques. Le gros piston supporte la cabine de l'ascenseur. Dans ce cas spécial, ce n'est pas une petite pompe qui donne la pression : dans les villes, la pression de l'eau des canalisations répartie sur la surface relativement considérable du gros piston suffit à soulever ce fardeau.

ACTION DE LA PESANTEUR SUR LES LIQUIDES

4. Horizontalité de la surface. — *La surface libre d'un liquide en équilibre est plane et horizontale.*

Cette propriété est une conséquence de la faible cohésion qu'ont entre elles les molécules des liquides. En effet, la surface d'un liquide en équilibre ne pourrait pas être AB (*fig.* 39), car la molécule C prise sur cette surface ne pourrait pas rester en équilibre dans cette position ; elle glissera sur ses voisines plus basses, ce qu'elle ne pourrait pas faire si toutes les autres étaient à la même hauteur, c'est-à-dire si la surface AB était horizontale.

Fig. 39. — Surface horizontale d'un liquide.

5. Niveau à bulle d'air. — Le niveau à bulle d'air se compose d'un tube de verre M fermé à ses deux extrémités, légèrement convexe en son milieu, rempli presque complètement d'eau, laissant seulement à sa surface une grosse bulle d'air N. Le tube est enfermé dans une gaine en cuivre T reposant

sur une surface plane appelée platine. Si la platine est hori-
zontale, la bulle d'air est visible au milieu du tube ; sinon, elle se dirige vers l'une ou l'autre des extrémités. Il suffit donc, pour voir si une

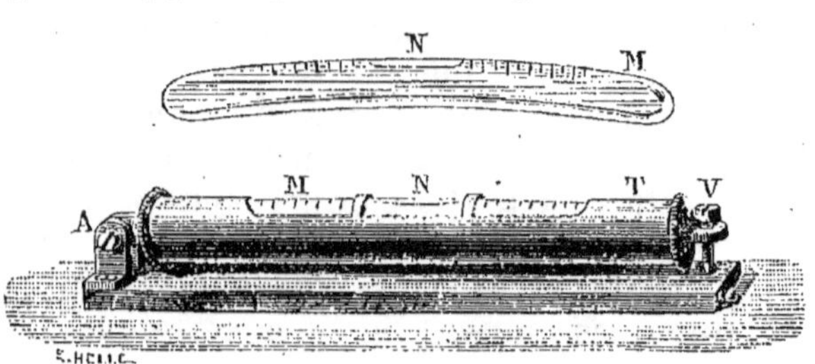

Fig. 40. — Niveau à bulle d'air sur une surface horizontale.

surface est horizontale, de placer sur elle le niveau et de voir si la bulle se tient au centre ou non (*fig.* 40).

6. Vases communiquants. — *Principe.* — *Les surfaces libres d'un même liquide dans plusieurs vases communiquants sont dans un même plan horizontal.* — On vérifie ce principe en versant de l'eau (*fig.* 41) dans un vase A qui communique avec deux autres B et C. Cette eau se maintiendra constamment à la même hauteur dans les trois vases.

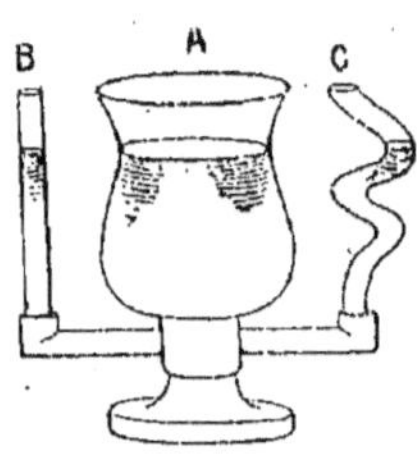

Fig. 41.
Vases communiquants.

7. Application du principe des vases communiquants. — *a*) *Jets d'eau.* — Les jets d'eau sont une application du principe des vases communiquants ; on y trouve toujours un réservoir contenant de l'eau (*fig.* 42) et communiquant avec un bassin. Le réservoir est élevé au-dessus du bassin. Si l'on ouvre le robinet, l'eau jaillira et devrait s'élever jusqu'au niveau de l'eau dans le réservoir. Mais le frottement dans les tuyaux, la résistance de l'air et le poids des gouttelettes qui retombent sur celles qui s'élèvent sont autant de causes qui nuisent à l'élévation du liquide.

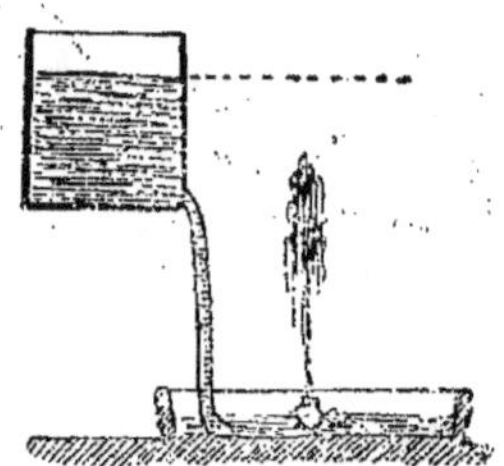

Fig. 42. — Jet d'eau. Sur la gauche on voit le réservoir élevé qui donne la pression.

b) *La distribution de l'eau* dans les maisons des villes est faite par un procédé semblable à celui du jet d'eau : un réservoir placé sur le quartier le plus élevé communique par des conduits avec toutes les maisons de la ville. Lorsqu'on ouvre les robinets, l'eau s'écoule, en vertu du principe des vases communiquants. Souvent, par exemple, il faut des pompes pour élever l'eau dans les réservoirs.

c) Puits artésiens. — Le sol supérieur de notre globe est formé de couches déposées par les eaux, couches qui étaient primitivement horizontales. Des bouleversements géologiques survenant, elles ont été contournées et présentent, en certaines régions, l'aspect de la figure ci-dessous. Parmi ces couches, les unes sont perméables à l'eau, les autres imperméables. Supposons que nous ayons en présence une couche perméable entre deux couches imperméables (*fig.* 43). La pluie, après être tombée sur le sol pénètre la couche perméable, aux endroits où elle affleure la surface du sol, mais s'arrête à la couche imperméable ; elle formera à la surface de celle-ci une nappe d'eau souterraine qui suivra tous ses contours, arrêtée par la couche imperméable supérieure.

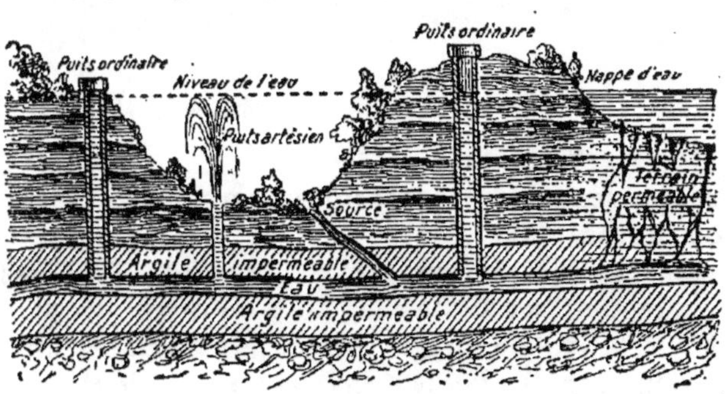

Fig. 43. — Schéma d'un puits artésien.

Les infiltrations de la nappe d'eau à travers le terrain perméable s'accumulent entre deux couches imperméables. L'eau souterraine cherchera toujours à retrouver le niveau de la nappe aérienne; elle s'élève dans les puits ou s'échappe par des fissures naturelles produisant des sources.

Si nous perçons un trou de sonde à travers celle-ci, et que nous atteignions la couche où s'est amassée l'eau souterraine, celle-ci s'échappera et jaillira verticalement pour atteindre théoriquement son niveau le plus élevé. Nous aurons ainsi un puits artésien.

L'eau de ces puits est quelquefois plus chaude que l'eau ordinaire, car elle peut venir d'une grande profondeur. Ainsi l'eau du puits artésien de Grenelle, à Paris, profond de 545 mètres, atteignait une température d'environ 27°.

*d) **Niveau d'eau.*** — Le niveau d'eau (*fig.* 43 *bis*) se compose
d'un tube en fer-blanc recourbé à angle droit à ses deux extrémités, dans lesquelles s'emboîtent deux cylindres de terre. Le
tout est porté par un pied à trois branches. On introduit de
l'eau dans le tube par l'un des cylindres de verre jusqu'à ce que
ceux-ci soient à moitié pleins. La ligne qui passerait par les

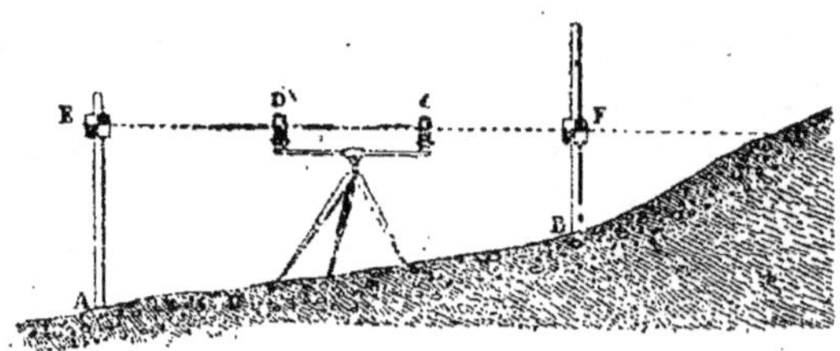

Fig. 43 *bis.* — Niveau d'eau.

deux niveaux sera horizontale, en vertu du principe des vases
communiquants.

Cet instrument est surtout employé dans les opérations de
nivellement, et toutes les fois qu'on désire connaître la hauteur relative de deux points. Soit, par exemple, à chercher
de combien B (*fig.* 43 *bis*) est plus élevé que A. Aux deux
points A et B sont fixés en terre deux montants verticaux;
entre ces points le niveau d'eau est installé. L'opérateur, placé
d'abord en C, fait une visée suivant CD indiquée par les deux
surfaces de l'eau, et prévient un aide d'élever ou d'abaisser une
plaque métallique appelée **mire**, se mouvant sur le montant fixé
en A, jusqu'à ce que son rayon visuel passe par E, milieu de la
mire. L'opérateur placé ensuite en D, fait la même opération
suivant DC et fait arrêter la mire qui se meut sur le montant B,
quand son rayon visuel passe par le centre F de cette nouvelle
mire. On mesure AE, puis BF; et la hauteur demandée est
égale à :

$$AE - BF$$

*d) **Écluses.*** — Pour passer d'un bassin dans un autre, par eau,
on aurait pu faire des brèches à la ceinture du bassin et relier

ainsi les cours d'eau d'un bassin avec ceux de l'autre bassin. On a procédé plus économiquement en traçant des canaux divisés en **biefs** (*fig.* 43), séparés par de solides doubles portes M N à des endroits appelés **écluses**. Dans chaque bief le niveau inférieur de l'eau est à peu près horizontal, mais il est très variable d'un bief à l'autre : ce sont comme d'immenses marches d'escalier.

L'écluse est une petite portion de bief limitée par deux portes.

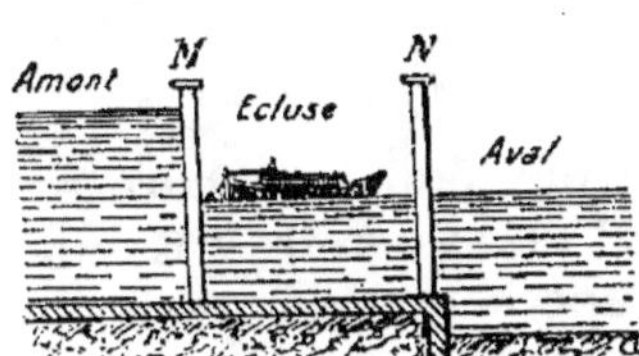

Fig. 44. — Écluse.
M, porte d'amont.— N, porte d'aval.

Considérons deux biefs contigus ; le bief *d'amont* est d'un niveau plus élevé que le bief *d'aval*. Un bateau se présente à l'aval. On ouvre la porte N d'aval de l'écluse ; le bateau peut passer dans l'écluse dont l'eau a le même niveau que le bief d'aval. On ferme la porte d'aval N ; on ouvre la porte d'amont M. L'écluse se remplit : l'eau s'élève au niveau du bief d'amont. On ouvre la porte d'amont. Le bateau passe dans le bief d'amont et continue sa route (*fig.* 44).

S'il se fût présenté à l'amont, on aurait ouvert la porte d'amont de l'écluse ; l'écluse se serait remplie, le bateau y serait passé. On aurait fermé la porte d'amont, puis ouvert celle d'aval ; l'écluse se serait vidée lentement ; le bateau serait descendu et aurait passé dans le bief d'aval pour suivre sa route.

FORCES DE PRESSION DUES A LA PESANTEUR DES LIQUIDES

8. Principe. — *Pression sur le fond des vases.* — *La pression exercée sur le fond d'un vase par le liquide qui s'y trouve a pour mesure le poids d'une colonne de ce liquide ayant pour base le fond du vase et pour hauteur la distance du fond à la surface libre.*

De telle sorte que, si nous prenons trois vases A, B, C,

(*fig.* 45) ayant même fond, mais des formes différentes : un cylindrique, un évasé, et l'autre rétréci, et que nous mettions de l'eau à la même hauteur dans ces trois vases, les fonds supporteront même pression, quelle que soit la quantité d'eau versée dans chacun des vases :

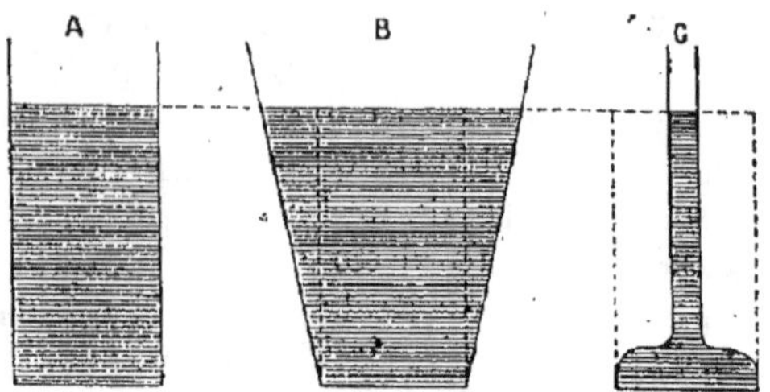

Fig. 45. — Pression sur le fond des vases.

le fond du vase évasé B supportera une pression inférieure au poids du liquide qu'il contient; le fond du vase rétréci C supportera, au contraire, une pression supérieure au poids du liquide qu'il renferme; tous trois supporteront la même pression que le fond du vase A, comme si tous étaient cylindriques.

DÉMONSTRATION. — On démontre ce principe à l'aide de l'appareil de Masson (*fig.* 46). Un lourd collier de plomb peut soutenir alternativement les trois vases A, B, M. Leur fond est formé successivement d'une feuille de verre maintenue solidement au bout d'un fil fixé à l'extrémité d'un des bras d'une balance dont le plateau supporte,

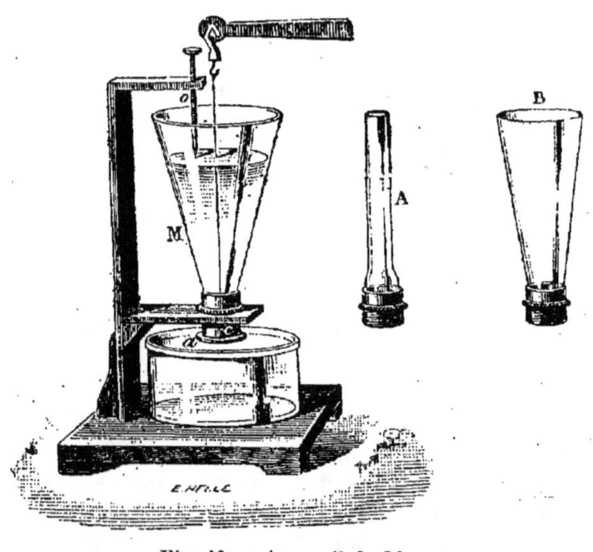

Fig. 46: — Appareil de Masson.

d'autre part, des poids. Plaçant d'abord le vase A, on y verse de l'eau, l'obturateur se détache à un certain moment ; on marque, à l'aide d'un indicateur *o*, la hauteur occupée par l'eau au moment où le fond a cédé.

Remplaçant le vase A par le vase B, puis par le vase M, on voit que l'obturateur se détache lorsque l'eau a atteint la même hauteur dans les trois cas. Ce qui prouve bien que la pression sur le fond du vase n'est dépendante que de la hauteur du liquide et non de la quantité même de ce liquide.

9. Paradoxe hydrostatique. — Pascal a montré d'une autre façon que la pression sur le fond d'un vase est indépendante de la quantité de liquide qu'il contient en prenant un entonnoir (*fig. 47*) fermé par une membrane élastique et prolongé par un tube de caoutchouc. Tenant le tube vertical, on l'emplit d'eau, lui et l'entonnoir : la membrane se gonfle ; vient-on à baisser le tube, la membrane perd de sa convexité, et cependant la quantité d'eau n'a pas varié, mais seulement sa hauteur. Pour rendre plus saisissant ce phénomène, Pascal surmonta un tonneau plein d'eau (*fig.* 48) par un long tube de verre d'un faible diamètre. Puis, par l'extrémité libre de ce tube, il versa de l'eau : il avait à peine versé 1 litre d'eau que le tonneau éclatait sous la pression considérable de cette faible quantité d'eau. Le fond du tonneau avait supporté une pression égale au poids de la colonne cylindrique d'eau qui aurait eu pour base le fond du tonneau et pour hauteur toute la distance du fond au niveau de l'eau dans le tube.

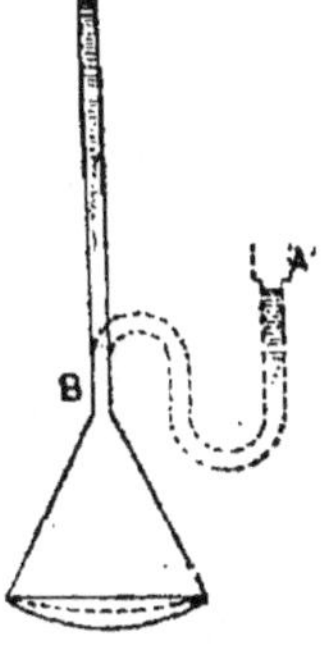

Fig. 47. — Expérience de Pascal.

Fig. 48. — Crève tonneau.

10. Pressions de bas en haut. — Prenons un verre de lampe sur lequel nous appliquerons une plaque de verre (ou simplement de carton bien uni) tenue par un fil, et enfonçons-le verticalement dans l'eau : la plaque tient alors toute seule ; elle est maintenue par la force de pression qui agit de bas en haut, et l'eau n'entre pas dans le verre de lampe (*fig.* 49). Si nous versons de l'eau dans le tube avec précaution, nous verrons la plaque se détacher juste au moment où le niveau de l'eau dans le verre sera le même qu'à l'extérieur. A ce moment la pression extérieure (de bas en haut) sera équilibrée par la pression intérieure (de haut en bas).

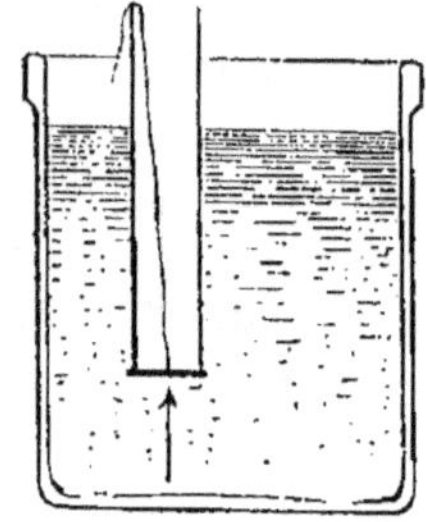

Fig. 49. — Pression de bas en haut.

Une surface plane, à l'intérieur d'un liquide, supporte donc de chaque côté des pressions égales : par exemple une feuille de papier ne se déchire pas au sein de l'eau : elle est pressée également sur ses deux faces.

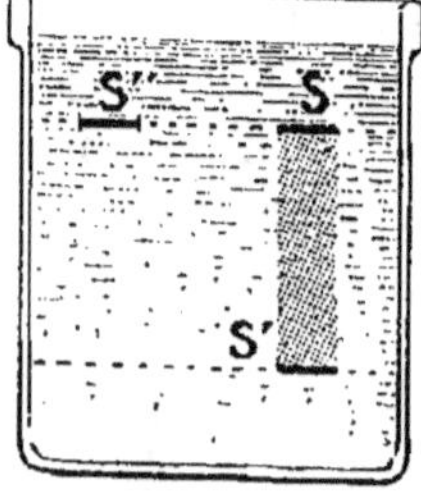

Fig. 49 *bis.*

La pression augmente avec la profondeur, et si nous considérons deux surfaces égales S, S' à des niveaux différents, S' supporte en plus que S, le poids d'une colonne liquide ayant pour base S et pour hauteur la distance qui sépare S et S'. Au contraire la surface S″, égale à S et située au même niveau que S supporte la même pression (*fig. 49 bis*).

11. Pressions sur les parois latérales. — *Une petite surface a de la paroi latérale reçoit de la part du liquide une force de pression égale au poids d'une colonne liquide ayant pour base cette surface a et pour hauteur sa distance à la surface libre.*

Cette pression n'agit pas verticalement, elle agit perpendiculairement à la paroi, et, de dedans en dehors, elle tend à crever la paroi; de telle sorte que, si l'on considère les portions de parois égales a, a' (*fig.* 50), prises à la même profondeur dans le liquide, mais en des positions opposées, elles seront également pressées par des forces dirigées en sens contraires et qui par conséquent se neutraliseront. Mais, si la partie de paroi b venait à céder, la force agissant sur b', n'étant plus neutralisée, mani-

Fig. 50.
Pression des parois.

festerait sa présence en poussant sa paroi.

Démonstration. — C'est ce qu'on observe dans le **chariot à réaction** (*fig.* 51).

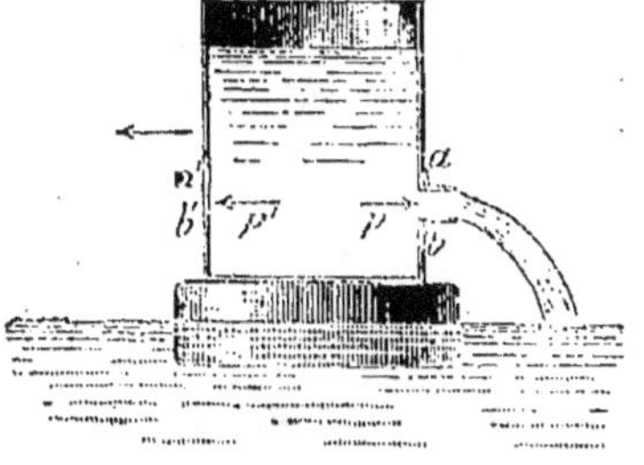

Fig. 51. — Chariot hydraulique.

Un vase cylindrique très léger est porté par un bouchon plat qui flotte sur une cuve à eau. Une ouverture à la paroi de ce véhicule est d'abord fermée par un bouchon. On remplit le vase d'eau et l'on retire le bouchon : le liquide s'écoule, et le chariot se met en marche du côté opposé à la face percée : c'est la force non neutralisée, dont on parle plus haut, qui manifeste son action.

Le **tourniquet hydraulique** est encore une application des pressions latérales. Un vase de verre A (*fig.* 52) est supporté par un axe très mobile ; son col est traversé par un tube recourbé à angle droit BB, mais en sens contraire à ses extrémités. Si on emplit le vase d'eau, et si on permet l'écoulement du liquide par les tubes recourbés, on voit aussitôt l'appareil prendre un mouvement de rotation en sens contraire de l'écoulement du liquide.

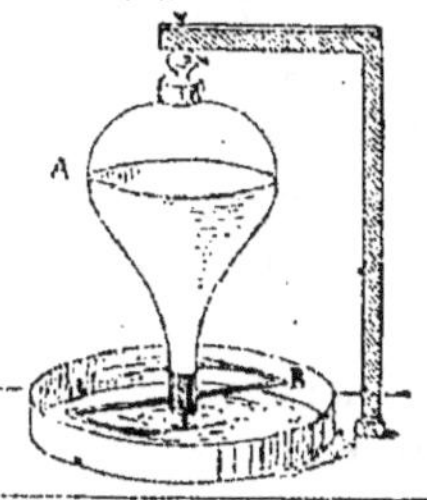

Fig. 52
Tourniquet hydraulique.

Fig. 53.
Fiole des trois éléments.

ÉQUILIBRE
DE PLUSIEURS LIQUIDES

12. Liquides superposés. — *Quand plusieurs liquides incapables de se mélanger sont placés dans le même vase, les surfaces de séparation sont planes et horizontales et les liquides sont rangés par ordre de densités croissantes à partir du haut.*

Pour vérifier ce principe, on met dans une fiole, dite **fiole des trois éléments** (*fig.* 53), du mercure, de l'eau, de l'huile, et l'on agite le mélange ; après repos on voit bien les liquides séparés, l'huile **en** haut, puis l'eau, puis le mercure.

C'est ainsi qu'à l'embouchure des fleuves, on trouve sous l'eau douce une couche d'eau de mer qui s'étend encore loin de l'embouchure.

Si l'on verse doucement du vin ou de l'alcool sur de l'eau, ils resteront à la surface sans se mélanger à l'eau, si l'on n'agite pas le flacon qui les contient.

C'est ce qu'on remarque encore dans une veilleuse contenant de l'huile et de l'eau : l'huile surnage l'eau, et la surface de séparation des deux liquides est plane et horizontale.

13. Vases communiquants. — *Quand deux liquides de densité différente sont dans deux vases communiquants, les hauteurs des colonnes liquides mesurées à partir de la surface de séparation sont inversement proportionnelles aux densités de ces liquides ; la surface de séparation est toujours du côté du liquide le moins dense.*

Ainsi le mercure, étant 13 fois et demie plus dense que l'eau prendra dans la branche B (*fig.* 54) une hauteur 13 fois et demie moins grande que l'eau dans la branche A. Par exemple si $b = 1$ cm., on aura $a = 13$ cm. 5.

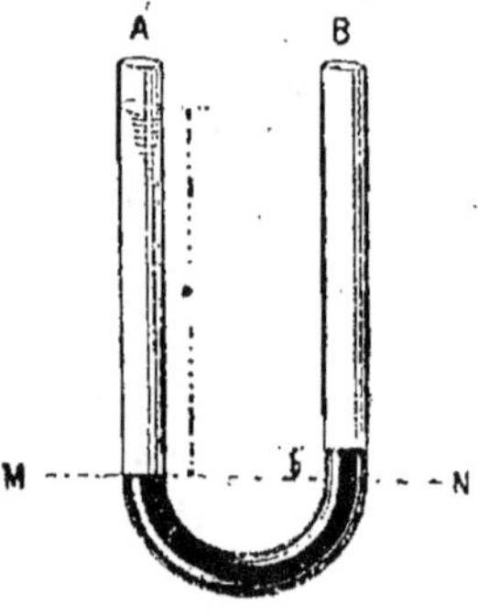

Fig. 54. — Hauteur de deux liquides hétérogènes dans des vases communiquants.
$a = 13,5 \times b$

14. Capillarité. — Les phénomènes de la capillarité paraissent en contradiction avec le principe des vases communiquants. En effet, si dans un vase contenant de l'eau on plonge un tube de verre étroit (*fig.* 55), ou deux lames de verre rapprochées parallèlement ou formant un angle très petit, on voit que le liquide s'élève dans l'intérieur du tube ou entre les deux lames, en *mn*, **au-dessus** du niveau extérieur de l'eau NN', et d'autant plus que le tube est plus étroit ou les lames plus rapprochées.

Si le vase contient non plus de l'eau, mais

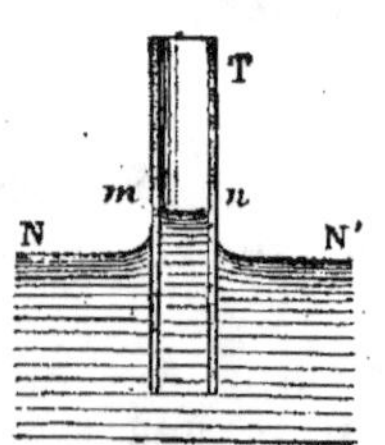

Fig. 55. — Capillarité avec l'eau.

du mercure (*fig.* 56), le niveau *n* du mercure dans le tube ou entre les lames est **inférieur** au niveau extérieur NN'.

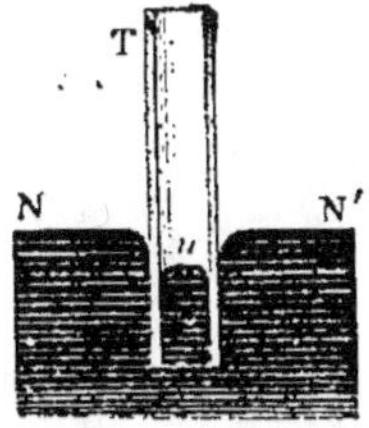

Fig. 56. — Capillarité avec le mercure.

Ces phénomènes résultent de l'attraction moléculaire. L'attraction du verre pour l'eau ou pour un liquide qui le mouille est plus forte que celle des différentes molécules d'eau entre elles : l'eau s'élève donc dans le tube. C'est par un phénomène analogue que l'eau s'élève dans un morceau de sucre, un morceau de papier buvard, un linge, une éponge : elle se glisse dans les pores étroits de ces corps formant autant de tubes capillaires.

Dans le cas du mercure, au contraire, l'attraction des molécules du métal entre elles est plus forte que celle du verre ; le mercure reste donc plus bas dans le tube. Ces phénomènes ne se produisent pas de façon sensible sur des espaces un peu étendus.

PRINCIPE D'ARCHIMÈDE

15. Principe. — *Tout corps plongé dans un liquide reçoit une poussée verticale de bas en haut égale au poids du liquide déplacé par le corps.*

On démontre ce principe à l'aide d'une balance hydrostatique (*fig.* 57 et 58), qui ne diffère des autres que parce qu'elle est munie d'une crémaillère qui peut élever ou abaisser le fléau à volonté. On a un système de deux cylindres, l'un plein, et l'autre creux et ouvert, de volumes absolument identiques : le cylindre plein peut entrer à frottement dans le cylindre creux. On accroche

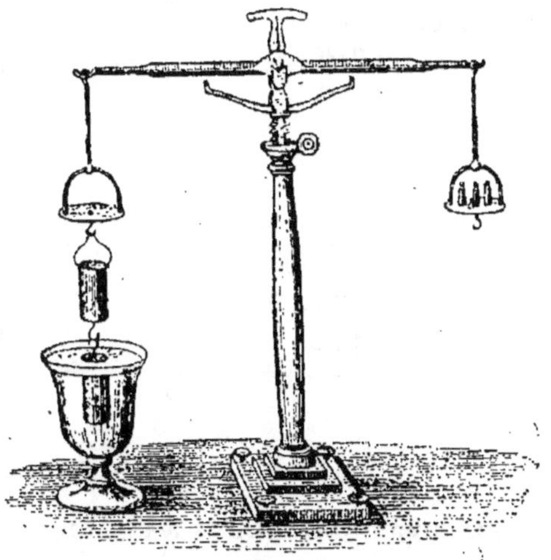

Fig. 57. — Balance hydrostatique.

les deux cylindres sous l'un des plateaux de la balance en mettant le creux en dessus. On place dans l'autre plateau des corps

pesants quelconques jusqu'à ce que l'équilibre soit établi dans l'air ; autrement dit, on fait la tare. A l'aide de la crémaillère on fait descendre le fléau de manière à plonger complètement le cylindre plein dans l'eau du vase. On remarque que dès que ce cylindre a touché l'eau, l'équilibre a été rompu au profit de la tare ; la

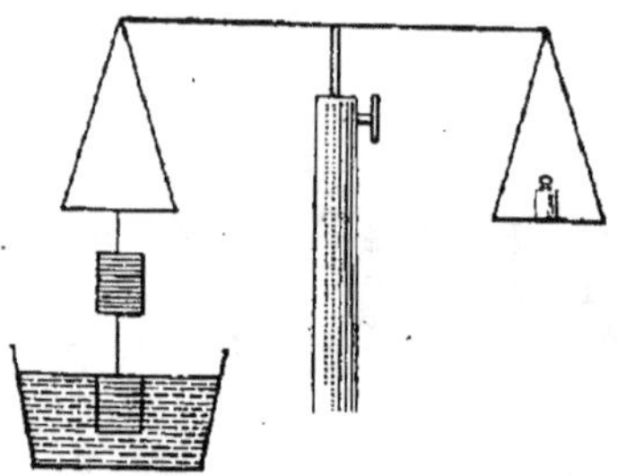

Fig. 58.—Principe d'Archimède, schéma.

rupture d'équilibre annonce une **poussée verticale de bas en haut**. Pour en avoir la valeur, on verse de l'eau dans le cylindre creux, et l'on voit que l'équilibre est rétabli lorsqu'il en est complètement rempli. Donc la perte de poids apparente ou la poussée due à l'immersion est bien **égale au poids d'un volume d'eau égal au volume du corps**.

Ce principe explique la facilité avec laquelle on soulève, dans l'eau, des poids relativement considérables, qu'on ne pourrait soulever dans l'air.

16. Corps flottants. — Tout corps qu'on plonge dans un liquide

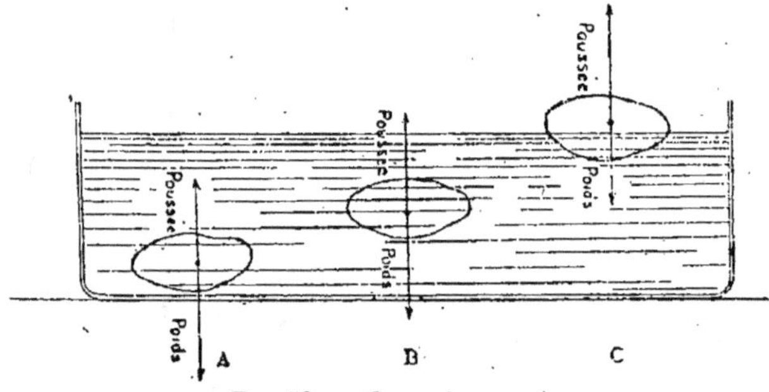

Fig. 59. — Corps immergé.

se trouve donc soumis à l'influence de deux forces contraires : sa pesanteur ou son poids, et la poussée de l'eau.

1° Si le poids du corps immergé (*fig.* 59 A) est plus fort que la poussée, et, par conséquent, si le corps pèse plus qu'un égal volume d'eau, le corps sera entraîné par la résultante des deux forces vers le fond du vase. C'est ce qui arrive pour une pierre, un morceau de fer, etc., immergés.

2° Si le poids du corps est égal à la poussée (*fig.* 59 B), c'est-à-dire si le corps pèse juste autant que le même volume d'eau, le corps restera indécis, en équilibre au sein de la masse liquide. Car les deux forces égales et de sens contraires annulent leurs effets.

3° Si maintenant le corps pèse moins qu'un égal volume d'eau (*fig.* 59 C), la poussée sera supérieure à son poids, elle soulèvera le corps dans la masse liquide et le fera émerger au-dessus de l'eau jusqu'à ce que le volume d'eau déplacé soit assez faible pour que son poids égale le poids total du corps; c'est ce qu'on énonce en disant que :

17. Principe. — *Tout corps qui flotte pèse autant que le liquide qu'il déplace.*

Ce qui explique pourquoi un vase de fer creux flotte quand on lui a donné une forme qui lui permet de déplacer un poids d'eau supérieur à son propre poids, ce qui n'arrive pas pour du fer en masse. C'est ainsi qu'on a fait de grands navires dont la coque est en fer.

Lorsqu'une personne de plus monte dans une embarcation, cette embarcation enfonce dans l'eau d'une quantité qui aurait le poids même de la personne montée. Si elle pèse 60 kilogrammes, il y aura 60 litres d'eau déplacés en plus.

Prenons un exemple simple : Un bac de forme rectangulaire ayant 5 mètres de long sur 2 mètres de large, soit 10 mètres carrés de surface, enfoncera de 10 centimètres sous la charge d'une voiture qui avec son cheval et ses voyageurs pèserait 1.000 kilogrammes, puisqu'il devra déplacer en plus 1 mètre cube d'eau.

Dans un port, quand un gros navire est à quai, on voit bien d'après son enfoncement s'il est chargé ou s'il est vide. Quand on le décharge, il sort de l'eau d'une quantité correspondant à 1 mètre cube par tonne de cargaison enlevée.

DÉMONSTRATION EXPÉRIMENTALE. — *Ludion.* — Pour montrer de quelles façons différentes se comporte un corps plongé, suivant qu'il est plus ou moins lourd, on fait l'expérience du **ludion.** Une figurine d'émail est accrochée au-dessous d'une boule de verre percée d'un petit trou O à sa partie inférieure.

Dans cette boule on a fait pénétrer de l'eau, laissant une quantité d'air suffisante pour que boule et figurine placées dans l'eau puissent y flotter. On place cet appareil dans un vase élevé, presque complètement rempli d'eau et fermé par une peau de vessie tendue. Si l'on vient à appuyer du doigt sur la peau, l'air situé entre elle et l'eau est comprimé, presse l'eau, dont une petite quantité entre dans la boule du ludion (*fig.* 60). Celui-ci alourdi descend ; si l'on cesse de presser la membrane, l'air moins pressé pousse moins l'eau dont la partie entrée tout à l'heure dans la boule sort maintenant ; le ludion allégé remonte à la surface. On peut ainsi, à volonté, l'élever ou l'abaisser dans la masse liquide, et même le maintenir en équilibre au milieu du liquide.

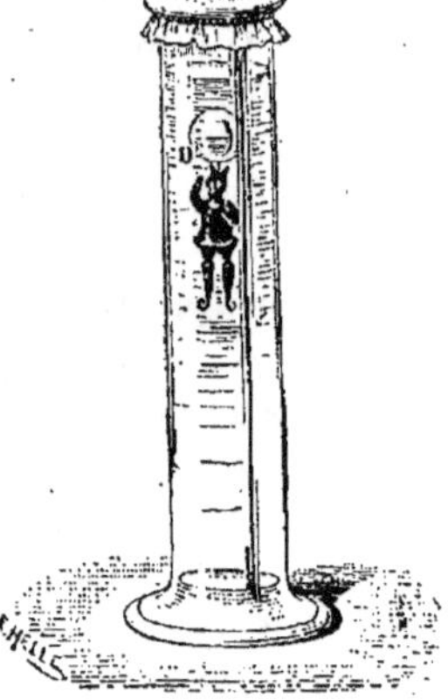

Fig. 60. — Ludion.

Les bateaux sous-marins se comportent à peu près comme le ludion ; on peut faire varier leur poids en laissant entrer ou sortir l'eau de mer d'un réservoir porté par le sous-marin.

DENSITÉS ET POIDS SPÉCIFIQUE

18. Définitions. — On appelle **poids spécifique** d'un corps le poids de l'unité de volume de ce corps. Si nous désignons par P le poids d'un corps dont le volume est V, nous avons, en représentant par D le poids spécifique,

$$P = VD.$$

Cette formule peut aussi s'écrire :

$$D = \frac{P}{V}.$$

Si nous remarquons que le poids de V centimètres cubes d'eau est V grammes, nous pourrons dire que le poids spécifique est aussi le *quotient du poids du corps par le poids du même volume d'eau*.

Sous cette forme, le poids spécifique s'appelle plus souvent la **densité** du corps par rapport à l'eau.

Ainsi, dire que la densité du plomb est 11, c'est dire que le plomb pèse, à volume égal, 11 fois plus que l'eau, ou que le poids d'un décimètre cube de plomb est 11 kilogrammes.

19. Détermination des densités. — A. *Solides.* — *1° Méthode de la balance hydrostatique.* — Pour trouver la densité d'un corps, il faut connaître : son poids P, puis le poids P' d'un égal volume d'eau.

On commence par le peser en employant la double pesée de Borda. On obtient ainsi P.

Le corps est ensuite suspendu à l'extrémité d'un fil très léger

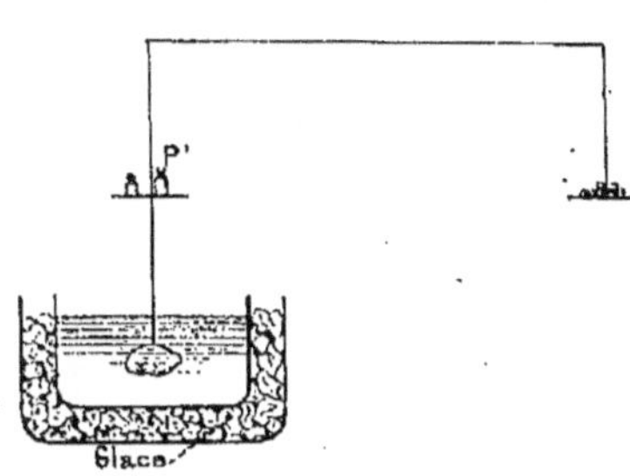

Fig. 61. — Détermination de la densité d'un solide. (Schéma [1].)

attaché au crochet d'un plateau de la balance hydrostatique. On établit la tare dans l'air. On fait descendre ensuite le fléau de manière à immerger le corps dans l'eau d'un vase (*fig.* 61). L'équilibre est rompu au profit de la tare, et, pour le rétablir on met des poids marqués dans le plateau porteur du corps suspendu. Ces poids qu'il faut ajouter représentent le poids P' d'un égal volume d'eau (principe d'Archimède).

On trouve facilement alors : $D = \dfrac{P}{P'}$.

2° Méthode du flacon. — On peut employer un flacon à ouverture assez large pour permettre l'introduction du corps solide : on le remplit d'eau jusqu'à un trait de repère. Le flacon ainsi rempli est placé à côté du corps sur la balance, et on fait la tare.

On enlève alors le corps et on rétablit l'équilibre en mettant à la place du corps des poids ; on a ainsi le poids P du solide.

On met maintenant le corps dans le flacon, l'eau affleurant toujours au même trait de repère ; le

Fig. 62.
Flacon à densité pour solides.

1. Le vase contenant l'eau est entouré de glace pour maintenir cette eau à une température constante et donner au corps la même température.
Dans des expériences très précises, cette disposition nécessite une petite correction, l'eau étant moins dense à 0° qu'à 4°.

flacon étant reporté sur la balance, l'équilibre est rompu ; on le rétablit en mettant sur le même plateau des poids P′ qui remplacent l'eau dont le corps a pris la place. La densité est alors

$$D = \frac{P}{P'}.$$

B. *Liquides*. — 1° *Méthode de la balance hydrostatique*. — On peut trouver la densité d'un liquide en faisant emploi de la balance hydrostatique. Sous l'un des plateaux de la balance on accroche, par un fil, une boule de verre lestée, de telle sorte qu'elle puisse enfoncer dans tous les liquides (*fig.* 63) ; puis on établit sa tare dans l'air. On fait ensuite descendre le fléau de la balance, de telle sorte que la boule plonge dans le liquide dont on cherche la densité ; l'équilibre est aussitôt rompu ; pour le rétablir, on met des poids marqués dans le plateau porteur de la boule ; ils représentent P, poids du liquide déplacé par la boule.

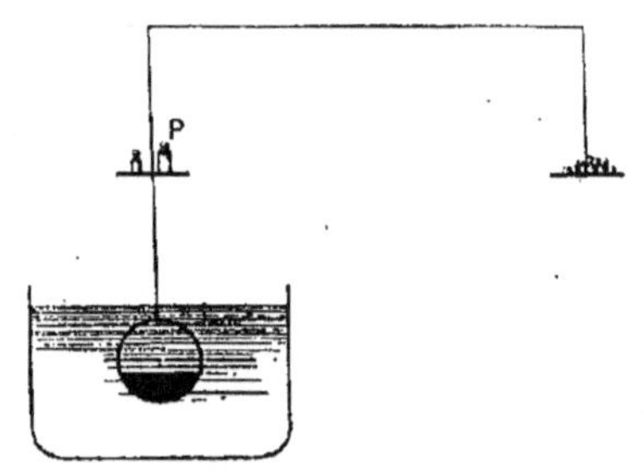

Fig. 63.— Détermination de la densité d'un liquide par la balance hydrostatique.

Enlevant ces poids marqués, la même expérience est recommencée en remplaçant le liquide précédent par de l'eau. Les nouveaux poids, placés dans le plateau pour rétablir l'équilibre, sont P′, poids d'un égal volume d'eau.

D'où l'on tire : $$D = \frac{P}{P'}.$$

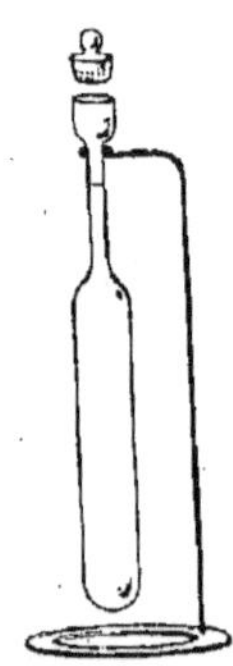

Fig. 64. — Flacon à densité pour liquides.

2° *Méthode du flacon*. — On prend un flacon à col étroit, sur lequel se trouve indiqué un point de repère (*fig.* 64). On fait la tare du flacon vide. On l'emplit alors, jusqu'au point de repère, du liquide dont on cherche la densité, on le pèse ; ce poids fournit P. Le flacon vidé, lavé, séché, est ensuite rempli de nouveau, jusqu'à la division *a*, d'eau bien pure. Le poids qu'on obtient après cette nouvelle pesée est P′, poids du même volume d'eau.

La densité s'obtient alors, comme toujours, en appliquant la formule : $$D = \frac{P}{P'}.$$

20. Densité de quelques corps :

Solides.

Platine écroui	23,00	Fer	7,97
Or	19,25	Etain	7,29
Plomb	11,35	Zinc	7,12
Argent	10,37	Verre	2,50
Cuivre	8,88	Glace	0,94
Arsénic	8,31	Liège	0,24

Liquides.

Mercure	13,59	Eau distillée	1,000
Acide sulfurique	1,84	Vin de Bordeaux	0,994
Lait	1,03	Alcool absolu	0,792
Eau de mer	1,03	Pétrole d'éclairage	0,808

21. Densité des corps qu'on ne peut pas plonger dans l'eau.

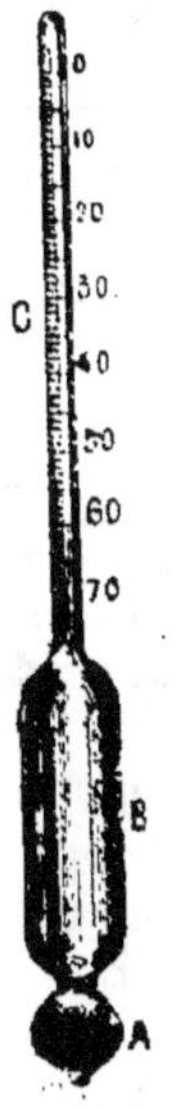

Fig. 65.
Aréomètre
de Baumé.

— Quand un corps est soluble dans l'eau, comme le sucre, on se sert d'un liquide auxiliaire, autre que l'eau et dans lequel le corps ne se dissout pas [1].

On prend d'abord la densité du corps par rapport au liquide auxiliaire employé, puis la densité de ce liquide auxiliaire par rapport à l'eau, et l'on multiplie les deux résultats. En effet, si ce corps est 3 fois plus dense que le liquide auxiliaire, et celui-ci 2 fois plus dense que l'eau, le corps sera 3 fois 2 fois plus dense que l'eau ; il aura pour densité : $2 \times 3 = 6$.

C'est toujours ainsi qu'on procède pour obtenir la densité de tous les corps par rapport à l'eau à 4°. On prend leur densité par rapport à l'eau à 0°, en ayant soin d'entourer de glace fondante les récipients à l'aide desquels on opère dans les recherches de densité ; puis on cherche une fois pour toutes la densité de l'eau à 0° par rapport à 4°, et l'on multiplie les résultats.

22. Aréomètres de Baumé. — Les aréomètres de Baumé sont des instruments (*fig.* 65) qui ne donnent pas le poids spécifique des liquides, mais qui donnent en revanche, des indications sur le degré de concentration auquel est parvenue une dissolution. Ces aréomètres ont une forme à peu près constante, ils ne varient que dans la graduation. Ils se composent d'un tube en verre étroit C, à l'extrémité duquel se trouvent deux ampoules de verre A, B, l'une plus grosse servant de flotteur, l'autre plus petite contenant un lest.

1. Pour le sucre, par exemple, on peut prendre de l'alcool ou du pétrole.

23. Graduation des aréomètres. — *a) Pour les liquides plus denses que l'eau.* — On prend une éprouvette à pied, qu'on remplit d'eau pure, et on y plonge l'aréomètre à graduer (*fig.* 66). Par l'extrémité du tube, qui est alors ouverte, on fait glisser dans l'ampoule inférieure ou des grains de plomb ou du mercure en quantité suffisante pour que la tige presque tout entière enfonce dans l'eau; on n'en laisse émerger que 1 ou 2 centimètres. On grave 0 au point d'affleurement, et on ferme l'ouverture à la lampe d'émailleur.

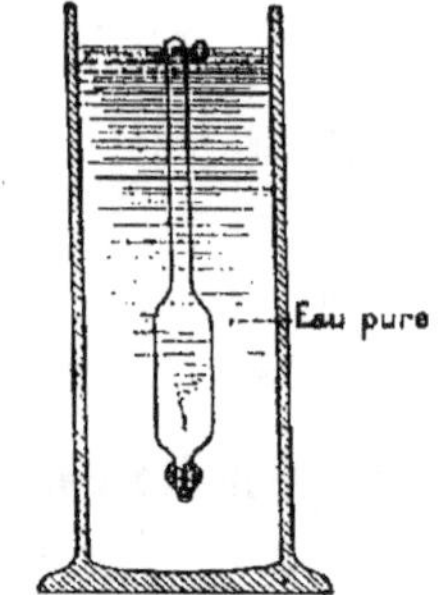

Fig. 66. — Graduation de l'aréomètre de Baumé, pour liquides plus denses que l'eau.

On fait ensuite dans l'éprouvette une dissolution de 15 parties en poids de sel marin et de 85 parties d'eau; on y plonge l'instrument qui y enfonce moins (principe des corps flottants) que dans la première épreuve; à l'endroit où l'affleurement a lieu, on grave 15.

L'intervalle de ces deux points, 0 et 15, est divisé en 15 parties égales, et les divisions sont prolongées autant que le permet la longueur de la tige.

Les appareils ainsi gradués sont nommés, suivant leurs usages : **pèse-sels, pèse-acides, pèse-sirops, pèse-lait.**

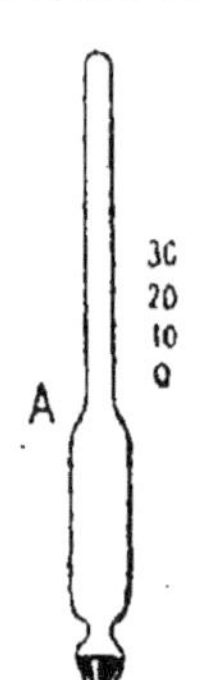

Fig. 67. — Graduation d'un aréomètre pour liquides moins denses que l'eau.

b) Pour les liquides moins denses que l'eau. — On fait une dissolution de 10 parties de sel dans 90 parties d'eau ; l'appareil lesté convenablement s'y enfonce jusqu'au bas de la tige. On marque 0 au point d'affleurement. On fait ensuite flotter l'appareil dans l'eau pure : il s'enfonce un peu plus et on marque 10 au point d'affleurement. On divise l'intervalle en 10 parties égales et on prolonge la division jusqu'en haut de la tige. Les aréomètres ainsi gradués servent de **pèse-esprits, pèse-liqueurs.**

24. Densimètres. — Pour la détermination rapide et approchée de la densité, on peut se servir des aréomètres avec une table donnant les densités correspondant aux degrés de l'aréomètre. Dans certains aréomètres, la densité est marquée sur la graduation même en face du degré. Ces appareils sont alors des densimètres.

25. Alcoomètre centésimal de Gay-Lussac. — L'alcoomètre est un aréomètre qui fut demandé à Gay-Lussac par l'État, dans le but de permettre aux employés des octrois d'apprécier, par une simple lecture, la richesse alcoolique des alcools pour la perception des droits. Une graduation spéciale était nécessaire, car l'alcool et l'eau se pénètrent mutuellement suivant des lois inconnues.

Graduation. — On commence par lester l'appareil de telle sorte que, plongé dans l'eau pure, l'affleurement ne se produise qu'à la naissance de la tige où l'on grave 0. Puis on prend une éprouvette dont la moitié inférieure est partagée en 20 parties de volumes rigoureusement égaux, qui sont marqués 5, 10, 15, 20..., 100 ; elle peut être fermée par un bouchon de verre usé à l'émeri (*fig.* 68).

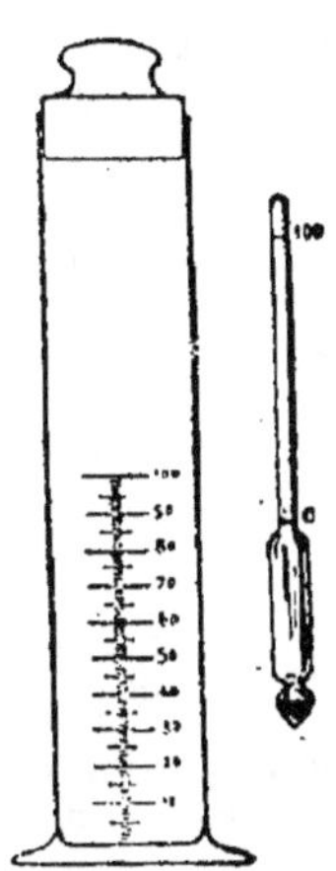

Fig. 68. — Graduation de l'alcoomètre centésimal.

L'appareil étant bien sec, on y introduit de l'alcool absolu jusqu'à la hauteur du trait 5 ; puis on verse de l'eau distillée jusqu'à la division 100. On bouche, on agite l'éprouvette et on laisse reposer, jusqu'à ce que tout le liquide soit redescendu. Si le liquide affleure encore au degré 100, on débouche et on y plonge l'alcoomètre à graduer ; ce nouveau liquide, étant moins dense que l'eau, laissera enfoncer plus profondément l'alcoomètre ; à l'affleurement on marquera 5. On graduera ensuite l'appareil en employant des quantités d'alcool 2, 3, 4, etc., fois plus grandes ; en observant que si, après l'agitation, le niveau du liquide ne revenait pas à hauteur du point 100, il faudrait l'y faire revenir par l'addition d'une petite quantité d'eau distillée. Ainsi, pour obtenir le degré 40, on mettra dans l'éprouvette 40 volumes d'alcool absolu et une quantité d'eau suffisante pour faire 100 volumes après agitation et addition d'eau pour compenser la contraction subie.

Si un tonneau d'alcool de 300 litres est présenté à l'entrée d'une ville soumise à l'octroi et si l'employé, ayant plongé l'alcoomètre dans un échantillon pris dans ce liquide, voit l'affleurement se produire au trait 65, il en conclura que le liquide contient 65 °/₀ de son volume d'alcool. Et, dans le cas présent, il ne réclamera les droits que sur

$$\frac{65 \times 300}{100} = 195 \text{ litres d'alcool.}$$

RÉSUMÉ

1. Hydrostatique. — L'hydrostatique est la partie de la physique qui traite de l'équilibre des liquides.

2-3. Pression. — On entend par **pression** une force qui agit perpendiculairement sur une surface de 1 cm².

Principe de Pascal. — Quand on exerce une pression sur une masse liquide enfermée dans un vase, cette pression est transmise dans tous les sens et proportionnellement aux surfaces pressées.

La **presse hydraulique**, les **ascenseurs hydrauliques** sont des applications de ce principe.

4-7. Action de la pesanteur sur les liquides. — La surface libre d'un liquide en équilibre est plane et horizontale (niveau à bulle d'air).

Les surfaces libres d'un même liquide dans deux vases communiquants sont sur le même plan horizontal.

APPLICATIONS DE CE PRINCIPE : jets d'eau, distribution d'eau dans les villes : puits artésiens, niveau d'eau, écluses.

La pesanteur des liquides donne naissance à des forces de pression qui augmentent avec la profondeur.

8-11. Forces de pression dues à la pesanteur des liquides. — *La pression exercée sur le fond d'un vase par le liquide qui s'y trouve, a pour mesure le poids d'une colonne de ce liquide ayant pour base le fond du vase et pour hauteur la distance du fond à la surface libre.*

On démontre ce principe à l'aide de **l'appareil de Masson** employant des vases de formes différentes, mais tous de même fond. La forme du vase n'intervient donc pas dans la détermination de la pression sur le fond.

Pascal a vérifié le principe dans l'expérience du crève-tonneau.

La paroi latérale d'un vase reçoit, de la part du liquide qu'il contient, une pression équivalente au poids d'une colonne de ce liquide ayant pour base la portion de paroi considérée et pour hauteur la distance de cette portion au niveau libre du liquide.

La pression latérale est perpendiculaire à la paroi et tend à la pousser en dehors (**chariot à réaction, tourniquet hydraulique**).

12-14. Équilibre de plusieurs liquides. — *Les surfaces de séparation de plusieurs liquides de densités différentes placés en un même vase sont planes et horizontales,* et les liquides se placent par ordre de densité croissante à partir de la surface libre (fiole des trois éléments).

Les hauteurs de deux colonnes liquides hétérogènes dans des vases communiquant entre eux sont en raison inverse des densités de ces liquides.

15-17. Principe d'Archimède. — *Tout corps plongé dans un liquide reçoit une poussée verticale de bas en haut égale au poids du liquide déplacé.*

Conséquence du principe d'Archimède : Tout corps flottant pèse autant que le liquide qu'il déplace (**Ludion, sous-marins**).

18-21. Densité. — La densité d'un corps est le quotient du poids P de ce corps par le poids V du même volume d'eau.

$$D = \frac{P}{V}.$$

On détermine les densités des solides et des liquides soit par la méthode du flacon, soit par la balance hydrostatique. Quand on ne peut pas prendre la densité d'un corps par rapport à l'eau, on la prend par rapport à un liquide intermédiaire, puis la densité de ce liquide par rapport à l'eau, et l'on multiplie les deux résultats.

22-25. Aréomètres. — Les **aréomètres** de Baumé sont des instruments qui fournissent des indications sur le degré de concentration des dissolutions. Ils peuvent donner approximativement la densité avec une table de comparaison.

Dans les **pèse-sels, pèse-acides, pèse-lait,** l'affleurement dans l'eau pure marqué 0 se produit au sommet de la tige.

Dans les **pèse-esprits, pèse-liqueurs,** l'affleurement dans l'eau pure se produit au bas de la tige.

L'alcoomètre centésimal de Gay-Lussac est gradué spécialement pour l'alcool et marque 0 dans l'eau pure au bas de la tige, 100 dans l'alcool pur au sommet; 65 pour une dissolution contenant 65 volumes d'alcool pour 100 de volume total.

QUESTIONS D'EXAMEN

1-3. Énoncez et démontrez le principe de Pascal. — De quoi se compose une presse hydraulique? — Quels sont ses usages? — 4. Qu'est la surface libre d'un liquide en équilibre? — 5. Application. — 6. Énoncez le principe des vases communiquants. — 7. Quelles sont ses applications? — Expliquez la formation des puits artésiens et des puits ordinaires. — A quoi servent les écluses? — Quel est leur fonctionnement? — Comment démontre-t-on l'existence des pressions à l'intérieur d'un liquide? — 8-11. A quoi est égale la pression sur le fond horizontal d'un vase? sur une petite portion de paroi latérale? Quelle vérification peut-on en faire? — Expliquer le tourniquet hydraulique. — 12-13. Que se passe-t-il quand on met de l'eau et de l'huile dans deux vases communiquants? — 15. Enoncer le principe d'Archimède. — Comment le démontre-t-on? — 16. Quels cas peuvent se présenter lorsqu'on vient à abandonner un corps dans l'eau? — 17. Enoncez le principe des corps flottants. — 18. Qu'appelez-vous densité d'un corps? et poids spécifique? — 19-21. Comment trouve-t-on la densité d'un solide : 1° par la balance; 2° par l'aréomètre? — Comment trouvez-vous la densité d'un corps liquide : 1° par la méthode du flacon; 2° par la balance? — 22. A quoi servent les aréomètres de Baumé? — Il en existe de combien de sortes — En quoi varient-ils? — 23-24. Comment les gradue-t-on? — 25. Pourquoi a-t-on dû faire une graduation spéciale pour l'alcool? — Quelle est cette graduation?

CHAPITRE III

PESANTEUR DE L'AIR
COMPRESSIBILITÉ DES GAZ

PRESSION ATMOSPHÉRIQUE. — LOI DE MARIOTTE

1. Pesanteur de l'air. — L'air est pesant. Cette propriété, la pesanteur, avait été refusée aux gaz par les premiers physiciens ; et ce n'est que vers le milieu du XVIIe siècle, après les expériences de Galilée et de Torricelli, qu'on fut amené à considérer les gaz comme des corps pesants.

Galilée prit un ballon de verre, d'une dizaine de litres de capacité, et muni d'un robinet. A l'aide d'une machine pneumatique, il fit le vide dans le ballon et le pesa, après en avoir fait la tare. Ouvrant ensuite le robinet pour permettre à l'air d'emplir le ballon, il obtint après pesée un poids supérieur à celui qu'avait accusé la première pesée. Il dut en conclure que l'air est pesant ; 1 litre d'air à 0° pèse, en effet, 0 kg. 001293 soit 1 gr. 293, soit $\frac{1}{770}$ du poids de l'eau.

Le poids de la masse d'air atmosphérique au fond de laquelle nous vivons, doit produire une **pression** sur tous les corps qui y sont plongés. On constate cette pression au moyen d'expériences connues sous les noms d'hémisphères de Magdebourg, crève-vessie, etc.

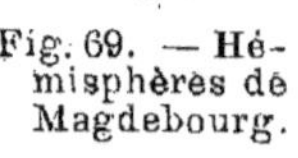

Fig. 69. — Hémisphères de Magdebourg.

2. Expériences prouvant l'existence de la pression atmosphérique. — *a) Hémisphères de Magdebourg.* — Ce sont deux demisphères creuses en métal, dont les bords peuvent s'appliquer exactement l'un sur l'autre (*fig.* 69). L'une porte une garniture à robinet, qu'on peut visser sur la machine pneumatique ; les deux sont munies d'un anneau. Si l'on retire l'air contenu dans les hémisphères, il pourra arriver, quand le volume de la sphère est assez considérable, que deux personnes tirant en sens opposé ne parviendront pas à les séparer. C'est qu'alors la pression atmosphérique, qui s'exerce en tous sens sur la sphère (*fig.* 70), n'est plus équilibrée par la **force élastique** de l'air qui se trouvait précédemment dans les hémisphères. Mais vient-on à rétablir cette poussée intérieure en laissant pénétrer l'air par le robinet qu'on ouvre, il devient facile de les séparer.

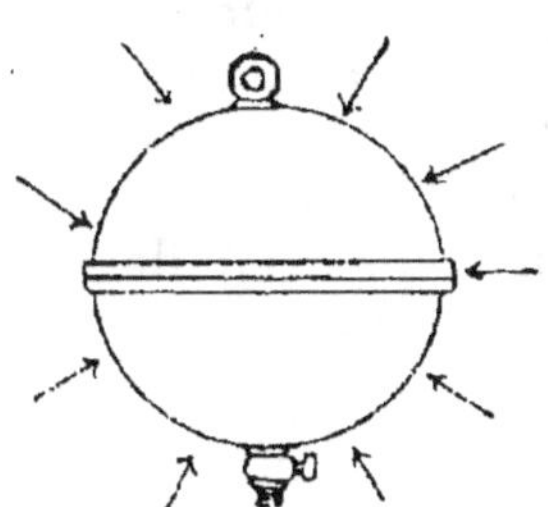

Fig. 70.—Hémisphères de Magdebourg (fig. théorique)

b) Crève-vessie. — On prend un cylindre de verre (*fig.* 71) et l'on ferme une de ses extrémités par une forte membrane de vessie tendue ; on le place ensuite, par l'autre extrémité, sur la platine d'une machine pneumatique. Si la membrane est en ce moment tendue plane, c'est que l'air enfermé dans le cylindre y est avec sa propre pression, qui est égale à la pression extérieure, et que sa force élastique qui agit de bas en haut sur la membrane fait équilibre à la pression atmosphérique, qui agit de haut en bas. Mais, dès qu'on commence à faire le vide dans le cylindre, la vessie se creuse de plus en plus (*fig.* 71), car la pression atmosphérique, restant constante, est de moins en moins équilibrée par la pression de l'air intérieur, qui diminue de plus en plus. Il arrivera même un moment où elle cédera sous la pression extérieure.

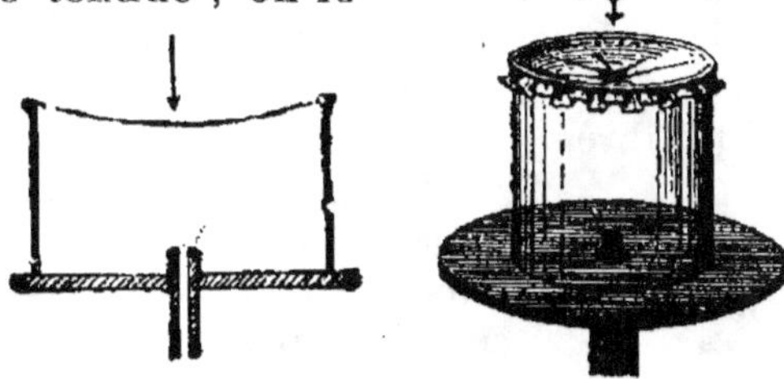

Fig. 71. — Crève-vessie.

La membrane se crève, et l'air qui vient frapper contre les parois du vase fait entendre un bruit assez violent.

c) Coupe-pomme. — On prend un vase de verre ouvert aux deux bouts et terminé, d'une part, par une garniture métallique à bord aigu. On place le vase par son bord de verre sur la platine de la machine pneumatique et l'on dépose une pomme sur la lame de la garniture métallique. Dès que la machine pneumatique fonctionne, que l'air se raréfie sous la pomme, celle-ci, poussée par la pression atmosphérique non équilibrée, s'appuie de plus en plus sur le couteau qui finit par la couper complètement. Elle pénètre alors violemment dans l'intérieur de l'appareil.

d) L'œuf dans la carafe. — On fait durcir un œuf qu'on dépouille ensuite de sa coquille. Puis on chasse l'air d'une carafe en projetant à l'intérieur du papier allumé ; quand celui-ci est sur le point de s'éteindre, on ferme le col de la carafe avec l'œuf (*fig.* 71 *bis*). A mesure que le refroidissement amène la diminution de la force élastique de l'air enfermé dans la carafe, on voit l'œuf dur s'allonger vers l'intérieur jusqu'à ce qu'il y

Fig. 71 *bis*.
Expérience de l'œuf dans la carafe.

pénètre complètement, poussé par la pression atmosphérique non équilibrée.

e) Ventouse. —Dans la ventouse on procède à peu près de la même façon :

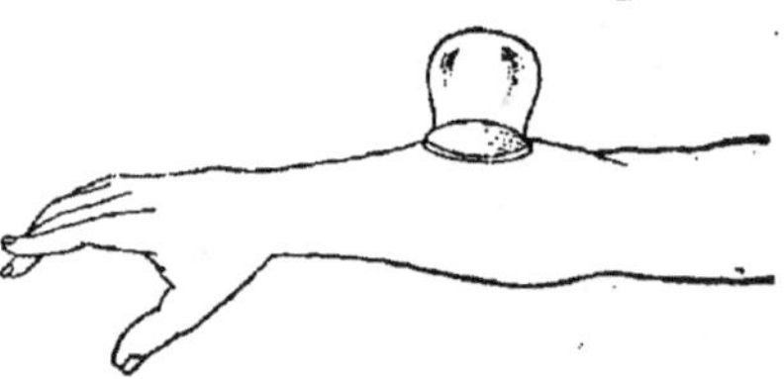

Fig. 72. — Ventouse.

l'air est chassé d'un verre par la chaleur développée par la combustion d'un morceau de papier ; le verre est posé sur la peau (*fig.* 72), qui se trouve poussée dans l'intérieur du verre parce qu'elle supporte en cet endroit une pression inférieure à celle qui agit dans les régions voisines, et que les liquides et les gaz du corps humain y sont à la pression atmosphérique.

f) Pipette tâte-vin. — Pour prendre, afin de le goûter, un petit échantillon de vin contenu dans un tonneau sans percer celui-ci, on introduit dans le trou de la bonde une pipette ; c'est un petit tube métallique ouvert à ses deux extrémités (*fig.* 73) ; pendant qu'une des extrémités est plongée dans le vin, on bou-

Fig. 73.
Pipette
tâte-vin

che l'autre avec le pouce, puis on retire la pipette du tonneau ; le liquide ne s'écoule pas, tant que le pouce bouche l'autre extrémité ; mais, dès qu'on lève le pouce, le vin coule dans la petite tasse destinée à le recueillir pour la dégustation. C'était la pression atmosphérique qui maintenait le liquide et qui empêchait son écoulement par le trou étroit et unique ; mais, dès que la deuxième ouverture est débouchée, le liquide, obéissant à sa pesanteur, s'écoule.

Fig. 74. — Seringue.

g) Seringue. — C'est encore la pression atmosphérique qui fait monter l'eau dans la seringue (*fig.* 74).

On peut varier à l'infini les expériences qui démontrent la pression atmosphérique ; on en décrit de nombreuses dans les livres de physique amusante.

Un verre complètement plein d'eau est recouvert d'une feuille de papier ; si l'on retourne le verre (*fig.* 75), le liquide ne s'échappe pas, si aucune bulle d'air n'est restée entre l'eau et le papier ; c'est la pression atmosphérique qui le maintient ; le papier est là pour empêcher l'air de séparer la colonne d'eau et de monter au fond du verre retourné.

Fig. 75. — Verre plein d'eau bouché par une feuille de papier.

On peut maintenir un sou collé le long d'un mur à parois bien polies en le glissant sur la surface de telle sorte qu'aucune trace d'air ne reste entre le sou et le mur. La pression atmosphérique maintient alors le sou, etc.

3. Évaluation de la pression atmosphérique. — La pression de l'air, que les physiciens antérieurs à 1650 croyaient nulle, est cependant considérable. On évalue que chaque mètre carré pris sur la surface de la terre supporte, du fait de la pression atmosphérique, plus de 100.000 kilogrammes, ce qui fait à peu près 1 kilogramme par centimètre carré.

C'est donc environ un poids de 20.000 kilogrammes que chaque homme supporte de ce fait. Si nous ne sommes pas écrasés sous ce poids, c'est que nous sommes également pressés en tous sens, et que les liquides et les gaz qui remplissent l'organisme réagissent sur les vaisseaux qui les contiennent avec une force équivalente.

Avant Torricelli, on expliquait les phénomènes dus à la pression atmosphérique, comme l'ascension de l'eau dans les pompes, en disant que **la nature avait horreur du vide.**

Mais, vers 1643, des puisatiers de Florence, voulant élever l'eau de l'Arno, à l'aide de pompes, dans des bassins placés à une assez grande hauteur, s'aperçurent qu'elle ne pouvait être aspirée au delà d'une hauteur de 32 pieds, soit 10 m. 33, et que la nature laissait très bien un vide au-dessus de cette limite. L'ancienne explication ne put satisfaire Torricelli.

4. Expérience de Torricelli. — Il prit alors un tube de verre d'environ 3 pieds, soit 1 mètre de longueur, fermé à l'une de ses extrémités C (*fig.* 76); il l'emplit de mercure et après en avoir bouché avec le doigt l'extrémité ouverte, il retourna le tube qu'il plongea dans une cuvette contenant du mercure. Retirant le doigt, il vit alors le mercure descendre instantanément et s'arrêter à une hauteur B de 28 pouces anciens, c'est-à-dire d'environ 0 m. 76 au-dessus du niveau A du mercure dans la cuvette.

Ainsi, alors que l'eau pouvait se maintenir dans un tube privé d'air jusqu'à une hauteur

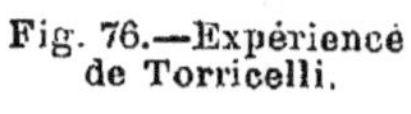

Fig. 76.—Expérience de Torricelli.

de 10 m. 33, le mercure ne pouvait atteindre que 0 m. 76 ; d'autres liquides se maintenaient à des hauteurs d'autant plus grandes qu'ils étaient moins pesants.

Il en conclut que la seule force qui maintenait les liquides dans les tubes privés d'air est la pression atmosphérique qui s'exerce sur la surface libre du liquide ; et que la pression atmosphérique avait pour valeur le **poids de la colonne liquide** maintenue dans le tube. C'est ainsi que, dans son expérience, une colonne de 0 m. 76 de mercure faisait équilibre à la pression atmosphérique tout entière, et que les 10 m. 33 d'eau des fontainiers de Florence faisaient équilibre à cette même pression atmosphérique. La vérification est, d'ailleurs, facile à faire : en effet, s'il est vrai que c'est une pression qui maintient élevés les liquides dans des tubes privés d'air, ils devront s'élever d'autant plus que les liquides sont moins pesants. Or, en divisant la hauteur de l'eau par celle du mercure dans ces tubes, on trouvera la densité du mercure :

$$\frac{10,33}{0,76} = 13,59$$

5. Expérience de Pascal. — Pascal répéta l'expérience sous une autre forme. Il se dit, en effet, que, si c'est à la pression atmosphérique qu'on attribue le maintien du mercure dans le tube de Torricelli, plus on s'élèvera dans l'atmosphère et moins la hauteur du mercure devra être grande dans le tube. Il installa trois tubes de Torricelli, l'un au pied du Puy-de-Dôme, un autre à mi-côte, et le troisième au sommet du mont. Au même moment les témoins placés auprès de ces tubes, ayant mesuré la hauteur du mercure dans chacun d'eux, relevèrent un nombre de pouces et de lignes valant : pour le sommet, 627 millimètres ; et au pied, 710.

BAROMÈTRE

6. Définition. — L'air atmosphérique est sans cesse mis en mouvement par les vents, les pluies, les tempêtes et la pression atmosphérique qui pour un même lieu varie à tout instant. — On appelle **baromètres**[1] les divers instruments disposés pour mesurer cette pression. Le baromètre en effet pèse l'atmosphère.

Les résultats de la pesée atmosphérique ne s'expriment pas en kilogrammes ; l'appareil les accuse en hauteur du mercure. On dit que la pression atmosphérique moyenne, dans notre climat et au niveau de la mer, est de 0 m. 76, pour dire qu'elle équivaut au poids d'une colonne de mercure qui aurait 0 m. 76 de hauteur.

1. *Baro* indique une idée de poids, et *mètre* une idée de mesure.

Cette pression qu'exerce l'atmosphère sur une portion quelconque de la surface de la terre s'appelle une **atmosphère** (*fig.* 77). Une pression qui serait capable de maintenir une colonne de mercure trois fois plus haute que celle du tube de Torricelli serait une pression de 3 atmosphères, etc.

Cherchons la valeur de la pression atmosphérique sur 1 centimètre carré, c'est le poids d'une colonne de mercure ayant 76 cm. de hauteur. Le volume de cette colonne est :

$$1 \times 76 = 76 \text{ cm}^3$$

et son poids est égal au produit de son volume par sa densité qui est 13, 6; donc :

$$P = 76 \times 13, 6 = 1.033 \text{ gr. } 2$$

soit un peu plus de 1 kilogramme.

7. Baromètre à cuvette. — Le baromètre à cuvette est un perfectionnement du tube de Torricelli. Il se compose d'un tube de verre de 90 centimètres environ de longueur. Ce tube est d'abord rempli de mercure, que l'on purge d'air en le chauffant dans

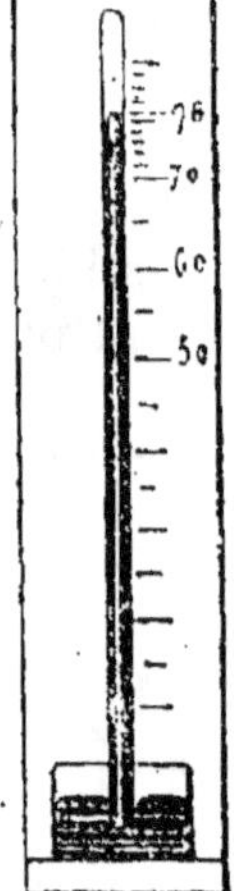

Fig. 77.
Pression atmosphérique.

le tube jusqu'à l'ébullition. Le tube retourné est placé par son extrémité ouverte dans le mercure d'une cuvette à large diamètre. Le tout est ensuite dressé le long d'une planchette que l'on maintient verticale [1]. Une graduation en centimètres et millimètres est portée sur la planche, le long du tube; et le zéro de cette graduation part du niveau libre du mercure dans la cuvette (*fig.* 78).

Pour faire la lecture de la pression atmosphérique, il suffit de voir quelle division

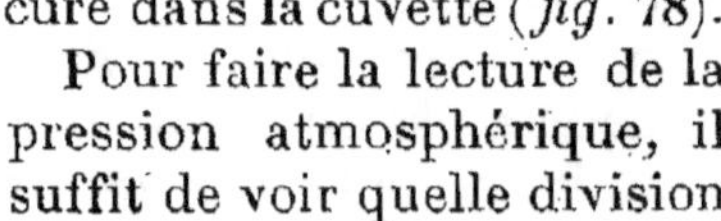

Fig. 78.

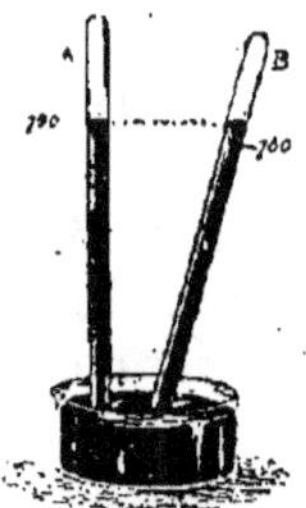

Fig. 79.

1. Il est important que le tube soit vertical ; sans cela, la lecture serait fausse. En effet, si on incline le tube, la hauteur du mercure sera mesurée selon l'axe vertical du tube. La colonne mercurielle devenant oblique sera plus longue que si elle était verticale, comme il est facile de le voir par la figure 79 ci-dessus.

de l'échelle se trouve exactement en regard du niveau du mercure dans le tube.

Le lecture ainsi faite fournira cependant très rarement la valeur exacte de la pression atmosphérique, car le zéro de l'échelle est fixe, tandis que le niveau libre du mercure dans la cuvette est à tout instant variable, et par conséquent rarement en face du zéro. On a donc tantôt une valeur trop forte, lorsque le niveau est au-dessus du zéro ; tantôt une valeur trop faible, lorsque le niveau est au-dessous de zéro. C'est dans le but d'atténuer cette cause d'erreur qu'on donne à la cuvette un grand diamètre dans la partie qu'occupe le niveau libre du mercure.

8. Baromètre à siphon. — Le baromètre à siphon se compose de deux branches en verre d'inégale longueur (*fig.* 80) la plus petite, ouverte ; la plus grande, fermée. On remplit ce baromètre de mercure purgé d'air, puis on le dresse le long d'une planche verticale. Les deux niveaux ne sont évidemment pas dans un même plan horizontal, puisque la pression atmosphérique qui s'exerce en n est remplacée par une colonne mercurielle dans la grande branche en m.

Une double graduation se trouve portée sur la planche : l'une, en regard de la petite branche ; l'autre, en regard de la grande. Le 0 de ces graduations est sur une même ligne horizontale et correspond à la partie inférieure du tube en un endroit où le mercure ne pourra jamais descendre.

La pression atmosphérique qui s'exerce en n a pour valeur la pression mercurielle qui s'exerce en m situé sur une même ligne horizontale. Or cette dernière pression est égale à :

Fig. 80.
Baromètre à siphon.

$$0a - 0m \quad \text{ou} \quad 0a - 0n ;$$

$0a$ se trouve sur la graduation de la grande branche, $0n$ se trouve sur la graduation de la petite.

La pression sera donc obtenue en faisant la différence entre la hauteur du mercure dans la grande branche et celle du mercure dans la petite, toutes deux au-dessus du 0.

Ainsi, si $0a = 879$ millimètres et $0n = 113$ millimètres, la pression atmosphérique sera :

$$879 - 113 = 766 \text{ millimètres,}$$

9. Baromètres métalliques. — Les baromètres métalliques sont basés sur l'élasticité des métaux. Le plus répandu, appelé baromètre anéroïde de Vidie (*fig.* 81) est formé d'une boîte cylindrique en laiton à parois minces, hermétiquement closes. Un vide partiel est fait dans cette caisse. Dès que la pression atmosphérique change, le fond de la boîte fléchit plus ou moins, et ces déplacements sont transmis par un mécanisme à une aiguille mobile sur un cadran divisé.

La graduation se fait par comparaison avec un bon baromètre à mercure.

Fig. 81.
Baromètre métallique.

On a remarqué que les variations de la pression atmosphérique accompagnent souvent les changements de temps; ainsi il pleut généralement quand le baromètre baisse régulièrement pendant quelque temps, une brusque descente du mercure précède le grand vent, etc. On trouve alors au-dessus des graduations des baromètres métalliques les indications très sec, beau fixe, etc., qui correspondent aux hauteurs suivantes :

Très sec.	785 $^{m}/_{m}$	Pluie ou vent.	749 $^{m}/_{m}$
Beau fixe	776	Grande pluie.	739
Beau temps	767	Tempête.	731
Variable.	758		

Les baromètres métalliques sont robustes et faciles à transporter; mais ils ne fournissent pas des résultats aussi précis que les baromètres à mercure.

10. Usages du baromètre. — Le baromètre, en outre des probabilités qu'il donne sur la prévision du temps, est employé pour la **mesure des hauteurs**.

Pascal a, en effet, vérifié que plus on s'élève dans l'atmosphère et plus la hauteur mercurielle s'abaisse dans le tube. Il doit évidemment en être ainsi, puisqu'on laisse au-dessous de soi une colonne d'air qui n'a plus d'action sur le niveau libre du mercure de la cuvette.

Le problème revient à chercher le poids du mercure par rapport à l'air.

Or le mercure pèse 13,59 fois plus que l'eau ; l'eau pèse 772 fois plus que l'air ; donc le mercure pèse 13,59 × 772 ou environ 10.490 fois plus que l'air.

Une colonne de 1 mètre de mercure fera donc équilibre à 10.490 mètres d'air ; ou 1 millimètre de mercure fera équilibre à 10 m. 50 environ d'air.

Alors, chaque fois qu'on s'élèvera dans l'atmosphère et que le mercure accusera une diminution de hauteur de 1 millimètre dans le baromètre, c'est qu'on se sera élevé de 10 m. 50, et d'autant de fois 10 m. 50 que la colonne mercurielle aura baissé de millimètres.

Pour mesurer une montagne à l'aide du baromètre, on devra observer la hauteur de la colonne mercurielle au pied, soit 762 millimètres, et au sommet de la montagne, soit 754 millimètres ; faire la différence, exprimée en millimètres, de ces deux nombres, et multiplier cette différence par 10 m. 50.

La différence de la hauteur barométrique est de :

$$762 - 754 = 8 \text{ millimètres.}$$

La montagne a 10 m. 50 × 8 = 84 m.

Ce calcul ne peut être considéré comme assez exact que pour les petites hauteurs. En effet le raisonnement précédent suppose que l'air possède dans toute sa masse une égale densité, alors que réellement il est d'autant moins dense qu'il est plus élevé.

On se trouve alors obligé de faire des corrections indiquées par une formule assez compliquée, lorsqu'on veut mesurer des hauteurs un peu considérables.

MANOMÈTRES

11. Force élastique ou pression des gaz. — En vertu de leur pouvoir expansif, les gaz exercent des forces de pression sur les parois du vase où ils sont enfermés. Comme les autres pressions, la **force élastique** ou **pression** d'un gaz se compte en kilogr. par centimètre carré.

Pour la mesurer on emploie les **manomètres**. Il en existe de plusieurs systèmes.

12. Manomètre à air libre. — Il se compose d'une cuvette A et d'un tube B ouvert dans l'atmosphère et contenant du mer-

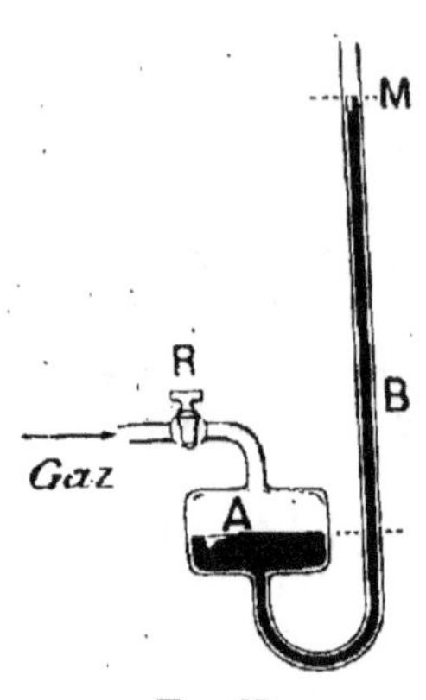

Fig. 82.
Manomètre à air libre.

cure. Le gaz ou la vapeur dont on veut mesurer la pression arrive par le robinet R et force le mercure à monter ; supposons qu'il monte de 76 cm. La pression du gaz fait alors équilibre à cette colonne de mercure qui est chargée en outre de la pression atmosphérique agissant en M (*fig.* 82). La pression est alors de 2 atmosphères. Si le mercure montait à 76 × 2 cm., la pression serait de 3 atmosphères, etc.

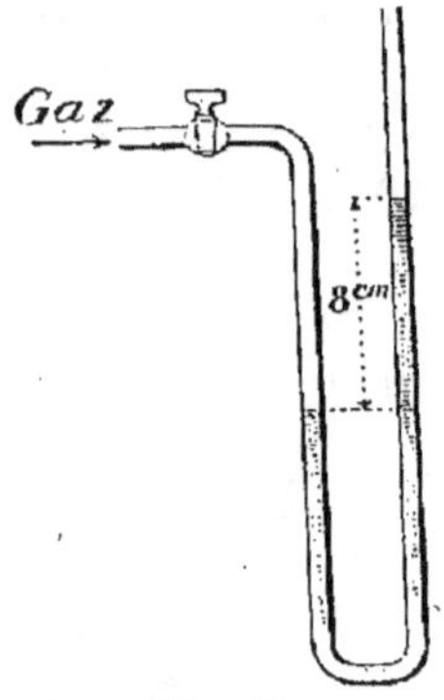

Fig. 83.
Manomètre à eau pour
le gaz d'éclairage.

Pour mesurer des pressions peu différentes de 1 atmosphère, on remplace le mercure par un liquide plus léger, tel que l'eau. Exemple : dans les manomètres destinés à mesurer la pression du gaz d'éclairage (*fig.* 83).

13. Manomètres métalliques. — Le manomètre à air libre n'est pas pratique pour les grandes pressions, car le tube de verre doit être alors fort long. On emploie alors les **manomètres métalliques** (*fig.* 84) reposant sur les mêmes principes que les baromètres du même nom. Le fluide arrive dans un tube en laiton, de forme aplatie, dont on voit à droite de la figure une coupe ; plus la pression est grande, plus le tube tend à s'ouvrir ; l'extrémité se déplace en entraînant l'aiguille qui se meut sur le cadran.

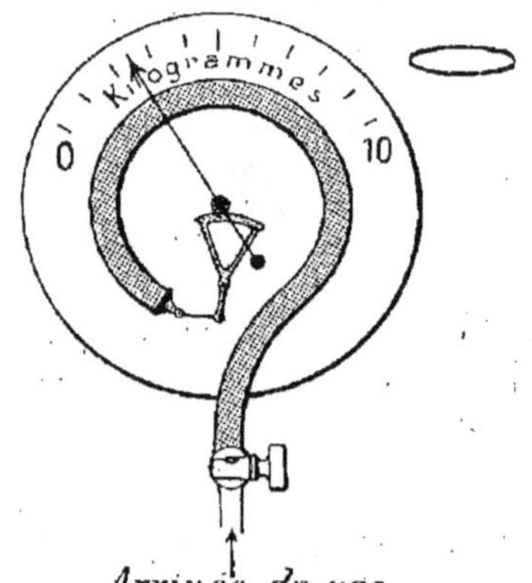

Fig. 84.
Manomètre métallique avec section
du tube du manomètre.

La graduation est en kilogrammes par centimètre carré ; elle est faite par comparaison avec un manomètre à air libre.

LOI DE MARIOTTE

Quand on change la pression d'un gaz, son volume change aussi : nous l'avons vu dans l'expérience du briquet à air.

14. Loi de Mariotte. — *Les volumes occupés par une masse de gaz dont la température reste invariable sont en raison inverse des pressions qu'elle supporte.*

Ce qui signifie que si la pression devient un certain nombre de fois plus grande, le volume devient le même nombre de fois plus petit.

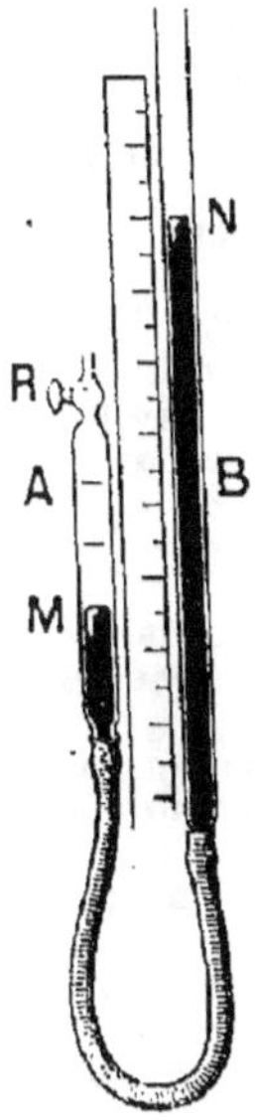

Pour vérifier la loi de Mariotte on se sert de deux tubes de verre A et B (*fig*, 85) réunis par un solide tuyau de caoutchouc. A est fermé par un robinet et divisé en centimètres cubes à partir de ce robinet ; il contient de l'air dont le volume est ainsi connu.

B contient du mercure et joue le rôle d'un manomètre à air libre. Supposons, par exemple, que à l'instant de l'expérience le baromètre marque 75 cm. et que la hauteur MN qui sépare les deux niveaux du mercure soit de 20 cm. La pression de l'air enfermé en A équivaut alors à une colonne de mercure de 20 + 75 = 95 cm. (En effet la pression atmosphérique agissant en N peut être remplacée par 75 cm. de mercure.)

En élevant plus ou moins le tube B, on pourra changer à la fois le volume et la pression de la masse d'air enfermée en A, et vérifier que le volume est toujours en raison inverse de la pression.

Fig. 85. — Appareil pour vérifier la loi de Mariotte.

On peut exprimer la loi de Mariotte par une formule. Soient V et V' les volumes occupés par la masse de gaz sous les pressions P et P' ; on a, d'après la loi,

$$\frac{V}{V'} = \frac{P'}{P},$$

ou encore :
$$VP = V'P'.$$

Le produit du volume par la pression est constant pour une masse de gaz dont la température ne change pas.

Les expériences modernes ont appris qu'à des pressions très

élevées (par exemple 400 atmosphères) les gaz n'obéissent plus
à la loi de Mariotte.

RÉSUMÉ

1-5. Pesanteur de l'air. — L'air est pesant : 1 litre d'air pèse 1 gr.293.

L'atmosphère est donc pesante (**crève-vessie, hémisphères de Magde-bourg**).

Autres effets de la pression atmosphérique (coupe-pomme, œuf dans la carafe, ventouse, pipette).

Un mètre carré pris à la surface du sol reçoit de l'atmosphère une pression d'un peu plus de 10.000 kilogrammes.

Cette pression est capable de faire équilibre au poids d'une colonne de mercure de $0^m,76$ de hauteur (expérience de **Torricelli**, expérience de **Pascal** au Puy-de-Dôme) ou d'une colonne d'eau de $10^m,33$.

6-10. Baromètre. — Le **baromètre** est un instrument qui sert à mesurer la pression atmosphérique. La valeur de cette pression s'exprime en hauteur de mercure ; elle équivaut normalement à une hauteur de 760 millimètres de mercure.

Dans son principe, le baromètre se compose d'un tube fermé à une extrémité, ouvert à l'autre, rempli de mercure purgé d'air, et reposant par sa partie ouverte sur une petite cuve contenant du mercure. (C'est le tube de Torricelli.)

Il y a plusieurs genres de baromètres : le **baromètre à cuvette** et le **baromètre à siphon.**

Le **baromètre anéroïde** est en métal et gradué par comparaison avec un baromètre à mercure.

En dehors des indications qu'il fournit sur la **probabilité du temps**, le baromètre sert à la **mesure des hauteurs**. Quand le mercure s'abaisse de 1 millimètre, c'est qu'on s'est élevé avec lui de 10 mètres 50 environ.

11-13. Manomètre. — Le manomètre sert à mesurer la force élastique du gaz ou des vapeurs. Le manomètre à air libre mesure la pression en colonne de mercure ; il est peu commode pour la pratique.

Les manomètres industriels sont basés sur l'élasticité des métaux; ils sont gradués en kilogrammes par centimètre carré.

14. Loi de Mariotte. — Les gaz sont extrêmement compressibles et extrêmement dilatables, et tous de la même manière. *Les volumes occupés successivement par une même masse gazeuse sont en raison inverse des pressions qu'elle supporte, si la température ne change pas.*

QUESTIONS D'EXAMEN

1. L'air est-il pesant? — L'a-t-on toujours cru ? — Quelle expérience fit Galilée pour montrer la pesanteur de l'air ? — 2. Décrivez l'expérience des hémisphères de Magdebourg, du crève-vessie, du coupe-pomme, de l'œuf dans la carafe, de la ventouse, de la pipette. — 3. Pourquoi l'atmosphère ne nous écrase-t-elle pas sous son poids ?—4. En quoi consiste l'expérience de Torricelli ? — Jusqu'à quelle hauteur le mercure s'élève-t-il dans le tube privé d'air ? et si c'est de l'eau ? — Décrivez l'expérience de Pascal au Puy-de-Dôme. — 5-7. De quoi se compose un baromètre à cuvette? — Comment est-il gradué ? — En quoi consiste l'erreur de lecture ? — 8. Comment est gradué un baromètre à siphon ? où est le zéro ? — Comment fait-on la lecture? — 9. Sur quel principe est fondée la construction du baromètre anéroïde ?—10. Quels sont les usages du baromètre ? — A quelle hauteur d'air un millimètre de mercure fait-il équilibre ?—Comment ce nombre est-il trouvé?—Le calcul de la mesure des hauteurs ainsi fait est-il exact ? pourquoi?— 11-13. A quoi sert un manomètre?—Quels sont les différents genres de manomètres? — Comment sont-ils gradués ? — 14. Énoncez et démontrez la loi de Mariotte.

CHAPITRE IV

APPLICATIONS DES PROPRIÉTÉS DES GAZ

AÉROSTATS

1. Principe d'Archimède appliqué au gaz. — Le principe d'Archimède relatif à la poussée que reçoivent les corps plongés dans les liquides peut se généraliser et s'appliquer aussi bien aux gaz qu'aux liquides ; nous l'énoncerons ainsi :

Tout corps plongé dans un fluide reçoit une poussée verticale de bas en haut, égale au poids du fluide déplacé par ce corps.

Une des conséquences de ce principe est de nous montrer que nous commettons une erreur lorsqu'après avoir pesé un corps dans l'air nous croyons avoir obtenu son poids exact. Ce poids obtenu n'est que le **poids apparent** du corps pesé ; son **poids absolu** est égal à son poids apparent augmenté de sa poussée. La pesée serait exacte si les poids marqués avaient même volume que le corps pesé ; mais, chaque fois qu'il n'en sera pas ainsi, nous n'aurons dans l'air que le poids apparent du corps. Cependant cette erreur est si faible que, pour les pesées faites sur des liquides et surtout sur des solides, nous pourrons constamment la négliger.

2. Baroscope. — On rend sensible la différence entre le poids absolu et le poids apparent des corps à l'aide du **baroscope** (*fig.* 86). Aux extrémités des bras du fléau d'une petite balance on suspend une grosse sphère métallique creuse et une petite sphère métallique pleine ; elles sont réglées de telle sorte que, dans l'air, elles se fassent équilibre. On place le baroscope sous la cloche de la machine pneumatique et l'on fait le vide. On voit

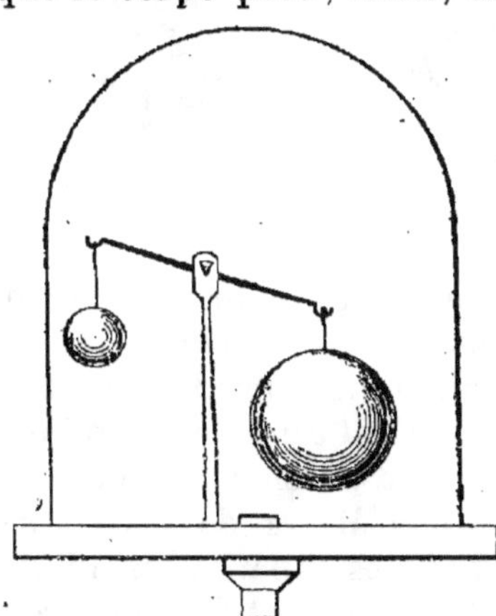

Fig. 86. — Baroscope.

alors la grosse boule l'emporter en poids sur la petite ; son poids est maintenant plus fort qu'il ne l'était dans l'air : c'est que la grosse boule recevait de l'air une poussée supérieure à celle de la petite ; ce que nous indique d'ailleurs le principe d'Archimède.

3. Montgolfières. — Nous avons vu qu'un bouchon de liège abandonné au sein d'une masse liquide s'élevait jusqu'à sa surface, poussé par cette force que nous apprend à évaluer le principe d'Archimède.

Or, si dans l'atmosphère nous plaçons un corps dont le poids soit inférieur à celui du volume d'air qu'il déplace, il agira comme le bouchon placé dans l'eau et, si son volume restait constant, il s'élèverait jusqu'à ce qu'il rencontre une couche d'air dont la densité aura diminué pour qu'il y puisse flotter.

Ce sont ces corps complexes qui, placés dans l'air et s'y élevant après avoir déplacé un poids supérieur au leur, ont reçu le nom de **ballons** ou d'**aérostats**. La force avec laquelle ils s'élèvent se nomme **force ascensionnelle** ; elle est égale à la poussée, diminuée du poids du ballon.

Les aérostats les premiers inventés le furent par les frères Montgolfier, fabricants de papier à Annonay, qui commencèrent leurs essais en 1783. Ces ballons, appelés **montgolfières** (*fig.* 87), étaient

Fig. 87. — Montgolfière

des cages d'osier recouvertes de papier et pourvues à leur partie inférieure d'un orifice largement ouvert. On faisait du feu sous cet orifice au moyen de substances produisant plus de fumée que de flamme, pour éviter d'enflammer l'appareil ; le ballon se remplissait ainsi peu à peu d'air chaud, plus léger que l'air froid, et devenait capable de s'élever dans les airs. Malgré les dangers qu'offraient de pareilles expériences, Pilâtre de Rozier, le marquis d'Arlandes, Blanchard et de nombreux voyageurs exécutèrent de périlleuses ascensions qui coûtèrent la vie à quelques-uns d'entre eux.

Le physicien Charles, ayant eu connaissance des essais des frères Montgolfier, mais sans indication sur la nature du gaz employé, répéta l'expérience en décembre 1783 avec un **ballon** rempli d'hydrogène et formé de toile fine rendue à peu près imperméable à l'hydrogène à l'aide d'un enduit particulier.

On a réservé plus spécialement à ces derniers appareils le nom d'aérostats.

4. Disposition actuelle des aérostats. — On emploie comme enveloppe la soie caoutchoutée, découpée en forme de fuseau et cousue par ses bords ; le tout est recouvert d'un vernis.

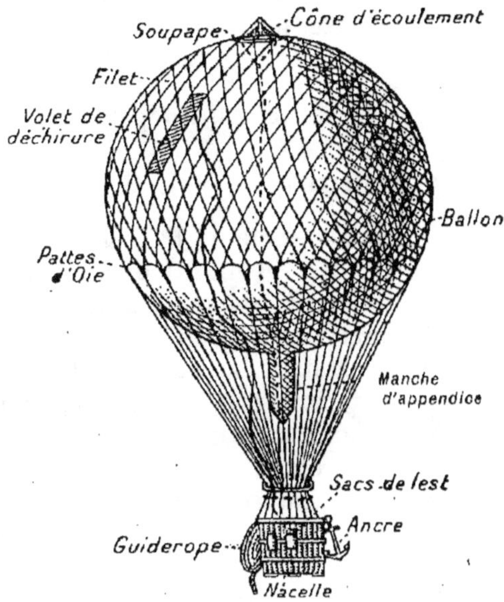

Fig. 88. — Ballon sphérique.

A la partie supérieure se trouve une soupape s'ouvrant de dehors en dedans et dont on peut tirer la tige au moyen de cordes qui traversent tout l'appareil et viennent s'attacher dans la nacelle, à portée de la main de l'aéronaute.

Le ballon (*fig.* 88) se termine à la partie inférieure par une sorte de boyau par lequel on introduit le gaz.

Le gaz généralement employé est celui qu'on fabrique pour l'éclairage, car l'hydrogène se conserve difficilement dans ces enveloppes de soie gommée ; cependant on paraît devoir revenir à son emploi.

Le gaz d'éclairage, étant moins léger que l'hydrogène, exige que le ballon ait un volume beaucoup plus grand pour obtenir la même force ascensionnelle.

Un filet recouvre les deux tiers supérieurs du ballon ; une partie des cordes, descendant de ce filet, supportent la **nacelle** tandis que celles qui ont servi à retenir l'appareil avant le départ flottent librement dans l'air.

Un certain nombre de sacs de sable fin, qui constituent le

lest, sont disposés autour de la nacelle pour être jetés en temps opportun.

Enfin le ballon ne doit pas être complètement gonflé au départ, car, au fur et à mesure qu'il s'élève, la pression intérieure augmente d'autant, et le ballon se gonfle.

C'est une application simple de la loi de Mariotte. Si le ballon, au départ, contient 1.200 mètres cubes de gaz et que le baromètre marque 75 centimètres, lorqu'on sera à une hauteur d'environ 2.000 mètres, le baromètre ne marquera plus que 60 centimètres.

La pression nouvelle étant $\frac{60}{75}$ ou $\frac{4}{5}$ de celle du départ, le nouveau volume sera les $\frac{5}{4}$ de celui du départ ou 1.500 mètres cubes.

Le baromètre est le guide indispensable de l'aéronaute qui a toujours les yeux sur lui pour savoir s'il monte ou descend ; son baromètre lui fournit non seulement le sens du mouvement vertical que le ballon possède, mais encore, après calcul, la hauteur à laquelle il est parvenu. Mais il suffit, quand on ne cherche qu'à savoir si l'on monte ou non, d'attacher aux bords de la nacelle une longue banderole qui, à cause de la résistance de l'air, est toujours en retard sur le mouvement du ballon. Quand l'extrémité de la banderole est dirigée vers le haut, c'est que le ballon descend ; dans le cas contraire, il monte.

5. Moyen de s'élever ou de descendre. — Pour s'élever, il faut augmenter la force ascensionnelle ; on n'a qu'un moyen : c'est de diminuer le poids du ballon en jetant peu à peu du lest. Pour descendre, il faut diminuer la force ascensionnelle, ce qu'on fait en réduisant le volume du ballon : en laissant échapper, à l'aide de la soupape, une partie du gaz qui le gonfle.

6. Direction. — La direction des ballons est un problème complètement résolu aujourd'hui, grâce à la construction de moteurs légers et puissants à la fois.

Les ballons dirigeables ont une forme allongée pour offrir moins de résistance à l'air ; ils sont maintenus complètement gonflés pour conserver une forme invariable. La propulsion se fait au moyen d'une ou plusieurs hélices qu'un moteur à pétrole fait tourner ; des gouvernails assurent la direction dans tous les sens (*fig.* 89 et 90).

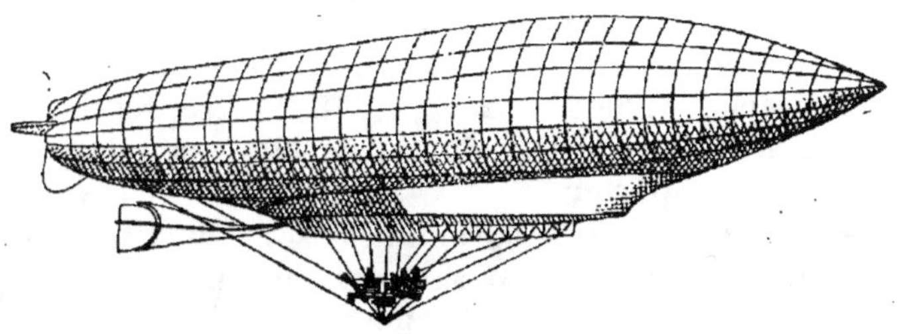

Fig. 89. — Le dirigeable *République*.

7. Calcul de la force ascensionnelle. — Soit par exemple un ballon de 1.000 mètres cubes gonflé avec de l'hydrogène. Le

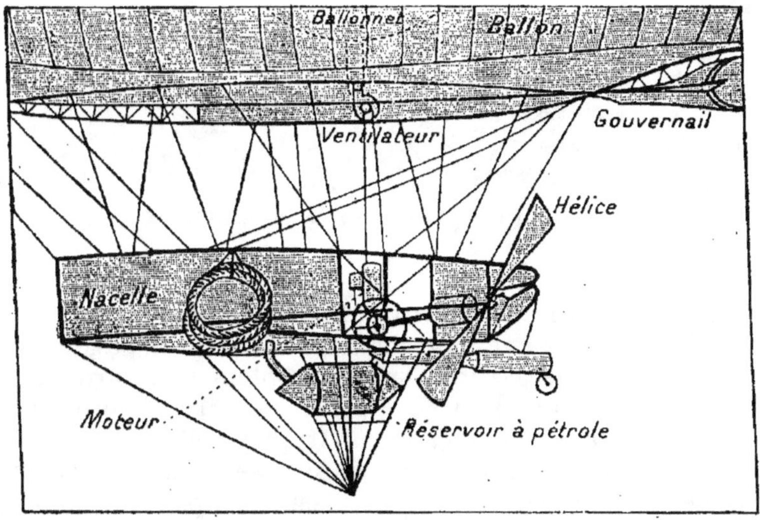

Fig. 90. — Nacelle et moteur du *République*.

volume de la nacelle et des agrès est négligeable ; le poids de l'air déplacé est :

$$1.000 \times 1,2 = 1.200 \text{ kilogs.}$$

en prenant 1 kg. 2 comme poids moyen d'un mètre cube d'air

(ce poids varie avec la température et la pression). L'hydrogène pesant 14 fois et demie moins, aura comme poids :

$$\frac{1.200}{14,5}\ 82\ \text{kilogr. environ.}$$

La différence 1.200 — 82 = 1.118 kg. représente le poids total de l'enveloppe, filet, agrès, nacelle, personnes que le ballon pourra emporter.

8. Aéroplanes. — Les *aéroplanes* sont d'autres appareils de navigation aérienne reposant sur un principe totalement différent. Les inventeurs ont cherché ici à se rapprocher des conditions mécaniques du vol des oiseaux, en utilisant la résistance de l'air sur des surfaces portantes horizontales ou faiblement inclinées. Si l'appareil est animé d'une vitesse suffisante

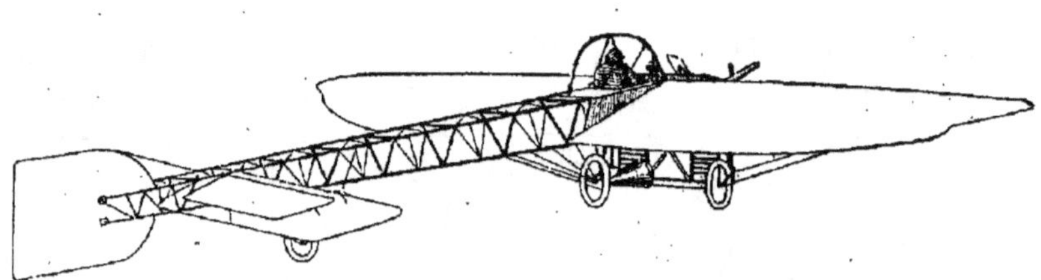

Fig. 91. — L'aéroplane monoplan Blériot.

(au moins 50 km. à l'heure), la résistance de l'air le soutient comme un oiseau et contrebalance l'effet de la pesanteur.

La vitesse nécessaire a pu être obtenue au moyen d'hélices propulsives tournant très rapidement ; il a fallu inventer des moteurs assez puissants pour mettre ces hélices en mouvement, assez légers pour ne pas trop surcharger l'appareil volant. Ces moteurs sont des moteurs à essence de pétrole, comme ceux des automobiles, mais d'une construction particulièrement soignée.

De légères modifications dans la forme des plans ou ailes de l'aéroplane, ainsi que l'emploi de divers gouvernails permettent de diriger complètement l'appareil.

Il existe de nombreux modèles d'aéroplanes ; on les classe

en deux genres principaux : les *biplans*, dont la surface portante se compose de deux plans horizontaux ; les *monoplans*, qui ne possèdent qu'un seul plan pour les soutenir dans l'air.

En augmentant la puissance des moteurs, on a pu accroître beaucoup la vitesse des aéroplanes (jusqu'à 175 ^{km} à l'heure) et

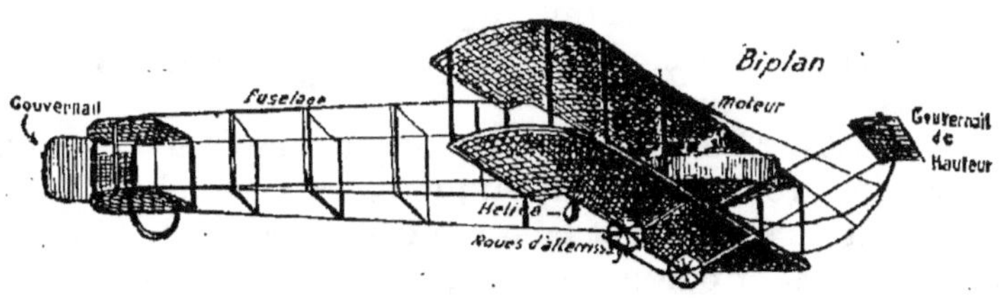

Fig. 92. — L'aéroplane biplan Voisin.

les rendre capables d'emporter des charges considérables, telles que des mitrailleuses et même des canons.

POMPES

9. Définition. — Les **pompes** sont les appareils, grands ou petits, qui servent à déplacer ou lancer des gaz ou des liquides, en surmontant une résistance. Cette résistance, pour les gaz, est habituellement leur force élastique ; pour les liquides, leur poids ou leur pression hydrostatique.

La pièce importante d'une pompe est la **soupape** : porte d'entrée qui ne laisse plus sortir, ou porte de sortie qui ne laisse plus rentrer. On emploie ordinairement deux soupapes, entre lesquelles est le **corps de pompe**, espace à remplir du gaz ou du liquide et que l'on fait varier de volume par un effort extérieur.

POMPES A GAZ

10. Soufflet. — La plus simple des pompes à gaz est le soufflet ; soufflet d'appartement (*fig.* 93), soufflet de forge, soufflet d'orgue.

Le corps de pompe est formé de deux planches réunies par des
éclisses, parois plissées de cuir souple ; les deux tables peuvent
s'éloigner ou se rapprocher alternativement, ce qui augmente
ou diminue le volume de l'air
enfermé.

La soupape est un simple
morceau de peau B recou-
vrant intérieurement un ou
plusieurs trous dans la planche où elle n'est fixée que

Fig. 93.
Soufflet : — A. Tuyère de sortie de l'air ; —
B. Soupape et ouverture d'entrée de l'air.

d'un dés côtés. Elle empêche l'air de passer quand elle est pous -
sée vers les trous, et s'y applique en les bouchant. En sens
inverse, elle se soulève et laisse entrer l'air.

Dans le soufflet d'appartement, il n'y a que la soupape d'entrée, laissant pénétrer très largement l'air quand on écarte les
deux planches. L'ouverture de sortie A étant très étroite, il n'y
rentre qu'une quantité d'air insignifiante ; une soupape de sortie
serait plutôt gênante.

Dans les autres soufflets, il y a deux soupapes, et, en outre,
après la soupape de sortie de l'air, un réservoir élastique
fait comme le soufflet lui-même et qui fournit un jet d'air
continu.

11. Machine pneumatique. — Les pompes à gaz des laboratoires sont plus luxueuses et plus compliquées. Les principales sont la machine pneumatique et la pompe de compression.

La **machine pneumatique** (*fig.* 96) est un instrument qui sert
à raréfier l'air dans un récipient. Elle a été inventée par Otto
de Guéricke, bourgmestre de Magdebourg.

Depuis son invention, elle a subi de nombreuses modifications.
Elle se compose essentiellement (*fig.* 94) d'un corps de pompe A,
dans lequel se meut un piston B percé d'une ouverture munie
d'une soupape C s'ouvrant de bas en haut. Du fond du corps de
pompe part un tuyau qui va déboucher sur une petite table
circulaire qu'il traverse. C'est sur cette table P, qu'on nomme
la **platine**, que se placent les récipients dont on désire retirer
l'air. La communication de ce tuyau avec le corps de pompe
peut être maintenue ouverte ou fermée par un tampon S fixé à
l'extrémité d'une tige de fer qui traverse le piston à frottement

dur ; l'autre extrémité de la tige qui traverse le couvercle du corps de pompe porte deux arrêts transversaux qui empêcheront la tige de dépasser certaines limites dans sa montée ou dans sa descente.

FONCTIONNEMENT DE L'APPAREIL. — Pour faire fonctionner cette pompe, supposons d'abord le piston en haut de sa course : de l'air à la pression normale se trouve dans la cloche, le tuyau de communication et le corps de pompe. Si nous abaissons le piston (*fig.* 94), l'ouverture S se ferme, par suite du frottement de la tige dans le piston ; l'air du corps de pompe va se trouver de plus en plus comprimé et acquérir une force élastique assez grande pour ouvrir la soupape C et s'échapper dans l'atmosphère ; et, lorsque le piston sera arrivé au bas de sa course, tout l'air du corps de pompe aura disparu. L'air à la pression normale n'occupe donc plus que le tuyau et le récipient.

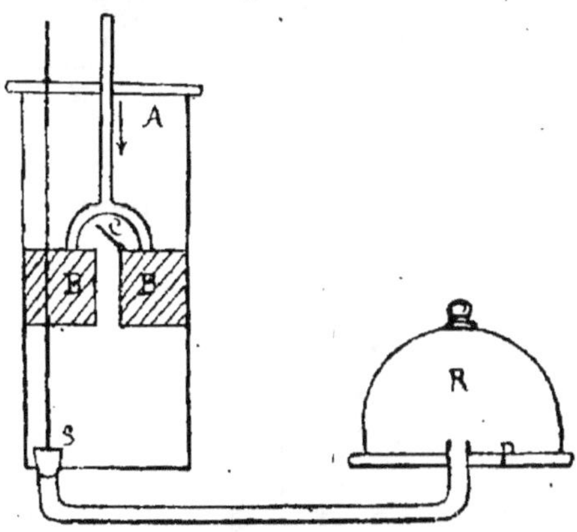

Fig. 94.— Schéma de la machine pneumatique.

Piston descendant. — A, Corps de pompe ; — B, Piston ; C, Soupape du piston s'ouvrant de bas en haut ; — S, Soupape fermant la communication du corps de pompe et du récipient ; — R, Récipient contenant le gaz raréfié ; — P. Platine.

Soulevons le piston (*fig.* 95), la soupape C se trouve être fermée sous son poids et sous celui de la pression atmosphérique ; mais l'ouverture S s'ouvre par suite du frottement de la tige de son tampon. L'air du tuyau de communication et du récipient va maintenant occuper les trois espaces primitifs ; il deviendra de ce fait plus rare, il sera *raréfié* dans le récipient.

Si nous abaissons une seconde fois le piston, l'ouverture S se ferme ; la soupape C s'ouvre, poussée par l'air que le piston comprime au-dessous de lui ; et, au bas de sa course, il a chassé l'air une fois raréfié qui l'emplissait.

Soulevons de nouveau le piston : la soupape C est fermée, l'ouverture S se débouche, et l'air raréfié déjà une fois en R se raréfie de nouveau en se répandant dans les trois espaces.

En continuant ainsi les mouvements alternatifs du piston, on raréfie de plus en plus l'air du récipient, en s'approchant de plus en plus du vide absolu.

Les machines actuellement en usage sont munies de deux corps de pompe accouplés, à crémaillère, et communiquant par un tuyau unique avec la platine, ce qui rend plus rapide l'opération. Et la disposition des pistons est telle que, lorsque l'un d'eux s'élève, l'autre s'abaisse, ce qui rend moins pénible le fonctionnement de la machine (*fig.* 97).

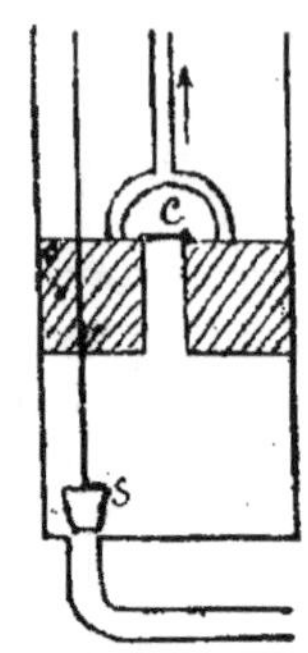

Fig. 95.
Piston montant.

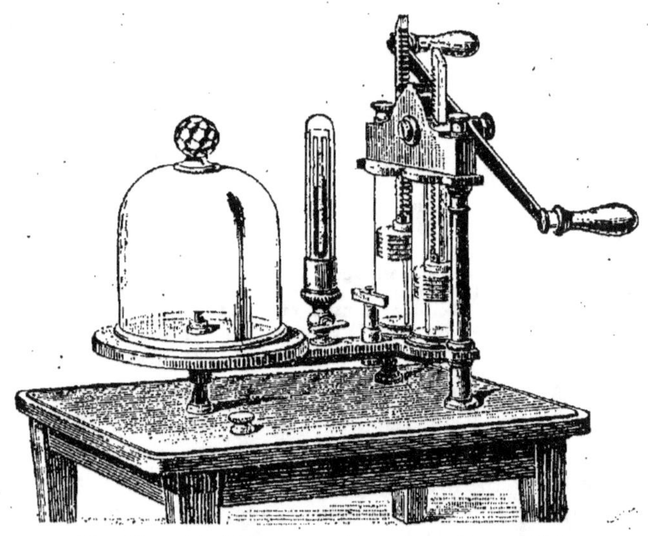

Fig. 96. — Machine pneumatique (vue d'ensemble).

USAGES DE LA MACHINE PNEUMATIQUE.— Nous avons eu déjà occasion de nous servir de la machine pneumatique : pour répéter l'expérience de Newton relative à la chute des corps dans le vide ; l'expérience de Galilée sur la pesanteur de l'air ; pour faire celle des hémisphères de Magdebourg, du crève-vessie, etc. Nous aurons encore l'occasion de nous en servir dans des expériences postérieures.

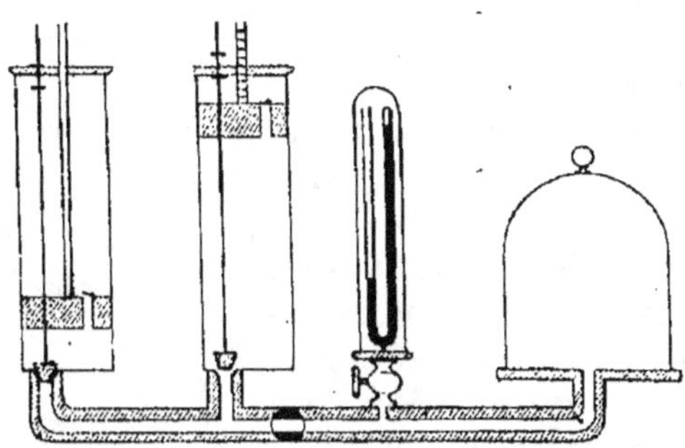

Fig. 97. — Schéma de la machine pneumatique montrant la manœuvre des deux pistons.

On peut constater que l'air est nécessaire à la combustion : si on place une bougie allumée sous le récipient d'une machine pneumatique, on la voit bientôt pâlir et s'éteindre dès qu'on retire l'air.

L'air est aussi indispensable à la respiration : un oiseau ou un mammifère quelconque placés sous le récipient d'une machine pneumatique y meurent rapidement. Les autres animaux, quoique résistant plus longtemps à cette privation d'air, y meurent aussi.

12. Trompes à vide. — Les machines pneumatiques ne permettent pas de faire un vide très avancé, tel que celui des lampes à incandescence. Pour y arriver on se sert des **trompes aspirantes** dont voici le principe.

Du mercure coule goutte à goutte par un tube terminé en pointe et tombe dans un tube vertical étroit (*fig.* 98). L'air venant du réservoir à vider, est aspiré par le mouvement du mercure et se trouve entraîné sous forme d'un chapelet de bulles séparées par les gouttes de mercure.

On arrive ainsi à faire des vides aussi complets que celui de la chambre barométrique.

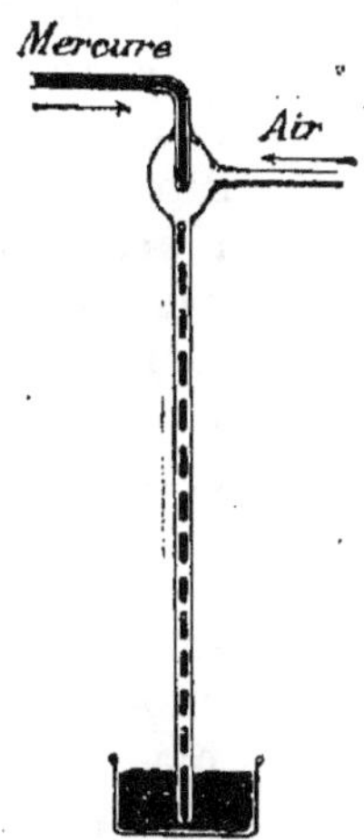

Fig. 98.
Trompe à vide.

12 bis. Trompe à eau. — On peut remplacer le mercure par l'eau, à la condition que l'eau coule rapidement, sous une pression de 30 mètres d'eau, telle que celle qui existe dans les conduites de distribution des grandes villes. L'appareil est plus économique, mais le vide est moins parfait.

13. Machine de compression. — La machine de compression se compose essentiellement d'un corps de pompe A (*fig*. 99), dans lequel peut se mouvoir un piston plein P. La paroi latérale est percée d'une ouverture O communiquant soit avec l'air, soit, à l'aide d'un tuyau de caoutchouc, avec un récipient contenant le gaz qu'on désire comprimer. La partie inférieure du corps de pompe est munie d'une soupape, s'ouvrant de haut en bas et fermant ou ouvrant la communication avec un récipient métallique V muni d'un robinet qu'on visse à une garniture métallique.

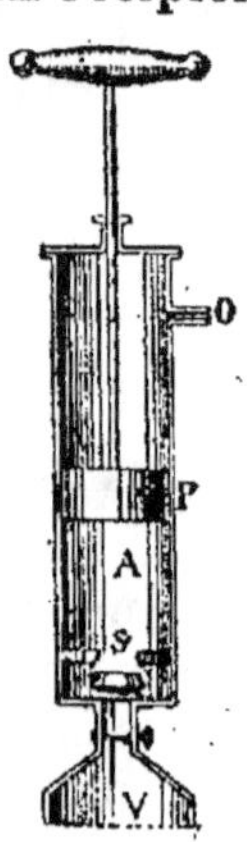

Fig. 99 — Machine de compression. A, Corps de pompe ; — P, Piston plein ; — S, Soupape s'ouvrant de haut en bas ; — O, Entrée de l'air ou du gaz à comprimer ; — V, Récipient contenant le gaz comprimé.

FONCTIONNEMENT DE L'APPAREIL. — Lorsque le piston P est en haut de sa course, le corps de pompe est plein d'air ; si nous abaissons le piston, l'air pénètre dans le récipient V et comprime celui qui s'y trouvait déjà. Lorsqu'on soulève le piston, l'air de V pousse la soupape S et ferme l'ouverture. Abaissons le piston, l'air de A diminuant de volume va augmenter de tension, il arrivera un moment où sa force élastique dépassera celle de l'air qui emplit V ; il abaissera alors la soupape S pour pénétrer dans le récipient. Nous aurons en V, en continuant de la sorte, de l'air de plus en plus comprimé, dont la tension sera de plus en plus forte.

La petite pompe qui comprime l'air dans les pneumatiques des bicyclettes et dans les caoutchoucs des voitures à roues caoutchoutées est une petite machine de compression.

14. Usages de l'air comprimé. — L'air comprimé peut, par sa force élastique, produire les mêmes effets que la vapeur ; nous voyons des tramways à air comprimé, des freins pour les chemins de fer fonctionner par l'air comprimé ; c'est l'air comprimé qui chasse le projectile dans le fusil à vent, qui chasse l'eau des caissons métalliques qui servent dans les constructions hydrauliques (**cloche à plongeurs**).

a) Lettres pneumatiques. — Une des applications intéressantes de l'air comprimé est celle qui est utilisée à Paris pour la circulation dans la ville des lettres dites **cartes pneumatiques.** Une série de cartes est enfermée dans une boîte en métal recouverte d'une gaine de cuir. La boîte est déposée dans un tube, et par-dessus la boîte on fait agir l'air comprimé, qui la pousse dans un tube souterrain. Ces tubes relient entre eux les différents bureaux. Ils ne peuvent avoir plus de 2 kilomètres de long et, pour éviter d'employer des pressions trop fortes, pendant qu'on envoie de l'air comprimé derrière la boîte, on fait un vide partiel en avant.

b) Frein. — Le **frein Westinghouse,** employé dans les chemins de fer, est mû par l'air comprimé. Un tube résistant parcourt le train d'un bout à l'autre ; il est formé dans l'intervalle des wagons par des parties souples qu'on emboîte l'une dans l'autre au moyen d'un dispositif spécial : c'est ce tube qui communique avec les freins et les fait mouvoir. Tant que l'air est comprimé dans le tube, le frein est maintenu loin de la roue. Si on veut arrêter le train, on ouvre un robinet qui fait communiquer le frein avec l'air extérieur ; la compression disparaissant, tous les freins tombent sur les roues et arrêtent le train.

c) Scaphandre. — Enfin c'est l'air comprimé qu'on emploie dans le **scaphandre.** Le scaphandre est une espèce de vêtement absolument imperméable dans lequel s'introduit un homme. Sur les épaules se visse un casque de métal parfaitement étanche et muni sur le devant et les côtés de vitres épaisses. Un tuyau amène dans le casque l'air comprimé par une machine ; l'air respiré par l'homme peut s'échapper par un tube spécial. Un homme ainsi vêtu peut travailler facilement sous l'eau pendant un temps assez long sans être incommodé. Cet appareil est très employé pour plonger, faire des recherches ou des travaux au fond d'un fleuve, visiter extérieurement la coque des vaisseaux, etc. (*fig.* 100).

Fig. 100. — Scaphandre.

Le scaphandrier descend dans l'eau pour y travailler. A gauche, un de ses compagnons actionne la machine qui lui enverra de l'air comprimé.

POMPES A LIQUIDES

15. — Les pompes à liquides servent surtout à élever les liquides, et plus particulièrement l'eau, et c'est le poids de cette eau qui est la résistance à vaincre.

Les chimistes et les pharmaciens en font de petites, dont le corps de pompe à volume variable est une simple poire de caoutchouc que l'on comprime avec la main et qui revient par élasticité à son premier volume. Un petit tube de verre plongeant dans le liquide a une soupape d'entrée ; un autre, une soupape de sortie. A chaque aplatissement de la poire, le liquide entré par la première, sort par la seconde.

Le **cœur**, qui fait circuler le sang chez les animaux agit tout à fait comme une double pompe de ce genre. Le corps de pompe, dont le volume varie, est le ventricule ; l'oreillette lui sert de réservoir pour le remplir de sang par sa contraction lorsqu'il se distend.

Quand il se contracte à son tour, la valvule qui est entre lui et l'oreillette empêche le sang de rebrousser chemin. Le ventricule se vide dans la grosse artère élastique qui se gonfle, et la valvule qui est à l'entrée de l'artère empêche le sang de reculer.

Les grosses pompes de nos cours et de nos ateliers ont pour corps de volume variable un cylindre creux sur les parois duquel monte et descend un piston.

Les types les plus fréquents sont : la **pompe aspirante**, la **pompe aspirante et foulante** et la **pompe foulante**.

16. Pompe aspirante. — La pompe aspirante (*fig.* 101 se compose d'un **corps de pompe** A en fonte, dans lequel se meut un **piston** B muni d'une **soupape** C s'ouvrant de bas en haut (soupape de sortie) ; du fond du corps de pompe part un **tuyau d'aspiration** D, qui plonge dans l'eau qu'on désire élever. La communication entre le tuyau d'aspiration peut être maintenue ouverte ou fermée à l'aide d'une soupape S (soupape d'entrée) s'ouvrant de bas en haut. A la partie supérieure du corps de pompe se trouve un **tuyau de déversement**.

Pour faire fonctionner la pompe, supposons d'abord le piston au bas de sa course. De l'air à la pression normale occupe le tuyau de communication ; et l'eau qui se trouve dans ce tuyau y est au même niveau que l'eau du réservoir ou de la nappe d'eau du sol.

Soulevons le piston : la soupape de sortie C reste fermée sous son poids et sous celui de l'air atmosphérique ; la soupape d'entrée S s'ouvrira, poussée par l'air du tuyau de commu-

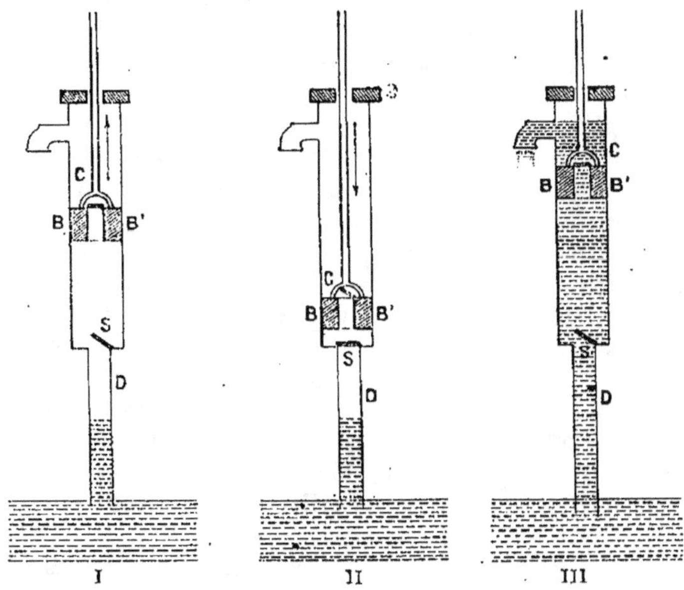

Fig. 101. — Pompe aspirante.

A, Corps de pompe ; — B, Piston ; — C, Soupape de sortie s'ouvrant de bas en haut; — D, Tuyau d'aspiration ; — S, Soupape d'entrée s'ouvrant de bas en haut.

nication dont la force élastique n'est plus équilibrée, puisque le piston laisse le vide au-dessous de lui.

L'air du tuyau D va donc se répandre dans les deux espaces D et A, par conséquent se raréfier ; il ne fera plus équilibre à la pression atmosphérique qui s'exerce sur le niveau libre de l'eau dans le réservoir. Cette pression poussera donc dans le tuyau de communication une quantité d'eau qui remplacera l'air disparu. L'eau s'élèvera par exemple en D (*fig.* 101, I).

Abaissons le piston : nous trouvons la soupape d'entrée S

fermée sous son poids ; l'air se comprime de plus en plus
entre le piston et le fond du corps de pompe ; il acquiert, à un
certain moment, une force élastique suffisante pour soulever
la soupape de sortie C et s'échapper. Tout l'air du corps de
pompe aura donc disparu lorsque le piston sera arrivé au
bas de sa course (*fig.* 101, II).

Soulevons-le de nouveau : la soupape C est fermée ; la soupape S va s'ouvrir, poussée par l'air qui reste dans le tuyau de
communication et qui se répandra en partie dans le corps de
pompe. Cet air, augmentant de volume, diminue de pression ;
il va de nouveau être remplacé par de l'eau poussée par la pression atmosphérique.

Au bout d'un certain nombre de coups de piston, la totalité de l'air de la pompe aura été chassée, et nous trouverons
de l'eau dans le corps de pompe (*fig.* 101, III). A partir de ce
moment, toutes les fois que le piston descendra, il laissera passer
au-dessus de lui par sa soupape C l'eau qu'il avait au-dessous, et,
chaque fois que le piston s'élèvera, il soulèvera cette eau qui s'é-
chappera par le tuyau de déversement et appellera au-dessous
de lui une nouvelle quantité d'eau qui emplira tout l'appareil.

Nous avons vu qu'en théorie la pression atmosphérique était
capable de pousser l'eau jusqu'à une hauteur de 10 m. 33
dans des tubes privés d'air. Mais, quelle que soit la bonne
construction des pompes, il sera difficile d'aspirer l'eau, dans la
pratique, à une hauteur supérieure à 8 mètres.

Toutes les fois qu'il sera nécessaire de dépasser cette limite, on
aura recours à la pompe aspirante et foulante.

17. Pompe aspirante et foulante. — Cette pompe est formée
d'un corps de pompe (*fig.* 102) dans lequel se meut un **piston
plein**, d'un tuyau d'aspiration D et de la soupape d'entrée S,
de même disposition que celle de la pompe aspirante. Mais de
la partie inférieure du corps de pompe part un **tuyau d'élévation E**, muni d'une soupape de sortie R s'ouvrant de gauche
à droite (dans la disposition indiquée par la figure).

Supposons le corps de pompe rempli d'eau à la suite d'opérations analogues à celles que nous avons décrites dans la
pompe aspirante, avec cette différence toutefois que l'air, au
lieu de s'être échappé par la soupape du piston, s'est échappé
par la soupape R.

Si nous abaissons le piston, l'eau pressée poussera la soupape R et viendra occuper une partie du tuyau d'élévation E. Lorsque le piston s'élèvera, la soupape R se fermera poussée par l'eau du tuyau d'élévation, et la soupape S s'ouvrira pour laisser passage à la quantité d'eau qui va emplir le corps de pompe. A sa descente, le piston poussera dans le tuyau d'élévation l'eau du corps de pompe et l'eau qui s'y trouvait déjà.

On voit ainsi la possibilité, à l'aide de ces pompes, d'élever l'eau à toutes les hauteurs ; il suffira de disposer d'une force capable de refouler la colonne d'eau qui devient de plus en plus haute à chaque descente du piston.

C'est à l'aide de ces pompes que la ville de Paris élève l'eau dans les réservoirs destinés à la distribuer ensuite dans les maisons de tous les quartiers.

18. Pompe foulante. — Il existe un autre genre de pompe : la **pompe foulante.** Puisque cette pompe doit seulement refouler l'eau, il est nécessaire qu'elle soit plongée au sein de la masse liquide ; par conséquent le tuyau d'aspiration de la pompe précédente devient inutile. Cette pompe (*fig.* 103) ne se compose, en effet, que d'un corps de pompe A plongeant en partie dans l'eau, muni à sa partie inférieure d'une soupape S s'ouvrant de bas en haut, et d'un tuyau d'élévation B communiquant avec le corps de pompe grâce à une soupape R s'ouvrant ici de gauche à droite, soit de l'intérieur à l'extérieur. Il nous paraît inutile de décrire son

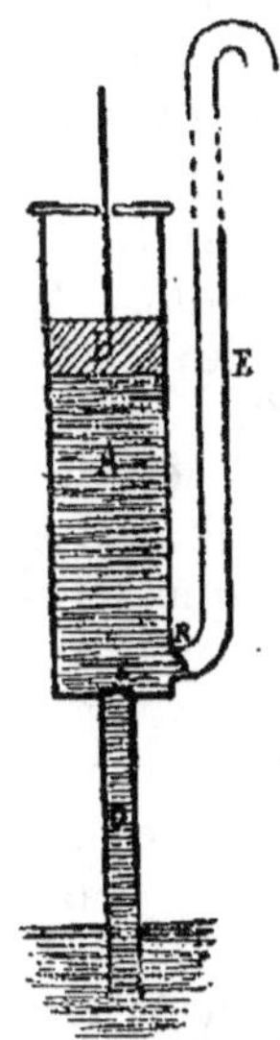

Fig. 102. — Pompe aspirante et foulante. — A, Corps de pompe ; — H, Piston plein ; — D, Tuyau d'aspiration ; — S, Soupape d'entrée s'ouvrant de bas en haut ; R, Soupape de sortie s'ouvrant de l'intérieur à l'extérieur ; — E, Tuyau de refoulement de l'eau.

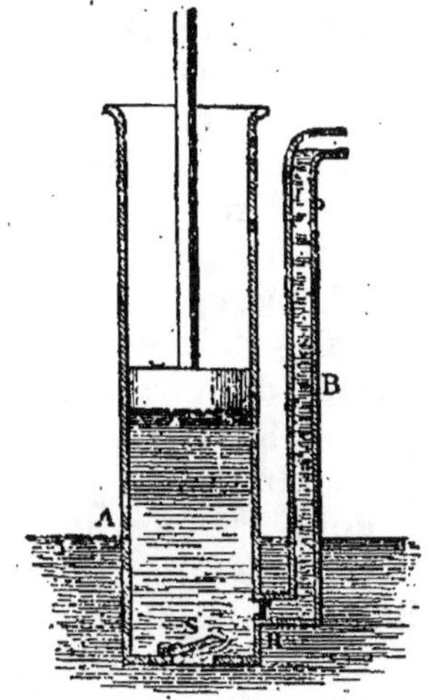

Fig. 103. — Pompe foulante. — A, Corps de pompe plongeant dans l'eau ; S, Soupape d'entrée ; R, Soupape de sortie ; — Tuyau de refoulement

fonctionnement ; il est le même que celui que nous avons indiqué plus haut à propos de la pompe aspirante et foulante.

19. Pompe à incendie. — Dans les pompes que nous venons d'étudier, l'écoulement de l'eau n'est pas constant ; l'eau ne coule de la pompe aspirante que lorsque le piston s'élève ; elle ne coule de la pompe foulante que lorsqu'il s'abaisse. Dans la pompe à incendie (*fig.* 104) le jet est

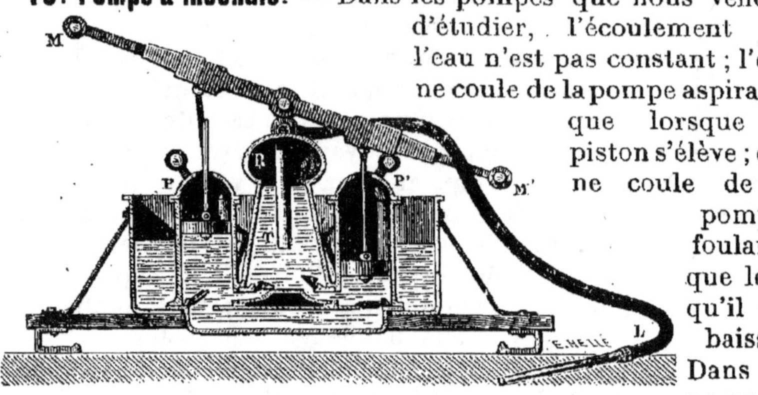

Fig. 104. — Pompe à incendie. — PP′, Corps de pompe ; — MM, manivelle des pistons ; — R, Réservoir à air contenant de l'air comprimé en R ; T, Tuyau de sortie de l'eau ; — L, lance terminant le tuyau de sortie.

constant. C'est en effet l'accouplement de deux pompes foulantes P P′ réglées de telle sorte que l'un des pistons se trouve en haut de sa course lorsque l'autre est en bas ; un seul tuyau de jet L reçoit l'eau des deux corps de pompe. Pour rendre le jet plus régulier, l'eau n'est pas envoyée directement dans le tuyau de refoulement, mais dans un réservoir à air R, lequel, toujours à peu près également comprimé, régularise le jet.

20. Siphon. — Le siphon est un tube recourbé à branches inégales. Il sert à faire passer un liquide d'un vase qu'on ne veut pas déplacer dans un autre vase placé plus bas.

Pour le faire fonctionner, on place la petite branche dans le liquide à siphonner, et l'ouverture de la grande branche audessus du vase dans lequel on désire recevoir le liquide (*fig.* 105), on **amorce** le siphon, c'est-à-dire

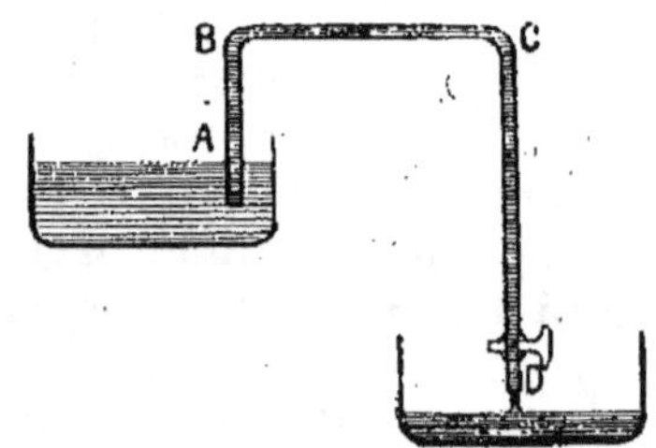

Fig. 105. — Siphon. — ABC, Siphon ; — D, Robinet permettant de conserver le siphon amorcé.

qu'on l'emplit du liquide à siphonner. A partir du moment où il est amorcé, l'écoulement du liquide se produit seul, et du vase le plus élevé vers le vase le plus bas.

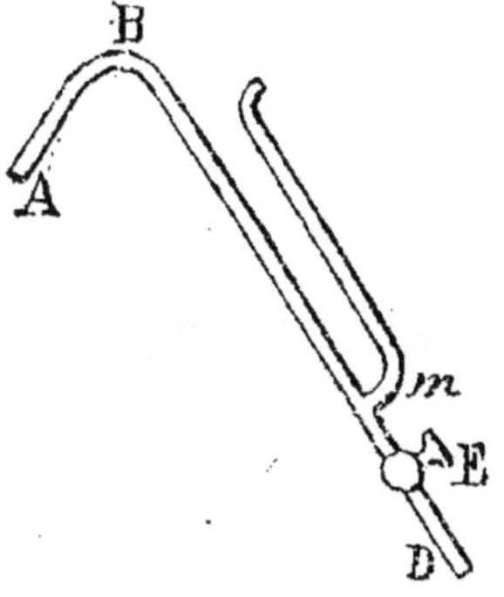

Fig. 106. — Autre forme de siphon. — ABD. siphon ; E, robinet ; — *m*, Tube latéral par lequel se fait l'aspiration.

L'amorçage se fait de façons différentes qui varient suivant la nature des liquides à siphonner.

Si le liquide n'est pas dangereux à absorber et non corrosif, il suffira de l'aspirer avec la bouche qu'on placera en D. Dans le cas contraire, on aspire avec la bouche par un tube latéral qui part de l'extrémité de la grande branche (*fig.* 106). Quand on sent que le liquide approche de l'ouverture *m*, on cesse d'aspirer, on ouvre le robinet E et le liquide continue de couler.

21. Théorie du siphon. — Pour justifier l'écoulement du liquide de AB vers CD (*fig.* 107), supposons le siphon amorcé et prenons une tranche liquide M dans la partie la plus élevée du siphon ; elle est poussée de gauche à droite et de droite à gauche ; elle se déplacera du côté où la poussée sera la plus grande.

Supposons que c'est de l'eau que nous voulons siphonner , j'exprimerai la pression atmosphérique en colonne d'eau : soit une pression équivalente au poids d'une nappe de 10 m. 33 de profondeur.

De gauche à droite, M est pressé comme AB, moins la colonne *h* d'eau de 20 centimètres par exemple, qui ne pèse pas sur M ; elle reçoit donc une poussée de gauche à droite égale à 1.033 — 20 — 1.013 centimètres.

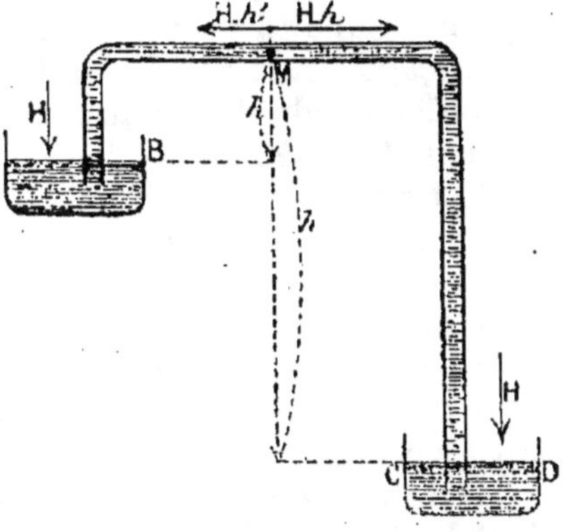

Fig. 107. — Siphon, figure théorique.

De droite à gauche, M est pressé comme CD moins la colonne *h'* de 60 centimètres d'eau, par exemple, qui ne pèse pas sur elle ; si CD reçoit la pression atmosphérique, M recevra donc de ce côté : 1.033 — 60 = 973 centimètres.

Plus pressée de gauche à droite que de droite à gauche, la tranche M ira de AB vers CD.

22. Fontaines intermittentes. —

Les fontaines intermittentes (*fig.* 108) qu'on remarque en certains endroits, aux environs de Vichy par exemple, sont un phénomène de siphon.

Une cavité souterraine à parois imperméables communique avec la surface de la terre par une conduite naturelle disposée en siphon. Si les infiltrations d'eau viennent à pénétrer dans la cavité, l'eau s'élèvera peu à peu,

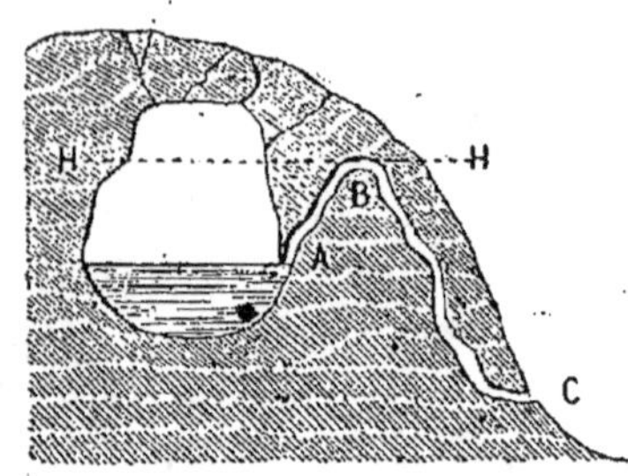

Fig. 108. — Source intermittente. — A BC. Conduit en forme de siphon;— HH′ Niveau que doit atteindre l'eau pour que le siphon soit amorcé; — A, Niveau à partir duquel s'arrête l'écoulement.

pénétrera par l'ouverture A du siphon, montant dans la petite branche comme dans la cavité, jusqu'à ce qu'elle ait atteint la hauteur HH′. A ce moment, le siphon est amorcé et l'écoulement se produit par C ; il dure aussi longtemps qu'il faut pour vider la cavité jusqu'en A ; l'écoulement cesse alors, pour reprendre quand l'eau aura atteint le niveau HH′, permettant l'amorçage ; et ainsi de suite, la fontaine coulera ou cessera de couler pendant des temps réguliers si le débit des infiltrations est lui-même régulier.

C'est sur ce principe que repose la construction des cuvettes à siphon pour les cabinets d'aisance.

La cuvette se termine par un tube recourbé en S formant siphon. Lorsque l'eau qui arrive du réservoir de chasse atteint le niveau de la courbure, le siphon s'amorce, entraînant les matières contenues dans la cuvette. Et ainsi chaque fois qu'on fait arriver l'eau en quantité suffisante.

Un autre avantage de ce système, c'est que l'eau qui reste dans le fond de la cuvette après le fonctionnement du siphon forme une fermeture parfaite et empêche les émanations venant des conduites ou de l'égout.

RÉSUMÉ

1-2. Principe d'Archimède appliqué aux gaz. — Le principe d'Archimède est applicable aux gaz ; il se généralise ainsi : *Tout corps plongé dans un liquide reçoit une poussée égale au poids du fluide déplacé* (**baroscope, aérostats**).

3-7. Aérostats. — Les **montgolfières** s'élèvent dans l'atmosphère parce que, privées en partie d'air à l'intérieur, leur poids est inférieur au poids de l'air déplacé.

Les **ballons** actuels sont gonflés de gaz d'éclairage plus léger que l'air.

Pour s'élever, on diminue le poids du ballon en jetant du lest ; pour descendre, on diminue son volume en laissant échapper le gaz qu'il renferme.

La force ascensionnelle d'un ballon est égale à la différence entre le poids de l'air déplacé par le ballon et son propre poids.

Les ballons dirigeables sont gonflés d'hydrogène ; ils sont mis en mouvement par une hélice que fait tourner un moteur.

8. Les **aéroplanes, plus lourds que l'air,** peuvent s'élever et se maintenir en effectuant des mouvements analogues au vol des oiseaux ; ils sont mis en mouvement par un moteur puissant et léger.

9. Pompes. — Les **pompes** sont des appareils qui servent à déplacer des gaz ou des liquides en surmontant une résistance.

10-14. Pompes à gaz. — Le **soufflet** est la plus simple des pompes à gaz.

La **machine pneumatique** sert à raréfier l'air dans un récipient. Elle se compose de deux corps de pompes, où glissent des pistons munis de soupapes s'ouvrant de bas en haut. Elle communique par un conduit avec le récipient où on veut faire le vide. Ce conduit est ouvert ou fermé au moyen d'obturateurs mis en mouvement par le déplacement des pistons.

Le vide le plus complet s'obtient avec la **trompe aspirante** à mercure ou la **trompe à eau.**

La **machine de compression** permet d'accumuler un gaz en un récipient sous une pression supérieure à la pression atmosphérique. Son piston est plein, et la communication entre le corps de pompe et le récipient est munie d'une soupape s'ouvrant de haut en bas. Le système des transmissions pneumatiques, les freins Westinghouse, le scaphandre, sont des applications des propriétés de l'air comprimé.

15-19. Pompes à liquide. — La **pompe aspirante** est munie d'un piston dont la soupape s'ouvre de bas en haut ; et le tuyau d'aspiration, d'une soupape s'ouvrant également de bas en haut. L'aspiration pour l'eau ne peut dépasser 8 mètres pratiquement.

Dans la **pompe aspirante et foulante** le piston est plein ; la soupape du tuyau d'aspiration s'ouvre de bas en haut ; celle du tuyau de refoulement s'ouvre du corps de pompe vers le tuyau d'aspiration.

La **pompe foulante** repose elle-même dans le liquide à refouler.

La **pompe à incendie** est l'accouplement de deux corps de pompe liés de telle sorte que, lorsqu'un piston est au haut de sa course, l'autre est au bas de la sienne ; le jet est ainsi continu et régularisé grâce à un réservoir d'air, où l'air comprimé fait ressort.

20-22. Siphon. — Le **siphon** sert à faire passer un liquide d'un vase élevé dans un autre plus bas. Pour qu'il fonctionne, il faut qu'il soit **amorcé**, c'est-à-dire empli du liquide qu'il s'agit de siphonner (fontaines intermittentes).

QUESTIONS D'EXAMEN

1. Généralisez le principe d'Archimède. — Un corps pèse-t-il autant dans l'air que dans le vide ? Pourquoi ? — 2. En quoi consiste l'expérience du baroscope ? — 3. Faites l'historique des ballons. — Pourquoi les montgolfières s'élevaient-elles ? — 4. Comment sont disposés les ballons actuels ? — 5-7. Qu'appelez-vous force ascensionnelle ? — A quoi est-elle égale ? faites-en un calcul. — Comment peut-on se diriger en ballon ? — 8. Que savez-vous des aéroplanes ? — Combien d'espèces en distingue-t-on ? — 9. Qu'est-ce qu'une pompe ? — 10. Décrivez le soufflet. — 11. A quoi sert la machine pneumatique ? — Par qui a-t-elle été inventée ? — Quelles sont ses parties essentielles ? — Comment fonctionne-t-elle ? — Quels sont ses usages ? — 12. Expliquez le fonctionnement de la trompe à mercure. — 13. Décrivez la machine de compression. — 14. Quels sont les principaux usages de l'air comprimé ? — 15-16. Décrivez la pompe aspirante et indiquez son fonctionnement. — Jusqu'à quelle hauteur maximum peut-on élever l'eau avec la pompe aspirante ? — Pourquoi ? — 17. Donnez la description de la pompe aspirante et foulante ; faites-la fonctionner. — 18. En quoi la pompe foulante diffère-t-elle de la précédente ? — 19. De quoi se compose la pompe à incendie ? — 20 Qu'est-ce qu'un siphon ? à quoi sert-il ? — En quoi consiste l'amorçage ? comment le fait-on ? — 22. Expliquez la raison de l'écoulement. — 22. Qu'entendez-vous par fontaines intermittentes ? — Comment expliquez-vous ce phénomène ?

CHAPITRE V

CHALEUR

1. Définition. — La chaleur est un agent qui produit sur les animaux une sensation caractéristique. Elle produit sur la plupart des corps que la physique étudie une augmentation de volume appelée **dilatation**, puis un **changement d'état**.

La **température** d'un corps est l'état de ce corps au point de vue de la chaleur ; sa température est d'autant plus élevée qu'il nous paraît plus chaud.

DILATATION

La dilatation que la chaleur fait subir aux corps peut se vérifier à l'aide de nombreuses expériences.

Dilatation des solides. — Pour montrer la dilatabilité des solides dans le **sens de la longueur**, on façonne, en tige cylindrique, le corps sur lequel on désire opérer. Cette tige A (*fig.* 109)

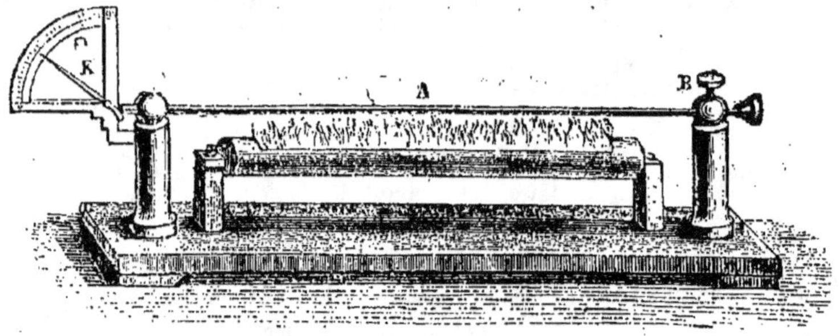

Fig. 109. — Pyromètre à cadran. — A, Tige cylindrique du corps à étudier ; — B, Vis fixant une des extrémités de la tige ; — K, Aiguille poussée le long d'un cadran par l'extrémité de la tige.

traverse deux colonnes verticales ; elle est fixée à l'aide d'une vis dans l'une de ces colonnes B et peut glisser librement dans l'autre. L'extrémité libre de la tige vient buter contre la petite branche d'un levier légèrement coudé, mobile autour du sommet de son angle. La grande branche K, du levier, en forme d'aiguille, se meut devant un cadran divisé dont une des parties supporte l'axe du levier. Une caisse métallique pouvant contenir de l'alcool se trouve maintenue sous la tige. Cet appareil est connu sous le nom de **pyromètre à cadran**.

Si on enflamme l'alcool, la tige s'échauffe, et l'on voit l'aiguille se déplacer lentement devant le cadran, ce qui prouve que la tige s'allonge et pousse la petite branche du levier; la planche qui porte le tout ne s'étant pas échauffée a maintenu invariable la distance des supports.

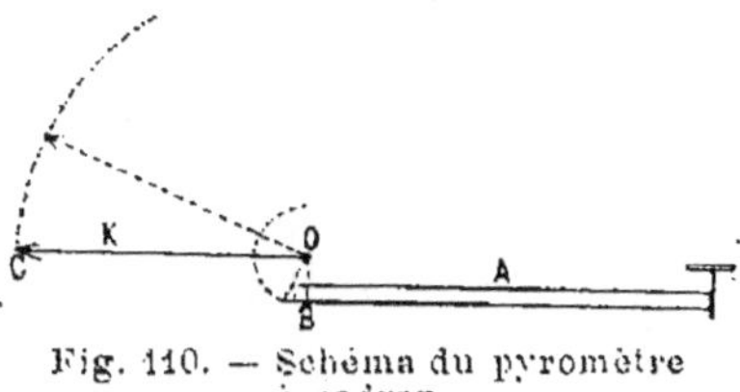

Fig. 110. — Schéma du pyromètre à cadran.

Vient-on à éteindre l'alcool, l'aiguille revient progressivement vers sa position première.

Les solides sont si peu dilatables qu'on a été obligé d'imaginer un appareil grossissant les résultats de la dilatation, qui directement n'auraient pas été visibles. En effet, A se dilatant certainement, mais d'une quantité invisible, déplace la petite branche OB du levier coudé BOC (*fig.* 110) d'une quantité aussi invisible; mais celle-ci, liée à la branche OC, beaucoup plus grande, fait déplacer son extrémité C d'une quantité très appréciable.

Les corps ne se dilatent pas seulement dans le sens de la longueur, ils se dilatent réellement dans **tous les sens**. On le vérifie à l'aide de l'anneau de S'Gravesande (*fig.* 111).

Fig. 111.— Anneau de S'Gravesande.

Dans un anneau peut passer tout juste une sphère de métal lorsqu'elle est froide. Mais, si on vient à la chauffer en la laissant quelques instants dans la flamme d'une lampe à alcool, elle ne peut plus traverser l'anneau. La laisse-t-on refroidir, elle repasse de nouveau.

3. Dilatation des liquides. — La dilatation des liquides est bien plus facile à observer que celle des solides. Dans un tube de verre terminé par une ampoule, on verse de l'eau colorée (*fig.* 112) jusqu'à une certaine hauteur qu'on marque sur le tube au moyen d'un anneau. Si l'on plonge l'ampoule dans de l'eau chaude, on voit le niveau

Fig. 112. — Dilatation des liquides.

du liquide s'élever; et cette fois la dilatation est bien apparente, parce que les liquides se dilatent bien plus que les solides.

4. Dilatation des gaz. — Les gaz sont beaucoup plus dilatables que les liquides. Pour s'en rendre compte, il suffit de prendre un ballon de verre muni d'un tube deux fois recourbé. Dans la partie recourbée (*fig.* 113 A), on verse un liquide coloré. Une masse d'air se trouve donc emprisonnée dans le ballon; si l'on vient à saisir le ballon dans ses mains. la chaleur de la peau sera suffisante pour dilater l'air du ballon qui manifestera sa dilatation

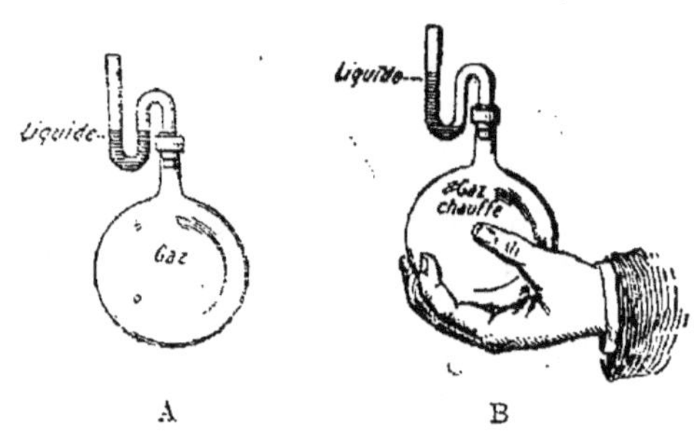

Fig. 113. — Dilatation des gaz.

en refoulant le liquide dans la branche ouverte (*fig.* 113 B)· La dilatation des gaz est énorme auprès de celle des liquides et des solides.

Ces expériences sont suffisantes pour montrer d'abord que les corps se dilatent, puis que les gaz sont éminemment dilatables. et que les liquides sont notablement plus dilatables que les solides.

5. La densité d'un corps diminue lorsque sa température augmente. — Prenons le mercure pour exemple. Si nous emplissons de mercure, à la température de 0°, 1 décimètre cube, et que nous le pesions. nous trouverons 13 kg. 597. Mais, si nous venons à chauffer ce décimètre cube rempli, le mercure se dilatera. et une certaine quantité de ce liquide s'échappera du vase de sorte que ce décimètre cube toujours rempli contiendra nécessairement moins de molécules de mercure que lorsqu'il était froid : il pèsera moins alors; sa densité a donc diminué. Telle est la raison pour laquelle on prend une température uniforme : le 0 du thermomètre, à laquelle on fait toutes les évaluations de densités, sauf pour l'eau.

THERMOMÈTRE

Le thermomètre est un instrument destiné à faire connaître la température des milieux dans lesquels il se trouve placé (*fig.* 114).

6. Choix de la substance thermométrique. — A priori, n'importe quel corps, solide, liquide ou gaz, pourrait servir à montrer les changements de température par sa dilatation.

Mais les solides sont trop peu dilatables, et ont le grave inconvénient de subir avec le temps des modifications moléculaires qui font que leur dilatation ne reste pas constante.

A cause de leur grande dilatation les gaz permettent d'obtenir des thermomètres de haute précision; mais ce sont des appareils compliqués dont le maniement ne peut être fait que par des physiciens expérimentés et dans des expériences délicates.

On se sert de préférence des liquides, et parmi eux on a choisi le mercure, parce que c'est un corps facile à avoir pur, qu'il est bon conducteur de la chaleur et se met ainsi rapidement en équilibre de température avec les milieux dans lesquels on le plonge. De plus il ne gèle qu'à une température très basse et ne bout qu'à une température très élevée.

Fig. 114.
Thermomètre
à mercure.

7. Choix du tube. — Pour construire un thermomètre à mercure, on prend un tube de verre percé d'un canal capillaire (aussi fin qu'un cheveu) rigoureusement cylindrique. A l'une des extrémités du canal, on souffle un petit réservoir qui devra rester, et à l'autre extrémité, une boule munie d'une pointe effilée et ouverte qui servira seulement pendant le remplissage.

8. Remplissage. — On ne peut pas songer à verser le mercure dans le tube : ce tube est si étroit qu'il n'y a pas place et pour un courant descendant de mercure et pour un courant ascendant d'air.

On chauffe le réservoir (*fig.* 115, I) et, lorsqu'une certaine quantité d'air a été chassée par dilatation, on plonge dans un bain de mercure la pointe effilée du tube (fig. 115 II). A mesure que l'air intérieur se refroidit, il se contracte, et la pression

atmosphérique fait pénétrer dans la boule une certaine quantité
de mercure. Puis on redresse l'instrument. Un petit volume
de mercure s'engage dans la partie supérieure du tube et comprime l'air, qui ne peut s'échapper à cause de la capillarité du
canal. Maintenant le tube légèrement incliné, on chauffe le réservoir; l'air se dilate, acquiert une force élastique assez grande
pour faire remonter le mercure du tube et pour s'échapper par
bulles à travers le mercure de l'entonnoir (*fig.* 115, III). On
laisse ensuite refroidir; une certaine quantité de mercure pé-

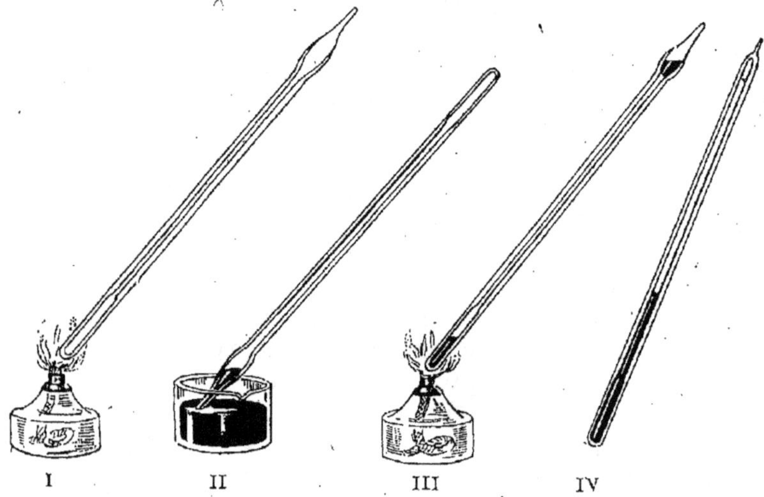

I   II   III   IV

Fig. 115. — Remplissage du thermomètre à mercure.

nètre dans le réservoir et y remplace l'air chassé. On répète ainsi
plusieurs fois cette opération, jusqu'à ce que le réservoir et le
tube soient remplis aux trois quarts de mercure chaud.

Enfin on fait bouillir le mercure, pour chasser par la vapeur
toutes traces d'air, en plaçant le tube entouré de charbons
sur une grille inclinée. On laisse refroidir, et le liquide doit
remplir complètement le réservoir et une partie de sa tige.

On détache d'un trait de lime l'entonnoir du tube, et on
porte le thermomètre à une température un peu supérieure à
celle qu'il ne devra pas dépasser selon l'usage auquel on le
destine. C'est alors qu'on ferme l'extrémité à la lampe d'émailleur; un peu au-dessus du niveau que vient d'atteindre le mercure.

9. Graduation. — Pour graduer l'appareil, on prend pour points fixes deux températures faciles à obtenir et toujours constantes, La première est celle de la *glace fondante,*

On plonge le thermomètre dans une masse de glace pilée (*fig.* 116) renfermée dans un vase à fond percé. On transporte le tout en un endroit un peu chaud où la fusion puisse se produire. Lorsque la colonne de mercure est devenue stationnaire, on marque au diamant un trait à l'endroit où le mercure s'arrête : c'est le zéro du thermomètre.

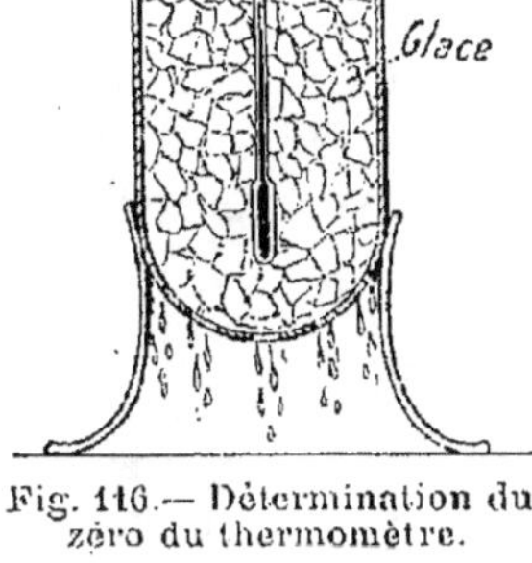

Fig. 116. — Détermination du zéro du thermomètre.

La seconde température fixe est celle qui correspond à l'ébullition de l'eau; pour l'obtenir, on emploie une caisse cylindrique qu'on place sur un fourneau (*fig.* 117).

Le fond de la caisse contient de l'eau qu'on porte à l'ébullition grâce au fourneau ; la vapeur qui se dégage monte dans une cheminée centrale et se répand ensuite, avant de s'échapper au dehors, dans une double enveloppe.

Le thermomètre est introduit dans la cheminée centrale et s'y trouve enfoncé de telle sorte que son réservoir touche presque l'eau sans y plonger.

Lorsque l'eau de la caisse est portée à l'ébullition et que la vapeur enveloppe de toutes parts le thermomètre, on marque d'un trait le point où s'arrête la colonne

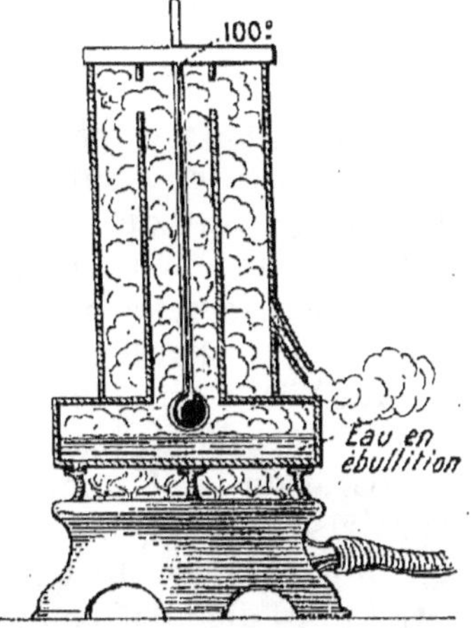

Fig. 117. — Détermination du point 100 du thermomètre.

mercurielle, c'est le **degré 100** ; il correspond à la température de la vapeur d'eau bouillante. Ces deux températures fixes déterminées, on divise le tube de 0 à 100 en 100 parties égales, et chacune de ces divisions, continuée au-dessus de 100° et au-dessous du 0, est un degré du thermomètre.

La température d'un milieu sera de 18°, si la colonne mercurielle du thermomètre s'y arrête à la 18ᵉ division ; elle serait de — 5° (moins 5), si elle s'arrêtait à la 5ᵉ division au-dessous du 0.

10. Limites d'emploi du thermomètre à mercure. — Le mercure, entrant en ébullition à 357° et se solidifiant à — 40°, ne peut fournir des indications calorifiques au delà .de ces températures ; et, même pour les températures voisines de ses changements d'état, ses indications seront erronées. On ne devra donc s'en servir que pour évaluer les températures comprises entre — 35 et + 350°.

11. Thermomètre à alcool. — Lorsqu'on veut évaluer des températures moyennes, comme celle que la chaleur solaire communique à la surface de la terre dans nos climats, ou des températures très basses, on emploie le thermomètre à alcool (*fig.* 118). L'alcool, coloré avec de l'orseille, remplace le mercure du tube précédent.

Le zéro du thermomètre à alcool se détermine comme celui du thermomètre à mercure, mais le degré 100 n'existe pas dans ce thermomètre, car l'alcool entre en ébullition vers 78°. Pour obtenir un autre point de la graduation, on plonge un thermomètre à mercure déjà gradué en même temps que le thermomètre à alcool qu'il s'agit de graduer dans de l'eau chauffée. Si le thermomètre à mercure marque 45°, on inscrit aussi 45 à l'endroit où l'alcool s'arrête dans son tube ; on l'a ainsi gradué par comparaison. Cet intervalle compris entre 0 et 45 est divisé en 45 parties égales, et la division est continuée au-dessous du 0 et au-dessus de 45.

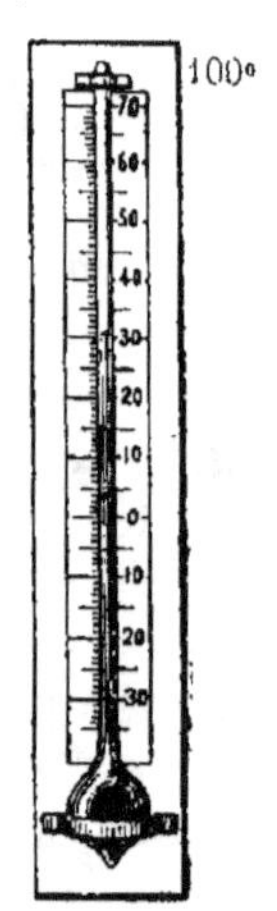

Fig. 118.

Thermomètre
à alcool.

Comme l'alcool n'a pu être congelé qu'à — 130°, il peut servir à l'évaluation des basses températures, et jusqu'à des températures voisines de 70° au-dessus de zéro.

12. Diverses échelles thermométriques. — Le thermomètre le plus généralement employé en France est le **thermomètre centigrade**, celui que nous venons de graduer, qui contient 100° entre la température de la glace fondante et celle de la vapeur d'eau bouillante. Mais on a longtemps fait usage en France avant la popularité du système métrique décimal de **l'échelle de Réaumur**. Dans ce thermomètre Réaumur (*fig.* 119), le 0 correspond aussi au 0 de l'échelle centigrade, mais en regard du degré 100° du thermomètre centigrade on trouve 80° au thermomètre Réaumur. De sorte que 100° centigrades valent 80° Réaumur. Ce thermomètre est resté en usage dans certains pays, entre autres l'Espagne.

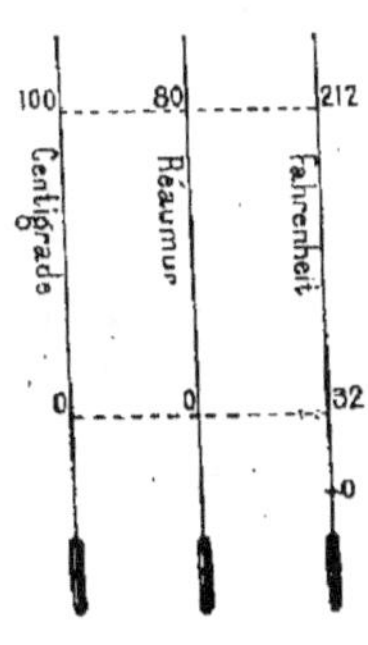

Fig. 119 — Diverses échelles thermométriques

Dans **l'échelle Fahrenheit**, employée en Angleterre et dans les contrées du Nord de l'Europe, en regard du 0 centigrade on trouve le degré 32, et en regard du 100 la division 212. Ce thermomètre évite en hiver la confusion des températures au-dessus et au-dessous du point de fusion de la glace.

De sorte que (*fig.* 119) :

100° centigrades valent 80° Réaumur et (212 — 32) ou 180° Fahrenheit, ou 5° centigrades = 4° Réaumur = 9° Fahrenheit.

Problème I. — Quel degré marque le thermomètre centigrade lorsqu'on trouve 77 au thermomètre Fahrenheit ?

Lorsque l'échelle Fahrenheit marque 32°, on trouve 0° au thermomètre centigrade ; il est donc nécessaire de ramener l'échelle Fahrenheit au même point de départ.

Dans ce problème il y a 77 — 32 = 45 Fahrenheit au-dessus de 0° centigrade ; 9° Fahrenheit valent 5° centigrades ; 45° Fahrenheit valent $\dfrac{5 \times 45}{9} = 25°$.

Réponse. — Le thermomètre centigrade marquera 25°.

Problème II. — Quel degré marque le thermomètre Fahrenheit lorsqu'il y a 13° au thermomètre centigrade ?

5° centigrades valent 9° Fahrenheit ; 13° centigrades valent $\dfrac{9 \times 13}{9} = 23,4$.

Le thermomètre Fahrenheit marquera donc 23,4 au-dessus de la division qui correspond au 0° centigrade, soit :

$$23°,4 + 32 = 55°4.$$

Réponse. — Le thermomètre Fahrenheit marquera 55°4.

13. Thermomètre à maxima et à minima.

— Il peut être intéressant de connaître la température la plus élevée qui s'est produite depuis la dernière fois qu'on a observé son thermomètre, ou la température la plus basse depuis la dernière obser-

vation. On obtient ces renseignements à l'aide du thermomètre
à maxima et à minima.

Il est formé d'un réservoir C, continué par un tube étroit ADB.
Dans la courbure ADB se trouve du mercure;
le reste de l'appareil est rempli d'alcool; l'extrémité E est fermée, un espace vide permettant
la dilatation des liquides. Dans chaque branche
A et B se trouve un petit **in-
dex**, formé d'un fil de fer très
fin émaillé.

Quand la température s'é-
lève, l'alcool qui est en C se
dilate et pousse le mercure
qui monte à droite : l'index B
s'élèvera en même que le mercure et restera à l'endroit le
plus haut qu'il aura atteint;
il marquera donc les **maxima**.

Si, au contraire, le thermomètre baisse, le mercure suivra la colonne d'alcool qui se
contracte, et montera à gauche
en poussant l'index A; celui-ci
marquera donc les **minima**.

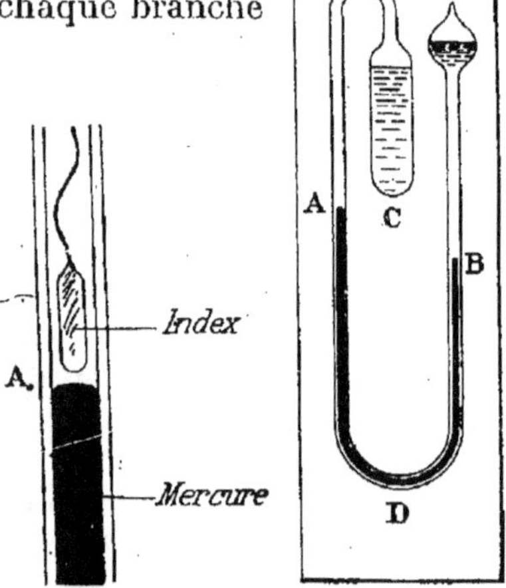

Fig. 120. — Thermomètre à maxima et
à minima.

Pour faire une nouvelle expérience, on ramène les index au
contact du mercure en les attirant avec un aimant.

14. Principales applications pratiques des dilatations. — On
laisse un léger intervalle entre les rails d'un chemin de fer pour
permettre au fer de se dilater sans se déformer sous l'influence
de la chaleur.

Les feuilles de zinc ou de plomb employées pour les couvertures des maisons ne sont clouées que par un côté.

Les plaques de tôle servant à la construction des bateaux
sont assemblées à l'aide de boulons chauffés au rouge.

Le charron fait chauffer l'anneau de fer qui entoure la roue,
pour qu'après refroidissement les pièces de bois qui la composent
soient fortement assemblées.

On chauffe légèrement le col d'un flacon pour permettre
d'enlever le bouchon de verre qui résiste, etc.

15. Pendules compensateurs.

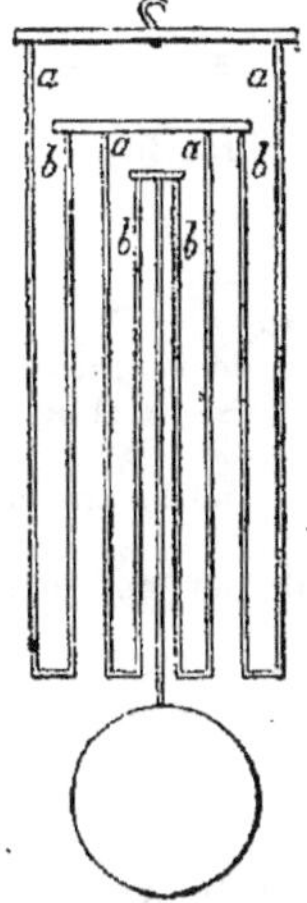

Fig. 121. — Pendule compensateur à gril.

— Nous avons vu (voir § 30) que, lorsque la tige d'un pendule vient à s'allonger, la durée de l'oscillation grandit et que la pendule retarde ; inversement, si la tige diminue de longueur, la pendule avance. Les variations de température devront donc influencer la marche régulière de nos pendules. Pour supprimer ces inconvénients, on emploie des **pendules compensés**. Nous ne décrirons que le pendule à gril (*fig.* 121).

La tige du pendule soutenant la masse lenticulaire L soutient un système de barres, les unes en fer, les autres en cuivre. Les barres de fer sont fixées par leurs extrémités supérieures, les barres de cuivre sont fixées par leurs extrémités inférieures. Lorsque la température s'élève, elle fait dilater les barres : celles de fer, de haut en bas, tendant à abaisser la masse lenticulaire ; celles de cuivre, de bas en haut, tendant à l'élever. Les longueurs des tiges sont réglées de telle sorte que l'allongement dans un sens soit compensé par celui de sens contraire et maintienne au pendule une longueur totale invariable.

16. Quantité de chaleur.

— Pour échauffer un corps il faut lui fournir une certaine **quantité de chaleur**. Cette quantité dépend à la fois de la masse du corps et de l'élévation de température. Ainsi il faut évidemment deux fois plus de chaleur pour échauffer la même masse de plomb de 0° à 10° que pour l'échauffer de 0° à 5°.

17. Calorie.

— On appelle **calorie** la quantité de chaleur qu'il faut donner à 1 gr. d'eau pour l'échauffer de 1 degré. Par suite si nous voulons porter 1 litre d'eau pesant 1.000 grammes de 10° à 50° (soit l'échauffer de 40°) il faudra lui fournir :

$$1.000 \times 40 = 40.000 \text{ calories.}$$

On emploie aussi pour exprimer les quantités de chaleur la **grande calorie** qui vaut 1.000 calories. Ainsi pour chauffer le litre d'eau précédent il faut 40 grandes calories.

RÉSUMÉ

1. Définition. — La chaleur est un agent qui produit sur les animaux une sensation caractéristique.

2-5. Dilatation. — La chaleur produit sur les corps inorganiques une **dilatation**, puis un **changement d'état**.

La dilatation des solides est très faible; on la constate à l'aide du **pyromètre à cadran** et de l'anneau de S'Gravesande.

La dilatation des liquides est plus visible.

La dilatation des gaz est considérable.

La densité d'un corps diminue quand sa température augmente.

6-15. Thermomètre. — Le thermomètre est un instrument qui sert à mesurer la température des milieux où il se trouve placé. Le plus usité est le thermomètre à liquides et surtout à mercure.

La température de la fusion de la glace est prise pour le 0 de notre thermomètre; la température d'ébullition de l'eau marque le degré 100.

Le thermomètre à mercure peut servir pour des températures comprises entre — 35° et + 350°.

Le thermomètre à alcool sert à mesurer des températures extrêmement basses ou les températures moyennes de l'atmosphère. Il se gradue par comparaison, avec un thermomètre étalon à mercure.

Diverses échelles thermométriques :

5° centigrades valent 4° Réaumur et 9° Fahrenheit.

Le thermomètre à **maxima** et à **minima** sert à mesurer les températures, les plus hautes ou les plus basses, marquées par le thermomètre entre deux observations successives.

Principales applications de la dilatation : rails de chemin de fer; couverture des toits en zinc; boulonnage des plaques de tôle; cerclage des roues; pendules compensateurs.

16-17. Quantité de chaleur, calorie. — Les quantités de chaleur s'évaluent en calories. La **calorie** est la quantité de chaleur nécessaire pour échauffer 1 gr. d'eau de 1 degré de température.

QUESTIONS D'EXAMEN

1. Quels sont les effets de la chaleur sur les corps ? — **2-4.** Comment montre-t-on la dilatation des solides? des liquides? des gaz? — Quels sont les plus dilatables? — **5.** Comment varie la densité d'un corps quand sa température change? — **6-7.** Qu'est-ce qu'un thermomètre? Quels corps pourrait-on choisir pour en faire? — Pourquoi s'est-on arrêté au mercure? — **8.** Comment remplit-on le tube? — **9.** Comment s'effectue la graduation? — **10** Entre quelles limites peut-on employer le thermomètre à mercure? — **11.** Dans quels cas emploie-t-on le thermomètre à alcool? — **12.** Quelles sont les différentes échelles thermométriques? — Quel degré indique le thermomètre Fahrenheit lorsque le thermomètre centigrade accuse 18°? — Quelle est la température indiquée par le thermomètre centigrade lorsque, plongé dans l'eau chaude, le thermomètre Fahrenheit marque 105°? — **13.** A quoi sert le thermomètre à maxima et à minima ? Comment le construit-on ? — **14.** Citez des applications pratiques de la dilatation. — **15.** Décrivez le pendule compensateur. — **17.** Qu'est-ce qu'une calorie ? — Combien faut-il de calories pour chauffer deux litres d'eau de 0° à 20° ?

CHAPITRE VI

CHANGEMENT D'ÉTAT DES CORPS

FUSION. — SOLIDIFICATION. — DISSOLUTION. CRISTALLISATION. — VAPORISATION. — CONDENSATION

1. Fusion. — Nous avons vu, dans les *Notions préliminaires*, qu'un liquide ne différait d'un solide que par une plus faible cohésion de la part de ses molécules. Or la chaleur, ayant pour effet de dilater les corps, c'est-à-dire d'éloigner leurs molécules, détruit leur cohésion et, par suite, peut transformer un solide en liquide et un liquide en gaz.

C'est en effet ce qui se produit. Lorsqu'on soumet un corps solide, de la cire à cacheter par exemple, à l'action de la chaleur, il passe à l'état liquide au bout d'un certain temps qui dépend de la nature du corps. On dit alors que le corps fond, qu'il a subi le phénomène de la **fusion**. Ce phénomène a donné lieu aux deux lois suivantes :

2. Lois de la fusion. — 1° *Tout corps qui n'est pas décomposé par la chaleur fond à une température déterminée.*

2° *La température reste la même pendant toute la durée du phénomène.*

D'après cette seconde loi, la chaleur fournie par le foyer pendant la fusion ne produit pas d'élévation de température, elle est consommée par le changement d'état. Le corps qui passe de l'état solide à l'état liquide **absorbe** de la chaleur.

On appelle **chaleur de fusion d'un corps** le nombre de calories absorbées par 1 gr. de ce corps pour fondre.

Par exemple il faut 80 calories pour fondre un gramme de glace.

Inversement, lorsqu'un corps repasse de l'état liquide à l'état solide, il dégage ou restitue la même quantité de chaleur qu'il a absorbée pour fondre. **La chaleur de solidification est égale à la chaleur de fusion.**

3. Solidification. — Le passage d'un corps de l'état liquide à l'état solide est appelé **solidification**.

Il est évident que les lois de la solidification sont identiques à celles de la fusion, et que la température de solidification d'un corps est la même que celle de sa fusion.

TEMPÉRATURE DE FUSION DE QUELQUES CORPS

Fer	1500°	Soufre	114°
Or	1250	Cire	68
Argent	1000	Phosphore	44
Cuivre	950	Suif	33
Zinc	400	Glace	0
Plomb	320	Mercure	— 40

4. Changements de volume qui accompagnent la fusion ou la solidification. — Il résulte des expériences précédentes que tout corps qu'on refroidit diminue de volume ; il en sera de même par conséquent pour tout corps qui passera de l'état liquide à l'état solide, puisque, pour que cette modification ait lieu, il faut une diminution de température ; et, si le volume diminue, la densité augmente, comme nous l'avons vu. Telle est la loi générale.

5. Maximum de la densité de l'eau. — L'eau présente une exception à cette règle ; voici, en effet, ce qu'on remarque, lorsque dans un ballon de verre, dont le col est prolongé par un tube, on place de l'eau à la température de 15° par exemple, jusqu'à la hauteur A (*fig.* 122) : si l'on plonge le tout dans un mélange de neige et de sel marin, qui permet d'obtenir une température un peu inférieure à 0°, le niveau de l'eau dans le tube **descend** lentement, puis s'arrête en B lorsque sa température a atteint celle qu'on a reconnue être 4°, enfin remonte jusqu'en C, endroit où un petit glaçon se forme et flotte sur l'eau.

Ainsi donc l'eau a suivi la règle générale en se refroidissant de 15° à 4°. **Mais de 4° à 0° elle s'est dilatée** comme si on l'avait chauffée. C'est donc à la température de 4° que cette masse liquide a occupé le volume le plus faible, que ses molécules ont tenu dans le plus petit espace, qu'elle a été

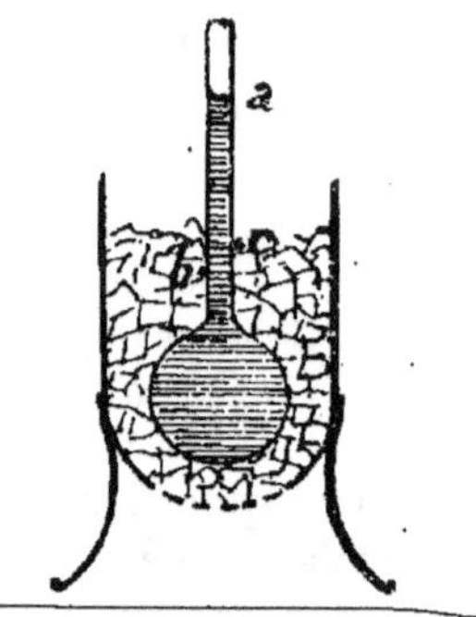

Fig. 122. — Maximum de densité de l'eau.
A, Niveau du liquide à 15°
B, — — 4°
C, — — 0°

le plus dense ; c'est à cette température qu'elle possède **son maximum de densité.**

Autrement dit, si l'on prend de l'eau à la température de 4° et qu'on la chauffe, son volume augmente, et par conséquent sa densité diminue ; de même, si l'on prend de l'eau à la température de 4° et qu'on la refroidisse, son volume augmente encore, et par conséquent sa densité diminue de nouveau : c'est donc à 4° qu'elle possède son maximum de densité.

Pour les autres corps, on ne peut pas indiquer de maximum de densité, puisque toujours leur densité augmente à mesure que la température diminue ; ils auront un maximum de densité, quand on pourra leur fournir un minimum de température.

Ce maximum de densité est donc un phénomène que l'eau est presque seule à présenter. Mais il est lié à un autre phénomène exceptionnel que l'eau présente à un degré plus remarquable encore : c'est que l'eau, comme nous venons de le voir, augmente de volume en gelant, tandis que presque tous les autres corps se contractent.

Puisque la glace est plus légère que l'eau (sa densité est 0,9), elle surnage sur celle-ci. Il est heureux qu'il en soit ainsi, car, si l'eau des rivières ou des lacs augmentait de poids par la solidification, la glace aussitôt formée irait au fond du lac, et l'eau de la surface, en contact avec l'air froid, se congèlerait à son tour, puis descendrait ; de sorte qu'à la suite d'un froid un peu prolongé toutes les masses d'eau seraient congelées en totalité et les animaux aquatiques ne pourraient continuer d'y vivre. Tandis que, en réalité, dans les rivières un peu profondes et les lacs d'eau douce, les régions voisines du fond donnent asile à la vie en descendant rarement, même en hiver, à une température inférieure à 4°.

6. Effets de la congélation de l'eau. — Cette augmentation de volume qu'éprouve l'eau en se solidifiant, explique les **effets désastreux de la gelée sur les plantes.** Les liquides contenus dans les vaisseaux se congèlent et en brisent les tissus, qui se décomposent ensuite. Cependant plusieurs causes retardent leur congélation : d'abord la sève n'est pas de l'eau pure, c'est une dissolution saline, et ces liquides gèlent à une température plus basse ; elle n'est pas en contact immédiat avec l'air ; elle est renfermée dans des tubes capillaires et est presque immobile en hiver, toutes causes qui retardent sa solidification.

Certaines pierres poreuses, dites **pierres gélives**, employées à tort dans les constructions, absorbent l'eau de l'atmosphère ; l'eau ainsi absorbée, en se congelant, désagrège la pierre et la fait se déliter.

7. Force d'expansion de la glace. — Cette force d'expansion de la glace est considérable ; elle est telle que le physicien Hall a pu, en Norvège, faire éclater des canons de pistolet et des bombes, en les exposant pleins d'eau à un froid assez prolongé. Telle est la cause du bris des vases pleins d'eau exposés aux froids de l'hiver (*fig.* 122 *bis*), de la rupture des conduites d'eau, de celle des corps de pompes, des réservoirs dans lesquels on a laissé de l'eau pendant les gelées.

Fig. 122 *bis*. — La carafe se brise quand l'eau gèle.

DISSOLUTION. — CRISTALLISATION

8. Dissolution. — La chaleur n'est pas le seul agent capable de liquéfier un solide : si nous plaçons un morceau de sucre dans l'eau, bientôt nous le verrons disparaître fondu sans qu'il y ait eu apparition bien sensible de chaleur. Dans ce cas, on n'appelle pas généralement ce phénomène une fusion, mais une **dissolution** : on dit que le sucre s'est *dissous* dans l'eau.

Tous les solides ne sont pas solubles dans tous les liquides : le soufre, insoluble dans l'eau, se dissout dans le sulfure de carbone.

Une quantité déterminée de liquide ne peut pas dissoudre une quantité indéfinie de solide ; ainsi 1 litre d'eau à la température de 15° peut dissoudre jusqu'à 350 grammes de sel marin ; si, dans un litre d'eau, on vient à placer 400 grammes de sel marin, 50 grammes resteront à l'état solide ; le liquide est dit alors **saturé**, incapable de recevoir — si les conditions ne changent pas — une plus grande quantité de solide en dissolution. Nous avons dit : si les conditions ne changent pas : c'est qu'en **effet, en élevant la température on augmente généralement**

le pouvoir dissolvant d'un liquide : ainsi 1 litre d'eau à 15° saturé de sel de cuisine ne sera plus saturé à 100°.

9. Cristallisation. — Si l'on abandonne à une lente évaporation une dissolution saturée de sulfate de cuivre, par exemple, on verra au bout de quelques jours se déposer au fond du vase de beaux cristaux bleus. Nous aurons reconstitué ainsi le solide que nous avions dissous préalablement. Cette opération de cristallisation correspond à la solidification, comme la dissolution correspondait à la fusion.

Pour obtenir des cristallisations plus rapides, on peut opérer d'autre façon que par l'évaporation lente. On sature de l'eau bouillante avec le sel à cristalliser, puis on laisse refroidir lentement la dissolution (*fig.* 122 *ter*). Comme le pouvoir dissolvant d'un liquide diminue avec la température, à mesure que le refroidissement se produit, le liquide devient de moins en moins capable de maintenir dissous le sel qui apparaît alors solide et cristallisé en quantité d'autant plus grande que la température s'abaisse davantage.

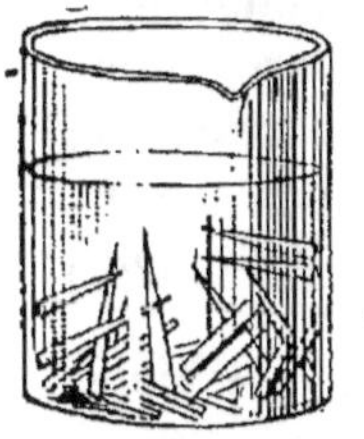

Fig. 122 *ter*. — Le salpêtre cristallise quand on laisse refroidir la dissolution.

10. Mélanges réfrigérants. — Tout corps qui fond, ou qui se dissout, avons-nous vu, emprunte de la chaleur pour effectuer son changement d'état.

Si nous mélangeons du sel marin et de la neige, la fusion de ces deux corps s'effectue en produisant un abaissement de température qui peut aller jusqu'à — 15°. Nous avons obtenu là un mélange réfrigérant.

Pour provoquer rapidement la fusion de la neige dans les villes, on répand du sel marin sur le sol. La fusion se produit, il est vrai, mais forme une boue très froide restant cependant liquide, quoique

Fig. 123. — Sorbetière.

inférieure à 0°, parce que l'eau salée se congèle au-dessous de cette température.

C'est à l'aide du mélange réfrigérant formé de glace et de sel marin que l'on obtient les glaces et les sorbets.

VAPORISATION. — CONDENSATION

11. Vaporisation. — Si l'on soumet un liquide à l'action de la chaleur, il se transforme en matière gazeuse. On appelle **vapeurs** ces gaz formés par des liquides et étudiés au voisinage de **leur** liquéfaction. Leur formation s'appelle, en général, **vaporisation.** Mais elle peut se produire de deux manières différentes : par ébullition et par évaporation.

12. Ébullition. — Quand on chauffe un liquide dans un vase, on voit bientôt des bulles se former vers la surface chauffée (ordinairement le fond du vase), s'élever dans la masse, puis venir crever à l'air ; en outre, un bouillonnement se produit par le dégagement de **bulles** de vapeur. C'est ce phénomène qui prend le nom d'**ébullition** ; il est soumis aux deux lois suivantes.

13. Lois de l'ébullition. — 1° *Tout liquide que la chaleur ne décompose pas entre en ébullition à une température déterminée sous une pression déterminée.*

2° *La température reste constante pendant toute la durée de l'ébullition si la pression reste constante (fig. 123 bis).*

Ainsi le thermomètre plongé dans la vapeur d'eau bouillante sous la pression normale de 76 cm. marquera constamment 100°, quel que soit le foyer employé pour chauffer l'eau. La chaleur fournie est employée à effectuer le changement d'état. Pour chaque gramme d'eau vaporisée à 100°, il faut fournir **537 calories** : c'est la **chaleur de vaporisation de** l'eau à **100°**

L'eau chauffée à l'air libre, sous la pression normale, ne peut donc pas dépasser la température de 100°

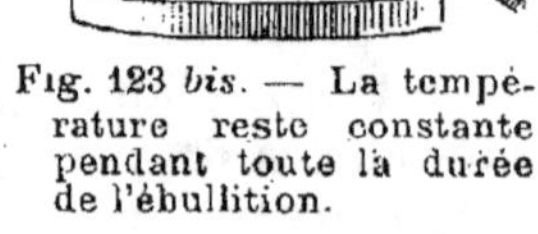

Fig. 123 *bis.* — La température reste constante pendant toute la durée de l'ébullition.

14. Influence de la pression sur la température d'ébullition. — La pression qu'une cause extérieure peut exercer sur un liquide chauffé a une influence considérable sur son ébullition; en effet, la *température d'ébullition d'un liquide sera d'autant plus basse que la pression sera plus faible*. C'est ainsi que, dans le vide, sous le récipient de la machine pneumatique, on pourra obtenir de l'eau relativement froide, bouillant à 15° seulement. Sur des montagnes élevées, où règne par conséquent une pression atmosphérique atténuée, la température d'ébullition de l'eau est normalement plus basse que 100°.

A Quito (2.900 mètres), l'eau bout à environ 90° ; sur le mont Blanc (4.800 mètres), à 84°. Les œufs n'y durcissent pas dans l'eau bouillante.

Inversement. — *La température d'ébullition d'un liquide sera d'autant plus élevée que la pression qu'on exercera sur sa surface sera plus considérable.*

Ainsi l'eau n'entrera en ébullition qu'à 121° sous une pression de 2 atmosphères, à 134° sous 3 atmosphères. Dans les locomotives, au moment du départ, la température approche de 150°, et la pression est entre 5 et 6 atmosphères.

15. Marmite de Papin. — On peut obtenir de l'eau chaude à 200° par exemple, en employant la marmite de Papin. Elle se compose d'une chaudière à parois très épaisses, en fonte ou en cuivre (*fig.* 123 *ter* et 124), surmontée d'un couvercle qu'on

Fig. 123 *ter*. — Marmite de Papin.

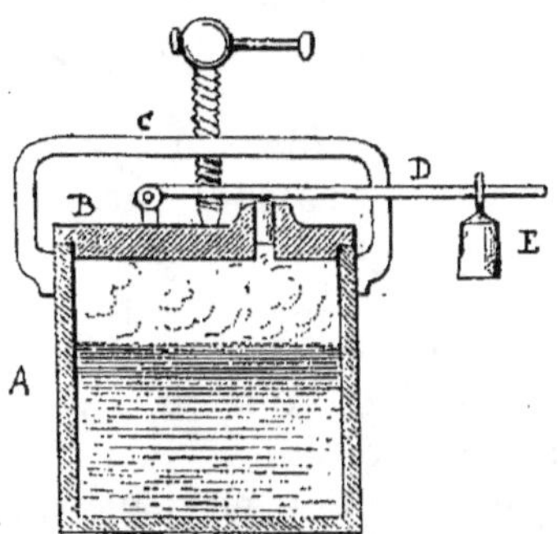

Fig. 124. — Marmite de Papin (coupe). — A, Chaudière; — B, Couvercle; — C, Étrier à vis maintenant le couvercle; — D, Levier portant la soupape et la maintenant fermée; — E, Poids limitant la résistance de la soupape.

peut fortement maintenir par une vis. Une soupape de sûreté, fermée par un levier, est adaptée au couvercle et laisse échapper de la vapeur, quand une pression trop forte pourrait faire craindre une explosion.

Lorsqu'on chauffe l'eau qu'on a placée dans la marmite, la vapeur formée, ne pouvant s'échapper, exerce sa pression sur la surface du liquide, empêche l'ébullition de l'eau, arrête son changement d'état, et par conséquent absorbe pour elle-même la chaleur du foyer.

On peut alors avoir une eau aussi chaude qu'on le désire, si l'on suppose l'appareil infiniment résistant. Mais partout où l'eau se trouve ainsi renfermée, la pression augmente tellement qu'aucun vase n'y peut résister. Ainsi, une chaufferette à eau, mise sur le feu pour la réchauffer, peut, si on oublie de dévisser le bouchon, faire explosion et causer de terribles accidents.

Les marmites de Papin employées dans l'industrie portent le nom d'**autoclaves**. Elles servent à extraire la gélatine des os, à stériliser l'eau, à fabriquer les bougies stéariques, etc.

16. Evaporation. — Dans l'évaporation, la formation de la vapeur s'effectue par la surface du liquide, d'une manière invisible. Par exemple l'eau placée sur une assiette disparaît progressivement, s'**évapore**. C'est ainsi que les corps mouillés sèchent; l'essence, l'ammoniaque, la benzine disparaissent rapidement des étoffes qu'on en a mouillées pour les détacher.

Dans le vide, l'évaporation est **instantanée**; une goutte d'alcool introduite dans une chambre barométrique se transforme immédiatement en vapeur (*fig.* 125), qui exerce une certaine pression sur le mercure et le fait baisser dans le tube.

Dans l'air (ou un autre gaz), la vaporisation est moins rapide.

L'évaporation ne peut se faire indéfiniment dans un espace limité. Par exemple si le volume d'alcool introduit dans la chambre d'un baromètre est assez grand, une partie seulement peut se vaporiser : on dit alors que l'espace est **saturé de vapeur**, ou que la vapeur est **saturante**. La vapeur a fait baisser le niveau du mercure d'une certaine quantité; cet abaissement est dû à la **pression de la vapeur**. Cette pression est d'autant plus grande que la température est plus élevée; mais il est

Fig. 125.
Évaporation dans le vide.

A, Baromètre avant l'évaporation;—B, Baromètre après l'évaporation.

remarquable qu'elle ne dépend pas du volume de la vapeur saturante ; si on augmente un peu le volume que la vapeur peut occuper, une nouvelle quantité de liquide se vaporise. Si au contraire on comprime la vapeur, une certaine quantité se liquéfie, et la pression reste la même.

Quand la vapeur se forme dans l'air, on peut aussi arriver à la saturation : par exemple, en couvrant une assiette pleine d'eau avec une cloche bien ajustée, l'évaporation s'arrêtera dès que la vapeur sera saturante.

17. Froid produit par l'évaporation. — Toute évaporation, comme toute vaporisation, absorbe de la chaleur ; il faut alors, pour qu'un liquide s'évapore, qu'il emprunte de la chaleur aux corps environnants, qu'il les refroidisse. En effet, **toute évaporation produit du froid**. Et le froid produit sera d'autant plus intense que le corps qui s'évapore a plus de tendance à changer d'état, qu'il est plus **volatil**. Ainsi, de l'éther, de l'alcool versés sur la main produiront une sensation de froid très sensible en s'évaporant. L'évaporation est même, quand elle est vivement activée, la source la plus puissante de refroidissement que l'on connaisse aujourd'hui ; c'est par son aide seule qu'on a pu atteindre des températures de — 110° à — 120°.

Les causes qui favorisent l'évaporation sont : une **température élevée, un air sec, le renouvellement de l'air**.

En effet, plus la température est élevée et plus les vapeurs formées sont abondantes ; en outre, plus l'air est sec, et plus il est éloigné de sa saturation, plus donc il peut recueillir de vapeur d'eau : enfin l'air doit se déplacer afin que les couches déjà saturées de vapeur puissent être remplacées par d'autres en contenant moins.

De là le danger de s'exposer, en sueur, à un courant d'air, à cause du froid qui résulte de l'évaporation de la sueur dans cet air renouvelé.

C'est encore au renouvellement de l'air et à l'évaporation qu'il produit qu'on doit la sensation de fraîcheur qui accompagne le mouvement de l'éventail qu'on agite devant son visage.

L'industrie tire un grand parti du froid produit par l'évaporation, par exemple dans la fabrication artificielle de la glace. Dans presque tous les appareils fondés sur ce principe, on liquéfie d'abord un gaz sous pression considérable: on obtient alors un liquide éminemment volatil; on cesse ensuite de le comprimer, et il s'évapore rapidement en produisant autour de lui un froid intense qu'on utilise pour congeler de l'eau.

Si, sous la cloche pneumatique, on place de l'eau dans une petite capsule, et qu'on fasse le vide, le froid produit par l'évaporation est assez actif pour congeler cette eau (*fig*. 126).

On peut boire, en été, de l'eau très fraîche, en la plaçant dans des vases en terre poreuse nommés **alcarazas**, et en exposant ces vases dans un courant d'air. Une petite partie de l'eau traverse le vase, vient à sa surface, où elle s'évapore en refroidissant celle qui reste à l'intérieur.

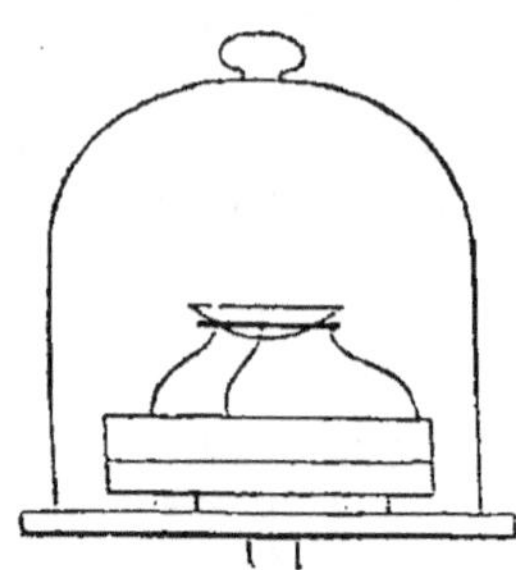

Fig. 126. — Congélation de l'eau par évaporation dans le vide. La capsule contenant l'eau est portée sur un trépied. Au-dessous est un vase contenant de l'acide sulfurique qui absorbe la vapeur d'eau au fur et à mesure qu'elle se produit.

18. Liquéfaction des vapeurs et des gaz. — On appelle **liquéfaction** le passage de l'état gazeux à l'état liquide.

Les vapeurs se liquéfient facilement : il suffit de les refroidir (*fig*. 126 *bis*) ou de comprimer les vapeurs saturantes. Ces deux méthodes peuvent d'ailleurs être appliquées simultanément.

Les mêmes méthodes peuvent être utilisées pour liquéfier les gaz : car les gaz ne sont que des vapeurs éloignées de la température de vaporisation. Ainsi on trouve dans le commerce de l'ammoniac et du gaz carbonique liquéfiés par ces procédés.

La compression ne peut cependant suffire à elle seule; car on a trouvé qu'un gaz ne peut prendre l'état liquide qu'à partir d'une certaine température appelée **point critique**. Par exemple le point critique de l'oxygène est — 119°; si donc on veut liquéfier ce gaz, il est nécessaire de le refroidir au moins à cette température; alors on pourra le comprimer utilement.

Fig. 126 *bis*. — Vaporisation et liquéfaction.

On est parvenu aujourd'hui à liquéfier tous les gaz. Il existe en particulier, des machines donnant facilement des litres d'air liquide, dont la température est de — 192°. Ce liquide ne peut être conservé que dans des vases ouverts et pendant un temps assez court (quelques heures).

APPLICATION DES PROPRIÉTÉS DES VAPEURS
DISTILLATION. — MACHINE A VAPEUR

19. Principe de la distillation. — Toutes les fois qu'un liquide volatil tient en dissolution un corps solide fixe, si on le fait évaporer, le liquide volatil seul disparaîtra, et l'on verra peu à peu le solide se déposer en affectant généralement des formes géométriques appelées **cristaux**.

C'est ainsi qu'on recueille le sel de cuisine en faisant évaporer soit de l'eau de la mer dans des **marais salants**, soit l'eau qui s'échappe de certaines sources salées.

Si l'on fait pénétrer la vapeur qui s'échappe d'une dissolution chauffée dans un récipient refroidi, cette vapeur repassera à l'état liquide, se **condensera**, et le liquide ainsi obtenu aura un degré de pureté plus considérable que la dissolution qui l'a fourni, puisque le corps solide qui formait la dissolution s'est déposé. Tel est le principe de la distillation.

La distillation a encore pour but de séparer, dans certains cas, une substance volatile contenue dans un mélange ou formée dans une décomposition : par exemple, on peut distiller la houille pour en retirer le gaz de l'éclairage ; le bois, pour en retirer de l'esprit de bois et du vinaigre ; le vin, pour en extraire de l'alcool, etc.

20. Opération de la distillation. — Dans toutes les distillations on chauffe en vase clos le corps à distiller, et l'on recueille dans des récipients refroidis les produits que la chaleur a séparés.

Pour purifier l'eau par la distillation, on peut la placer dans une cornue de verre communiquant avec un vase refroidi. L'eau chauffée dégage de la vapeur, qui va se condenser dans le récipient maintenu froid.

Dans la distillation industrielle, la cornue est remplacée

par un réservoir appelé **cucurbite**; le récipient refroidi a la forme d'un tube plusieurs fois recourbé, appelé **serpentin**, et plonge dans un **réfrigérant**. L'ensemble de ces appareils s'appelle **alambic** (*fig.* 127).

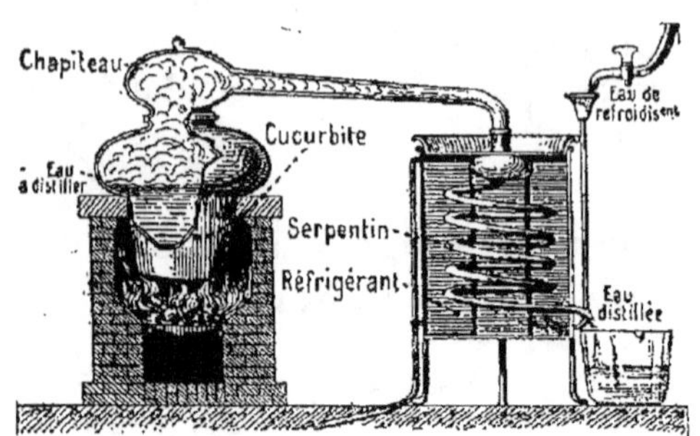

Fig. 127. — Alambic. — Cucurbite sur un fourneau; Serpentin dans le réfrigérant.

21. Emploi de la distillation. — Les distillateurs distillent le vin, le cidre et, en général, toutes les boissons fermentées pour en tirer l'alcool. En effet, pour le distillateur, le vin, le cidre, la bière, ne sont qu'un mélange d'eau et d'alcool.

Pour séparer l'alcool de l'eau, on utilise la propriété qu'a l'alcool de passer en vapeur à partir de 76°; par conséquent, plus facilement que l'eau qui, seule, n'entrerait en ébullition qu'à 100°. On met le liquide à distiller, du vin par exemple, dans la cucurbite et on le porte graduellement à l'ébullition qui commence à une température intermédiaire entre 76° et 100° : l'alcool entre en vapeur d'abord en bien plus grande quantité que l'eau, de sorte que le liquide qui se condense dans le serpentin contient bien moins d'eau que celui qu'on avait mis dans la cucurbite. La première portion distillée est souvent séparée et vendue sous le nom d'**esprit-de-vin** (75 à 70 % d'alcool); la seconde, sous le nom d'**eau-de-vie** (55 à 40 % d'alcool). Mais, en faisant subir à ces liquides une deuxième distillation, on obtient un nouvel alcool contenant moins d'eau, et ainsi de suite, jusqu'à ce qu'on ait un alcool au degré de concentration voulu.

La distillation est une application du principe général énoncé par Watt.

Principe de Watt ou de la paroi froide. — *Si on met en communication deux enceintes qui sont à des températures différentes, la vapeur d'eau qui remplissait la plus chaude va se condenser dans la plus froide; la pression de la vapeur, commune aux deux enceintes, est la pression de la vapeur saturante qui correspond à la plus basse température.*

C'est ainsi qu'en hiver la vapeur formée à la cuisine peut aller se condenser sur les vitres froides d'une pièce voisine.

22. Machine à vapeur. — Denis Papin (1690) eut le premier l'idée d'utiliser la force considérable que peut produire la pression de la vapeur ; mais la réalisation de la machine à vapeur est due surtout à l'ingénieur anglais James Watt.

a) Principe. — L'organe essentiel de la machine à vapeur est un **cylindre** dans lequel peut glisser un **piston** fixé à une tige qui traverse l'un des fonds du cylindre.

Par deux orifices A et B pouvant être ouverts ou fermés momentanément, on fait arriver d'un côté ou de l'autre la

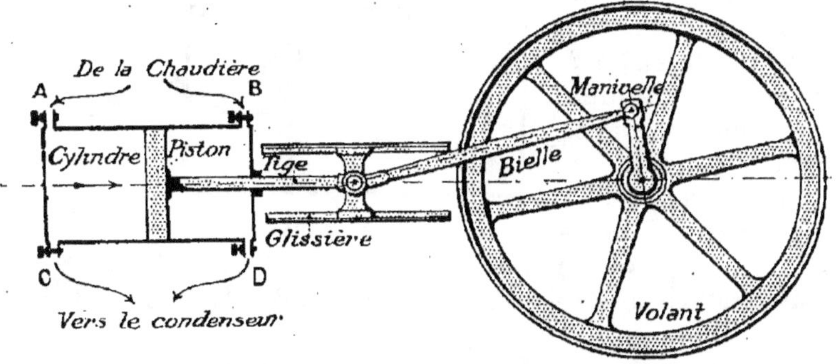

Fig. 128. — Schéma de la machine à vapeur.

vapeur venant d'une **chaudière** ou **générateur** dans laquelle on maintient de l'eau en ébullition à une température élevée (150° par exemple).

Deux autres orifices C et D font communiquer le cylindre avec un réservoir maintenu froid, le **condenseur**.

Supposons que A et D soient ouverts, B et C fermés. La vapeur venant par A pousse le piston de gauche à droite ; quand il est arrivé à fond de course, on ouvre B et C et on ferme A et D ; la vapeur qui vient de remplir le cylindre va instantanément se liquéfier dans le condenseur en passant par C ; la pression tombe ainsi à gauche du piston. Il reçoit d'ailleurs à droite la pression de la chaudière (par B), et il glisse de droite à gauche (*fig.* 128).

On voit que le piston aura un mouvement de va-et-vient

continuel, à condition que les orifices d'entrée et de sortie de la vapeur soient ouverts ou fermés au moment voulu. Cela est fait par la machine elle-même au moyen des organes de distri-bution.

b) Tiroir. — Ces organes diffèrent suivant les constructeurs; le plus répandu est le tiroir (*fig.* 129).

Le cylindre ne porte que deux ouvertures A et B communiquant avec une **boîte à vapeur** M ; un 3ᵉ tuyau C part de cette boîte et se rend au condenseur ; la boîte à vapeur est en communi-cation permanente avec la chaudière.

Un tiroir mobile T glisse sur paroi plane de la boîte à vapeur de

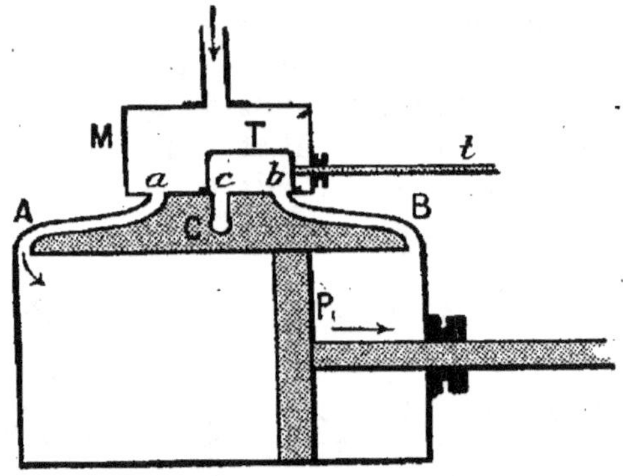

Fig. 129. — Schéma du tiroir.

façon à recouvrir à la fois deux seulement des trois ouvertures *a*, *b*, *c*.

Dans la position représentée sur la figure, la vapeur de la chaudière peut entrer par l'orifice A et pousser le piston de gauche à droite ; au même instant la vapeur qui est de l'autre côté du piston va au condenseur en passant par B et C.

Il suffira de faire glisser le tiroir, en découvrant l'ouverture B, pour que le piston aille en sens inverse.

C'est naturellement à la machine elle-même qu'est dû le mouvement du tiroir commandé par la tige *t*.

c) Volant. — Le mouvement de va-et-vient du piston est transformé en mouvement de rotation, plus facile à utiliser, au moyen d'une **bielle** et d'une **manivelle** agissant sur l'arbre d'un **volant**. Le volant est une grande roue, qui, par sa masse considé-rable, aide à régulariser le mouvement de la machine. Au moyen de courroies ou de roues d'engrenage on pourra commu-niquer son mouvement à d'autres organes (métiers, tours, laminoirs).

d) *Chaudières.* — On en construit trois types principaux :

1° Les chaudières à **bouilleurs** (*fig.* 130), composées de trois grands réservoirs cylindriques contenant une masse d'eau considérable :

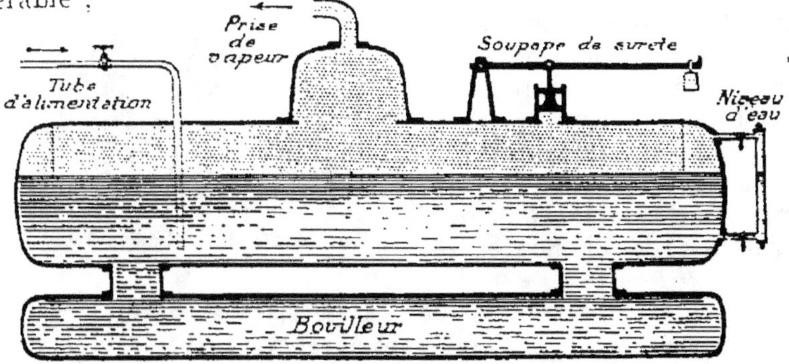

Fig. 130. — Schéma d'une chaudière à bouilleurs.

2° Les chaudières à **tubes d'eau**, formées d'un système de tubes dans lesquels l'eau circule. On les emploie dans la marine et dans les usines où l'espace est restreint;

3° **Les chaudières à tubes de fumée** employées sur les locomotives. La flamme et les gaz brûlants du foyer passent dans plus de cent tubes de fer autour desquels l'eau arrive. Cette disposition permet d'obtenir une grande surface de chauffe, et par suite une production rapide de vapeur.

23. Locomotives. — La locomotive est une machine à vapeur mobile; les bielles articulées aux tiges de piston, agissent sur

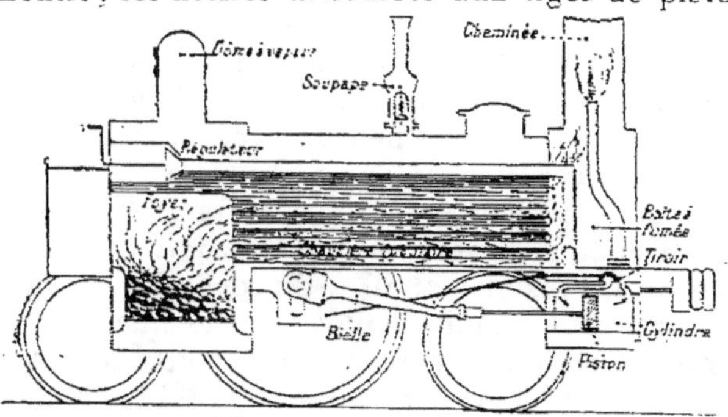

Fig. 131. — Locomotive.

les roues motrices qui remplacent le volant, et les forcent à tourner. Les locomotives n'ont pas de condenseur, ce qui serait trop encombrant ; la vapeur qui a poussé le piston s'échappe simplement dans l'atmosphère;

la pression effective sur le piston est alors la différence entre la pression de la chaudière et la pression atmosphérique (*fig.* 131).

24. Bateaux à vapeur. — Dans les bateaux à vapeur modernes, la machine fait tourner une longue tige horizontale appelée arbre de couche. Cet arbre porte à son extrémité l'hélice (*fig.* 132) qui en pressant sur l'eau entraîne le bateau dans un sens ou dans l'autre, suivant le sens de la rotation de l'hélice elle-même.

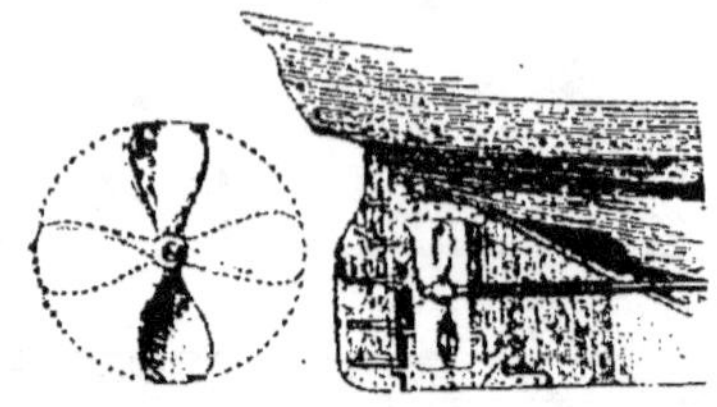

Fig. 132. — Hélice.

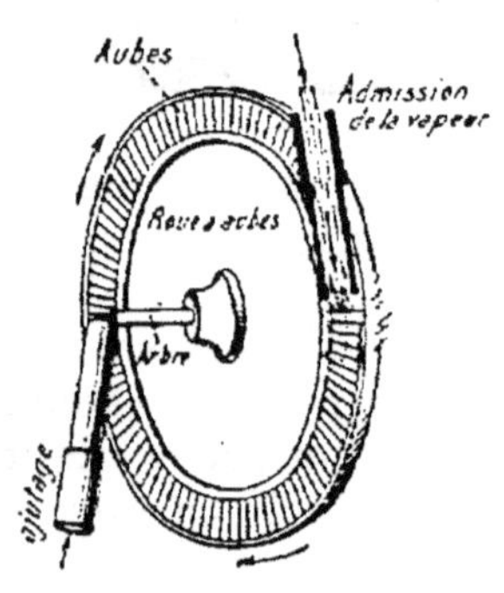

Fig. 132 *bis*.
Schéma de la turbine à vapeur.

25. Les turbines à vapeur. — Les turbines à vapeur utilisent la vapeur d'une façon tout à fait différente ; il n'y a plus ni cylindre ni piston, mais une roue à aubes (comparable à celle d'un moulin) sur laquelle la vapeur arrive à une grande vitesse par un tuyau nommé *ajutage*. Cette roue tourne alors très rapidement (des milliers de tours par minute) et son mouvement peut être communiqué par engrenages au volant de la machine. Les turbines à vapeur sont employées sur les grands bateaux à vapeur.

26. Moteurs à gaz et à pétrole. — La disposition générale est la même que dans la machine à vapeur, mais il n'y a ni chaudière ni condenseur (*fig.* 133). Au lieu de vapeur, le cylindre reçoit un mélange de gaz et d'air ; une étincelle électrique, jaillissant au moment précis, enflamme ce mélange ; il se produit une **explosion** qui pousse le piston et fait tourner le volant. Au retour, le piston expulse du cylindre les gaz brûlés, reçoit un nouveau mélange explosif, et les mêmes phénomènes se reproduisent. Les explosions se succèdent très rapidement (plusieurs centaines par minute). Aussi le cylindre s'échauffe-t-il très vite ; on est obligé de le refroidir en faisant circuler de l'eau tout autour.

Le gaz d'éclairage peut être remplacé dans les moteurs par une vapeur combustible telle que l'essence de pétrole, qu'un appareil appelé **carburateur** mélange intimement à l'air. C'est ainsi que fonctionnent les moteurs d'automobiles et d'aéroplanes.

Le fonctionnement d'un *moteur à explosion* à gaz, à essence ou à pétrole se fait ordinairement en quatre temps :

1er temps : le piston A, entraîné par le mouvement de l'arbre moteur, s'éloigne au fond du cylindre et aspire le mélange explosif contenu dans le *carburateur* D. Le gaz combustible et l'air pénètrent dans le carburateur par les orifices E et E'.

2e *temps* : le piston repoussé se rapproche du fond du cylindre et comprime et échauffe le *mélange explosif*.

3e *temps* : une *étincelle* produite par le courant électrique H fait détoner le mélange et produit le refoulement du piston.

4e *temps* : entraîné par le volant, le piston remonte vers le fond du cylindre : la soupape s'ouvre automatiquement au moyen de la canne mise en mouvement et le *gaz brûlé* s'échappe au dehors par l'orifice L.

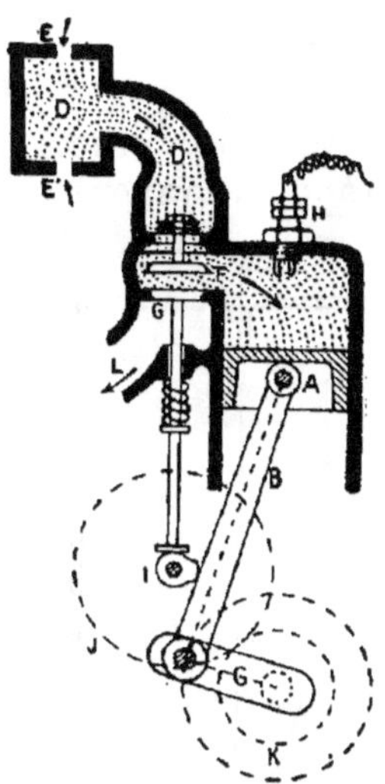

Fig. 133. — Moteur à gaz
Schéma.

D, Carburateur ; — E, E', ouvertures amenant l'air dans le carburateur ; — F, soupape permettant à l'air et au gaz de passer dans la chambre d'explosion ; — H, courant électrique destiné à fournir l'étincelle qui produira l'explosion ; — G, soupape d'échappement ; — A, piston ; — B, bielle.

27. Puissance. — On appelle **puissance** d'une machine la quantité de travail qu'elle produit par seconde.

Une machine a une puissance de un **cheval-vapeur** (H. P., abréviation de deux mots anglais *horse power*) quand elle peut effectuer par seconde un travail de 75 kilogrammètres.

Les machines à vapeur peuvent avoir des puissances considérables ; celle des locomotives atteint couramment 900 chevaux-vapeur, et il y a des machines marines qui développent 10.000 chevaux-vapeur.

Les ingénieurs emploient aussi comme unité de puissance le

watt ou 1 joule par seconde. Un cheval-vapeur vaut 736 watts, c'est-à-dire moins de 1 kilowatt (1.000 watts).

HYGROMÈTRE

28. État hygrométrique de l'air. — L'air atmosphérique contient toujours une quantité plus ou moins grande de vapeur d'eau qui provient de l'évaporation des eaux de la mer, des lacs, des rivières, de la respiration des animaux, etc.

L'air est plus ou moins **humide**, selon qu'il contient plus ou moins de vapeur d'eau; l'état **hygrométrique** de l'air est l'état de l'air au point de vue de son humidité.

Un assez grand nombre de substances tant minérales qu'organiques condensent facilement la vapeur d'eau, comme le sel de cuisine, la potasse, etc., ou s'en imprègnent comme les membranes animales, etc.; on les dit substances **hygroscopiques**.

29. Hygromètre à cheveu. — L'hygromètre est un instrument qui sert à mesurer le degré d'humidité de l'atmosphère; nous

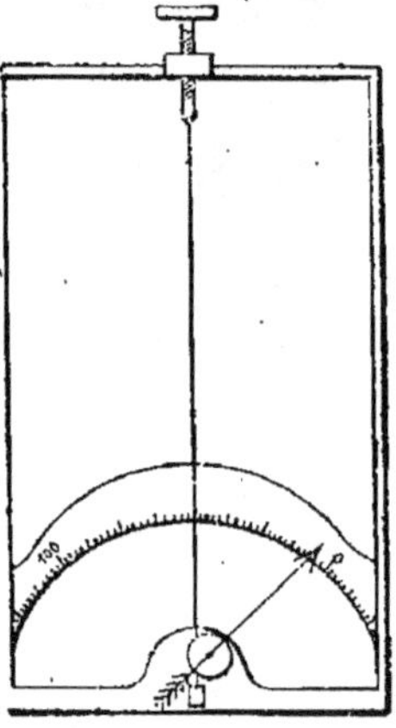

Fig. 134. — Hygromètre à cheveu.

ne décrirons ici que l'hygromètre à cheveu, de Saussure (*fig.* 134).

Cet hygromètre se compose d'un cadre rectangulaire en cuivre. Le côté supérieur est traversé par une vis terminée par une pince. Cette pince tient un cheveu blond de femme (trempé quelques instants dans l'éther pour le dégraisser), et l'autre extrémité s'enroule sur la gorge d'une poulie très mobile dont l'axe supporte une aiguille se mouvant le long d'un cadran. Le cheveu est maintenu tendu par un petit poids fixé à son extrémité.

Pour graduer le cadran, on commence par régler la longueur du cheveu, en élevant ou en abaissant la vis, de sorte que, dans une atmosphère ni trop, ni trop peu humide, l'aiguille se tienne vers le milieu du cadran. Puis on suspend l'hygromètre à graduer au milieu d'une cloche dont le fond est couvert d'eau et dont les parois sont fortement mouillées. L'air de la cloche devient extrêmement humide, le cheveu s'allonge alors, fait mouvoir la poulie et son aiguille ; à l'endroit où elle s'arrête, on grave 100. On porte ensuite l'instrument dans une autre cloche bien sèche, contenant une coupelle d'acide phosphorique anhydre, et on expose le tout au soleil ; l'atmosphère de la cloche se dessèche, le cheveu se raccourcit, l'aiguille se meut en sens contraire du mouvement précédent ; à l'endroit où elle s'arrête, on grave 0. L'intervalle de 0 à 100 est divisé en 100 parties égales.

Sont encore des hygromètres, ou mieux des **hygroscopes**, ces figurines représentant généralement un capucin se recouvrant de son capuchon à l'approche de la pluie et se décoiffant au temps sec. Un boyau de chat dissimulé derrière la figurine s'allonge à l'humidité, se raccourcit à la sécheresse et fait mouvoir le capuchon.

RÉSUMÉ

1-2. Fusion. — *Tout corps qui n'est pas décomposé par la chaleur fond à une température déterminée.*

La température reste la même pendant toute la durée du phénomène.

Pour fondre, le corps absorbe la chaleur dégagée par le foyer ; pour se solidifier, il la restitue.

3-4. Solidification. — La solidification est le retour d'un corps de l'état liquide à l'état solide.

La chaleur de solidification est égale à la chaleur de fusion.

Les lois de la solidification sont les mêmes que celles de la fusion.

5-7. Maximum de densité de l'eau. — Tout corps qui fond augmente de volume, et le maximum de densité d'un corps correspond à son minimum de température.

Il n'en est pas ainsi de l'eau qui possède à 4° son maximum de densité. C'est à cette température qu'une quantité déterminée d'eau occupe le plus petit volume.

La glace a un volume plus fort que l'eau qui l'a formée (effets de la gelée sur les plantes ; pierres gélives ; rupture des conduites en fonte pleines d'eau, en hiver, etc.).

8. Dissolution. — La fusion d'un corps sans apparition sensible de chaleur mais à l'aide d'un liquide, prend le nom de **dissolution**.

Un liquide est **saturé** lorsqu'il contient la plus grande quantité du solide qu'il peut dissoudre.

Le pouvoir dissolvant d'un liquide augmente généralement avec la température.

9-10. Cristallisation. — Lorsqu'on abandonne une dissolution saturée à l'évaporation, le solide apparaît peu à peu, généralement sous des formes géométriques appelées **cristaux**. La cristallisation est donc le dépôt en solides géométriques d'un corps dissous.

Un mélange de neige et de sel constitue un **mélange réfrigérant**. Il emprunte, pour fondre, la chaleur des corps voisins et les refroidit.

11-15. Vaporisation. Ébullition. — Lorsqu'on chauffe un liquide, il entre plus ou moins vite en **ébullition** en même temps qu'il **se vaporise**.

*Tout corps susceptible d'entrer en ébullition le fait à une température déter-
minée sous une pression déterminée.*

*La température reste constante pendant toute la durée de l'ébullition si la
pression reste constante.*

La transformation d'un liquide en vapeur consomme de la chaleur.

L'eau bout toujours à 100° sous la pression 760 millimètres; si la pression
diminue, l'ébullition se fera à une température inférieure.

Si la pression augmente, l'ébullition se fera à une température plus élevée.

Dans la **marmite de Papin** on peut avoir de l'eau à 100° non bouillante.

La force élastique d'une vapeur croît avec la température.

16-17. Évaporation. — L'évaporation diffère de la vaporisation en ce qu'elle
se produit lentement, sans ébullition et sans phénomènes visibles.

Elle est instantanée dans le vide, plus lente dans l'air.

La **vapeur saturante** est celle qui reste en contact avec du liquide non
vaporisé.

Toute évaporation produit du froid.

Les causes qui favorisent l'évaporation sont : une température élevée, un air
sec, le renouvellement de l'air (éventail, courants d'air, fabrication de la glace
artificielle, alcarazas).

18. Liquéfaction. — La **liquéfaction** est le passage de l'état gazeux à l'état
liquide.

On liquéfie les vapeurs en les refroidissant et en les comprimant.

Le **point critique** d'un gaz est la température au-dessus de laquelle il est
impossible de le liquéfier.

19-21. Distillation. — La **distillation** a pour but de séparer un solide de sa
dissolution, ou une substance contenue dans un mélange ou une combinaison.

Dans toute distillation on chauffe en vase clos le corps à distiller, et l'on
condense les produits que la chaleur a séparés.

On sépare l'alcool de l'eau des dissolutions alcooliques en distillant plusieurs
fois la dissolution.

Principe de Watt. — Lorsque les différentes parties d'une enceinte ou de
deux enceintes en communication ne sont pas à la même température, la
pression de la vapeur est la tension qui correspond à la température la plus
basse.

22-25. Machine à vapeur. — L'organe principal de la machine à vapeur est
le **cylindre** dans lequel la vapeur venant de la **chaudière** agit alternativement sur les deux faces du **piston**. La vapeur qui a poussé le piston se rend
au **condenseur**.

Le plus simple des organes de distribution est le **tiroir**.

Le piston fait tourner le **volant** au moyen d'une **bielle** et d'une **manivelle**.

Les **chaudières** ou **générateurs de vapeur** sont à bouilleurs, à tubes
d'eau ou à tubes de fumée (locomotives).

26. Moteurs à gaz, moteurs à pétrole. — Dans les moteurs à gaz, la
pression de la vapeur est remplacée par l'explosion d'un mélange d'air et de
gaz d'éclairage. Le gaz peut être remplacé par une vapeur combustible (essence
de pétrole).

27. Puissance. — L'unité de la puissance est le **cheval-vapeur**, capable
d'effectuer par seconde un travail de 75 kilogrammètres.

28-29. Hygrométrie. — L'état **hygrométrique** de l'air est son état au point
de vue de l'humidité.

On mesure l'état hygrométrique à l'aide de l'**hygromètre à cheveu** de
Saussure.

QUESTIONS D'EXAMEN

1. Que signifie ce mot fusion ? — 2. Quelles sont les deux lois de la fusion ? — Comment expliquez-vous la seconde loi ? — 3-4. Quel changement de volume accuse la solidification ? — 5. Est-ce général ? — Quel corps important n'obéit pas complètement à cette loi ? — Dans quelles limites ? — Qu'entendez-vous par maximum de densité de l'eau ? — A quelle température ce maximum est-il atteint ? — La glace est-elle plus légère que l'eau ? Est-ce heureux ? — 6. Indiquez les effets de la gelée sur les plantes. — 7. Qu'entendez-vous par force d'expansion de la glace ? Quels sont ses effets ? — 8. Qu'est-ce qu'une dissolution ? — Quand une dissolution est-elle saturée ? — 9. Comment peut-on produire des cristallisations ? — 10. Qu'entend-on par mélanges réfrigérants ? — Citez-en. — 11-13. Énoncez les lois de l'ébullition. — 14. Quelle est l'influence de la pression sur l'ébullition ? — 15. Décrivez la marmite de Papin. — Quels sont ses usages ? — 16. Quelle différence y a-t-il entre évaporation et ébullition ? — Qu'est-ce que la vapeur saturante ? — Peut-elle se former dans l'air comme dans le vide ? — 17. Citer des exemples de froid produit par l'évaporation. — 18. Comment peut-on liquéfier un gaz ? — Quelle est la condition à remplir tout d'abord ? — Que veut dire cette expression : le point critique de l'oxygène est — 118° ? — 19. Qu'entend-on par la distillation ? — 20. Décrire un appareil distillatoire. — 21. Comment fait-on pour séparer l'alcool du vin ? — Énoncer le principe de Watt. — 22-25. Expliquer le fonctionnement du cylindre dans une machine à vapeur. — A quoi sert le condenseur ; peut-on le supprimer ? — Décrire le tiroir et expliquer son rôle. — Quelles sont les principales sortes de chaudières ? — 26. Donner le principe des moteurs à gaz et à pétrole. — Pourquoi le cylindre s'échauffe-t-il ? — 27. Définir la puissance d'une machine et dire quelles sont les unités de puissance. — 28-29. A quoi servent les hygromètres et les hygroscopes ? — Sur quels principes sont-ils fondés ?

CHAPITRE VII

PROPAGATION DE LA CHALEUR
CONDUCTIBILITÉ

1. Mode de propagation de la chaleur. — La chaleur peut se propager de deux façons différentes : ou **par conductibilité,** c'est-à-dire de proche en proche, lentement, par la matière elle-même, ou par **rayonnement**, rapidement, en franchissant, comme la lumière, l'espace qui sépare le foyer du corps échauffé.

2. Conductibilité calorifique des corps. — Si l'on prend à la main, par une des extrémités, une tige de fer de 30 centimètres de longueur par exemple, et qu'on essaie de faire rougir au feu son autre extrémité, on sentira bientôt une chaleur intense qui deviendra telle qu'on devra abandonner la tige de fer ou l'envelopper dans un linge (*fig.* 134 *bis*).

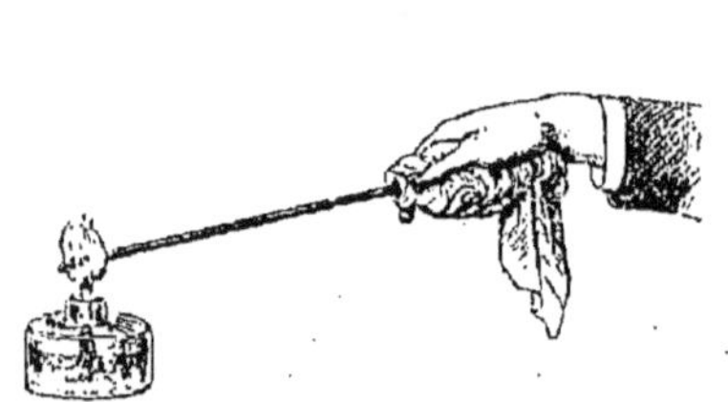

Fig. 134 *bis*. — Le fer brûle la main.

Fig. 134 *ter*. — Le charbon ne brûle pas la main.

La chaleur qu'on a développée à une de ses extrémités s'est rapidement propagée dans toute sa masse, qui ne lui a opposé que peu de résistance, qui l'a bien conduite : on dira alors que le fer est un **bon conducteur de la chaleur.**

La même expérience faite avec un morceau de charbon de bois ordinaire de 15 centimètres de longueur pourrait être tentée sans crainte de brûlure (*fig.* 134 *ter*). Le charbon a donc gardé la chaleur au point seul où elle a été développée; il ne l'a pas conduite dans sa masse : il est un **mauvais conducteur de la chaleur.**

3. Conductibilité des solides.

Fig. 135. — Appareil d'Ingenhousz.

— Pour classer les solides, par ordre de conductibilité calorifique, on emploie l'appareil d'Ingenhousz (*fig.* 135). C'est une caisse en laiton dans l'une des faces de laquelle on peut faire pénétrer des tiges de même diamètre et de même longueur, mais de substances différentes : argent, cuivre, fer, verre, bois, par exemple. D'abord on plonge toutes ces tiges dans un bain de cire fondue, ensuite on les fixe dans la paroi de la caisse, puis on verse de l'eau bouillante. La chaleur conduite plus ou moins loin dans les tiges fond la cire d'autant plus loin de la paroi de la caisse que la substance sur laquelle elle était fixée est meilleure conductrice. On trouve ainsi que l'argent est le meilleur conducteur, et le bois le plus mauvais.

D'une façon générale, parmi les solides, les meilleurs conducteur sont les métaux.

Le verre, la porcelaine, les poteries, le bois sont de médiocres conducteurs. La terre, les cendres, les étoffes de soie, de coton, de laine, sont tout à fait mauvais conducteurs.

4. Conductibilité des liquides.

— Les liquides sont tous, sauf le mercure, de mauvais conducteurs de la chaleur.

Si l'on fait chauffer le haut d'un tube contenant de l'eau, on constate que la partie inférieure du liquide reste froide, tandis que la partie supérieure est en train de bouillir (*fig.* 136).

De même, de l'eau placée dans un vase, sur le feu, s'échauffe non pas parce

Fig. 136. — L'eau conduit très mal la chaleur.

que la chaleur dégagée par le foyer se propage de proche en proche dans toute la masse liquide, mais parce que l'eau se déplace et que chacune de ses parties vient se mettre en rapport avec le foyer. Pour vérifier ce fait, on agite dans l'eau mise en un vase élevé de la sciure de bois très fine, et l'on place le tout sur un fourneau. On voit alors, grâce à la sciure, des courants se produire dans le liquide (*fig.* 137) : un courant ascendant vers le milieu du vase, et des courants descendants le long des parois. En effet : l'eau du fond du vase, en présence du foyer, s'est échauffée, est devenue plus légère et, par conséquent, s'est élevée : d'où production du courant ascendant ; cette eau qui s'élève doit être remplacée, et elle l'est par celle qui touche aux parois, car c'est là que la température est plus basse, à cause du voisinage de l'air : d'où production de courants descendants.

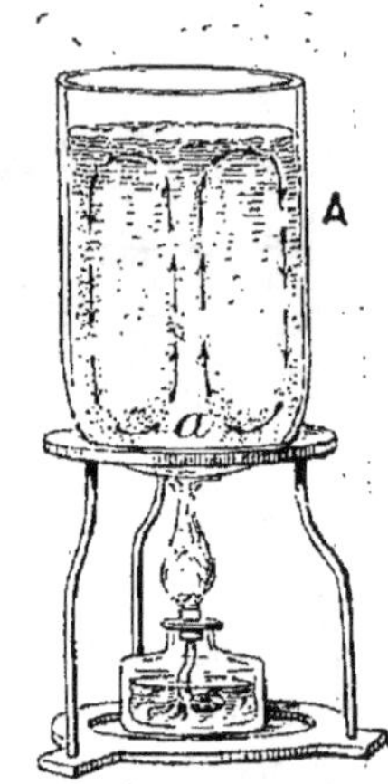

Fig. 137. — L'eau s'échauffe par déplacement.

5. Conductibilité des gaz. — Les gaz ont une conductibilité à peu près nulle. Comme les liquides, ils s'échauffent par déplacement.

C'est à cause de la mauvaise conductibilité de l'air que, dans les pays froids, beaucoup d'habitations ont des murs formés de deux cloisons parallèles entre lesquelles on place de la sciure de bois, de la paille, de la mousse, etc. ; l'air emprisonné dans les interstices de ces substances isole l'intérieur du froid extérieur. C'est pour la même raison qu'on emploie dans certaines contrées des fenêtres doubles, et des vitrages doubles dans les serres.

6. Glacières. — Pour conserver de la glace, dans les glacières (*fig.* 137 *bis*), on creuse en un endroit frais et ombragé des caves à

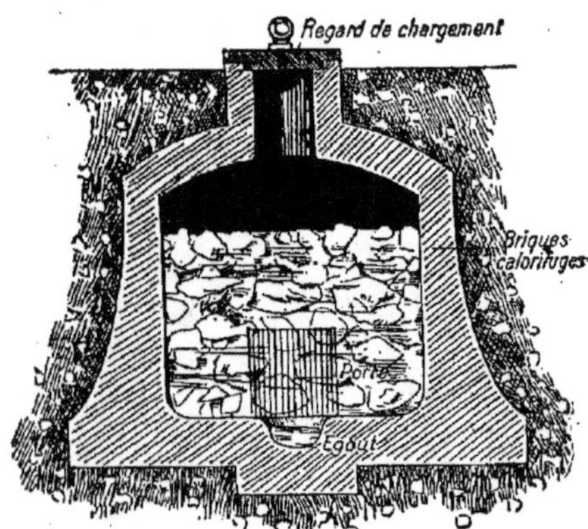

Fig. 137 *bis*. — Coupe d'une glacière.

parois de briques, dans lesquelles on empile, pendant l'hiver, de gros morceaux de glace. Dès que la glacière est pleine, on y verse de l'eau un jour de forte gelée, ce qui forme à sa surface une couche isolante ; puis on recouvre le tout de paille, de laine et d'un toit de chaume. On peut tirer de la glace dans les journées les plus chaudes de l'été.

7. Vêtements. — Au point de vue de la chaleur, les vêtements dont nous nous couvrons agissent comme isolants, surtout à cause de l'air qu'ils emprisonnent. Ils empêchent la déperdition de notre chaleur naturelle vers le dehors. Ils ne nous réchauffent pas, ils s'opposent à notre refroidissement. Et plus la température extérieure sera basse, et plus nous devrons opposer de résistance au départ de notre chaleur. Telle est la raison pour laquelle en hiver, nous nous couvrons d'étoffes de laine, de fourrures, de matières filamenteuses : parce que ces corps retiennent entre leurs interstices une plus grande épaisseur d'air, et que l'air est un très mauvais conducteur de la chaleur. C'est encore pour cela que nous plaçons sur notre lit une enveloppe remplie d'un duvet soyeux, l'édredon.

Pour une raison inverse, l'Arabe se couvre de laine, afin d'isoler son corps de l'air embrasé qui l'environne.

C'est pour l'empêcher de fondre qu'on enveloppe un bloc de glace, qu'on veut conserver, dans une épaisse couverture de laine, etc.

Ainsi donc les corps mauvais conducteurs s'opposent au passage de la chaleur émise par les corps chauds vers les corps moins chauds ou froids.

8. Toile métallique. — Si l'on place un morceau de toile métallique M dans la flamme d'une bougie ou du gaz (*fig.* 138 et 139), on voit la flamme se couper à la toile, quoique les mailles de celles-ci soient bien suffisamment écartées pour laisser passer les gaz. Mais comme une flamme n'est qu'un gaz porté à une telle température qu'il devient incandescent, si la température vient à s'abaisser, le gaz s'éteint ; c'est ce qu'a produit la toile métallique : bonne conductrice de la chaleur, elle a pris pour s'échauffer la chaleur des gaz en combustion, les a refroidis au point de les éteindre au delà de la toile, tout en continuant à brûler en dessous (*fig.* 138). Inversement, le gaz peut être allumé au-dessus de la toile, sans s'enflammer au-dessous (*fig.* 139).

C'est cette propriété qui a permis à Davy de construire la lampe des mineurs (*fig.* 140) : la flamme est entourée d'une toile métallique qui empêche l'inflammation du gaz détonant se dégageant du charbon dans les mines. C'est à cause de cette propriété qu'on oblige les théâtres à se munir d'un rideau en toile métallique afin de protéger la salle contre un incendie déclaré sur la scène.

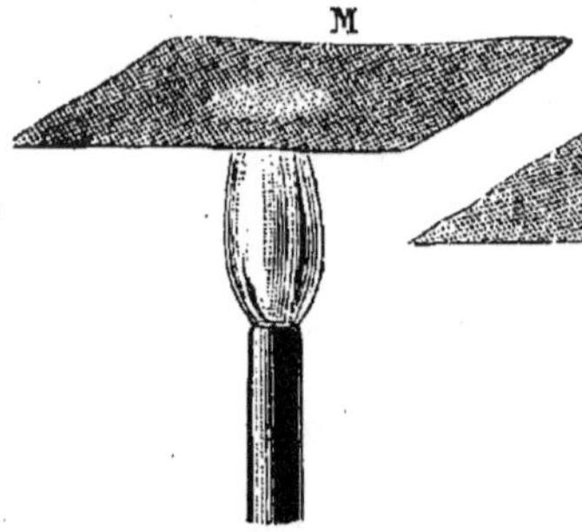

Fig. 138. 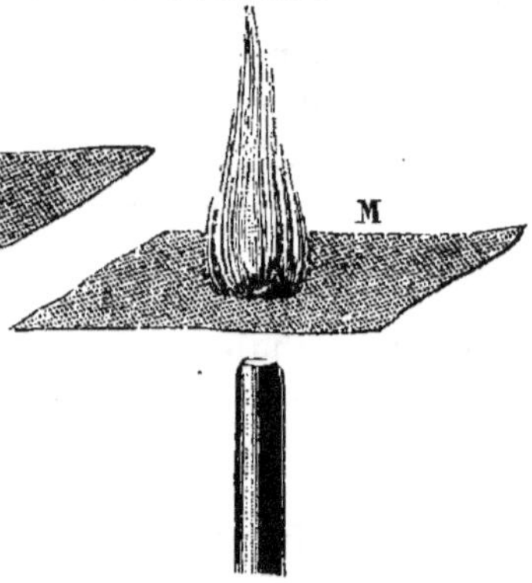   Fig. 139 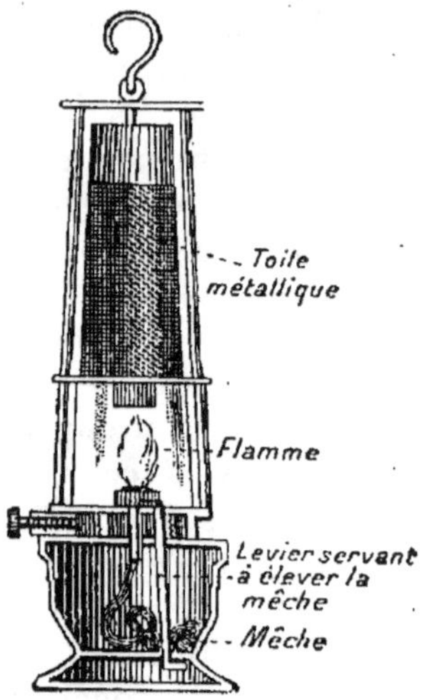   Fig. 140.

9. Chaleur rayonnante. — Au lieu d'aller lentement dans les corps, de molécule à molécule, la chaleur peut aller **en ligne droite** presque instantanément, comme la lumière, à travers le vide, à travers les gaz et même à travers les pores des corps transparents. C'est ce que l'on appelle la **chaleur rayonnante.**

10. Réflexion de la chaleur. — Lorsqu'un rayon de chaleur de cette espèce s'échappe d'un corps chaud, il suit sa marche en ligne droite tant qu'il ne rencontre pas d'obstacle ; sinon, il est absorbé en partie, et, comme on dit, diffusé, réfléchi irrégulièrement dans tous les sens. Mais, si l'obstacle est un métal poli, il est réfléchi, de telle sorte *que son angle de réflexion soit égal à son angle d'incidence.* Nous retrouverons cette loi à propos de la lumière ; d'ailleurs tout ce qui sera dit à ce moment au sujet de la marche des rayons lumineux est applicable à la marche des rayons calorifiques.

11. Chaleur lumineuse, chaleur obscure. — Certains corps, le verre surtout, se laissent facilement traverser par la chaleur accompagnée de lumière, la **chaleur lumineuse**, et se laissent très difficilement traverser par la chaleur que n'accompagne pas la lumière, **chaleur obscure**.

Ainsi derrière une vitre éclairée par le soleil on ressentira la même impression de chaleur que si l'on était placé en avant d'elle. Mais, si l'on interpose entre de l'eau bouillante et

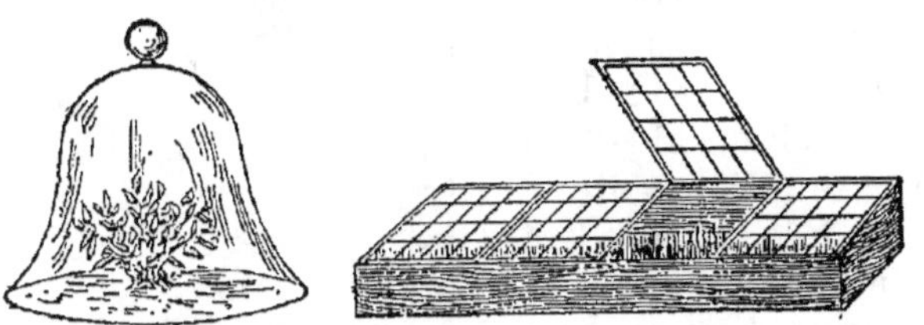

Fig. 140 *bis*. — Chaleur lumineuse : cloche et châssis de jardin.

son visage un carreau de verre, on ne percevra aucune chaleur.

Cette propriété que possède le verre de se laisser traverser par la chaleur lumineuse et de s'opposer au passage de la chaleur obscure est utilisée dans les **cloches des jardiniers**.

Au printemps, les jardiniers recouvrent d'une cloche de verre les semis dont ils veulent activer la végétation. La chaleur solaire lumineuse traverse le verre, échauffe la terre, devient alors chaleur obscure, qui sort difficilement. On entretient ainsi sous la cloche une chaleur considérable qui, jointe à l'eau dont on a soin d'imprégner le sol, constitue une atmosphère très propice à la végétation.

Une application en grand de la cloche, c'est la *serre*.

APPLICATION
DES MODES DE PROPAGATION DE LA CHALEUR.
APPAREILS DE CHAUFFAGE

12. — Les appareils de chauffage doivent présenter un double avantage : d'abord élever la température de la pièce dans laquelle ils sont placés; puis permettre la ventilation de l'appartement. Si, en été, on ouvre largement les fenêtres pour changer l'air vicié de l'appartement, il ne peut en être de même l'hiver : ce sont les appareils de chauffage qui doivent aider au renouvellement de l'air.

Ces appareils sont de différentes sortes; ce sont : les **cheminées ordinaires**; les **poêles**; les **calorifères à air, à eau, ou à vapeur**.

13. Cheminées. — Dans ce mode de chauffage, le bois, le coke, ou plus rarement le charbon de terre, brûlent dans un foyer découvert, formé de chenets ou d'une grille. Un long conduit, ou **cheminée**, permet l'échappement au dehors des gaz résultant de la combustion (*fig.* 141). Dès qu'on allume le combustible, l'air de la cheminée s'échauffe, se dilate, diminue de densité, s'élève ; la cheminée tire c'est-à-dire appelle de la pièce une nouvelle quantité d'air venant remplacer celui qui s'élève, et ainsi de suite. Il en sera de même dans la pièce : l'air placé devant le foyer s'échauffera, s'élèvera au

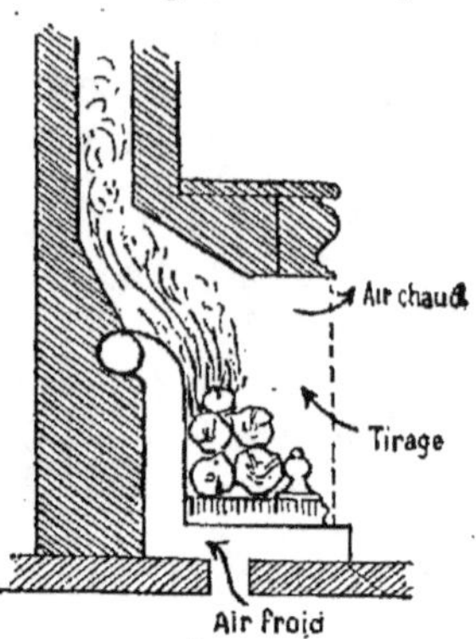

Fig 141. — Cheminée.

plafond et sera aussitôt remplacé par une nappe d'air venant s'échauffer à son tour. Ainsi se produira dans l'appartement un déplacement de l'air permettant son échauffement progressif. L'appartement s'échauffera également par le rayonnement de la chaleur émise par le foyer.

Puisqu'une grande quantité d'air chaud s'élève dans la cheminée, il est nécessaire qu'il en pénètre à tout instant de nouvelles quantités dans la pièce ; cet air rentre sous les portes, par les fentes des croisées, et renouvelle ainsi l'air de l'appartement.

Ce mode de chauffage, s'il est plus gai et plus sain que les autres, est par contre assez coûteux, en ce sens qu'une grande partie de la chaleur est perdue par le tirage même de la cheminée.

14. Poêles. — Les poêles sont en fonte ou en faïence : ce sont des foyers couverts communiquant, grâce à des tuyaux et à une cheminée, avec le dehors. Ils sont plus

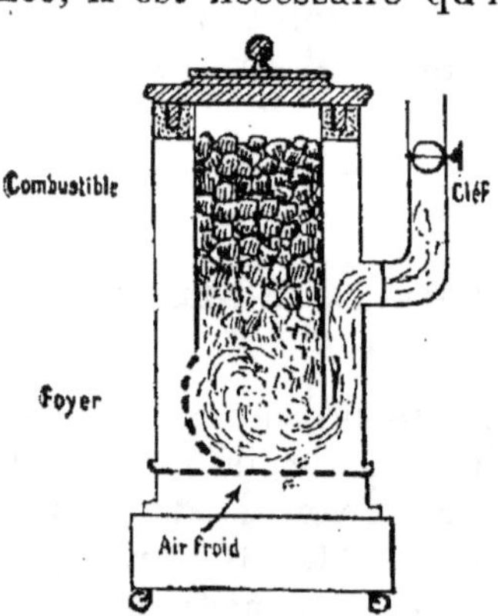

Fig. 142. — Poêle à feu lent.

économiques que les cheminées, mais ventilent moins bien. Les poêles en fonte s'échauffent rapidement, mais se refroidissent de même dès que le combustible est éteint ; au contraire, les poêles de faïence, plus longs à s'échauffer, conservent aussi plus longtemps leur chaleur.

Les poêles mobiles, à combustion lente (*fig.* 142), très économiques et d'un emploi très commode, demandent à être étroitement surveillés si l'on veut éviter de graves accidents. Dans ces poêles le tirage est très lent, l'air ne pénètre qu'en petite quantité, alors que le charbon y est en masse ; dans ces conditions la combustion ne produit guère que de l'oxyde de carbone, poison violent. Si le départ du gaz au dehors est complet, nul danger pour l'appartement ; mais, si la moindre fissure se produit, si le couvercle ferme mal, c'est l'empoisonnement rapide.

16. Calorifères. — Les calorifères sont toujours placés à la cave ; dans les **calorifères à air**, le foyer échauffe l'air qui est conduit par des tuyaux dans les différentes pièces qu'il doit réchauffer. Quand le parcours est grand, on chasse l'air chaud dans les longs tuyaux grâce à un ventilateur.

Les **calorifères à eau chaude** (*fig.* 143) fournissent une température très régulière. Une vaste chaudière pleine d'eau C communique par des conduits *t'* avec des réservoirs S placés dans les pièces à chauffer ; un tuyau de retour *t* permet à l'eau de revenir à la chaudière. Dès que le foyer est allumé, l'eau de la chaudière s'échauffe, diminue de densité et s'élève ;

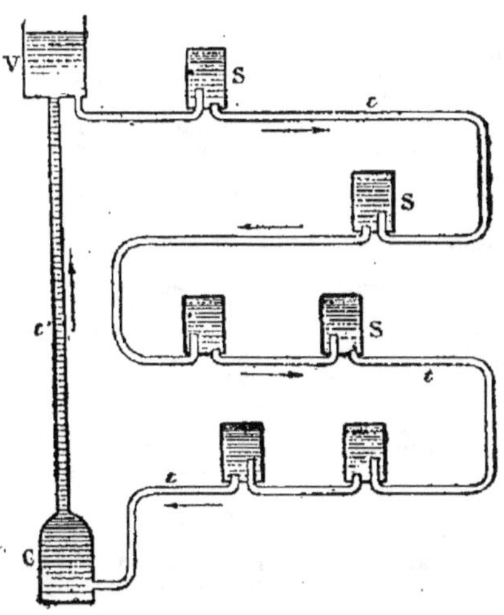

Fig. 143. — Calorifère à eau ; — C, Chaudière ; — *t'*, Conduit amenant l'eau chaude dans le réservoir V de distribution ; — V, Réservoir de distribution ; — S, Réservoir dans les pièces à chauffer ; — *t*, Conduits de retour de l'eau à la chaudière.

elle est remplacée par celle du tuyau de retour. Il s'établit alors dans tout l'appareil une circulation ininterrompue permettant à l'eau refroidie de venir reprendre du calorique au foyer. Bientôt une bonne température, qu'il faut maintenir à la température d'ébullition, est atteinte dans l'appareil entier.

Dans les **calorifères à vapeur**, l'eau est vaporisée par un foyer et est conduite à l'état de vapeur par des tuyaux circulaires dans l'édifice à chauffer. En se condensant, elle cède une grande quantité de chaleur qui élève rapidement la température; l'eau condensée retourne à la chaudière pour être vaporisée de nouveau.

RÉSUMÉ

1. Propagation de la chaleur. — La chaleur se propage par conductibilité ou rayonnement.

2-8. Conductibilité des corps. — Les corps sont plus ou moins bons conducteurs de la chaleur.

Parmi les solides, les métaux sont les meilleurs conducteurs de la chaleur.

Sauf le mercure, les liquides sont mauvais conducteurs de la chaleur; ils s'échauffent par déplacement.

La conductibilité calorifique des gaz est presque nulle (emploi des doubles fenêtres; construction des glacières).

Les vêtements empêchent la chaleur du corps de se perdre au dehors.

Une toile métallique coupe une flamme parce qu'elle refroidit les gaz en combustion. Sa propriété est utilisée dans la *lampe des mineurs*.

9-10. Chaleur rayonnante. — La chaleur peut se propager par **rayonnement**.

Un rayon calorifique se propage en ligne droite; s'il rencontre un obstacle, il se réfléchit *de telle sorte que son angle de réflexion égale son angle d'incidence.*

11. Chaleur lumineuse, chaleur obscure. — On distingue la chaleur lumineuse et la chaleur obscure.

Le verre se laisse traverser par la chaleur lumineuse mais non par la chaleur obscure (cloche des jardiniers. serre).

12-15. Appareils de chauffage. — Les appareils de chauffage sont : les cheminées, les poêles, les calorifères à air, à eau ou à vapeur.

Avec la **cheminée**, la quantité de chaleur est faible en comparaison du combustible dépensé, mais l'aération de la pièce chauffée est excellente.

L'emploi des poêles de fonte est mauvais à cause de l'oxyde de carbone que la fonte laisse échapper. Les poêles de faïence sont d'un emploi préférable. Ils sont longs à s'échauffer, mais gardent plus longtemps leur chaleur.

Dans les calorifères **à air**, l'air froid du dehors s'échauffe autour d'un foyer et est dirigé par des bouches dans l'appartement à chauffer, soit seul, soit à l'aide de ventilateurs.

Dans le calorifère **à eau**, l'eau chauffée circule dans des conduits et fait retour à la chaudière.

Dans le calorifère **à vapeur**, la vapeur d'eau lancée dans des tuyaux s'y condense, cède de sa chaleur et revient en eau à la chaudière qui la renvoie de nouveau.

QUESTIONS D'EXAMEN

1-3. Qu'entendez-vous par corps bons conducteurs, mauvais conducteurs de la chaleur? — Nommez des bons conducteurs, des mauvais conducteurs. — 4. Comment s'échauffe l'eau ? — 5. Et l'air ? — 6-7. Les vêtements nous réchauffent-ils ? — Pourquoi enveloppe-t-on dans la laine un bloc de glace qu'on veut conserver ? — 8. Comment agit une toile métallique sur une flamme ? — Applications. — 9-11. Qu'entendez-vous par chaleur lumineuse, chaleur obscure ? — Comment se comporte le verre vis-à-vis de la chaleur lumineuse? — En quoi consiste la cloche des jardiniers? comment agit-elle ? — De quelles façons la chaleur peut-elle se propager? — Quelle est la loi de la réflexion de la chaleur? — 12. Quels sont les différents genres de chauffage ? — 13-14. Quels sont les avantages et les inconvénients des cheminées? des poêles ? — 16. Combien connaissez-vous de genres de calorifères? Décrivez-les.

CHAPITRE VIII

MÉTÉOROLOGIE

La météorologie est l'étude des phénomènes naturels de l'atmosphère qui ont pour seule cause des actions physiques, comme la rosée, la pluie, le vent, les orages, etc.

1. Rosée. — Lorsque les corps qui sont à la surface du sol ont cessé de recevoir la chaleur du soleil, ils se refroidissent, la nuit, bien plus que l'air, en rayonnant leur chaleur à travers l'atmosphère. Le refroidissement qu'ils en éprouvent se communique aux couches d'air environnantes et donne lieu, si le refroidissement est assez grand, à la **condensation de la vapeur** que cet air contient toujours. Les gouttelettes d'eau se déposent sur le sol et sur les plantes qui le recouvrent et constituent ce qu'on appelle la **rosée**.

La rosée ne se dépose pas également sur tous les corps, elle est d'autant plus abondante que le corps se refroidit plus facilement.

En outre, c'est par les nuits calmes du printemps et de l'automne, où la température entre le jour et la nuit est plus différente, que le dépôt de rosée est le plus abondant.

C'est un dépôt de rosée qui se forme sur la carafe, lorsque, l'été, on remonte l'eau fraîche de la cave.

Le **serein** est une petite pluie très fine, qui tombe par un ciel très pur, quelque temps après le coucher du soleil, dans les soirées d'automne. Il est produit par la condensation de la vapeur d'eau de l'atmosphère au moment où le soleil disparaissant cause brusquement, dans les basses couches de l'air humide, un léger abaissement de température.

2. Gelée blanche, givre. — Lorsque le refroidissement produit par le rayonnement nocturne est capable de faire descendre à 0° la température des corps, la vapeur qui s'est déposée d'abord en rosée se congèle et produit sur le sol une nappe blanche, connue sous le nom de **gelée blanche**. C'est ce phénomène qu'on remarque souvent au commencement du printemps et à la fin de l'automne, et qui produit, au printemps surtout, de si funestes effets. Il suffirait, pour préserver les plantes de ces accidents, d'empêcher leur rayonnement en les recouvrant d'un léger voile, ou de faire, comme dans certains vignobles, des nuages artificiels obtenus en brûlant des matières résineuses. Ces nuages factices, voisins de la plante, empêchent son refroidissement en s'opposant à la déperdition de sa propre chaleur.

En hiver, si l'abaissement de température est considérable, c'est la vapeur d'eau qui se prend en glace, se cristallise en aiguilles étoilées autour des branches d'arbres et produit alors ces féeriques effets de **givre**, d'aspect si saisissant en forêt.

3. Brouillards. — Les brouillards proviennent de la condensation de la vapeur d'eau en fine poussière invisible à l'œil, dans les régions voisines du sol ; ce sont de véritables nuages, mais « des nuages où l'on est », tandis que les nuages sont « des brouillards où l'on n'est pas » (DE SAUSSURE). Ils se produisent ordinairement à l'automne, quelque temps après le coucher du soleil. Ils sont fréquents, le matin, sur les rivières et dans les lieux marécageux, parce que l'eau, à ce moment, a une température plus élevée que l'air qui l'environne, et que celui-ci condense la vapeur émise par l'eau.

Certains brouillards paraissent contenir l'eau à l'état de vésicules creuses, dont l'enveloppe seule est une pellicule liquide ; c'est ce qui rend plus facile leur flottement dans l'air, ce qui n'arrive aux gouttes pleines qu'à un degré de petitesse bien plus grand.

Les brouillards s'emparent, dans leur condensation, de toutes les impuretés de l'air, ce qui les rend si malsains et si épais, surtout dans les grands centres manufacturiers, à Londres par exemple.

4. Nuages. — Les nuages sont des brouillards qui se forment dans les hautes régions de l'atmosphère, où la température est notablement plus basse que sur le sol. Les nuages sont donc de la **poussière d'eau** quand leur température est au-dessus de zéro, et de la **poussière de glace** quand leur température est au-dessous de zéro, ce qui arrive très fréquemment. Ils restent suspendus, parce que de si fines gouttelettes et de poids si faible, entraînées et sans cesse relevées par les remous de l'air n'y peuvent tomber : elles ne font qu'y flotter.

Ce qu'on voit dans un nuage ou un brouillard, ce n'est pas la vapeur, celle-ci étant gazeuse et invisible ; c'est la poussière liquide ou solide. Il y a de la vapeur d'eau dans les nuages, puisque l'air en est saturé. Elle peut se condenser sur les gouttelettes et les grossir assez pour qu'elles tombent. C'est ce qui arrive quand un nuage se trouve à l'ombre d'un autre et se résout en pluie. Souvent, au contraire, le soleil les évapore et les fait disparaître.

5. Forme des nuages. — Suivant la forme qu'ils affectent, les nuages ont reçu différents noms. On les appelle **cumulus**, lorsqu'ils se présentent en grosses masses blanches, à contours arrondis ; ils apparaissent en été et présagent l'orage et un temps incertain ; leur hauteur varie entre 1.000 et 3.000 mètres.

Les **cirrus** ont l'aspect de légers flocons de laine ou de barbes de plumes qui rendent le ciel comme pommelé ; ils sont formés de fines aiguilles de glace. Leur apparition présage le vent du Midi avec un changement de temps. Ils sont très élevés, entre 5.000 et 10.000 mètres, et même au delà.

Les **stratus** sont des cumulus affaissés ; ils affectent la forme de longues bandes horizontales apparaissant surtout au coucher du soleil, qui les fait paraître généralement colorés. Leur coloration rouge, le soir, présage du beau temps.

Enfin, les **nimbus** sont de grosses masses de nuages, à contours mal définis et à mouvements intérieurs violents, qui sont en train de se résoudre en pluie.

6. Pluie. — Neige. — Lorsque les gouttelettes d'eau des nuages viennent à grossir par condensation ou réunion, elles peuvent acquérir un poids qui ne permet plus leur suspension : elles tombent alors et constituent la pluie.

Mais la condensation est plus rapide et plus fréquente si la température vient à descendre à 0°, elle a lieu à l'état solide ; la vapeur se précipite en cristaux qui se groupent en masses floconneuses : c'est la **neige**, formée de cristaux étoilés et qui, souvent fondus en tombant, fournissent les grosses pluies continues.

7. Grêle. — La **grêle** est de l'eau congelée en forme de petites boules ; elle tombe surtout en été pendant les orages. Elle a toujours un noyau cristallin : elle est due à la descente rapide des hauts cirrus dans l'intérieur des nimbus tournoyant comme des trombes. Il peut arriver que les grêlons restent en mouvement dans l'air, attirés par les nuages chargés d'électricité, et que, lorsque ces nuages cessent d'être électrisés par suite de décharges successives, la grêle tombe très grossie et lancée obliquement par la force centrifuge.

Les grêlons tombent parfois avec une telle violence que les végétaux sont complètement hachés et déchiquetés après le passage de l'orage.

8. Vents. — Les vents sont des déplacements d'air plus ou moins rapides qui s'effectuent dans l'atmosphère. Leur cause commune est la différence de température entre deux lieux qui peuvent communiquer. Ainsi soit AB (*fig.* 143 *bis*) une partie du sol qui, pour une cause quelconque, soit échauffée sans que les régions voisines reçoivent de la chaleur. L'air qui touche AB s'échauffera, par suite se dilatera et s'élèvera ; nous

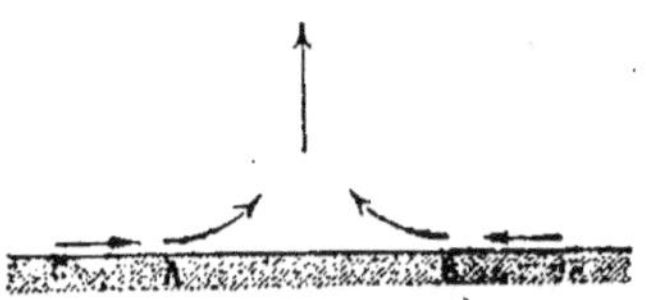

Fig. 143 *bis*.

aurons ainsi produit un courant ascendant. Mais cet air qui s'élève doit être remplacé ; il le sera en effet par celui qui vient des régions froides : d'où production d'un nouveau courant sur le sol, allant des régions froides vers la partie chauffée. En outre, l'air chauffé qui s'est élevé ne le fera pas indéfiniment ; à une certaine hauteur, il s'épanchera sur les couches voisines en formant un courant contraire allant, dans les régions élevées, de la partie chauffée vers les parties froides.

Et c'est toujours ce que nous trouverons dans la formation des vents : un courant d'air allant, sur le sol, de la région froide vers la région plus chaude, le seul que nous ressentons, mais un courant inverse dans les parties élevées de l'atmosphère.

Telle est la cause qui produit les **vents alizés**, qu'on doit toujours trouver soufflant sur le sol, des pôles vers l'équateur.

On voit que le vent sera d'autant plus rapide que le changement de température aura été plus sensible et plus brusque.

9. Brise de mer. — Sur les côtes de la mer, on remarque d'une façon à peu près régulière deux courants inverses se produire dans l'air pendant l'espace d'une journée.

Vers neuf heures du matin, au moment où la chaleur solaire est assez forte, elle échauffe le sol et ne peut échauffer l'eau aussi vite, de sorte qu'un courant d'air venant de la mer vers la terre commencera à se produire. La différence de température augmentera jusque vers deux heures après midi, et avec elle la force de la brise, puis diminuera pour être à peu près nulle au coucher du soleil. On aura ressenti pendant tout ce temps-là **la brise de mer** (*fig. 143 ter*).

Fig. 143 *ter*.
Brises de terre
et de mer.

Mais, pendant la nuit, la terre se refroidit plus vite que l'eau ; un courant inverse va donc se produire dans l'air : un courant venant de terre et formant alors la **brise de terre**, insensible peu après le coucher du soleil, augmentant d'intensité vers le milieu de la nuit pour cesser au lever du soleil.

RÉSUMÉ

La **météorologie** est l'étude des phénomènes naturels de l'atmosphère.

1. La **rosée** est produite par la condensation de la vapeur d'eau sur les objets qui recouvrent le sol.

2. La **gelée blanche** et le **givre** sont la congélation de la rosée déposée sur les plantes

3. Le **brouillard** provient de la condensation de la vapeur d'eau de l'atmosphère dans les régions voisines du sol.

4-5. Les **nuages** sont des brouillards élevés : suivant les formes qu'ils affectent, ils s'appellent **cirrus**, **cumulus**, **stratus** ou **nimbus**.

6. La **pluie** provient d'une condensation plus abondante des nuages.

La **neige** est de la vapeur d'eau congelée.

7. La **grêle** est de l'eau congelée ; sa production se rattache sans doute à un phénomène électrique.

8. Les **vents** sont des déplacements d'air causés par des différences de température entre deux lieux voisins.

Ils soufflent, sur le sol, d'une région froide vers une région plus chaude.

9. Les **brises de mer** sont des vents réguliers qui soufflent sur les bords de la mer, de la mer vers la terre dans le jour, de la terre vers la mer la nuit.

QUESTIONS D'EXAMEN

1. Comment expliquez-vous le phénomène de la rosée ? — Se dépose-t-elle également sur tous les corps ? — A quelles époques de l'année est-elle plus abondante ? — Pourquoi ? — Quand se produit le serein ? — 2. Comment se produit la gelée blanche ? — Comment peut-on préserver les plantes de son action ? — 3. Quand se produit-il un brouillard ? — Sous quel état l'eau est-elle contenue dans le brouillard ? — 4. Comment sont formés les nuages ? — 5. Nommez les différentes formes de nuages. — 6 Quand la pluie se produit-elle ? Et la neige ? — 7. Et la grêle ? — 8. Expliquez la formation des vents. — Un vent souffle toujours sur le sol, de quelle région vers quelle autre ? — 9. Comment expliquez-vous les brises régulières qui soufflent au bord de la mer ?

CHAPITRE IX

ÉLECTRICITÉ

1. Définition. — L'ambre jaune, qu'on appelle en grec **électron**, prend, quand on le frotte, la propriété d'attirer les corps
légers : petits morceaux de papier,
sciure de bois, etc.

D'autres corps, tels que le verre,
le caoutchouc durci, l'ébonite, la
cire, possèdent la même propriété
(*fig.* 143 *quater*). On a donné le
nom d'**électricité** à la cause de ces
phénomènes ; la nature intime de l'électricité nous est encore
inconnue.

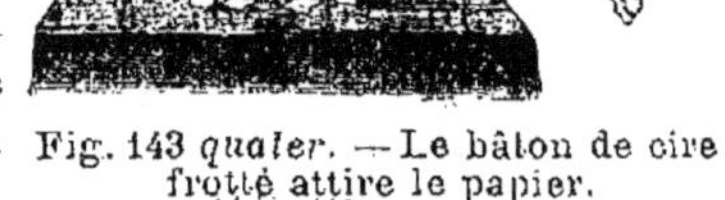
Fig. 143 *quater*. —Le bâton de cire
frotté attire le papier.

**2. Corps bons conducteurs, mauvais conducteurs de l'élec-
tricité**. — Gray trouve, au commencement du xviiie siècle,
que **tous les corps** peuvent s'électriser par le frottement, mais
que les uns laissent circuler l'électricité dans toute leur masse
avec une telle rapidité qu'elle se perd dans le sol par la main qui
les tient : ce sont alors des **corps bons conducteurs de l'électricité** ;

Que les autres conservent, au contraire, l'électricité au point
où elle a été développée, qu'ils ne la conduisent pas dans le
reste de leur volume : ce sont des **corps mauvais conducteurs
de l'électricité**.

Parmi les corps bons conducteurs, nous citerons: les métaux,
la braise, les fils de lin, l'eau et tous les liquides, toutes les substances humides et le corps humain.

Les principaux corps mauvais conducteurs sont : le caoutchouc, la porcelaine, le papier sec et chaud, la soie, le verre, la
cire, le soufre, la résine, la gomme laque, les gaz secs.

3. Électrisation de tous les corps par le frottement. — Pour
électriser par frottement les corps mauvais conducteurs, il
suffit de les frotter sur une étoffe de laine ou une peau de
chat bien sèche.

Mais, lorsqu'on voudra électriser un bon conducteur, une baguette de fer AC, par exemple, on devra lui donner pour support un mauvais conducteur ; un manche de verre BC (*fig.* 144). L'électricité qu'on développera en A se répartira bien dans la tige entière AB, mais ne pourra pas s'échapper dans le sol par la main de l'opérateur puisque l'électricité n'aura pu pénétrer dans la partie BC, non conductrice.

Les mauvais conducteurs employés comme supports de bons conducteurs sont appelés **isolants**.

Fig. 144. — Corps conducteur isolé par un manche de verre.

4. Electroscope. — Tout électroscope est un instrument à l'aide duquel on peut constater qu'un corps est électrisé. Les petits morceaux de papier, la sciure de bois sont des électroscopes.

L'électroscope employé dans les cabinets de physique est le **pendule électrique** (*fig.* 145). Il se compose d'une petite balle de sureau suspendue à l'extrémité d'un fil de soie fixé à un support de verre.

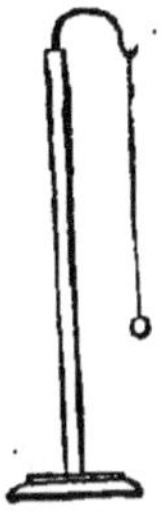

Tout corps qui attirera la balle de sureau sera électrisé ; inversement, tout corps qui, présenté à la balle de sureau, ne lui fait produire aucun mouvement, est un corps non électrisé, ou faiblement électrisé.

5. Des deux électricités. — Si nous rapprochons à distance, **sans contact**, un bâton de verre électrisé, puis un bâton de résine électrisé également, de la balle de sureau du pendule électrique, tous deux produiront successivement une attraction.

Fig 145.— Pendule électrique.

Mais si nous laissons la balle de sureau **toucher** (*fig.* 145 *bis* II) au bâton de résine électrisé, dès qu'il y aura eu contact, la balle de sureau sera vivement repoussée (*fig.* 145 *bis* III). Si de cette balle repoussée par la résine nous approchons le verre électrisé, celui-ci attirera très vivement la balle de sureau.

Ainsi donc le sureau **électrisé par la résine est repoussé par la résine, mais attiré par le verre**, électrisés l'un et l'autre.

De ce fait, observé par Dufay, en 1726, on a conclu qu'il y a deux espèces d'électricités : l'une, primitivement appelée vitrée, puis **positive**, qui produit une répulsion sur la balle de

sureau électrisée par contact avec le verre ; l'autre, appelée
résineuse, puis **négative**, qui attire la balle de sureau électrisée
avec des corps chargés d'électricité positive. Ces expériences
ont permis de formuler les deux lois suivantes :

Lois. — 1° *Deux corps chargés d'électricité de même nom se
repoussent.*

2° *Deux
corps char-
gés d'électri-
cité de noms
contraires
s'attirent.*

Mais **tous
les corps**,
positifs ou
négatifs
quant à l'é-
lectricité,
agissent par
attraction
sur la balle
de sureau **non électrisée.**

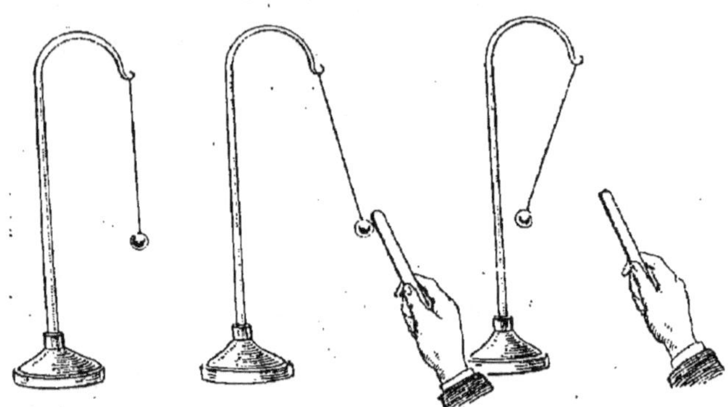

Fig. 145 *bis*. — I. La balle de sureau du pendule électrique n'est
pas électrisée. — II. La balle de sureau du pendule est attirée
et électrisée par la résine. — III. La balle de sureau électrisée
par la résine est repoussée par la résine.

Quand on frotte deux corps l'un contre l'autre, du verre
et du drap, par exemple, les deux électricités se produisent à
la fois et en **quantité égale** ; l'un des corps (le verre) prend
l'électricité positive, l'autre corps (le drap) prend l'électricité
négative.

6. Distribution de l'électricité dans les conducteurs. — Dans
un corps conducteur électrisé, l'électricité ne se répartit point
dans toute la masse, elle *se porte seulement à sa face extérieure.* Ainsi, si on électrise une sphère creuse en métal, on
vérifie facilement que la surface intérieure ne possède aucune
trace d'électricité et que seule la surface extérieure est
électrisée.

L'expérience peut être faite avec un conducteur creux quelconque, par exemple une boîte à conserves un peu profonde
que l'on pose sur un support bien isolant (verre bien sec, soufre
ou mieux paraffine). Après l'avoir fortement électrisée, on
touche l'intérieur avec une petite boule métallique tenue par un

manche isolant (ou suspendue à un fil de soie blanche). On peut constater, à l'aide d'un pendule ou d'un électroscope, que la petite boule ne s'est pas chargée. Elle s'électrise au contraire, si on lui fait toucher la surface extérieure.

Une expérience très concluante, celle **du cône de Faraday**, montre bien que l'électricité ne se porte qu'à la surface extérieure des corps. Une sorte de filet à papillons, en gaze de lin

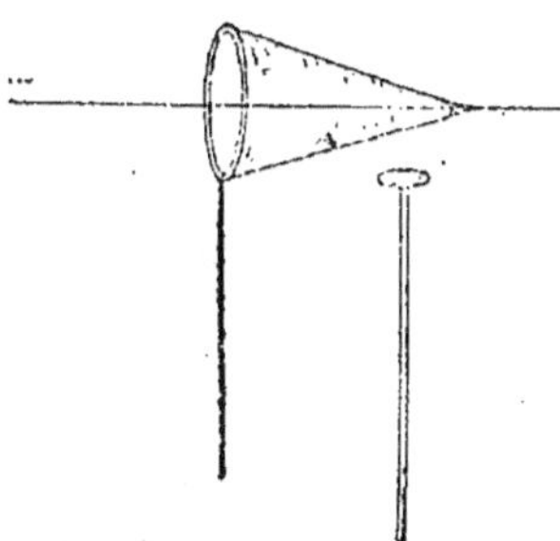

Fig. 146. — Cône de Faraday.

(*fig.* 146), est soutenu par un pied de verre ; un fil de soie fixé au sommet du cône le traverse de part et d'autre.

On met l'appareil en contact avec une machine électrique, puis on applique en un point quelconque de sa surface intérieure le **plan d'épreuve**, c'est-à-dire un petit disque en bois recouvert d'étain et porté par une longue aiguille de verre. Si l'on approche ensuite le plan d'épreuve du pendule électrique, aucune trace d'électricité n'est dévoilée : il n'y a pas d'électricité à l'intérieur du cône. Mais, si le plan d'épreuve touche la surface extérieure et qu'on l'approche du pendule électrique, celui-ci indique, par son attraction, que le disque, et par conséquent la surface extérieure du cône, contient de l'électricité. Si maintenant on tire le fil de soie de façon à retourner le cône de telle sorte que l'ancienne surface intérieure devienne surface extérieure, et réciproquement, ce sera sur la nouvelle face extérieure, celle qui tout à l'heure n'avait révélé aucune trace d'électricité, qu'on en trouvera, et rien sur l'autre face, qui est maintenant intérieure.

7. Pouvoir des pointes. — L'électricité est inégalement répartie sur la surface d'un corps conducteur; la charge est moins grande sur les surfaces planes, plus grande sur les parties fortement courbées. Par exemple, sur un cylindre terminé par

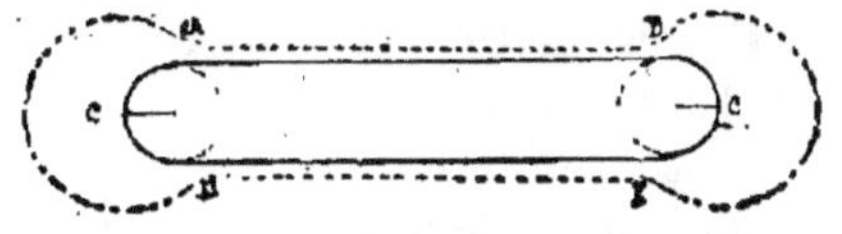

Fig. 146 *bis*. — Distribution de l'électricité sur un cylindre terminé par des demi-sphères.

des demi-sphères, il y aura une charge bien plus grande aux

extrémités que sur la surface cylindrique (*fig.* 146 *bis*).

Sur une pointe, qui est une surface d'une courbure excessive, la charge est infiniment grande ; la répulsion exercée sur cette charge par le reste de l'électricité du corps la force alors à s'écouler par la pointe, en formant des aigrettes lumineuses visibles dans l'obscurité (*fig.* 147 A). L'électricité qui s'écoule par la pointe produit un courant d'air appelé vent électrique, assez fort pour repousser la flamme d'une bougie et même l'éteindre (*fig.* 147 B).

C'est cette propriété de laisser échapper l'électricité qui constitue le **pouvoir des pointes**. On l'utilise dans la construction des machines électriques.

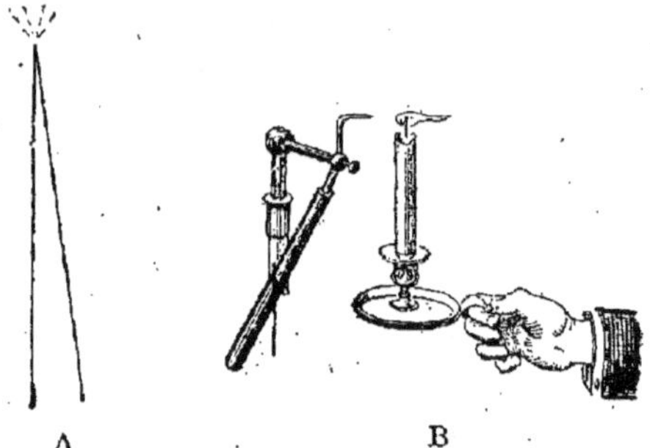

Fig. 147. — Le pouvoir des pointes.

B. Electrisation par influence. — Prenons un cylindre métallique terminé par des demi-sphères, isolé par un pied de verre (*fig.* 147 *bis*) et portant à ses extrémités et au centre des pendules doubles formés de petites balles de sureau portées par des fils conducteurs. Si de ce corps conducteur isolé nous approchons à distance une sphère C en métal, isolée et électrisée positivement par exemple, nous verrons se produire les phénomènes suivants :

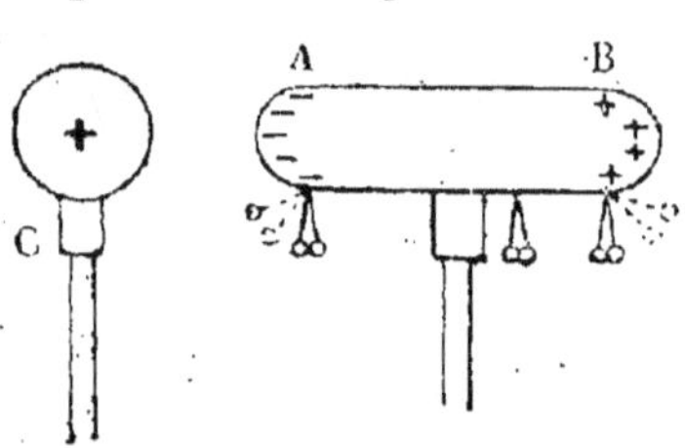

Fig. 147 *bis*. — Électrisation par influence.

1° Les balles des pendules situés en A et B se repoussent mutuellement ;

2° La tendance générale des pendules A est de s'approcher de la boule électrisée ; la tendance générale des pendules B est de s'éloigner de C.

Du premier phénomène nous devons conclure que le cylindre est électrisé ou que, tout au moins, sous l'influence du corps électrisé, les deux électricités du conducteur se sont séparées.

Le deuxième phénomène nous indique que nous avons en A, le plus près possible du corps électrisé, de l'électricité contraire à celle de C, car il n'y a que les électricités contraires qui s'attirent. Nous devons trouver en B de l'électricité positive, puisque les pendules situés de ce côté ont une tendance à s'éloigner de la boule C positive.

Les pendules du centre n'ont manifesté aucun mouvement, car l'électricité négative est appelée en A par la positive de C, et la positive est repoussée le plus loin possible en B.

Pour montrer que c'est bien l'action d'influence du corps électrisé qui a séparé les deux électricités du conducteur, on peut enlever la boule électrisée. On voit alors tous les pendules du conducteur retomber à leur position verticale primitive, qui indique que le corps qui les porte est neutre au point de vue électrique.

Revenons à l'expérience précédente, le conducteur étant électrisé positivement en B et négativement en A. Si nous mettons B en communication avec le sol, par exemple en le touchant avec le doigt, l'électricité positive repoussée le plus loin possible de C, s'échappera ; mais l'électricité négative restera en B, sous l'attraction de C.

Nous pourrons maintenant enlever la boule C, et notre cylindre restera définitivement électrisé, de signe contraire à la boule C. Nous avons ainsi le moyen d'électriser un corps par influence, sans que le corps qui produit l'influence ait rien perdu de sa charge propre.

9. Étincelle électrique. — Lorsque l'on approche assez près l'un de l'autre deux corps conducteurs électrisés de sens contraire, il arrive un moment où l'attraction des deux électricités est assez grande pour vaincre la résistance de l'air interposé : une lumière et un petit craquement sec se produisent ; c'est l'**étincelle électrique** (*fig.* 148). Les deux électricités se sont mutuellement neutralisées, et si elles étaient

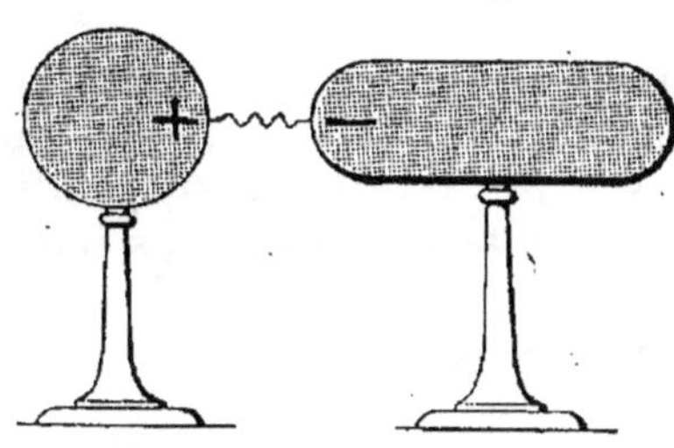

Fig. 148. — Étincelle électrique.

en égale quantité, les deux corps sont revenus à l'état neutre.

Sinon, celui qui avait la plus grande charge en conserve une partie.

10. Electroscope à feuilles d'or. — Lorsqu'on veut reconnaître la présence de faibles traces d'électricités dans un corps, et surtout de quelle sorte d'électricité un corps est chargé, on emploie l'électroscope à boules de sureau ou l'électroscope à feuilles d'or. Ce dernier se compose d'une tige métallique A (*fig.* 149) terminée en boule, d'une part, et prolongée, d'autre part, par deux rubans de feuilles d'or. La tige est supportée pour l'isoler et soustraire les feuilles à l'agitation de l'air, par une cage soit en verre, soit en métal, munie de fenêtres permettant d'apercevoir les feuilles d'or. Un bouchon de soufre ou de paraffine isole parfaitement la tige métallique de la cage.

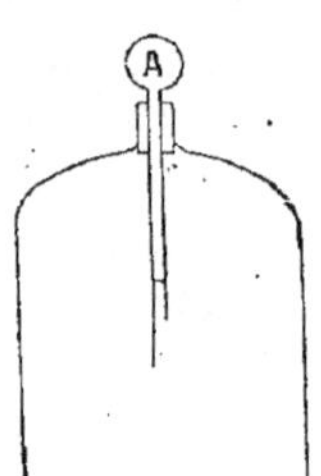

Fig. 149.

Pour savoir si un corps est électrisé, il suffit de l'approcher doucement de la boule; si les feuilles divergent, le corps est électrisé; sinon, il ne l'est pas.

Le corps électrisé agit par influence sur la tige et les feuilles d'or; celles-ci se trouvant électrisées de la même manière se repoussent.

Pour reconnaître la nature de l'électricité d'un corps, on commence par donner à l'électroscope une charge électrique de signe connu, une charge positive par exemple. On approche doucement le corps à essayer; si les feuilles s'écartent davantage, c'est que ce corps a la même électricité que l'électroscope. Si elles se rapprochent, c'est que le corps est électrisé en sens contraire.

Dans la construction de l'appareil, on peut remplacer les feuilles d'or (qui sont excessivement fragiles) par des feuilles d'aluminium, ou même par des balles de sureau suspendues à des fils. Mais l'électroscope est alors beaucoup moins sensible.

MACHINES ÉLECTRIQUES

11. Electrophore. — La machine électrique la plus simple est l'électrophore.

Il se compose d'un **gâteau de résine** (*fig.* 150) coulé dans un moule en bois, et d'un **disque de bois** recouvert d'une feuille d'étain qu'on peut placer sur le gâteau et en éloigner, grâce à un manche de verre fixé en son centre.

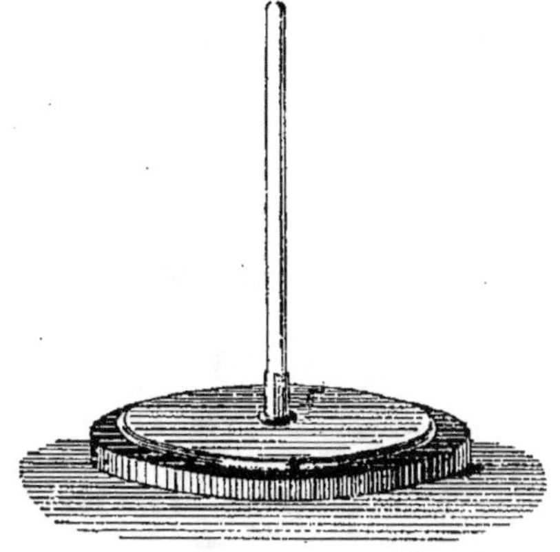

Fig. 150. — Électrophore.

Pour charger la machine, on frotte rapidement la résine avec une peau de chat bien sèche. La résine prend de l'électricité négative. On y dépose le disque. A cause du contact imparfait de la résine et du disque isolé, et surtout parce que la résine est un très mauvais conducteur, elle agit par influence sur le disque conducteur, appelle son électricité positive sur la surface inférieure et repousse la négative sur la face supérieure.

Mais, si l'on vient à toucher cette dernière face avec le doigt, l'électricité négative repoussée s'échappera dans le sol par le corps de l'opérateur, et le plateau restera chargé d'électricité positive (*fig.* 151).

Nous avons donc un corps, le plateau, capable d'emporter au loin l'électricité dont il est chargé.

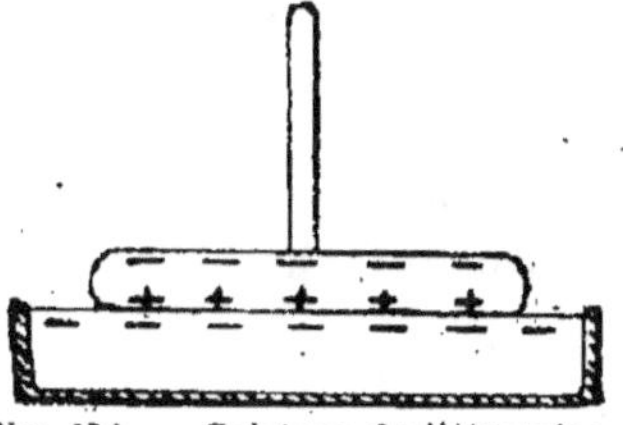

Fig. 151. — Schéma de l'électrisation de l'électrophore.

La résine n'ayant rien perdu de son électricité, on pourra répéter un grand nombre de fois l'expérience sans avoir besoin de frotter à nouveau la résine avec la peau de chat.

12. Machine de Ramsden. — La machine électrique d'un usage général dans les laboratoires de physique est la machine de Ramsden (*fig.* 154).

Elle se compose essentiellement (*fig.* 152) d'un disque de verre d'environ 1 mètre de diamètre, mobile autour de son centre à l'aide d'une manivelle à poignée de verre M ; cet axe est maintenu par deux montants en bois O qu'il traverse. Deux paires de coussins, A et C, sont fixées aux montants, l'une au-dessus, l'autre au-dessous de l'axe, entre lesquels va frotter le disque de verre.

Deux cylindres creux en laiton C (*fig*. 153), isolés par des pieds de verre, et appelés **conducteurs** de la machine, sont placés horizon-

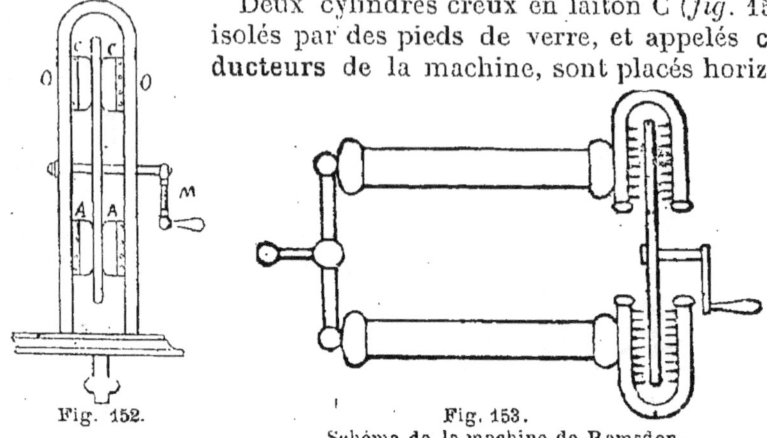

Fig. 152.

Fig. 153.
Schéma de la machine de Ramsden.

talement à hauteur du centre de la roue.

La partie des conducteurs voisine du disque de verre se termine par deux pièces en cuivre recourbées en forme d'U, armées de pointes, qui embrassent le plateau et qu'on nomme des mâchoires.

En tournant, le verre frotte contre les coussins et s'électrise

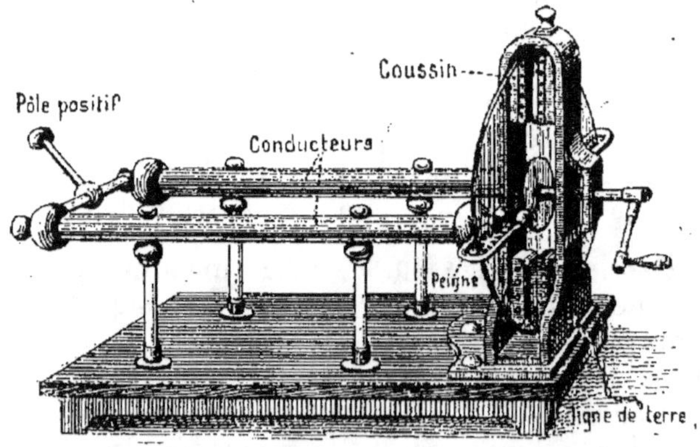

Fig. 154. — Vue d'ensemble de la machine électrique de Ramsden.

positivement. Il agit par influence sur les conducteurs métalliques et refoule vers l'extrémité opposée l'électricité de même nom ; l'électricité négative attirée s'écoule par les pointes des mâchoires et neutralise la partie du plateau qui passe alors entre ces mâchoires.

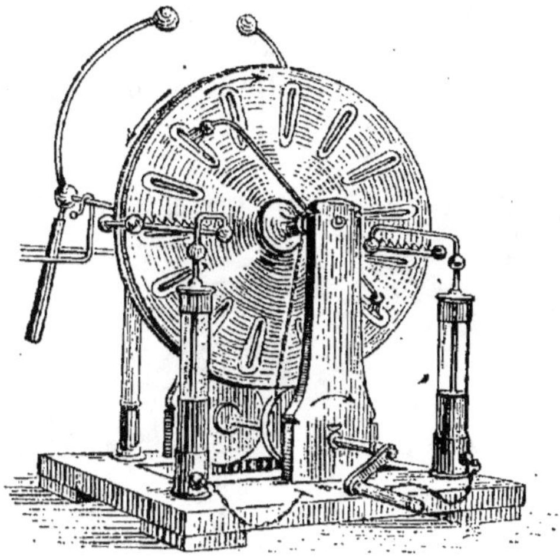

Comme, dans le frottement, les coussins se sont chargés d'électricité négative qu'il faut absolument faire disparaître à mesure qu'elle se forme, on les relie entre eux et au sol par une chaîne.

Il existe aussi des machines électriques fournissant les deux électricités. La meilleure est la machine de Wimshurst (*fig.* 155)

Cette machine est beaucoup plus puissante que la machine de Ramsden. Les deux plateaux qu'on voit sur la figure tournent en sens contraire ; sur l'une des boules s'accumule de l'électricité positive, et sur l'autre de l'électricité négative. Quand ces boules sont assez rapprochées, un flux continuel d'étincelles électrique jaillit de l'une à l'autre.

Fig. 155. — Machine de Wimshurst.

13. Bouteille de Leyde. — La bouteille de Leyde, dont la découverte toute fortuite est due à Cunéus, savant hollandais, est un accumulateur et un condensateur d'électricité.

Elle se compose d'un flacon en verre A (*fig.* 156), contenant des feuilles minces B d'or ou de clinquant ; dans cette masse conductrice vient plonger une tige métallique C qui traverse le bouchon, terminée en pointe dans la bouteille et prolongée en forme de crochet à l'extérieur. La tige et le clinquant

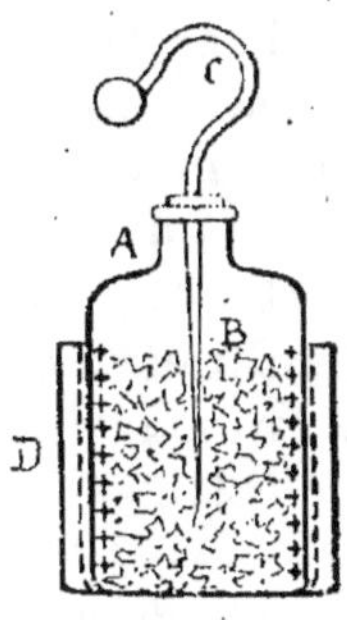

Fig. 156. — Bouteille de Leyde. — A, Flacon de verre formant la bouteille ; — B, Feuille d'or ou de clinquant (armature interne) ; — C, Tige de laiton (*id.*) ; D, Feuille d'étain, armature externe.

forment l'**armature intérieure**. Les trois quarts inférieurs de la bouteille sont recouverts à l'extérieur d'une feuille d'étain D qui forme l'**armature extérieure**.

Pour charger une bouteille de Leyde, on la tient à la main par la feuille d'étain et on touche avec le bouton le conducteur d'une machine électrique (*fig*. 157). L'armature intérieure se charge de l'électricité de la machine et elle produit par influence de l'électricité de signe contraire sur l'armature extérieure. Ces deux charges électriques s'attirent fortement à travers le verre sur lequel elles se trouvent alors appliquées, ce qui permet à de nouvelles charges élec-

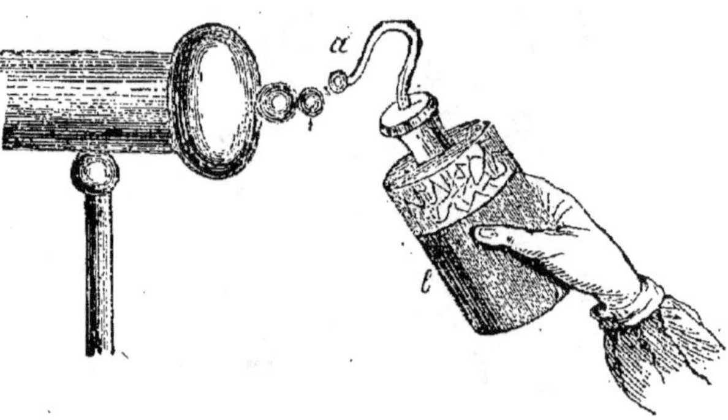

Fig. 157. — Chargement d'une bouteille de Leyde.

triques de venir sur les armatures. La bouteille de Leyde peut ainsi recevoir de fortes charges.

Pour la décharger, il suffit de réunir les deux armatures par l'intermédiaire d'un corps conducteur ; les deux électricités de la bouteille se neutralisent en produisant une forte étincelle.

14. Condensateurs. — La bouteille de Leyde est un **condensateur** ; on appelle ainsi en général un appareil capable d'emmagasiner sous un petit volume une grande quantité d'électricité. Un condensateur est toujours formé de deux armatures métalliques séparées par une lame isolante. Le plus simple est obtenu en collant sur les deux faces d'un carreau de verre bien sec deux feuilles d'étain qui seront les deux armatures.

15. Batteries électriques. — C'est une réunion de bouteilles de Leyde de grande capacité, ou **jarres**, qui permet d'obtenir des effets plus puissants que ceux d'une seule bouteille.

Pour monter une batterie (*fig*. 158), on met plusieurs jarres dans une caisse en bois tapissée intérieurement d'une feuille d'étain ; on les place de telle sorte que toutes les armatures intérieures des jarres se touchent entre elles et que les extérieures touchent les parois d'étain de la caisse.

Fig. 158. — Batterie électrique.

Les armatures intérieures sont réunies entre elles et à une armature centrale. Enfin le revêtement d'étain de la boîte communique au sol à l'aide d'une chaîne attachée à la poignée qui traverse l'épaisseur du bois.

Il suffit, pour charger la batterie, de mettre l'armature centrale intérieure en communication avec une machine électrique en activité, pendant que la chaîne de la batterie touche au sol.

On obtient ainsi des charges électriques considérables, qui donnent des étincelles éblouissantes comme des éclairs et produisent le bruit d'un coup de pistolet.

Il est prudent pour décharger la batterie de se servir d'un **excitateur** à manches de verre (*fig.* 158 *bis*), sorte de compas métallique qui permet de réunir les deux armatures de la batterie. On le tient par deux manches de verre qui mettent l'expérimentateur à l'abri de la décharge électrique.

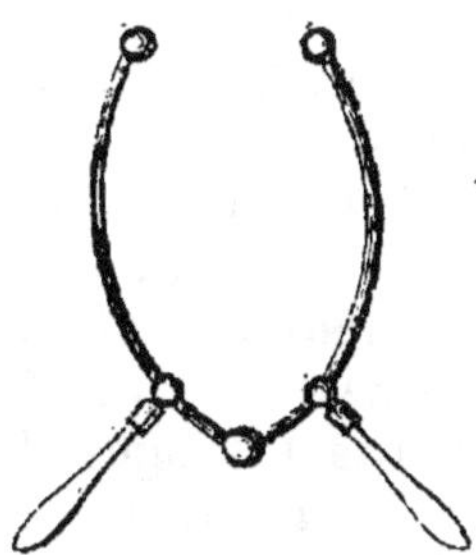

Fig. 158 *bis*. — Excitateur.

EFFETS GÉNÉRAUX PRODUITS PAR LES DÉCHARGES ÉLECTRIQUES

L'électricité ainsi produite détermine des phénomènes d'ordres différents. Elle cause des phénomènes physiologiques, lumineux, calorifiques, mécaniques, chimiques.

16. Effets physiologiques. — Lorsque la recombinaison des fluides électriques se fait à travers notre corps, elle produit une commotion supportable avec une bouteille de Leyde faiblement chargée, mortelle avec une batterie. On a pu tuer un bœuf avec une batterie électrique.

La commotion électrique peut se faire ressentir à plusieurs individus à la fois. Si, en se tenant par la main, plusieurs personnes forment une chaîne, que la première tienne une bouteille de Leyde par son armature extérieure, et que la dernière approche sa main de l'armature intérieure, tous les anneaux de cette chaîne humaine ressentiront au même instant la commotion électrique.

Si une personne est montée sur un **tabouret à pieds de verre** et posé sa main sur le conducteur de la machine de Ramsden en activité, elle ne ressentira aucune douleur, elle sera le prolongement des conducteurs de la machine, mais ses cheveux se hérisseront; on pourra tirer d'elle des étincelles produisant en elle de légères commotions.

17. Effets lumineux. — On tire, d'une machine ou des condensateurs, des étincelles très brillantes, pouvant atteindre, dans les très fortes machines électriques, jusqu'à 40 centimètres de longueur; elles produisent alors un bruit semblable à un fort coup de fouet. L'étincelle est sinueuse et de couleur violacée dans l'air.

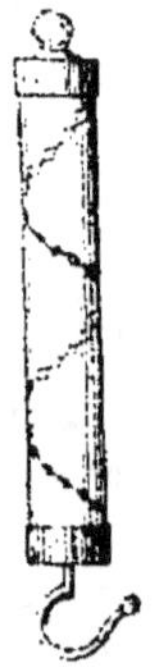

On obtient des effets très curieux de lumière avec le **tube étincelant** (*fig.* 159). Sur un tube portant à ses deux extrémités des garnitures métalliques, le tube de Newton par exemple, on colle de petits losanges d'étain disposés en spirale sur toute la longueur du tube : les sommets des losanges sont

Fig. 159. — Tube étincelant.

très voisins sans se toucher. Une des extrémités du tube est mise en communication avec le sol. l'autre est accrochée à la machine électrique en activité. On voit alors des étincelles jaillir en même temps de tous les sommets des losanges et éclairer brillamment le tube.

18. Effets calorifiques. — L'étincelle qui jaillit d'une machine peut enflammer les matières facilement combustibles, comme l'éther, l'alcool, etc. ; elle peut rougir, fondre et même volatiliser les métaux réduits en feuilles ou en fils très fins.

L'excitateur universel (*fig.* 160) est employé pour produire la fusion et même la volatilisation de minces fils métalliques. L'appareil se compose de deux tiges métalliques terminées en boules, glissant dans deux garnitures supportées par des pieds de verre. Si l'on tend entre les deux boules inférieures un mince fil de fer, de cuivre, d'argent ou de platine, et si l'on met un anneau supérieur en communication avec une batterie électrique et l'autre avec le sol, on voit instantanément le fil rougir, puis disparaître, volatilisé. Le fer brûle alors dans l'air avec de jolies étoiles.

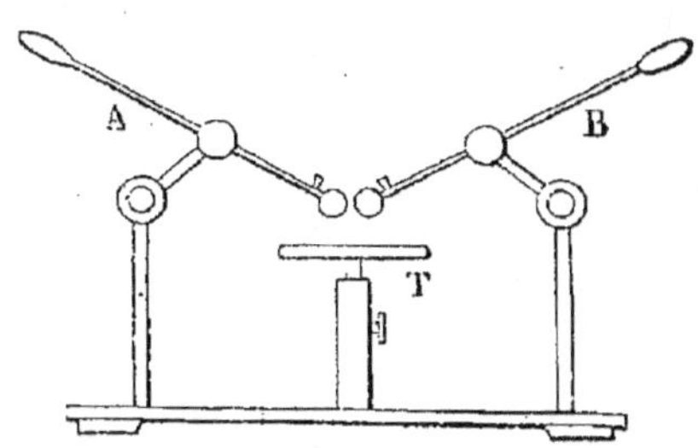

Fig. 160. — Excitateur universel.

19. Effets mécaniques. — L'électricité produit des mouvements ; elle attire les corps légers. L'étincelle électrique brise, perce les corps mauvais conducteurs qu'on lui fait traverser. C'est ce qui arriverait pour le verre de la bouteille de Leyde si l'on voulait trop fortement la charger : l'électricité se recombinerait sous forme d'étincelle qui briserait la bouteille.

On fait également l'expérience dite du **perce-carte** (*fig.* 161) :

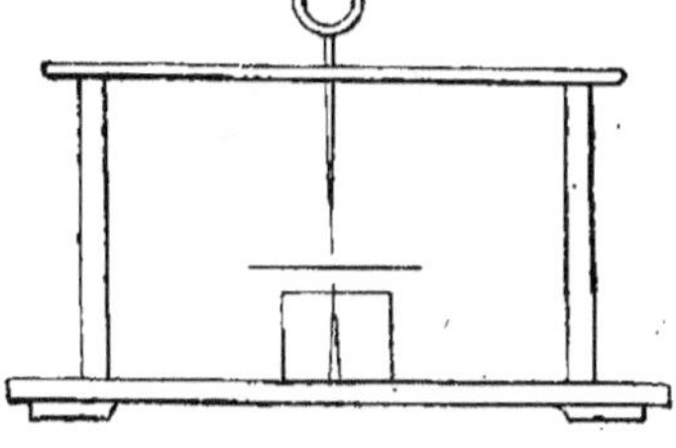

Fig. 161. — Perce-carte.

entre deux pointes métalliques isolées on dispose une carte épaisse ; une des pointes communique par une chaîne avec l'armature extérieure d'une bouteille de Leyde ; au moment où l'on approche le bouton de l'armature intérieure de l'autre pointe, une étincelle jaillit simultanément de la bouteille à la tige pointue et entre les deux pointes, perçant la carte de part en part. La même expérience, faite avec une lame de verre, s'appelle *perce-verre*.

20. Effets chimiques. — C'est à l'aide de l'étincelle électrique qu'on détermine en chimie la combinaison de l'oxygène et de l'hydrogène pour former l'eau. C'est elle encore qui produit de nombreuses combinaisons et décompositions.

On combine l'oxygène et l'hydrogène dans l'expérience du **pistolet de Volta** (*fig.* 162) en opérant ainsi : dans une petite bouteille métallique, fermée par un bouchon et dont la paroi est traversée par une tige terminée en boule et isolée par un tube de verre, on introduit un mélange de 2 volumes d'hydrogène pour 1 volume d'oxygène. On fait jaillir une étincelle sur la boule extérieure à l'aide d'une bouteille de Leyde ; une autre se produit simultanément entre les deux boules intérieures, qui provoque la combinaison des gaz, avec explosion et projection du bouchon au loin, en même temps que production de vapeur d'eau.

L'appareil employé en chimie pour les combinaisons par l'électricité est **l'eudiomètre à mercure**. L'eudiomètre (*fig.* 163) se compose essentiellement d'une grande éprouvette de verre à parois très épaisses,

Fig. 162. — Pistolet de Volta.

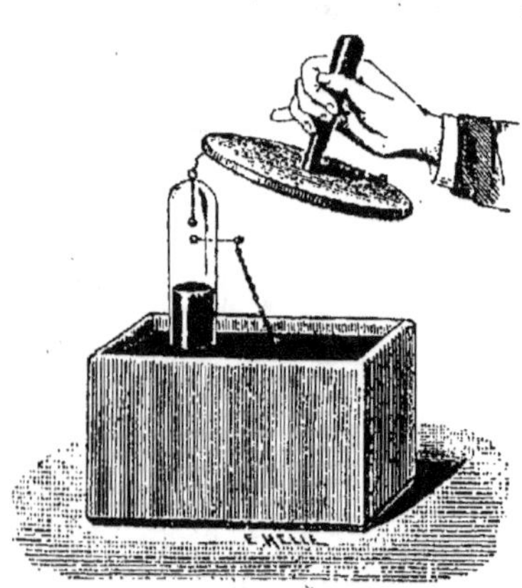

Fig. 163. — Eudiomètre à mercure.

graduée, reposant sur une cuve à mercure. Sa partie supérieure est traversée par deux tiges métalliques terminées en boule à l'intérieur et en crochet à l'extérieur ; l'un des crochets est mis en communication avec une machine électrique ou plus souvent avec le plateau de l'électrophore ; l'autre est relié au sol par une chaîne conductrice. Pour faire, par exemple, avec cet **appareil la synthèse de l'eau**, on remplit l'éprouvette complètement de mercure, on la **retourne** sur la cuve à mercure, puis on y introduit 100 cm³ d'hydrogène et 50 cm³ d'oxygène ; approchant alors le plateau de l'électrophore d'un crochet pendant que l'autre est relié au sol, on voit jaillir une étincelle entre le plateau et le crochet, en même temps qu'une autre étincelle jaillit à l'intérieur entre les deux boules. La combinaison du mélange gazeux a lieu instantanément et la vapeur d'eau produite se condensant au contact du mercure froid, celui-ci remplit entièrement l'eudiomètre.

RÉSUMÉ

1. **L'électricité.** — L'électricité attire les corps légers. Son nom vient du nom

grec de l'ambre (*Electron*) qui avait donné lieu aux premières observations de ces phénomènes. Sa vraie nature est encore inconnue

2. Corps bons conducteurs, mauvais conducteurs. — Les corps bons conducteurs de l'électricité laissent répandre dans toute leur masse l'électricité développée en l'un de leurs points (les métaux, les liquides).

Les corps **mauvais conducteurs** gardent l'électricité au seul point électrisé (verre, résine, soie, gaz secs).

3. Électrisation par frottement. — Tous les corps peuvent s'électriser par le frottement : on **isole** avant de les électriser les bons conducteurs.

4. Électroscope. — L'électroscope est un instrument qui sert à constater si un corps est électrisé. Le **pendule électrique** est l'électroscope le plus simple.

5. Des deux électricités. — Il existe deux espèces d'électricité, l'une dite **positive**, l'autre **négative;** elles attirent toutes deux un corps **neutre.**

Deux corps chargés de la même électricité se repoussent.

Deux corps chargés d'électricités différentes s'attirent.

Un corps est neutre au point de vue électrique s'il contient les deux électricités en quantités égales.

6. L'électricité ne se porte qu'à la surface extérieure d'un corps électrisé (boule creuse, cône de Faraday).

7. Pouvoirs des pointes. — Les pointes laissent échapper l'électricité.

8. Électrisation par influence. — Pour électriser **par influence** un conducteur isolé, on approche de lui un corps métallique électrisé ; on touche du doigt le conducteur pendant l'approche du corps électrisé ; il se trouve alors chargé d'une électricité contraire à celle du corps qui l'a influencé.

9. Étincelle électrique. — Si l'on approche l'un de l'autre deux corps chargés d'électricités différentes, une **étincelle** jaillit, puis les corps deviennent neutres.

10. Électroscope. — L'électroscope à feuilles d'or permet de reconnaître si un corps est faiblement électrisé, et de quelle électricité il est chargé.

11-15. Machines électriques. — L'électrophore est la plus simple des machines électriques. Il se compose d'un gâteau de résine coulé dans un moule en bois, et d'un disque de bois recouvert d'étain et monté sur un manche de verre.

Pour charger l'**électrophore,** on frotte le gâteau de résine avec une peau de chat; on dépose dessus le plateau qu'on touche du doigt; il est alors chargé d'électricité positive.

Machine de Ramsden. — La machine de Ramsden est une machine électrique à roue de verre. Cette roue de verre est électrisée positivement par frottement entre quatre coussins; les conducteurs sont électrisés positivement par influence, leur électricité négative ayant fui par les pointes des mâchoires de laiton qui entourent le plateau de verre. Les coussins sont reliés entre eux et au sol par une chaîne.

La **machine de Wimshurst** est plus puissante et fournit les deux espèces d'électricité.

Bouteille de Leyde. — La bouteille de Leyde est un condensateur d'électricité. Elle se compose d'un flacon de verre contenant du clinquant dans lequel plonge une pointe conductrice terminée en boule au dehors. C'est l'armature interne. L'armature extérieure est formée d'une feuille d'étain couvrant les 3/4 du flacon.

Pour la *charger*, on la tient à la main par son armature extérieure, pendant que l'armature intérieure est en contact avec une machine électrique en activité.

On décharge la bouteille de Leyde en réunissant les deux armatures par un corps conducteur.

Batterie électrique. — Une batterie électrique est la réunion de plusieurs bouteilles de Leyde dont toutes les armatures extérieures se touchent, et dont les armatures internes sont reliées entre elles.

16-20. Effets de l'électricité. — Les effets de l'électricité sont de différents genres.

a) **Physiologiques** : commotions.

b) **Lumineux** : étincelle, tube étincelant.

c) **Calorifiques** : inflammation d'éther, d'alcool, fusion de métaux en fils minces.

d) **Mécaniques** : attractions, bris (perce-cartes).

c) **Chimiques** : combinaisons (pistolet de Volta, eudiomètre).

QUESTIONS D'EXAMEN

1-2. Faites l'historique de la découverte de l'électricité. — Qu'appelez-vous corps bons conducteurs, mauvais conducteurs de l'électricité ? — Nommez des bons conducteurs, des mauvais. — 3. Quelle précaution faut-il prendre pour électriser par frottement un bon conducteur ? — 4. Décrivez le pendule électrique. — 5. Comment agissent un bâton de verre, puis un bâton de résine, sur la balle du pendule électrique non électrisé ? — Comment agissent le verre et la résine électrisés sur la balle électrisée par contact avec le verre ? Énoncez les deux lois de l'électricité. — 6. Comment l'électricité se répartit-elle sur les corps ? — Rappelez l'expérience du cône de Faraday. — L'électricité est-elle également répartie sur la surface d'un corps conducteur ? — 7. Qu'entend-on par pouvoir des pointes ? — Comment l'explique-t-on ? — 8. En quoi consiste le phénomène d'influence électrique ? — Comment peut-on électriser définitivement un corps par influence ? — 9. Quand se produit l'étincelle électrique ? — 10. Décrire l'électroscope à feuilles d'or; expliquer son usage. — 11. Décrivez l'électrophore et montrez pourquoi, malgré le contact, le plateau s'électrise par influence. — 12. De quoi se compose la machine de Ramsden ? — Comment les conducteurs se chargent-ils, et comment agissent les mâchoires ? — Comment chasse-t-on l'électricité des coussins ? — Avec cette machine électrise-t-on les corps voisins par contact ou par influence ? — 13-15. De quoi se compose une bouteille de Leyde ? — Comment charge-t-on la bouteille ? Et pourquoi agit-elle comme condensateur ? — Comment agit-elle ? — 16. Quels genres d'effets produit l'électricité des machines et des bouteilles ? — Exemples d'effets physiologiques. — 17. Décrivez l'expérience du tube étincelant. — 18. Comment peut-on faire fondre un mince fil de platine avec une batterie ? — 19. Répétez l'expérience du perce-carte. — 20. Exemple de combinaison chimique grâce à l'étincelle. — Répétez l'expérience du pistolet de Volta. — De quoi se compose l'eudiomètre à mercure ? — Faites la synthèse de l'eau

CHAPITRE X

ÉLECTRICITÉ ATMOSPHÉRIQUE

1. L'analogie de forme et d'effets qui existe entre l'étincelle électrique et la foudre a conduit Franklin à affirmer que la foudre est un phénomène électrique. Franklin, Dalibard, de Romas, Charles, soutirèrent en effet de l'électricité de l'atmosphère à l'aide d'un cerf-volant.

Il n'y avait alors plus de doute : l'atmosphère contient de l'électricité. Les sources de cette électricité sont tous les phénomènes physiques et chimiques qui se produisent à la surface du sol ; or ceux-ci sont nombreux et énergiques : les combustions, la végétation, l'évaporation des eaux de la mer, etc., autant de phénomènes qui déversent de l'électricité dans l'air. Rien d'étonnant, par conséquent, que des nuages formés au sein de cette atmosphère parcourent l'espace chargés d'électricité.

2. Nuages positifs, nuages négatifs. — L'expérience a montré que toutes les fois qu'un corps volatil résultait d'une action physique ou chimique, ce corps volatil qui s'élevait dans l'atmosphère était chargé d'électricité positive. Si l'atmosphère renferme surtout de l'électricité positive, rien d'étonnant à ce que les nuages qui s'y forment se chargent **positivement**. Les hautes régions de l'air sont donc chargées d'électricité **positive**.

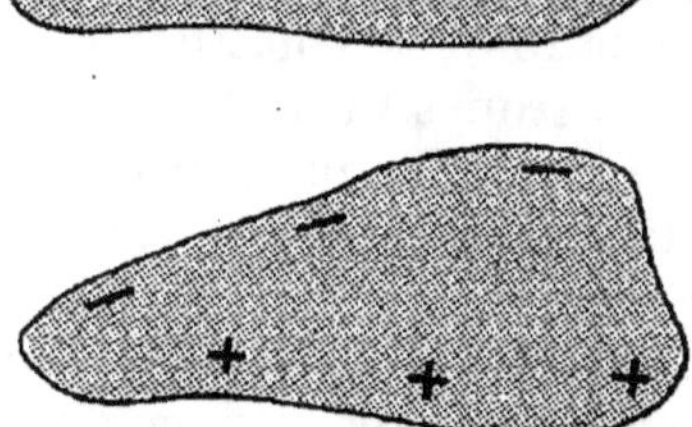

Fig. 164.— Électrisation d'un nuage par l'influence d'un autre nuage.

Un nuage **positif** pourra électriser par influence un autre nuage placé au-dessous par exemple (*fig.* 164) ; si la partie positive de ce deuxième nuage disparaît (par évaporation, ou par un coup de vent), il restera une partie **négative**. C'est une des raisons de l'existence de nuages positifs et de nuages négatifs.

3. Éclair, tonnerre. — Si deux nuages chargés d'électricités contraires, entraînés par des courants d'air différents, viennent à passer dans le voisinage l'un de l'autre, si leur tension est assez forte, et la distance qui les sépare assez faible, la recombinaison des deux électricités se produira sous la forme d'une énorme étincelle : on verra jaillir un **éclair**. Nous aurons là l'explication d'un **orage de nuage à nuage**. Ils sont fréquents en été, souvent inaperçus du lieu situé au-dessous, mais vus obliquement, de loin, à l'horizon : ils constituent les **éclairs de chaleur**.

La décharge électrique, au lieu d'éclater entre deux nuages, peut éclater entre un nuage électrisé et un objet placé sur le sol (arbre, édifice), celui-ci étant alors électrisé par l'influence du nuage. On dit alors que l'objet a été frappé par la **foudre** (*fig.* 164 *bis*).

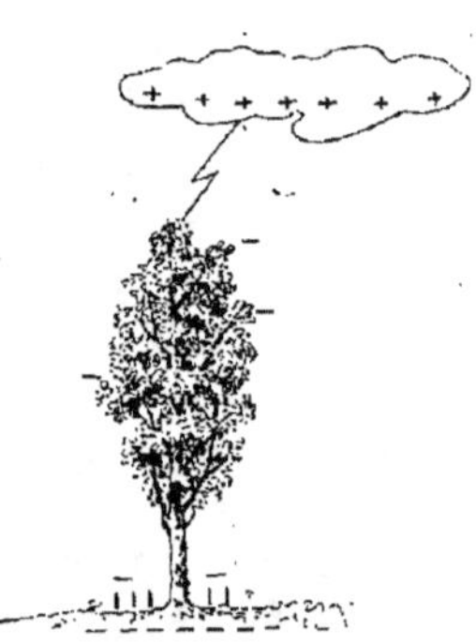

Fig. 164 *bis*. — Formation théorique d'un orage de nuage à terre.

L'éclair est accompagné d'un bruit plus ou moins prolongé, le **tonnerre** ; ce bruit est formé par l'ébranlement des couches d'air sur le passage de l'étincelle ; il est renforcé par les échos produits par les nuages, les montagnes, et se prolonge comme le bruit du canon lointain.

La foudre produit en plus fort tous les effets de l'étincelle électrique : elle brise les corps mauvais conducteurs, elle fond et volatilise les bons conducteurs, fait éclater les bois ou troncs humides par la formation subite de vapeur d'eau, incendie les matières combustibles, enfin frappe de mort, ou tout au moins de paralysie, les hommes ou les animaux qu'elle atteint.

On doit éviter, lorsqu'on se trouve dans une plaine pendant un orage, de se mettre à l'abri sous des arbres, car ceux-ci, plus près des nuages que le sol, sont plus souvent frappés que lui.

La sonnerie des cloches qu'on a le tort de faire dans certaines campagnes est dangereuse pour le sonneur ; les feux qu'on y allume n'ont pas de meilleur résultat : rien ne vaut, à cet égard, un bon paratonnerre.

4. Choc direct, choc en retour. — On peut être frappé de la foudre de deux façons différentes : ou par choc **direct**, ou par choc **en retour**.

Un objet est frappé par **choc direct** lorsque l'étincelle jaillit entre le nuage et l'objet lui-même: ou lorsqu'il se trouve sur le passage de l'étincelle.

Mais supposons qu'un nuage chargé d'électricité positive vienne à passer au-dessus d'un terrain couvert d'arbres et d'êtres plus petits : hommes, animaux, etc. Tous ces êtres seront soumis à l'influence du nuage et chargés d'électricité négative à leur partie supérieure. Si, brusquement, l'influence vient à cesser, si le nuage redevient tout à coup neutre par suite de sa décharge sur un arbre, les objets environnants seront le siège d'un brusque déplacement de l'électricité qu'ils contiennent et qui retournera dans le sol. Un être vivant pourra subir ainsi une commotion dangereuse, qu'on appelle le **choc en retour**. Ce choc peut être ressenti par de nombreuses personnes à la fois.

5. Paratonnerre. — Pour préserver de la foudre les édifices et les maisons, on fait usage du paratonnerre.

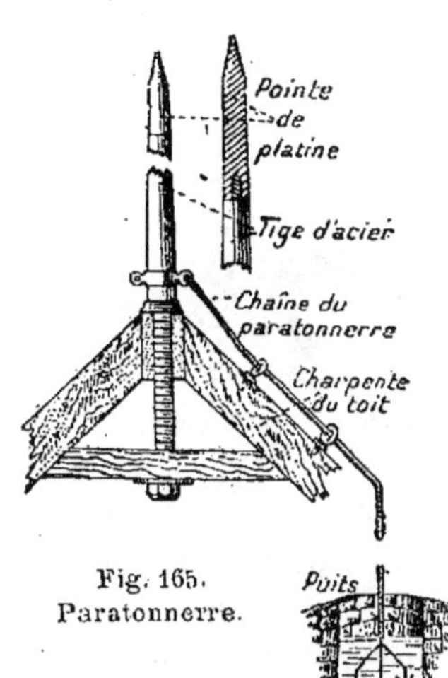

Fig. 165.
Paratonnerre.

C'est une longue tige en fer (*fig.* 165), terminée par une pointe de platine inoxydable. La base de la tige est fixée dans la plus forte poutre de la toiture ; elle est prolongée jusqu'au sol par une corde métallique qui descend le long d'une arête de l'édifice et se termine dans un puits ou, à son défaut, dans plusieurs cavités remplies de braise de boulanger, corps bon conducteur de l'électricité. Toutes les pièces métalliques importantes de l'édifice, planchers en fer, etc., doivent être reliées à la corde métallique.

Dès qu'un nuage, positif par exemple, passe au-dessus de l'édifice, il agit par influence, repousse dans le sol l'électricité de même nom et attire sur le paratonnerre l'électricité négative. Celle-ci s'écoule par la pointe et va en partie neutraliser le nuage ; l'édifice ne conservant aucune charge électrique, la décharge ne peut se produire.

Plusieurs paratonnerres sont nécessaires à un grand édifice ; mais aussi ces paratonnerres protègent, en outre, les maisons voisines, car l'écoulement abondant de l'électricité négative peut neutraliser en totalité ou en partie l'électricité positive du nuage, qui devient moins dangereux pendant tout le temps qu'il reste en partie déchargé.

Paratonnerre de Melsens. — Un physicien belge, Melsens, a eu l'idée de protéger les maisons contre la foudre en les enfermant dans une sorte de réseau métallique appliqué contre les murs, relié au sol et muni de pointes. Les objets placés à l'intérieur ne peuvent alors conserver de charge électrique et se trouvent ainsi à l'abri de la foudre.

6. Autres météores électriques. — *a*) **Trombes.** — On appelle trombes les grands tourbillons des nuages orageux, quand ils s'allongent en cône et que leur sommet descend jusqu'à toucher la terre (*fig.* 166). Ce cône est animé d'un mouvement rapide de rotation pendant que le nuage lui-même est entraîné avec la vitesse générale de l'orage. La trombe à sa base, produit un vent tournant très violent qui renverse tout sur son passage et jette la ruine et la désolation dans toutes

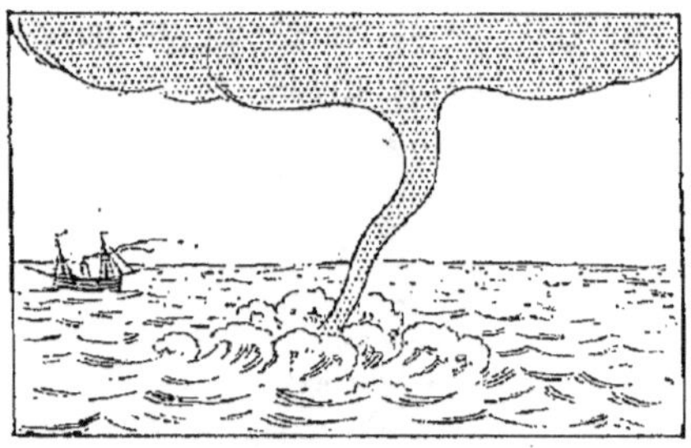

Fig. 166. — Trombe.

les régions qu'il visite. De ces trombes s'échappent souvent des éclairs suivis de tonnerre, qui montrent que l'électricité est la vraie cause de la formation de ces météores. Elles sont ou **marines** ou **terrestres**. Sur une plus grande échelle encore, il y a d'énormes tempêtes tournantes de même sorte qui prennent le nom de cyclones ou de typhons.

b) **Feux Saint-Elme.** — Quand c'est l'électricité positive qui s'écoule dans l'obscurité, elle a l'apparence d'aigrettes lumineuses qui apparaissent en temps d'orage à l'extrémité des pointes et qu'on nomme feux Saint-Elme. On les remarque fréquemment en mer à l'extrémité des mâts. L'électricité négative, elle, enveloppe la pointe comme d'une couche lumineuse. On peut produire en petit ces apparences dans l'obscurité avec une pointe métallique et une machine électrique.

RÉSUMÉ

1-3. Foudre. — La foudre est un phénomène électrique ; l'éclair est une étincelle. Tous les phénomènes physiques et chimiques naturels déversent dans l'atmosphère de l'électricité, généralement positive.

Les nuages formés au sein de l'atmosphère positive sont chargés d'électricité positive. Les nuages négatifs sont électrisés par influence.

L'éclair est l'étincelle électrique jaillissant entre deux nuages chargés d'électricités différentes, ou bien entre un nuage et la terre. Le **tonnerre** est le bruit produit par le déplacement de l'air sur le passage de l'étincelle.

4. Choc direct, choc en retour. — Les corps peuvent être frappés de la foudre par **choc direct** ou par **choc en retour**.

5. Paratonnerre. — Le paratonnerre est une application du pouvoir des pointes. Il permet à l'électricité de l'édifice décomposée par le nuage de s'échapper, d'une part, dans le sol, d'autre part, par sa pointe.

6. Autre météores électriques. — D'autres météores électriques sont :

Les **trombes**, nuages allongés en cône, dont le sommet touche le sol, animés d'un mouvement de rotation et de translation rapides ;

Les **feux Saint-Elme**, aigrettes lumineuses au sommet des pointes.

QUESTIONS D'EXAMEN

1. Quelles observations ont conduit Franklin à penser que la foudre est un phénomène électrique ? — Quelles sont les causes de production d'électricité dans l'atmosphère ? — 2. Expliquez la formation des nuages positifs, négatifs. — 3. Comment expliquez-vous l'orage de nuage à nuage, puis de nuage à terre ? — Quels sont les effets de la foudre ? — Quelles précautions doit-on prendre pour se mettre à l'abri des atteintes de la foudre ? — 4. Comment peut-on être frappé par la foudre ? — Décrivez le choc en retour. — 5. De quoi se compose un paratonnerre ? — Comment est-il terminé en haut, en bas ? — Faut-il que la chaîne soit reliée à l'édifice ? — Comment agit-elle ? — 6. De quoi sont formées les trombes ? — Qu'entend-on par feux Saint-Elme ?

CHAPITRE XI

LE COURANT ÉLECTRIQUE

1. Origine du courant. — Les phénomènes que l'on a étudiés jusqu'ici appartiennent à l'électricité statique, c'est-à-dire en repos ; l'ensemble des phénomènes produits par l'électricité en mouvement constitue l'**électricité dynamique**.

Le phénomène fondamental de l'électricité dynamique est le courant électrique.

Pour l'obtenir, il suffit de relier l'une à l'autre une lame de cuivre et une lame de zinc, plongées dans l'eau acidulée. Le courant s'établit aussitôt, et, comme le niveau électrique du cuivre est supérieur à celui du zinc, il va de la lame de cuivre à la lame de zinc dans son circuit extérieur (*fig.* 166 *bis*).

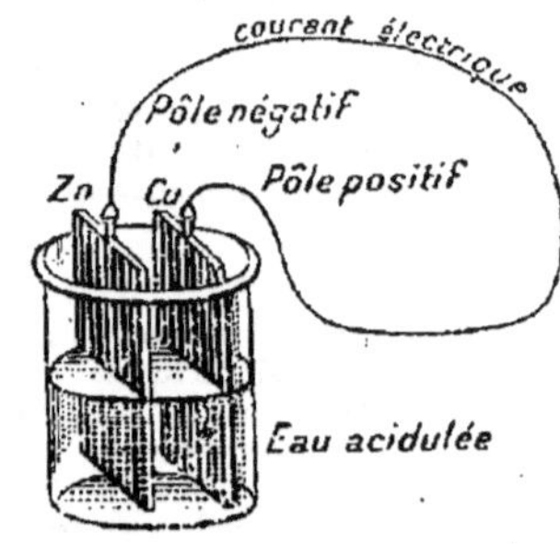

Fig. 166 *bis*.
Courant électrique.

Pour mieux comprendre l'origine d'un courant électrique, nous allons comparer les phénomènes hydrauliques et les phénomènes électriques. Imaginons qu'on verse la même quantité d'eau dans deux tubes verticaux de diamètres différents : le niveau de l'eau sera plus élevé dans le tube étroit.

Imaginons pareillement qu'on donne la même quantité d'électricité à deux boules métalliques de diamètres différents; tout en ayant la même charge elles ne seront pas dans le même état électrique; la petite boule sera à un **niveau électrique** plus élevé que celui de la grosse boule.

En réunissant par un conduit nos deux réservoirs d'eau à des niveaux différents, l'eau s'écoulera vers le réservoir dont le niveau est le plus bas.

De même si nous réunissons par un fil conducteur deux boules électrisées, mais à des niveaux électriques différents, l'électricité voyagera dans ce fil, en allant vers le niveau électrique le plus faible, jusqu'au moment où l'égalité de niveau sera obtenue.

Si nous parvenons à maintenir constante entre nos deux boules cette différence de niveau électrique, le déplacement de l'électricité se produira continuellement : il y aura dans le fil un **courant électrique**.

Par exemple, dans une ville où existe une distribution d'électricité, entre les deux tiges métalliques d'une **prise de courant**, l'usine électrique maintient constamment la différence voulue de niveau électrique ; et quand on réunit ces deux tiges par un conducteur (une lampe, par exemple), un courant électrique passe dans ce conducteur.

La différence de niveau électrique nécessaire à l'établissement d'un courant s'appelle souvent **voltage** parce qu'on la mesure avec une unité appelée **volt** (du nom de Volta, célèbre physicien italien du dix-huitième siècle). Le **volt** est approximativement la différence de niveau électrique entre les pôles de la pile Daniell.

2. Intensité du courant. — De même qu'un courant d'eau dans un tube est plus ou moins abondant, de même un courant électrique peut transporter plus ou moins d'électricité.

On appelle **intensité** du courant la quantité d'électricité qui passe pendant une seconde en un point quelconque du conducteur ; elle s'évalue en **ampères**, dont nous verrons plus loin la définition.

3 Résistance électrique. — Pour un conducteur déterminé, l'intensité du courant est proportionnelle au voltage ; il en est ici comme pour un courant d'eau : plus la différence du niveau est grande, plus l'eau coule vite.

Mais l'intensité du courant dépend aussi du conducteur lui-même, qui peut livrer un passage plus ou moins facile à l'électricité ; de même qu'un large tube laisse plus aisément passer l'eau, un gros fil métallique conduira mieux le courant électrique qu'un fil fin. Il a une **résistance électrique** moins grande. La résistance électrique est donc la difficulté plus ou moins considérable qu'un conducteur oppose au passage d'un courant.

Les fils fins sont plus résistants que les gros ; à grosseur égale, les différents métaux conduisent le courant électrique très inégalement. La résistance du fer et du plomb est bien supérieure à celle du cuivre; c'est pour cela que ce métal est le plus employé pour les canalisations électriques.

Le charbon offre une résistance électrique plus grande que celle des métaux.

Le passage d'un courant électrique dans un conducteur reste ordinairement inaperçu; cependant ce conducteur présente alors des propriétés importantes que nous allons maintenant étudier.

4. Propriétés calorifiques. — Dans tout conducteur traversé par un courant il se dégage de la chaleur. C'est ainsi qu'un fil de fer ou de platine peut être rougi par un courant électrique. La chaleur dégagée par le même courant est d'autant plus grande que la résistance électrique du fil est plus considérable. C'est pour cela qu'un fil fin peut rougir et même fondre alors que le fil plus gros qui amène le courant dans le fil s'échauffe à peine.

Cette propriété du courant est l'objet d'applications de première importance.

5. Applications. — *a) Coupe-Circuits.* — Les coupe-circuits (*fig.* 167) sont des fils de plomb qu'on interpose sur le trajet des canalisations électriques; si le courant devenait trop intense, le plomb fondrait en interrompant le courant, mais en évitant ainsi la détérioration des appareils électriques par un courant trop fort.

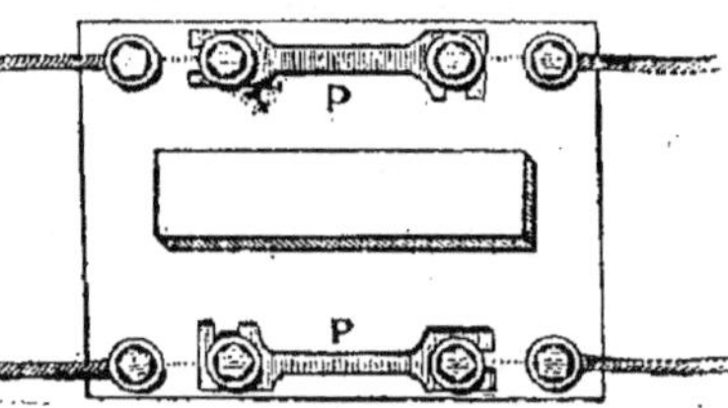

Fig. 167. — Coupe-circuit.

Fig. 167 *bis.*
Lampe à incandescence.

b) Lampes électriques à incandescence. — Les lampes électriques à incandescence sont formées d'une ampoule de verre (*fig.* 167 *bis*) renfermant un filament très fin de charbon que le passage du courant porte à une température très élevée. On a fait le vide à peu près complet dans l'ampoule pour que le charbon ne se consume pas.

Dans d'autres lampes, plus récentes, le filament de charbon est remplacé par un fil métallique très fin, fait de métaux peu fusibles et assez rares, tels que le **tantale**, le **tungstène**.

c) Arc voltaïque. — Quand on fait passer un courant assez intense dans deux baguettes de charbon qui se touchent par une extrémité, on peut les écarter légèrement l'une de l'autre sans que le courant cesse de passer. Mais il se produit alors au point de séparation une **lumière éblouissante** ; les pointes des charbons sont chauffées à une température qui dépasse 3.000° et entre les deux le courant forme comme un trait de feu qu'on appelle **arc voltaïque** ou **arc électrique**.

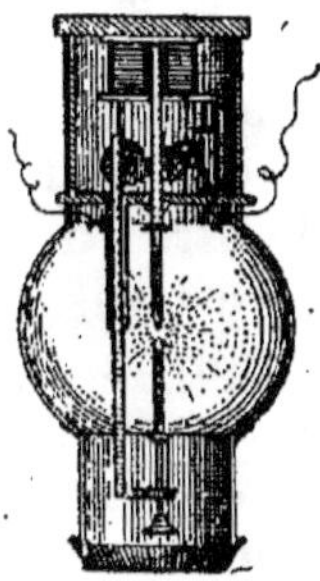

Fig. 168.
Lampe à arc.

Dans l'air, les charbons brûlent et leur distance augmente; alors le courant ne peut plus passer et l'arc s'éteint. Aussi dans les lampes électriques à arc (*fig.* 168), on est obligé d'avoir un mécanisme qui rapproche les charbons au fur et à mesure qu'ils s'usent. La lumière obtenue est tellement vive qu'on est obligé de la tamiser par des globes dépolis.

d) Four électrique — Le four électrique utilise la haute température de l'arc voltaïque pour la production de certaines réactions chimiques. Dans ce but on fait jaillir l'arc à l'intérieur d'une cavité limitée par des matériaux très réfractaires, tels que des briques de chaux vive.

6. Propriétés chimiques du courant électrique. — Les seuls liquides que le courant peut traverser sont les liquides conducteurs, tels que les acides, les dissolutions de sels métalliques, la soude, la potasse.

On amène le courant au liquide à traverser par des lames ou fils métalliques qu'on appelle **électrodes**. On donne le nom d'**électrolyse** à la décomposition du liquide par le courant; tout liquide conducteur est en effet décomposé par le passage du courant d'après les règles suivantes :

1° *Les produits de la décomposition n'apparaissent que sur les électrodes ;*

2° *L'hydrogène de l'acide, ou le métal du sel, se portent à l'électrode de sortie du courant (cathode), et le reste du corps décomposé vient à l'électrode d'entrée (anode).*

Par exemple, le courant peut décomposer l'eau acidulée par
l'acide sulfurique : pour cela on prend le
voltamètre (*fig.* 169) : c'est un verre dont
le fond est traversé par deux gros fils de
platine ; on recouvre ces fils de deux
petites éprouvettes également remplies
d'eau acidulée. Dès qu'on réunit les fils
de platine aux conducteurs qui amènent
le courant électrique, on voit des bulles
de gaz monter le long des fils dans les
éprouvettes. Du côté où sort le courant,

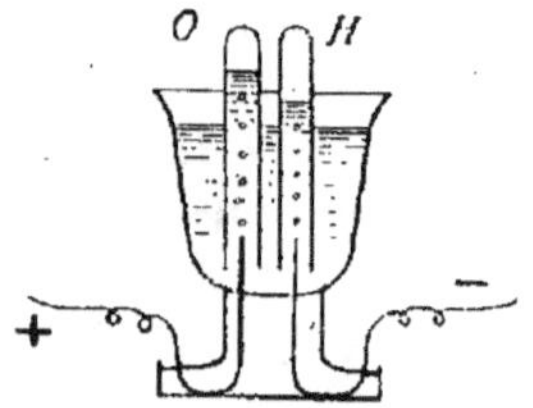

Fig. 169. — Voltamètre
à eau acidulée.

c'est de l'hydrogène H, provenant de l'acide sulfurique SO^4H^2.
A l'entrée du courant, le reste SO^4 s'est décomposé en SO^3
qui s'est dissous dans l'eau et en O (oxygène) qui s'est dégagé.

Le phénomène de l'électrolyse a des applications chimiques
et industrielles très importantes.

e) **Argenture et dorure électriques.** — Pour argenter un objet en cuivre, par exemple, on commence par le **décaper** soigneu-
sement de manière qu'il ne reste aucune trace d'oxyde ou de
matière grasse à la surface ; on le suspend alors à l'électrode
de sortie du courant dans un bain contenant un sel d'argent
convenable (mélange de cyanure de potassium et de cyanure
d'argent) ; le métal libéré par le courant se dépose sur l'objet
qui se trouve recouvert d'une couche d'argent très pur.

On peut de même déposer de l'**or**, du **nickel** par des procédés
analogues. L'électrode d'entrée est toujours formée par une
plaque du métal qu'on veut déposer.

f) **Galvanoplastie.** — C'est l'art de reproduire en cuivre le
relief d'un modelage. Pour reproduire une des faces d'une médaille, par exemple, on moule d'abord cette face avec une
substance plastique convenable (cire, gutta-percha) ce qui

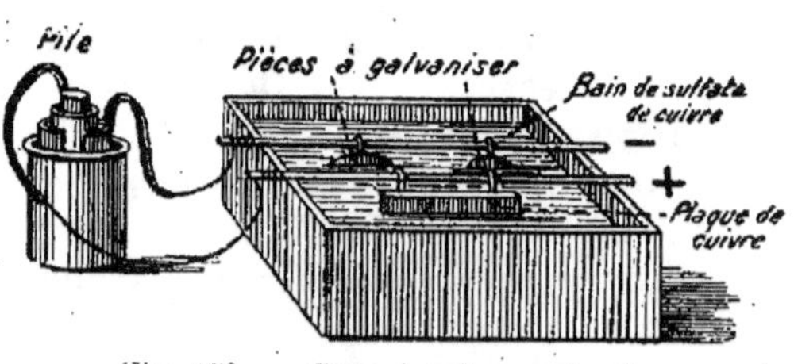

Fig. 170. — Cuve à galvanoplastie.

donne en creux les bosses de l'objet. Ce moulage est rendu conducteur par un enduit très fin de **plombagine** ; on le suspend

alors à la sortie du courant dans un bain concentré de sulfate de cuivre (*fig.* 170). Il se forme par le passage du courant un dépôt de cuivre sur le moule, et après quelques heures on obtient une plaque de cuivre qu'on peut détacher du moule et qui présente très fidèlement le relief de la médaille.

L'électrode d'entrée est formée d'une plaque de cuivre ; avec l'acide sulfurique et l'oxygène mis en liberté par le courant il se reforme du sulfate de cuivre; de sorte que la composition du bain demeure constante.

La galvanoplastie sert beaucoup dans les arts de l'impression, par exemple; elle permet de reproduire à plusieurs exemplaires en cuivre une gravure sur bois. Ces exemplaires qu'on appelle des **clichés** serviront au tirage de la gravure et le bois original pourra être conservé.

7. Définition de l'ampère. — On a constaté dans les phénomènes d'électrolyse que le poids de métal mis en liberté à la cathode est proportionnel à la quantité d'électricité qui traverse le bain.

Un courant qui a une intensité de 1 ampère et qui circule sous une force électro-motrice de 1 volt a une puissance de 1 wat. Le wat est l'unité de puissance électrique.

Un courant de un **ampère** est celui qui met en liberté 4 grammes d'argent par heure.

Si ce courant passe pendant dix heures, on dit alors que la quantité d'électricité qui a traversé le bain est de 10 **ampère-heures.**

PILES ÉLECTRIQUES

8. Définition. — **Pile de Volta.** — Les piles sont des appareils chimiques capables de maintenir aux deux extrémités d'un conducteur le voltage nécessaire à la production d'un courant. Leur nom vient du premier appareil de ce genre, construit par Volta, et qui était formé d'une véritable pile de disques métalliques superposés.

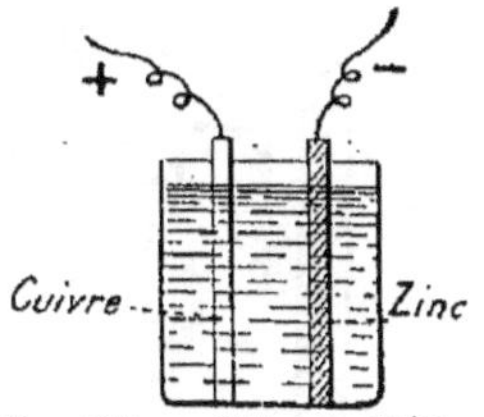

La forme la plus simple de la **pile de Volta** (*fig.* 171), est celle d'un vase contenant de l'eau acidulée par l'acide sulfurique, une lame de cuivre et une lame de zinc qui ne se touchent pas. Dès qu'on réunit ces deux lames par un fil conducteur extérieur (c'est-à-dire dès qu'on ferme le circuit), un courant

Fig. 171. — Pile de Volta.

électrique se produit dans ce conducteur du cuivre vers le zinc. Le niveau électrique de la lame de cuivre est plus élevé que celui du fil de cuivre soudé à la lame de zinc : la lame de cuivre est le **pôle positif**; la lame de zinc le **pôle négatif**; le courant va du pôle + au pôle — dans le circuit extérieur à la pile.

Mais le courant traverse aussi la pile elle-même, suivant ainsi un **circuit fermé**; la preuve en est que l'eau acidulée est immédiatement décomposée; conformément à la règle, l'hydrogène apparaît à la sortie du courant de la pile, c'est-à-dire au pôle +; sur la lame de zinc, qui est ici l'électrode d'entrée du courant dans le liquide, il vient l'oxgène et l'acide sulfurique, qui forment avec le zinc du sulfate de zinc, lequel se dissout.

L'action chimique commence exactement en même temps que le courant; et la dépense nécessaire à l'établissement du courant est fournie par l'usure du zinc.

La différence du niveau électrique entre les deux pôles est peu supérieure à **un volt**, ce qui nous donne une idée de la grandeur de cette unité électrique.

Mais cette différence de niveau électrique diminue rapidement à mesure que la pile fonctionne; elle finit par devenir nulle et le courant cesse. On dit alors que la pile est **polarisée** et la principale cause de cette polarisation est l'accumulation de l'hydrogène autour de la lame de cuivre formant le pôle positif.

9. Piles à courant constant. — On a cherché à empêcher la polarisation en mettant autour du pôle + des corps capables de supprimer l'hydrogène; généralement ces corps transforment l'hydrogène en eau en lui fournissant de l'oxygène avec lequel il se combine. Le cuivre, qui serait attaqué par ces substances, est alors remplacé par une lame de charbon. Il existe un grand nombre d'espèces de piles : pile de Bunsen, de Wollaston, de Daniell, etc. Nous décrirons seulement les plus employées.

10. Pile de Leclanché. — Elle est formée d'un vase en verre contenant une dissolution concentrée de sel ammoniac; un bâton de zinc est le pôle — ; le pôle + est constitué par une lame de charbon entourée de bioxyde de manganèse en

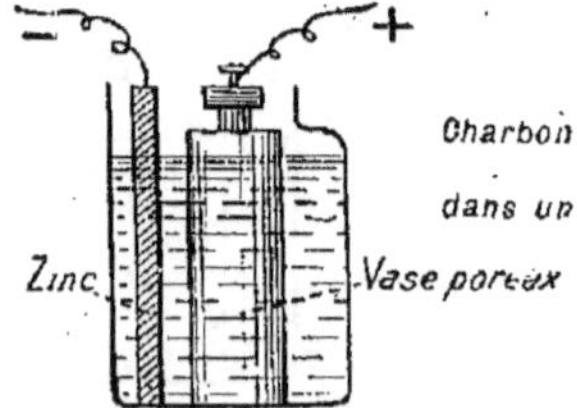

Fig. 172.— Pile de Leclanché.

poudre grossière (substance dépolarisante) et enfermée dans un vase en porcelaine poreuse (*fig.* 172). La porcelaine s'imbibe du liquide et laisse passer le courant.

Cette pile donne un voltage d'environ 1 volt 4; elle a le grand avantage de ne pas s'user inutilement quand le courant ne passe pas ; aussi est-elle employée généralement pour les sonneries et les téléphones.

11. Pile de Daniell.

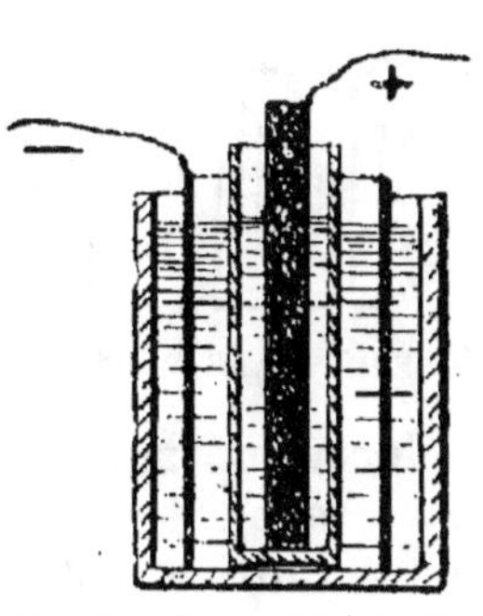
Fig. 172 *bis*. — Pile de Daniell : élément monté.

— Un élément de cette pile se compose de deux vases placés l'un dans l'autre : le vase intérieur en **terre poreuse**, qui se mouille des deux liquides sans les laisser se pénétrer, l'autre en terre vernissée. Entre les deux vases plonge une lame de zinc qui contourne le vase intérieur ; au centre, se trouve un cylindre en cuivre. Ce cuivre plonge dans une dissolution saturée de sulfate de cuivre, et le zinc baigne dans de l'acide sulfurique étendu d'eau.

Pour monter plusieurs éléments d'une telle pile, on réunit un cuivre au zinc de la pile voisine, et réciproquement. Le dernier zinc est le pôle négatif ; le dernier cuivre, le pôle positif.

La pile de Daniell, bien entretenue, donne un courant électrique d'une extrême régularité. Le voltage entre les deux pôles d'un seul élément est de 1 volt. 07.

12. Accumulateurs.

— C'est une application des phénomènes de polarisation. Un accumulateur est formé essentiellement de deux lames de plomb plongées dans l'eau acidulée par l'acide sulfurique (*fig.* 173). On le **charge** en y faisant passer un courant : de l'hydrogène s'accumule sur la lame de sortie, de l'oxygène sur la lame d'entrée du courant. Si alors on réunit les deux lames par un fil conducteur, l'accumulateur se **décharge** en produisant un courant dans ce fil ; le courant dure tant que les masses d'hydrogène et d'oxygène accumulées sur le plomb ont disparu.

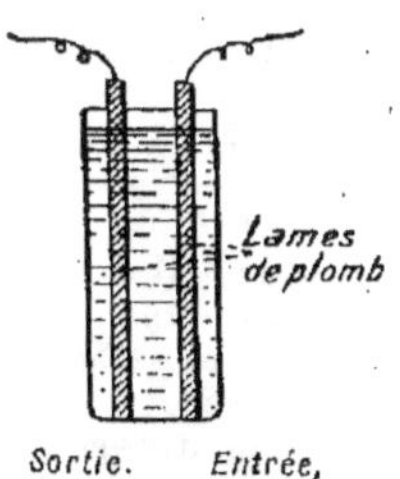

Fig. 173.
Accumulateur.

Les choses se passent donc comme si l'accumulateur avait

emmagasiné de l'électricité qu'il peut conserver et restituer ensuite.

Le voltage d'un accumulateur est en moyenne de 2 volts par élément ; les constructeurs marquent le pôle positif par une couleur rouge.

13. Assemblage de piles. — On peut assembler plusieurs éléments de pile ; ordinairement on réunit le pôle négatif du premier au pôle positif du second, et ainsi de suite (*fig*. 174). Les pôles extrêmes sont les pôles de la pile entière ; le voltage total entre les extrémités est la somme des voltages de chaque élément.

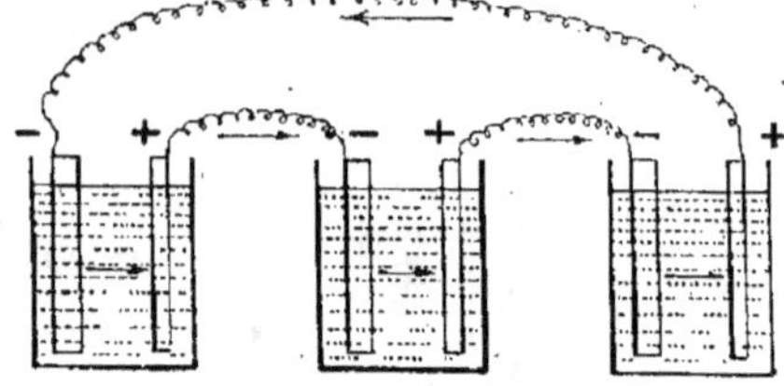

Fig. 174. — Assemblage de piles en série.

On l'appelle aussi la **force électromotrice** de la pile. Par exemple en réunissant de cette façon 10 éléments Leclanché, on aurait une force électromotrice totale de 14 volts.

Puissance du courant électrique. — **Watt.** — Un courant électrique pouvant produire de la chaleur, faire tourner un moteur, fournir de la lumière est une source de travail. Sa puissance est *la quantité de travail qu'il produit par seconde*. Elle se mesure en *watts*.

Un courant de *un ampère*, produit dans un circuit par une force électromotrice de *un volt*, a par définition une puissance de *un watt*; cela veut dire qu'il fournit un travail de un joule par seconde.

RÉSUMÉ

1-3. **Courant électrique.** — Pour qu'un **courant électrique** se produise, faut qu'il existe une différence de **niveau électrique** entre les extrémités du conducteur.

On appelle **intensité** la quantité d'électricité transportée par le courant en une seconde. L'unité d'intensité est l'**ampère**.

Les différents conducteurs offrent au passage du courant des **résistances** différentes. Les fils fins sont plus résistants que les gros ; le cuivre conduit mieux que le fer

4-5. **Propriétés calorifiques.** — Un courant électrique produit de la chaleur ; et d'autant plus que le conducteur est plus résistant.

Cette propriété est utilisée dans les lampes électriques **à incandescence**
La lumière électrique la plus vive est produite par l'**arc voltaïque**.

6. **Propriétés chimiques.** — Le courant électrique décompose tous les

liquides qu'il est capable de traverser. Le métal et l'hydrogène se portent a l'électrode de sortie et le reste du corps à l'électrode d'entrée du courant.

Ce phénomène est appliqué dans l'argenture électrique et dans la galvanoplastie.

7. Ampères. — Un **ampère** est l'intensité d'un courant capable de mettre en liberté 4 grammes d'argent par heure.

8-13. Piles électriques. — La pile la plus simple est la pile de **Volta**, composée d'une lame de cuivre et d'une lame de zinc plongeant dans l'eau acidulée. Le cuivre est le pôle positif, le zinc est le pôle négatif; le courant va du cuivre au zinc dans le circuit extérieur, et du zinc au cuivre dans la pile; le liquide de la pile est décomposé par le courant. Le courant est entretenu grâce à l'usure du zinc.

Dans les piles à courant constant, on évite la polarisation en supprimant l'hydrogène qui s'accumule autour du pôle positif.

Dans la pile Leclanché, le pôle positif est une lame de charbon entourée de bioxyde de manganèse que maintient un vase poreux; le liquide est une dissolution de sel ammoniac.

Les **accumulateurs** sont formés de lames de plomb plongées dans l'eau acidulée; on les charge en y faisant passer un courant. Ils se déchargent en produisant eux-mêmes un autre courant.

Le **voltage** ou la **force-électromotrice** d'une pile est la différence de niveau entre ses deux pôles; on la compte en **volts.**

QUESTIONS D'EXAMEN

1. Quelle condition faut-il réaliser pour avoir un courant électrique dans un conducteur? — A quoi peut-on comparer le niveau électrique? — 2. Définir l'intensité d'un courant. — 3. Qu'entend-on par la résistance électrique d'un conducteur? — Quels sont les fils les plus résistants? — 4. Que savez-vous de la chaleur produite par le passage du courant? — 5. Expliquer le rôle d'un coupe-circuit. — Pourquoi fait-on le vide dans les lampes à incandescence? — Comment se produit l'arc électrique? — Peut-on l'utiliser pour l'éclairage? — 6. Enoncer les règles fondamentales de l'électrolyse. — Décrire l'expérience de la décomposition de l'eau. — Expliquer l'argenture électrique, la galvanoplastie. — Pourquoi l'anode est-elle formée d'une plaque du métal à déposer? — 7. Qu'est-ce qu'un ampère? — 8-9. Expliquer les phénomènes qui ont lieu dans une pile simple de Volta. — Pourquoi la pile se polarise-t-elle? — Comment évite-t-on la polarisation? — 10. Décrire la pile Leclanché. — Quelle pile a une force électromotrice d'environ un volt? — 11. Indiquer le principe des accumulateurs. — 12. Comment assemble-t-on ordinairement plusieurs éléments de pile? — Qu'entend-on par force électromotrice?

CHAPITRE XII

MAGNÉTISME

1. Aimants. — Un aimant **naturel** est un morceau d'un minerai de fer particulier qui possède la propriété d'attirer le fer.

Un aimant **artificiel** est une barre d'acier, quelquefois contournée en fer à cheval (*fig.* 175), à laquelle on a communiqué, par un procédé que nous verrons plus loin, la propriété d'un aimant naturel.

2. Direction constante d'une aiguille aimantée. Pôles. — Si l'on suspend par son centre de gravité une aiguille aimantée (*fig.* 176), on la voit, après quelques oscillations, prendre une direction invariable qui diffère peu de la direction nord-sud géographique. Vient-on à éloigner l'aiguille d'un angle aussi grand que l'on veut, de

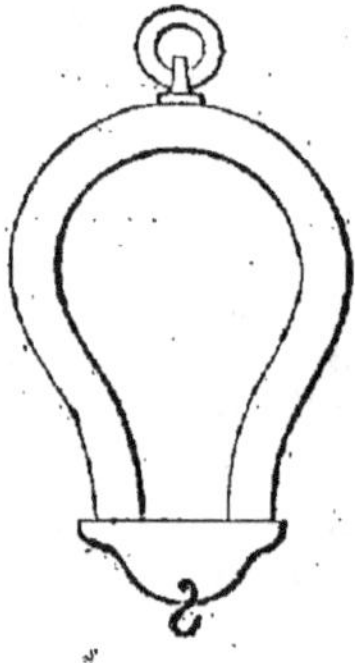

Fig. 175.
Aimant artificiel.

cette direction fixe, elle y revient invariablement, la même pointe toujours tournée du même côté.

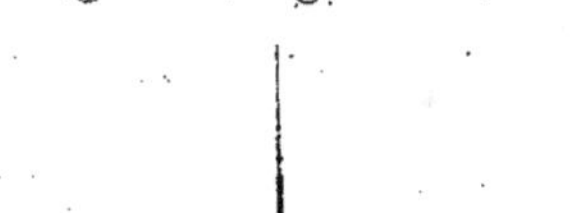

On nomme généralement **pôle nord** la pointe qui se dirige vers le nord, et **pôle sud** celle qui se dirige vers le sud.

Fig. 176. — Aiguille aimantée.

La direction de l'aiguille aimantée détermine le **méridien magnétique**. Celui-ci ne se confond pas avec le méridien géographique; il fait en ce moment, avec ce dernier, et à Paris, un angle de 14° à l'ouest.

3. Attraction et répulsion des pôles. — Si du pôle sud d'une aiguille aimantée mobile dans un plan horizontal, on approche le pôle sud d'une autre aiguille, on remarque une répulsion (*fig.* 177).

Si, au contraire, du pôle nord de l'aiguille mobile on approche le pôle sud d'une autre aiguille, on remarque une attraction.

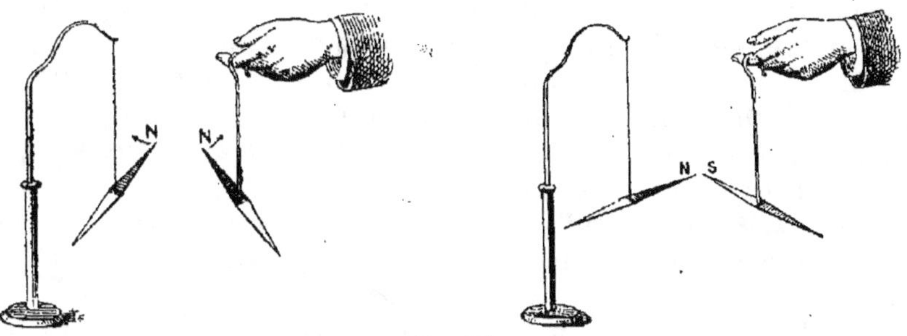

Fig. 177.

Deux pôles de même nom
se repoussent.

Deux pôles de noms contraires
s'attirent.

On en déduit alors les deux lois suivantes : *deux pôles de même nom se repoussent ; — deux pôles de noms contraires s'attirent.*

4. Aimantation par le frottement ; par influence. — Pour aimanter un barreau d'acier, il suffit de le frotter avec le pôle d'un aimant dans toute sa longueur et toujours dans le même sens (*fig.* 178).

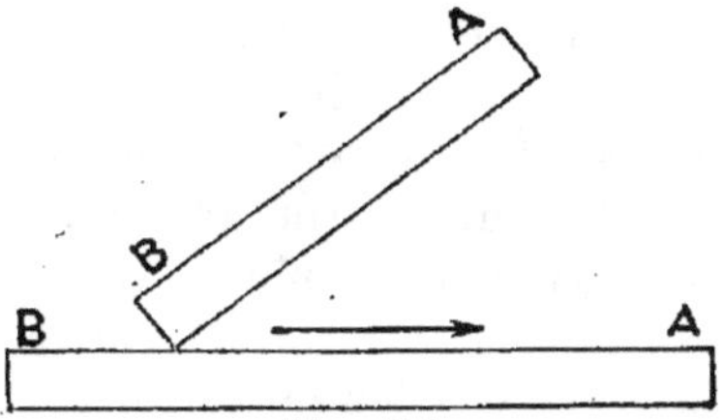

Fig. 178.
Aimantation par simple touche.

On déterminera ainsi, à l'extrémité frottée la dernière, un pôle de nom contraire au pôle frottant.

Ce procédé peu rapide est dit de **simple touche.**

On peut également aimanter un barreau de fer à distance, par **influence.** On place à faible distance l'un de l'autre l'aimant et le barreau à aimanter (*fig.* 179) ;

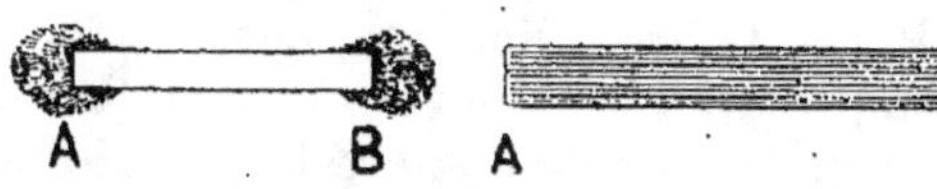

Fig. 179. — Aimantation par influence.

si le barreau est en **fer doux,** c'est-à-dire en fer absolument pur, il deviendra instantanément aimant, mais cessera de l'être dès qu'on enlèvera l'aimant. Si, au contraire, le barreau est en acier, son aimantation à distance ne se produira qu'à la longue, mais subsistera même lorsque la présence de l'aimant aura cessé de la solliciter.

Un aimant semble ne posséder de propriétés attractives qu'à ses pôles, ainsi que nous le montre la figure 179 par les houppes de fer fixées aux extrémités du petit barreau AB et non pas au centre; c'est qu'en effet là se trouve une portion dite **neutre**. Le milieu d'un aimant est donc neutre au point de vue magnétique. Cependant, si l'on vient à rompre un aimant par son milieu, on constate après la rupture l'apparition de pôles doués de pouvoir attractif à des endroits où avant la rupture se trouvait un espace neutre.

5. Boussole. — L'aiguille aimantée, indiquant par sa direction constante des points voisins du nord-sud géographique, est employée par les marins comme instrument d'orientation. Elle est alors placée, avec la correction convenable, dans une boîte circulaire, mobile devant une circonférence graduée (*fig.* 180), sous une légère **rose des vents** qui tourne avec elle et se trouve constamment orientée.

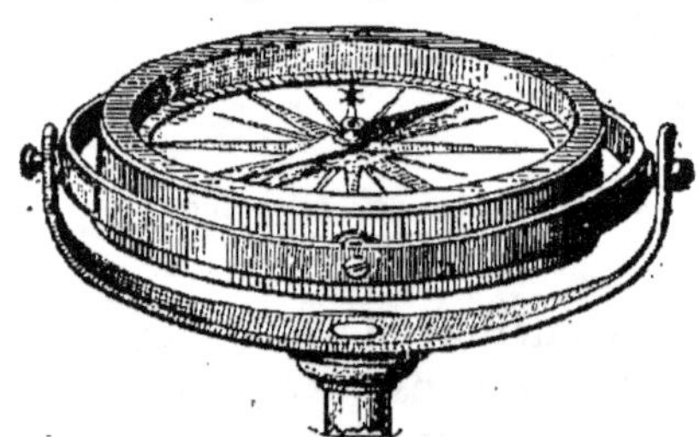

Fig. 180. — Boussole.

Si, par exemple, pour aller du Havre à New-York, on sait, après avoir consulté les cartes marines, que la droite qui unirait ces deux villes fait à un certain endroit un angle de 40° avec la direction nord-sud, le marin devra maintenir son navire dans une position telle que l'aiguille de sa boussole ne s'éloigne pas du quarantième degré dans la région désignée.

6. Déclinaison, inclinaison. — Nous avons dit plus haut que l'aiguille aimantée ne coïncide pas exactement avec le méridien géographique et que, à Paris, le méridien magnétique faisait avec le méridien géographique un angle de 14° : à cet angle on a donné le nom de **déclinaison**. La déclinaison est variable non seulement avec les lieux, mais encore avec le temps ; ainsi, en 1666 elle était nulle, c'est-à-dire que le méridien magnétique coïncidait avec le méridien géographique : elle a atteint son maximum 22° en 1814 ; elle décroît en ce moment.

Si, au lieu de poser une aiguille aimantée sur un pivot vertical de manière qu'elle soit mobile dans un plan horizontal, comme dans la boussole marine et dans celle des arpenteurs, on la suspend, juste en son milieu par un axe horizontal pesant exactement par son centre de gravité, de telle sorte qu'elle soit mobile dans un plan vertical, cette aiguille aimantée ne restera pas horizontale : sa moitié nord s'abaissera vers la terre de telle sorte qu'elle fera un angle avec la ligne horizontale qui passera par son axe. A cet angle on a donné le nom d'inclinaison.

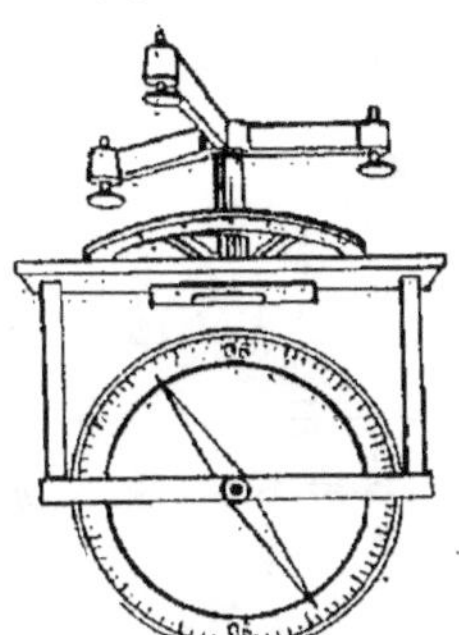

Fig. 181. — Boussole d'inclinaison.

RÉSUMÉ

1-4. Aimants. — Un aimant **naturel** est un minerai de fer particulier qui attire le fer. – L'aimant artificiel est un morceau d'acier qu'on a rendu capable d'attirer le fer.

L'**aiguille aimantée** est un petit aimant suspendu par son centre de gravité. Elle indique toujours la direction du **méridien magnétique**, très voisin du méridien géographique.

Dans un aimant, les **pôles** de même nom se repoussent ; les pôles de noms différents s'attirent.

On peut aimanter un barreau d'acier soit par **frottement** avec un aimant, soit par **influence**.

Les pôles seuls d'un aimant attirent le fer ; le centre est sans action, il forme une **région neutre**.

5. Boussole. — La **boussole** est une aiguille aimantée pouvant se mouvoir devant un cadran. Elle sert aux marins pour s'orienter sur mer.

6. Déclinaison, inclinaison. — La **déclinaison** est l'angle que forme l'aiguille aimantée avec le méridien géographique.

L'**inclinaison** est l'angle que forme l'aiguille aimantée avec l'horizontale passant par son axe de rotation.

QUESTIONS D'EXAMEN

1. Qu'est-ce qu'un aimant naturel, artificiel? — 2. Quelle est la propriété constante d'une aiguille aimantée? — Qu'appelle-t-on pôles d'un aimant? — 3. Comment agissent l'un envers l'autre les pôles de deux aimants? — 4. Combien de procédés pour aimanter un barreau d'acier? — 5. De quoi se compose une boussole et à qui sert-elle?—6. Qu'entend-on par déclinaison, inclinaison magnétique?

CHAPITRE XIII

ÉLECTROMAGNÉTISME

1. Electromagnétisme. — L'électromagnétisme est l'étude des
actions réciproques des courants et
des aimants.

Le fait fondamental est le suivant :
un courant électrique produit des
forces magnétiques et par suite peut
agir sur un aimant. OErstedt a observé le premier, en 1819, que si on
place un courant électrique parallèlement à une aiguille aimantée mobile

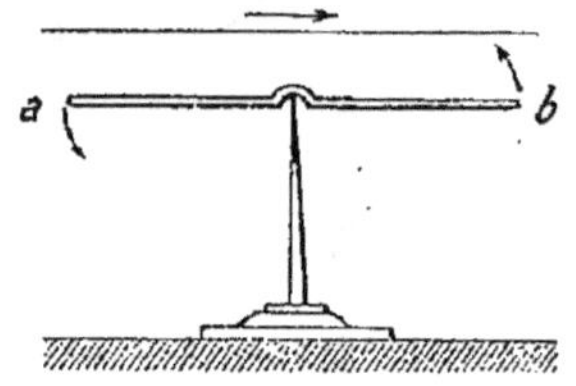

Fig. 181 *bis*.
Expérience d'OErstedt.

sur un pivot, cette aiguille tend à se mettre en croix avec le
courant (*fig.* 181 *bis*).

Le sens de la déviation est donné par la **règle d'Ampère** : si on
considère un observateur couché le long du fil de sorte que le
courant aille des pieds vers la tête et regardant l'aiguille aiman-

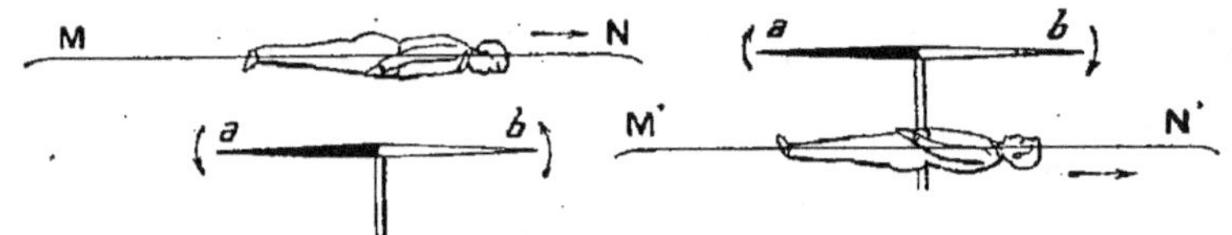

Fig 182. — Bonhomme d'Ampère. — MN, M'N', Courant électrique ; — *a*, Pôle
austral de l'aiguille ; — *b*, Pôle boréal de l'aiguille.

tée, le **pôle nord** de l'aiguille se porte à la **gauche** de l'observateur qu'on appelle la **gauche du courant** (*fig.* 182).

L'action magnétique du courant est bien plus énergique
quand il est enroulé sous forme de **bobine** ou **solénoïde** et qu'on
place l'aimant à l'intérieur ; chaque portion du courant est alors
très près de l'aiguille aimantée et les forces magnétiques sont
d'autant plus grandes que les tours de fil sont plus serrés. Sous
l'action de ces forces, l'aimant s'oriente suivant l'axe de la bobine
et on peut trouver, en appliquant la règle d'Ampère, de quel
côté se mettra le pôle nord.

Par exemple, dans la bobine représentée par la fig. 183,

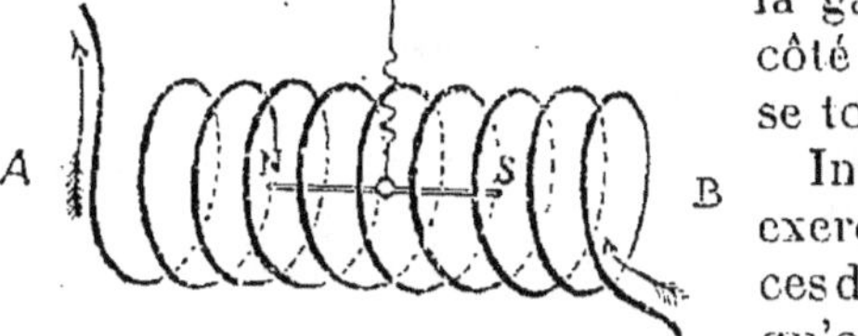

Fig. 183. — Bobine ou solénoïde.

la gauche du courant est du côté de A et c'est par là que se tourne le pôle nord N.

Inversement, un aimant exerce sur un courant des forces dites électromagnétiques et qu'on peut constater en rendant mobile une portion de courant.

2. Forces magnétiques. — Les forces magnétiques exercées par un courant sur un aimant ou inversement, sont **proportionnelles à l'intensité du courant** ; cette propriété est appliquée dans la plupart des appareils destinés à mesurer cette intensité. Ces appareils sont les **galvanomètres** et les **ampèremètres**.

3. Galvanomètres et ampèremètres. — Les galvanomètres sont des appareils très sensibles employés surtout par les physiciens ; les ampèremètres plus robustes sont employés dans l'industrie. Les uns et les autres sont à aimant mobile ou à cadre mobile ; pour en faire comprendre les principes généraux nous décrirons un appareil de chaque espèce.

a) *Galvanomètre Deprez-d'Arsonval.* — Il est à cadre mobile ; un cadre très léger C, sur lequel un fil fin fait plusieurs tours, est

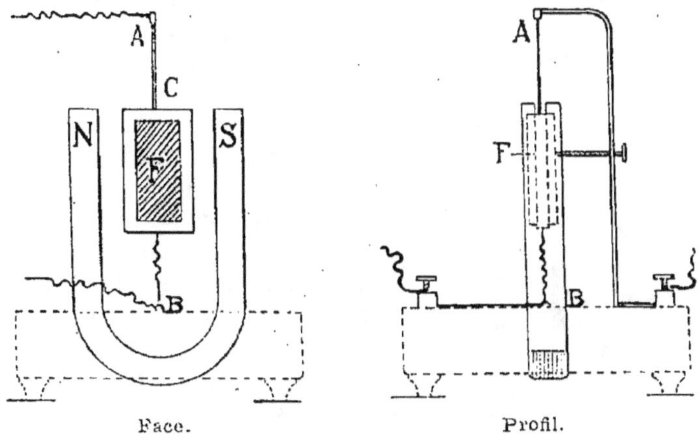

Face.   Profil.

Fig. 184. — Galvanomètre à cadre mobile.

suspendu verticalement entre les branches d'un aimant en fer à cheval NS (*fig.* 184). Le courant à mesurer arrive par A, circule dans le cadre et s'en va par B ; sous l'action de l'aimant le cadre est dévié et tend à se mettre en croix avec la ligne des pôles NS ; il est arrêté dans ce mouvement par la torsion du fil métallique AB. Au moyen d'un petit miroir fixé au cadre, on peut observer les plus faibles déviations et constater ainsi l'existence de courants bien inférieurs à 1/1 000 d'ampère. Dans la figure, F est un cylindre de fer doux destiné à renforcer l'action magnétique de l'aimant.

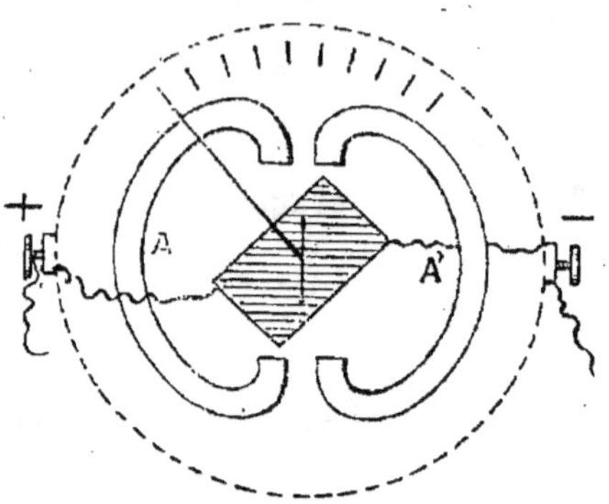

b) *Ampèremètre Carpentier.* — C'est un appareil à aimant mobile (*fig.* 185) ; cet aimant

Fig. 185. — Ampèremètre à aimant mobile.

est un barreau très court mobile autour d'un pivot à l'intérieur d'une petite bobine à gros fil. Deux aimants fixes A et A' maintiennent le petit barreau aimanté dans une position d'équilibre lorsqu'il n'y a pas de courant dans la bobine, et pour cette position une aiguille fixée au pivot du barreau s'arrête en face du zéro de la graduation tracée sur un cadran.

Quand on fait passer le courant à mesurer, le petit barreau est dévié d'autant plus que le courant est plus intense, et l'aiguille, suivant le mouvement du barreau, vient marquer le nombre d'ampères sur le cadran.

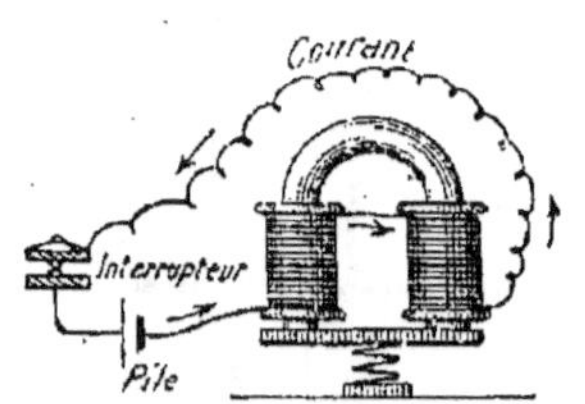

Fig. 186. — Electro-aimant. Quand le courant passe, la pièce de fer est attirée; elle cesse de l'être quand le courant ne passe plus.

4. Electro-aimant (*fig.* 186). —Quand on introduit un barreau de fer dans une bobine où circule un courant électrique, ce fer **s'aimante instantanément**, pour perdre son aimantation aussitôt que le courant est supprimé. Si on remplace le fer par de l'acier, l'aimantation se produit plus lentement, mais elle se conserve après le passage du courant ; c'est par ce moyen qu'on aimante les grands barreaux d'acier et les aiguilles de boussole.

On donne particulièrement le nom d'**électro-aimant** à une barre de fer doux courbée en forme de fer à cheval, et dont les deux branches sont entourées chacune d'une bobine ; le courant traverse successivement chaque bobine, et on a eu soin d'enrouler le fil de manière qu'il se produise un pôle nord et un pôle sud aux deux extrémités du fer à cheval.

Si le fil des bobines fait un grand nombre de tours et si l'intensité du courant est suffisante, on obtient ainsi des aimants temporaires capables de porter des poids considérables, 100 kg. par exemple.

5. Sonnerie électrique. — Elle se compose d'un petit électro-aimant devant les pôles duquel une **palette** de fer doux, portée par une lame d'acier élastique, peut osciller. A l'autre extrémité la palette porte la boule ou marteau qui frappe sur le timbre. Un petit ressort flexible soudé à la palette vient toucher une vis à pointe de platine inoxydable. Le courant électrique passe dans l'électro-aimant en passant par la vis et le petit ressort ; dès que le courant est établi, la palette est attirée et le petit ressort ne touchant plus la vis, le courant est rompu ; alors la palette revient en arrière, le contact avec la vis est rétabli et le même mouvement se reproduit. Il en résulte une série d'oscillations rapides de la palette et du marteau qui frappe chaque fois le timbre (*fig*. 187).

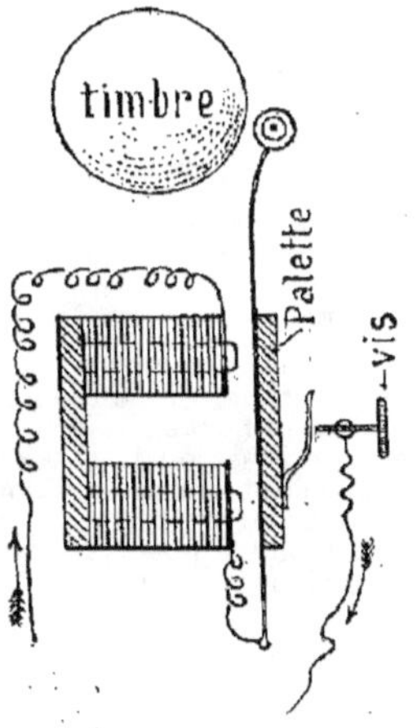

Fig. 187.
Sonnerie à trembleur.

6. Télégraphe électrique. — Le télégraphe est l'application la plus merveilleuse de l'électro-aimant. Tout système de télégraphie électrique se compose :

1° D'une pile électrique (ou d'accumulateurs) ;

2° D'un appareil **transmetteur** ou **manipulateur**, permettant de lancer le courant dans la **ligne télégraphique** ou fil conducteur réunissant les deux stations ;

3° D'un appareil **récepteur** dans lequel passe le courant à la station d'arrivée.

Il n'est pas nécessaire de compléter le circuit par un fil de retour ; le courant revient par la terre, à la condition de mettre l'autre pôle de la pile et la deuxième borne du récepteur en communication avec le sol.

Les systèmes télégraphiques sont assez nombreux. Quelle que soit la complication des appareils, le récepteur comporte toujours un électro-aimant à palette mobile. Le passage du courant produira l'attraction de cette palette par l'électro-aimant, et ce mouvement sera utilisé pour enregistrer un signal. Nous ne décrirons que le télégraphe Morse, le plus simple et le plus répandu.

a) Manipulateur. — Ce manipulateur est très simple : il ressemble, comme système, au bouton de nos sonnettes électriques. Sur une tablette en bois se trouve fixée horizontalement une pièce en cuivre A B mobile autour d'un pivot métallique C (*fig.* 188). A l'une de ses extrémités, cette pièce porte un pointe *p*, qu'un ressort *r* fait appuyer contre une petite poupée métallique D ; vers l'autre extrémité, se trouve une autre pointe, maintenue par le ressort à quelques millimètres d'une autre poupée I. Enfin une poignée P termine le levier horizontal. La poupée I reçoit le fil positif de la pile, la pièce centrale C communique avec le fil de la ligne télégraphique ; D est relié au récepteur puis à la terre par un fil conducteur.

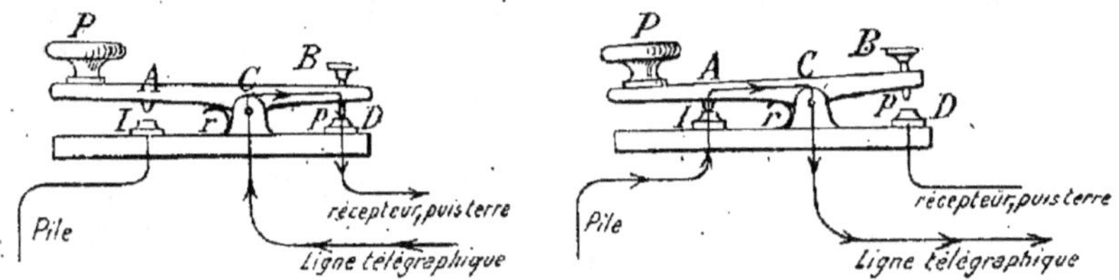

Fig. 188. — Manipulateur du télégraphe Morse.

1ᵉ *Position*. Le levier du manipulateur PACB est maintenu horizontal par le ressort *r*. L'électricité de la pile ne peut franchir la borne I qui est isolée de tout contact. En revanche le courant de la ligne télégraphique peut passer par la borne de l'axe C, grâce à la pointe *p*, jusqu'à la borne D reliée au récepteur de ce poste et de là à la terre. Le poste est en état de recevoir une dépêche.

2ᵉ *Position*. L'opérateur appuie sur la poignée P et met en contact la pointe A avec la borne I. Le courant de la pile passe de I en A, de A en C, et rejoint par là la ligne télégraphique qui se termine au récepteur de l'autre poste. Le circuit est fermé pour lancer la dépêche.

Si l'on veut faire passer le courant dans la ligne, il suffira d'appuyer sur la poignée P et de mettre en contact la pointe métallique de A avec la poupée I ; le courant de la pile suivra le trajet IAC et n'en pourra pas suivre d'autre, puisque la pointe p a cessé tout contact avec la borne D. En outre, le courant cessera de passer dans la ligne dès qu'on cessera d'appuyer sur la poignée P. On peut donc, avec le manipulateur, faire passer à volonté le courant dans la ligne ou l'interrompre quand on le désire, et prolonger son passage ou le restreindre suivant les besoins.

b) Récepteur. — Le récepteur (*fig.* 189) se compose essentiellement d'un électro-aimant vertical E dont l'armure A traverse une pièce métallique AV, terminée à son extrémité par un poinçon V. Deux vis limitent le mouvement de cette pièce, et un ressort r tire à lui le bras du levier quand le courant ne passe pas. En regard de V, se déroule d'un mouvement uniforme une bande de papier entraînée par une sorte de petit laminoir ab, dont l'un des rouleaux est enduit d'encre grasse. Le fil de la bobine est relié au fil de ligne.

c) Fonctionnement. — Dès que le manipulateur a lancé le courant, l'électro-aimant devient actif, l'armure A est attirée,

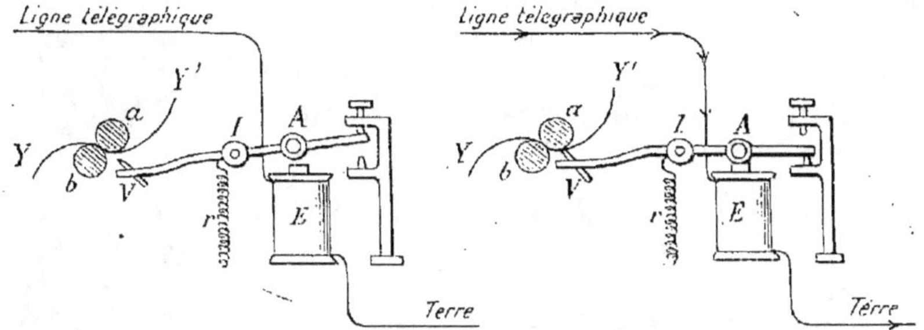

Fig. 189. — Récepteur du télégraphe Morse.

1re *Position.* Le levier du récepteur est écarté de la bande de papier YY' par le ressort r tant que le courant ne passe pas. — V (poinçon); — I (pivot); — A (fer).

2e *Position.* Dès que le courant arrive par la ligne télégraphique à la bobine E, le fer A du levier est attiré par l'électro-aimant et vainc la résistance du ressort r. Le levier tourne sur son pivot I et le poinçon V en se relevant prend contact avec la bande de papier YY', que déroulent les bobines a et b et qui enregistre au fur et à mesure le tracé du poinçon.

l'extrémité V du levier est soulevée et projette la bande de papier sur la molette encreuse ; une trace d'encre se fait sur le papier, d'autant plus longue que le courant est plus prolongé. Si le courant ne passe qu'un instant très court, la molette ne fait qu'un point sur le papier ; s'il passe un peu plus longtemps, on a un trait. La combinaison des points et des traits suffit pour établir un alphabet conventionnel, l'alphabet Morse.

À tout poste télégraphique, nous trouvons, outre ces appareils que nous venons de décrire sommairement, d'autres pièces très importantes aussi, mais que vous étudierez plus tard : le **paratonnerre**, qui doit préserver les employés des atteintes de la foudre en temps d'orage ; une **sonnerie électrique**, à l'aide de laquelle le bureau transmetteur prévient qu'il va lancer une dépêche ; le **galvanomètre**, qui permet de mesurer l'intensité et la direction du courant, etc.

7. Télégraphie sous-marine. — Depuis un certain nombre d'années déjà, on transmet des dépêches télégraphiques à travers l'Océan, au moyen de câbles sous-marins, et cela, malgré la difficulté d'obtenir des câbles assez longs, assez solides et assez conducteurs, et malgré les actions électriques secondaires qui se produisent dans ces conducteurs.

Un câble sous-marin (*fig.* 190) est formé d'un faisceau central de fils de cuivre, entouré de gutta-percha qui l'isole complètement. Tout autour de cette enveloppe isolante se trouve une série de fils de fer entourés de chanvre qui assure la solidité du câble mais produit par son voisinage avec le fil de cuivre les actions secondaires dont nous avons parlé ; néanmoins on arrive maintenant avec des récepteurs très sensibles à transmettre d'Europe en Amérique 600 mots à l'heure.

8. Télégraphie sans fil. — On est parvenu récemment à construire des appareils permettant de transmettre à distance des signaux électriques, sans employer de conducteurs. C'est la télégraphie sans fil.

On avait remarqué que des étincelles électriques éclatant dans un liquide non conducteur produisaient des espèces de vibrations ou **ondes électriques** invisibles, mais pouvant être enregistrées au moyen du tube de Branly. C'est un tube en verre contenant de la limaille de fer. Si on interpose ce tube

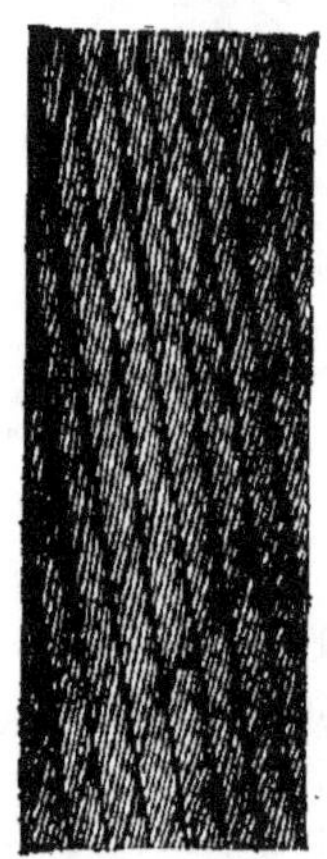

Fig. 190.
Câble sous-marin.

dans un circuit de pile, le courant ne passe pas : le fer en limaille n'est pas conducteur.

Mais, sous l'influence d'une onde électrique comme celle dont nous venons de parler, la limaille, sans doute par un phénomène d'agglomération, devient conductrice, pour reprendre son état isolant sous l'influence d'un coup sec, donné sur le tube. On pourra donc obtenir ainsi, alternativement, un passage et une interruption de courant, enregistrables avec un récepteur dans le genre de celui du télégraphe de Morse. Si donc, au poste transmetteur, on produit au moyen d'étincelles convenables, des ondes alternativement longues ou brèves, on pourra recueillir au poste récepteur une série de traits et de points. Il sera donc possible de correspondre ainsi. Il sera seulement nécessaire de posséder un alphabet de convention compréhensible uniquement pour le correspondant auquel on voudra s'adresser, puisque les ondes produites pourront être enregistrées par tous les appareils récepteurs dans le périmètre de leur action.

Le tube de Branly est maintenant remplacé par d'autres

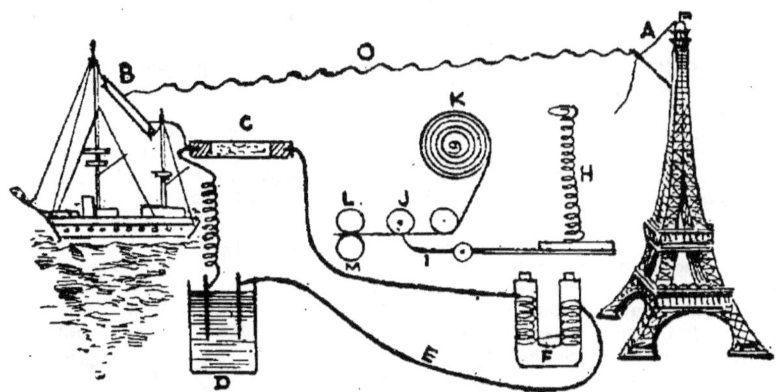

Fig. 191. — Télégraphie sans fil. Schéma d'un poste transmetteur et d'un poste récepteur. — A, Poste transmetteur de la tour Eiffel ; — B, Poste récepteur fixe dans les mâts d'un navire ; — C, Tube de Branly ; — D, Pile ; — E, Circuit ; — F, Electro-aimant ; — G, Barre de fer doux ; — H, Ressort ; — I, Pointe traçante ; — J, Molette enduite d'encre ; — K, Rouleau de papier ; — L, M, Molettes faisant avancer la bande de papier ; — O, Ondes hertziennes.

détecteurs d'ondes plus sensibles, reliés à un simple récepteur téléphonique.

On emploie, par exemple, les détecteurs à **galène** ou à **pyrite**, formés par une pointe d'épingle qui appuie légèrement sur un endroit choisi d'un fragment de galène ou de pyrite. Le passage d'une onde électrique se manifeste alors par un bruit dans le téléphone.

On peut actuellement communiquer de Paris en Algérie, et même de l'Angleterre au Canada par la télégraphie sans fil (*fig.* 191).

RÉSUMÉ

1. Électromagnétisme. — Un courant électrique produit des forces magnétiques.

Expérience d'Œrstedt et règle d'Ampère. — Une aiguille aimantée mobile tend à se mettre en croix avec un courant électrique voisin : le pôle nord de l'aiguille se porte à la gauche du courant.

A l'intérieur d'une bobine, l'aiguille aimantée se place suivant l'axe de la bobine.

2. Forces électromagnétiques. — Ce sont des forces émanant du courant sur l'aimant et réciproquement. Elles sont proportionnelles à l'intensité du courant et sont utilisées pour la mesurer.

3. Galvanomètres, ampèremètres. — Le **galvanomètre** est un appareil très sensible permettant de constater l'existence de courants très faibles.

Les **ampèremètres** sont des appareils industriels qui donnent l'intensité du courant exprimée en ampères.

4-5. Électro-aimants. — Un barreau de fer doux placé dans une bobine est aimanté par le passage d'un courant ; l'aimantation cesse en même temps que le courant.

La sonnerie électrique est une application de l'électro-aimant.

6. Télégraphe électrique. — Le **télégraphe électrique de Morse** comprend une pile, un **manipulateur**, un **fil conducteur**, un **récepteur**. C'est le passage plus ou moins prolongé du courant dans la ligne, qui permet le tracé de traits plus ou moins longs sur une bande de papier. La combinaison des points et des traits constitue un alphabet conventionnel.

7. Télégraphie sous-marine. — Les dépêches télégraphiques sont transmises à travers l'Océan par les **câbles sous-marins**.

8. Télégraphie sans fil. — On peut même arriver à télégraphier sans fil, au moyen d'appareil enregistrant les **ondes électriques** produites par des étincelles dans un liquide isolant.

QUESTIONS D'EXAMEN

1. Décrivez l'expérience d'Œrstedt, et énoncez la règle d'Ampère. — Pourquoi vaut-il mieux se servir d'une bobine ? — 2-3. Un aimant peut-il agir sur un courant ? — Décrivez un galvanomètre, un ampèremètre. — 4. Quelle est la différence essentielle entre un aimant et un électro-aimant ? — 5. Expliquer le fonctionnement d'une sonnerie électrique. — 6. De quoi se compose toute ligne télégraphique ? — Faites la description du manipulateur de Morse ? — De quoi se compose le récepteur ? — Comment fonctionne le télégraphe de Morse ? — Quels sont les appareils qui accompagnent le récepteur et le manipulateur dans tout poste télégraphique ? — 7. De quoi est formé un câble sous-marin ? — 8 Quel est le principe de la télégraphie sans fil ?

CHAPITRE XIV

INDUCTION

1. Courant d'induction. — Lorsqu'on vient à faire passer un courant dans le voisinage d'un fil métallique fermé (c'est-à-dire dont les deux bouts sont liés entre eux ou reliés par un conducteur), on voit immédiatement se développer dans ce fil un courant électrique qui cesse instantanément, mais dont l'intensité est d'autant plus grande que l'établissement du courant a été plus rapide. Si l'on cesse de faire passer le courant de la pile, un nouveau courant instantané se produit dans le circuit fermé, mais en sens contraire.

Ces mêmes faits se reproduisent lorsque, au lieu de faire passer ou d'interrompre le courant de pile, on l'approche ou on l'éloigne ; qu'on augmente son intensité ou qu'on la diminue.

Nous nommerons alors courants **induits** ou courants d'**induction** des courants qui se développent dans un circuit fermé, lorsque, dans son voisinage, un courant de pile commence ou finit, s'approche ou s'éloigne, augmente ou diminue d'intensité. On obtient encore des courants induits quand on déplace rapidement un aimant dans le voisinage du circuit, et le courant d'induction produit par le rapprochement de l'aimant est de sens contraire à celui que produit son éloignement.

Tous ces courants induits (*fig.* 192) peuvent être observés facilement en donnant au circuit induit la forme d'une bobine B dont les deux extrémités sont reliées à un galvanomètre A. Dans

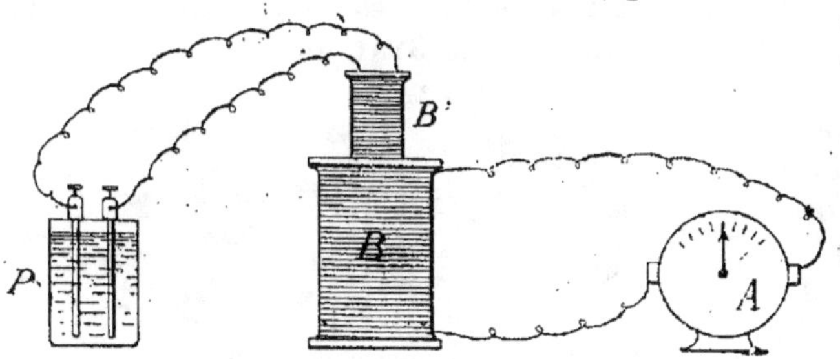

Fig. 192. — Courants induits. — B, Bobine induite ; — B', Bobine inductrice ; — A, Ampèremètre ; — P, Pile.

cette bobine on pourra introduire rapidement soit un aimant, soit une bobine plus étroite B′ dans laquelle passe un courant ordinaire P. On verra alors dévier le cadre ou l'aiguille du galvanomètre.

Les phénomènes d'induction ont une importance extrêmement considérable ; ils sont utilisés dans les machines qui produisent le courant électrique, et c'est à eux qu'est dû le développement extraordinaire de l'industrie électrique.

Ils ont été découverts par le savant anglais Faraday.

2. Machine magnéto-électrique. — Une machine magnéto-

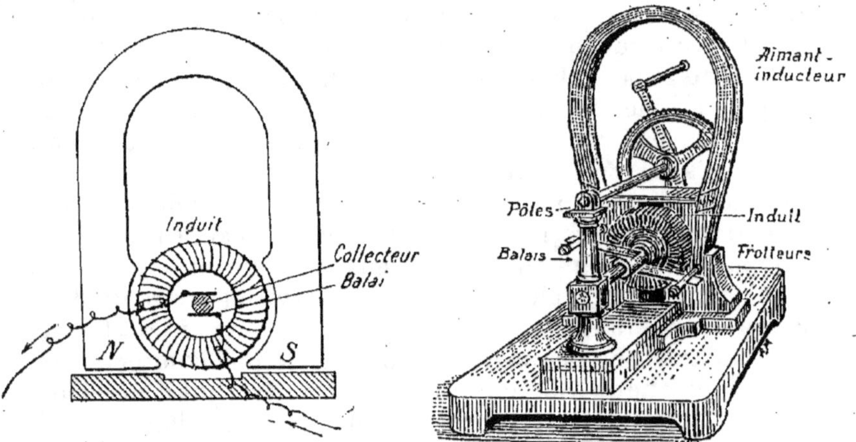

Fig. 193. — Machine magnéto-électrique de Gramme.

Fig. 194. — Machine magnéto-électrique de Gramme (ensemble).

électrique (*fig.* 193) est composée d'un fort aimant en fer à cheval placé verticalement ; entre les deux pôles on fait tourner rapidement un **anneau de Gramme** ; on appelle ainsi une carcasse en fer doux ayant la forme d'un anneau, autour duquel on a enroulé un fil de cuivre isolé qui fait un

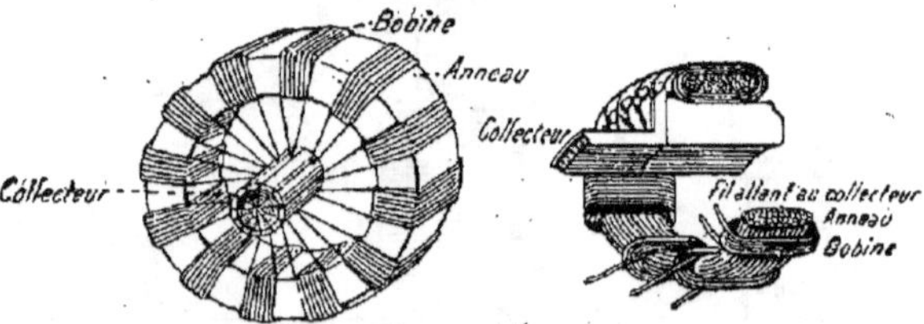

Fig. 194 *bis*. — Anneau de Gramme (détail).

grand nombre de tours ; le tout est monté sur un axe en acier muni d'une poulie ou d'une roue dentée qui permet de le faire tourner.

La rotation de l'anneau entre les pôles de l'aimant développe des courants induits dans les spires du fil de cuivre. On recueille le courant total au moyen de balais frottant sur un collecteur ; ces balais sont les deux pôles de la machine.

3. Machines dynamo-électriques. — Dans ces machines, appelées souvent **dynamos** (*fig.* 195), l'aimant d'acier de la machine magnéto-électrique est remplacé par un électro-aimant, alimenté en général par une dérivation du courant de la machine même. Cette substitution permet d'obtenir des machines beaucoup plus puissantes ; la force électromotrice ou voltage entre les balais de la machine se chiffre par centaines et même par milliers de volts.

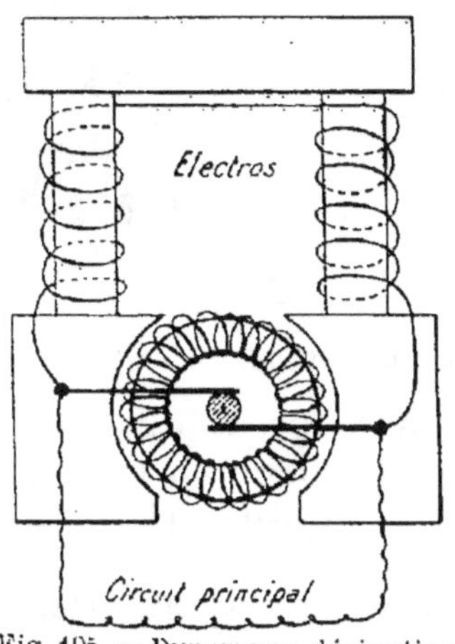

Fig. 195. — Dynamo en dérivation (schéma).

4. Moteurs électriques. — Les machines magnéto et dynamo électriques sont **réversibles** ; c'est-à-dire qu'en envoyant un courant électrique dans l'anneau induit, par l'intermédiaire des balais, cet anneau se met à tourner sous l'action des forces électromagnétiques dont nous avons parlé plus haut (action d'un aimant sur un courant (*fig.* 183). On a alors réalisé un **moteur** électrique ; le courant qui alimente ce moteur devra être fourni par une pile, une batterie d'accumulateurs, et, le plus souvent, par une autre machine dynamo. Les moteurs électriques ont de nombreuses applications ; l'une des plus répandues

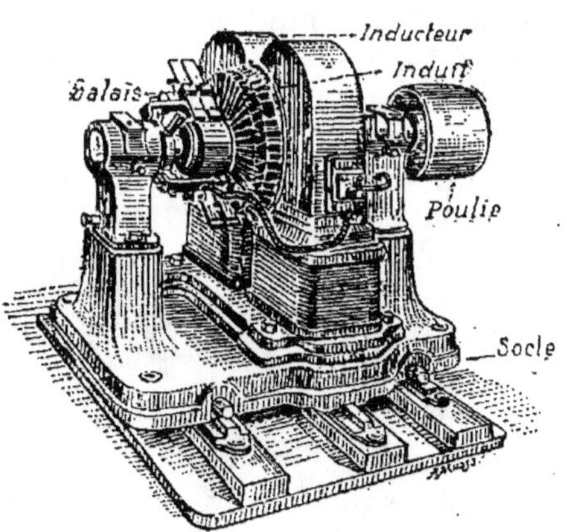

Fig. 196. — Dynamo électrique de Gramme. (ensemble).

est la **traction électrique** (*fig.* 196 *bis*). Par exemple dans les tramways électriques, la voiture motrice porte un moteur électrique dont l'induit est relié mécaniquement aux roues de

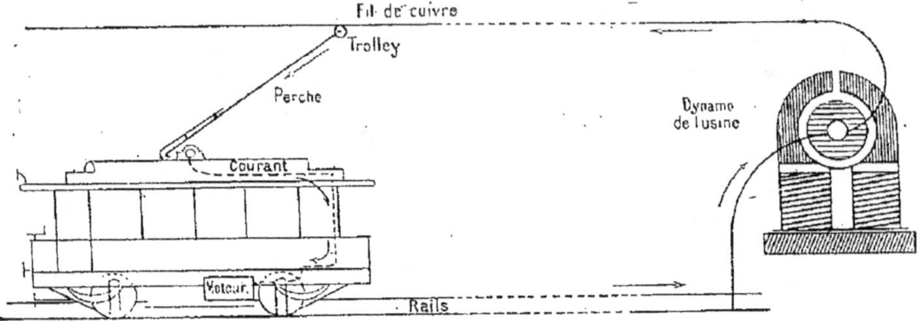

Fig. 196 *bis*. — Schéma de la traction électrique.

la voiture par des engrenages. Le courant produit par la dynamo de l'usine électrique arrive par un fil ou un rail isolé, passe dans le moteur par un **trolley** ou un frotteur et retourne à l'usine par les rails.

5. Transport électrique du travail. — Pour transporter le travail qu'une chute d'eau est capable de produire, on installe à cette chute une turbine hydraulique qui fait tourner une dynamo. Le courant électrique produit peut être utilisé à 60 ou 100 kilomètres de là, soit pour l'éclairage électrique, soit pour faire rouler des tramways.

6. Bobine de Ruhmkorff. — On l'appelle aussi **bobine d'induction**. Elle se compose essentiellement d'une bobine centrale à noyau de fer doux, recouverte

Fig. 197. — Schéma de la bobine de Ruhmkorff.

d'un fil isolé appelé circuit **primaire**. Autour se trouve une deuxième bobine à fil très fin et très long constituant le circuit secondaire. On fait passer un courant électrique dans le circuit primaire par l'intermédiaire d'un **interrupteur à trembleur** analogue à celui de la sonnerie électrique (*fig.* 197).

Comme tout courant qui commence ou qui finit détermine dans un circuit voisin des courants d'induction, nous aurons dans le circuit secondaire des courants induits changeant de sens à chaque vibration de l'interrupteur.

Le caractère particulier de ces courants est qu'ils présentent aux deux bornes du circuit secondaire une différence de niveau électrique beaucoup plus élevée que celle du circuit primaire.

Grâce à ce résultat, la bobine de Ruhmkorff permet de reproduire la plupart des effets obtenus avec les machines d'électricité statique, telles que la machine de Wimshurst.

7. Décharges électriques dans les gaz. — L'étincelle électrique est toujours assez courte dans l'air, mais dans un gaz raréfié elle peut atteindre une grande longueur ; elle change alors de caractère, et au lieu d'un trait de feu, on observe une lueur

Fig. 198. — Tube de Geissler.

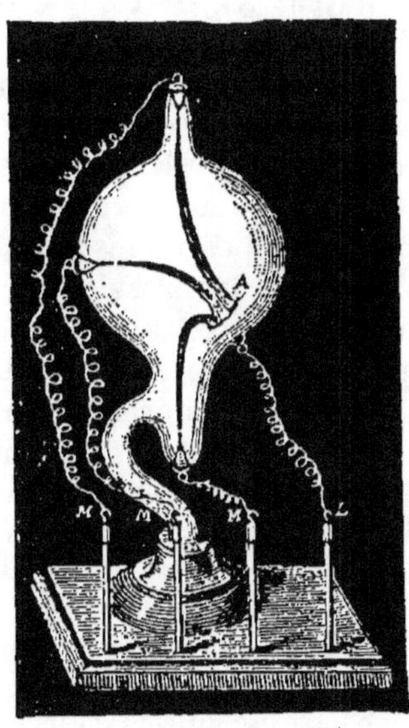

Fig. 199. — Tube de Crookes.

plus douce dont la couleur dépend du gaz ; elle peut être bleue ou violette, ou rose ou jaunâtre.

Ce phénomène s'observe très facilement avec les **tubes de Geissler** (*fig.* 198), tubes différemment contournés dans lesquels on a fait un vide avancé ; en reliant ces tubes aux pôles d'une bobine d'induction, ils s'illuminent dans l'obscurité.

Si le vide est poussé encore plus loin, comme dans les tubes de **Crookes** (*fig*. 199), l'intérieur du tube reste à peu près obscur ; du pôle négatif ou cathode, s'échappe une fluorescence verdâtre qui est formée par les rayons **cathodiques**.

Ces rayons obéissent à l'action des aimants. Il semble prouvé aujourd'hui que les magnifiques lueurs de l'**aurore boréale** sont dues à des phénomènes analogues.

8. Rayons X. — De la paroi de l'ampoule de verre frappée par les rayons cathodiques, s'éloigne un autre rayonnement découvert par Röntgen. Ces rayons peuvent traverser le papier, la peau, les matières molles, et impressionner les plaques photographiques. Ils sont arrêtés par les métaux et

Fig. 199 *bis*. — Photographie de la main.

les matières minérales, comme les os (*fig*. 199 *bis*).

Ce sont les rayons X, qui permettent aux chirurgiens de connaître la place où une balle est logée avant de l'extraire, de voir la silhouette d'un os fracturé, etc.

RÉSUMÉ

1. **Courant d'induction.** — Le déplacement d'un aimant ou d'un courant produit dans un circuit voisin des courants induits. Il en est de même des variations d'intensité du courant inducteur. Ces courants sont instantanés.

2. **Machines magnéto-électriques.** — Elles sont formées essentiellement d'un anneau induit qu'on force à tourner entre les pôles d'un aimant en fer à cheval. Le courant est recueilli aux balais qui sont les pôles de la machine.

3. **Dynamos.** — Dans les dynamos, l'induit tourne entre les pôles d'un électro-aimant.

4-5. **Moteurs électriques.** — L'anneau induit d'une magnéto ou d'une dynamo se met à tourner quand on y fait passer un courant.

La principale application des moteurs électriques est la **traction électrique**.

6. **Bobine de Ruhmkorff.** — C'est un appareil d'induction qui permet avec un courant primaire à bas voltage d'obtenir des courants induits secondaires à haute tension, ou à voltage élevé.

7-8. Décharges électriques dans les gaz. Rayons X. — Dans un gaz très raréfié la décharge électrique peut franchir une longue distance. Les rayons X sont produits par le choc des rayons cathodiques sur le verre d'une ampoule où on a fait le vide presque complet. Ils traversent les corps mous, le bois, le papier, mais non les métaux.

QUESTIONS D'EXAMEN

1. Qu'entendez-vous par courants d'induction ? — Dans quelles circonstances se produisent-ils et quelles sont leurs qualités ? — Sont-ils utilisés ? — 2. Quelles sont les parties essentielles d'une machine magnéto-électrique ? — 3. D'une dynamo ? — 4. Pourquoi l'anneau induit d'un moteur tourne-t-il ? — Expliquer le fonctionnement d'un tramway électrique. — 5. Comment peut-on transporter au loin le travail d'une chute d'eau ? — 6. Décrivez la bobine de Ruhmkorff. — — Quelles expériences peut-on faire avec elle ? — 8. Comment produit-on les rayons X? — Quelles sont leurs propriétés ?

CHAPITRE XV

ACOUSTIQUE

1. Définition. — L'acoustique est la partie de la Physique qui traite de l'étude des **sons**.

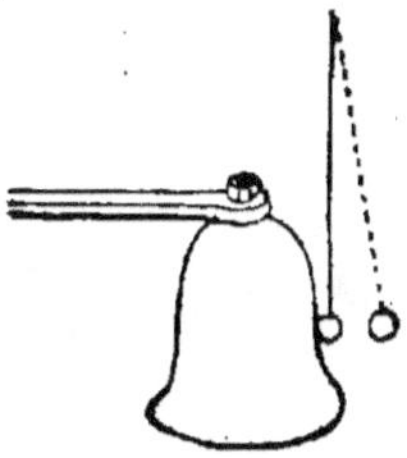

Un son est toujours produit par des vibrations (c'est-à-dire des mouvements très rapides de va-et-vient) émises par un corps élastique, et que l'organe de l'ouïe nous permet de percevoir.

On peut facilement constater l'existence des vibrations, dans les cloches par exemple.

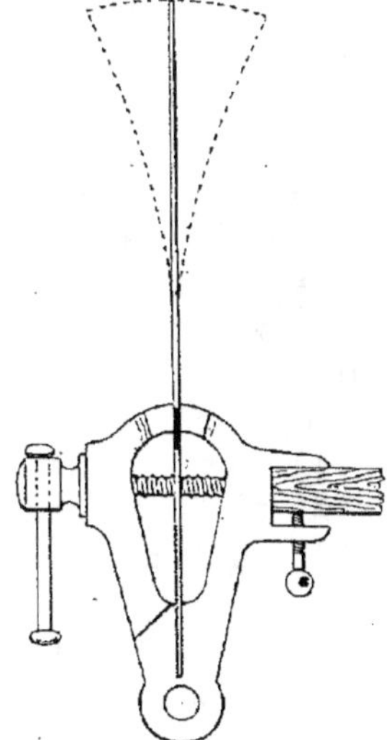

Fig. 200. — Vibration d'une cloche.

On suspend (*fig.* 200) une balle à une petite distance de la paroi d'une cloche ; et, dès que la cloche, après avoir été frappée, rend un son, on voit la balle lancée à une certaine distance de sa position première, revenir toucher la cloche et être renvoyée de nouveau, jusqu'à ce que le son se soit éteint. Cela résulte évidemment du déplacement de va-et-vient de la paroi de la cloche pendant toute la durée du son.

On peut rendre visibles les mouvements vibratoires d'un corps en prenant une assez longue tige d'acier fixée par une de ses extrémités dans un étau (*fig.* 201).

Fig. 201. — Vibration d'une tige.

Si l'on écarte l'extrémité libre de sa position naturelle et qu'on
l'abandonne ensuite à elle-même, elle n'y reviendra qu'après
avoir exécuté une série de mouvements de va-et-vient de part
et d'autre de sa position normale. Ces mouvements sont des
vibrations faciles à suivre et même à compter si l'on fait vibrer
la tige presque entière, mais, à mesure qu'on en raccourcit la
partie vibrante en la poussant dans l'étau, les vibrations
deviennent suffisamment rapides pour que l'on ne puisse plus
les compter, et c'est alors qu'elles produisent un son d'abord
très grave, puis de plus en plus aigu.

2. Le son ne se propage pas dans le vide. — Pour qu'un son
soit perçu par l'oreille, il est nécessaire qu'un
milieu élastique le lui conduise, lui transmette
les vibrations du corps sonore. Ainsi le son ne
traverse pas le vide.

Si, au centre d'un ballon (*fig.* 202) muni
d'une garniture métallique pouvant se visser
sur la platine de la machine pneumatique,
on suspend une clochette par des filaments
lâches de soie grège, incapables de transmettre
le son par manque d'élasticité, et qu'après y
avoir fait le vide, on agite le ballon, la clochette frappée par son battant ne rend aucun

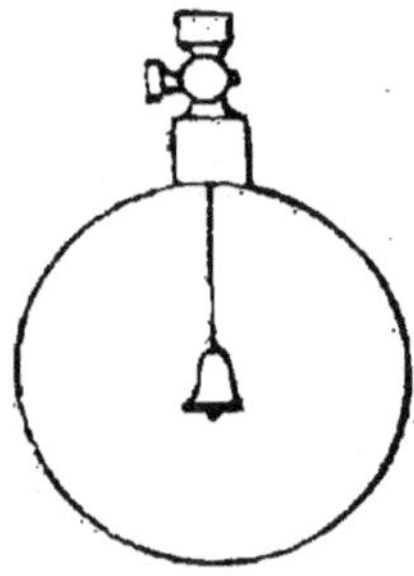

Fig. 202. — Le son ne
se propage pas dans
le vide.

son perceptible. Mais si l'on ouvre progressivement le robinet
qui livre accès à l'air, le son que produit la clochette devient
perceptible, et d'autant plus sensible que la quantité d'air est
plus grande.

3. Vitesse de propagation du son. — La vitesse de propagation
du son dans l'air est assez faible ; en effet, le son ne parcourt
dans l'air que 340 mètres par seconde à la température de 10°.

Les expériences qui ont permis de déterminer ce chiffre
ont été faites pendant une nuit de 1822 entre Montlhéry et
Villejuif, par deux groupes de savants, Gay-Lussac, Humboldt,
Prony, Arago, etc. Une pièce de canon était disposée à chaque
station. Les coups de canon se succédaient alternativement
toutes les dix minutes, et chaque groupe notait l'intervalle qui
s'écoulait entre la vue du feu et la perception du son. On
trouva alors, en tenant compte de la distance, que l'espace
parcouru en une seconde était de 340 mètres.

C'est ainsi qu'on peut facilement trouver la distance qui vous sépare d'un chasseur qui tire un coup de fusil, d'un bûcheron qui frappe une pièce de bois. en observant une montre à secondes et en multipliant par 340 le nombre de secondes qui s'écoulent entre la vue de la fumée, du mouvement et l'audition du bruit.

Les expériences faites dans l'eau du lac de Genève, par MM. Sturm et Colladon, ont montré que, dans l'eau, le son parcourt 1.435 mètres par seconde, soit plus de quatre fois sa vitesse dans l'air.

Dans les solides. la vitesse est variable, mais plus grande encore que dans les liquides ; la transmission du son peut y être apportée d'une distance bien plus grande. Telle est la raison pour laquelle on entend, à très grande distance, une voiture et même un piéton marcher sur une route, en mettant son oreille sur la terre sèche.

4. Réflexion du son. — Chaque fois qu'un son rencontre un obstacle, une partie des vibrations qui l'ont produit continuent leur marche en ligne droite au-dessus de l'obstacle. mais celles qui ont frappé l'obstacle sont renvoyées par lui. et c'est cette réflexion qui produit une répétition du son.

Si l'on place une montre entre deux miroirs concaves, au foyer F du premier, une personne mettant un cornet acoustique C en F' au foyer du second. entendra parfaitement le tictac de

Fig 202 *bis*. — Réflexion du son.

la montre (*fig.* 202 *bis*). Les sons partis de la montre ont été réfléchis par le premier miroir, et concentrés au foyer du second ; des rayons lumineux, nous le verrons plus loin, auraient suivi absolument le même chemin.

On a donné le nom d'**écho** à cette répétition du son due à la réflexion. Parmi les échos les plus célèbres, on cite celui du château de Simonetta, en Italie, qui répète quarante fois un coup de pistolet, parce qu'il y a, aux deux bouts d'une longue avenue, deux murailles parallèles qui se le renvoient. Quand les murs parallèles sont assez voisins, comme dans les grandes salles de nos édifices, les échos successifs se confondent et prolongent les sons; c'est ce qu'on nomme **résonance**.

5. Qualités du son. — On distingue trois qualités dans un son : l'intensité, la hauteur, le timbre.

L'**intensité** du son dépend de l'**amplitude** des vibrations du corps sonore. Ainsi, si l'on éloigne très sensiblement de sa position normale une corde tendue sur un violon et qu'on l'abandonne ensuite à elle-même, elle produira un son plus intense que si on l'avait très faiblement écartée.

En musique, les différences d'intensité qu'on doit donner aux sons sont indiquées par des lettres ou des signes inscrits au-dessus de la portée, et qui veulent dire : *piano, forte, crescendo*, etc.

La **hauteur** est le degré de gravité ou d'acuité du son. Elle dépend du **nombre** des vibrations ; plus celui-ci est grand pendant le même temps, et plus le son est aigu. Un nombre juste **double** de **vibrations** produit sur l'oreille l'impression de l'**octave** aiguë (*fig*. 202 *ter*).

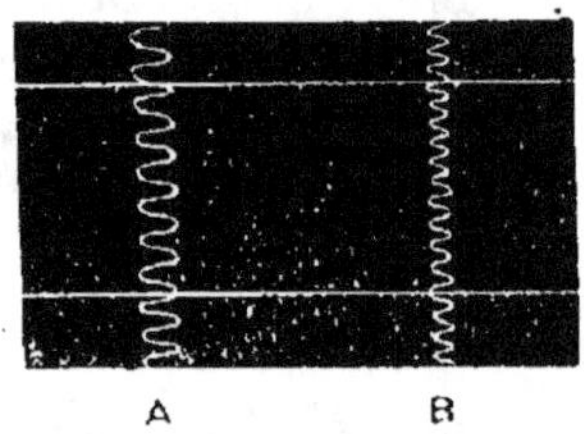

Fig. 202 *ter*. — Inscription des vibrations : A, à l'octave inférieure ; B, à l'octave aiguë.

En musique, la hauteur du son est indiquée par la place de la note sur la portée : plus la note est placée haut, plus le son est aigu ; plus la note est basse, plus le son est grave.

Le **timbre** du son dépend de la forme des vibrations et de la **nature** du corps qui vibre : ainsi la note *la* du piano n'aura pas le même timbre que cette même note *la* donnée par le cornet à pistons à égalité de hauteur et d'intensité.

6. Son. — Bruit. — Nombre de vibrations de certains sons. — Lorsqu'un mouvement brusque, irrégulier, privé de vibrations périodiques vient ébranler l'air, on dit qu'il produit un **bruit**. On ne peut pas prendre l'unisson d'un bruit ; il est difficile de le comparer à un son musical. Pour qu'il y ait son musical, il est nécessaire qu'il y ait des vibrations régulières, de durée égale et en nombre assez grand. Les vibrations qui correspondent aux sept notes de l'octave moyenne du piano sont par seconde :

$Do_3 = Do \times$ au milieu du clavier.... 522

$Ré_3 = Do \times \dfrac{9}{8}$ 587

$Mi_3 = Do \times \dfrac{5}{4}$ 652

$Fa_3 = Do \times \dfrac{4}{3}$ 696

$Sol_3 = Do \times \dfrac{3}{2}$ 783

$La_3 = Do \times \dfrac{5}{3}$ celui du diapason.... 870

$Si_3 = Do \times \dfrac{15}{8}$ 978

$Do_4 = Do \times 2$ 1.044

Pour avoir le nombre des vibrations par seconde qui correspondraient à ces mêmes notes dans l'octave plus aiguë, on devrait multiplier par 2 chacun de ces nombres et les diviser par 2 pour l'octave plus grave.

7. Harmoniques. — Un son grave étant donné, ceux qui produisent un nombre de vibrations double, triple, quadruple, etc., s'appellent ses **harmoniques**. Dans les cordes et les tuyaux ils sont donnés par des longueurs qui sont la moitié, le tiers, le quart, le cinquième, etc., de celle qui produit le son fondamental.

Les sons du cor de chasse, de la trompette et du clairon ne sont que les harmoniques du son grave du tuyau entier dont la longueur ne change pas, tandis que cette longueur est modifiée dans les instruments à clefs ou à pistons.

8. Instruments produisant des sons. — Les divers instruments capables de produire des sons sont divisés en deux catégories : les instruments à cordes, les instruments à vent.

Dans les instruments à cordes, comme les violons, la harpe, le piano, le son est produit soit en frottant, soit en pinçant ou en frappant des cordes élastiques, tendues, dont le son est renforcé par des caisses ou des tables sonores.

Avec les instruments à vent, l'air est mis en vibration par le souffle de l'exécutant qui en règle l'arrivée dans l'embouchure en serrant ou en détendant les lèvres. Un tube de longueur déterminée règle la hauteur du son. C'est ce qu'on remarque dans le clairon, le cor, le cornet à pistons, la flûte, le hautbois, etc.

9. Phonographe. — Le phonographe, inventé par Edison, se compose : 1° d'un mouvement d'horlogerie capable de faire tourner régulièrement un **cylindre** en cire assez dure autour de son axe horizontal ;

2° D'un **diaphragme**, formé d'une plaque mince à laquelle est fixée une pointe très dure (saphir) ; cette plaque forme le fond d'une boîte ronde ajustée à l'extrémité d'un pavillon acoustique. Le tout se déplace d'un mouvement régulier devant le cylindre, de sorte que si on appuie la pointe dure sur ce cylindre, elle trace sur la cire une hélice régulière (*fig.* 203).

Si on parle dans le pavillon, l'air, le mica

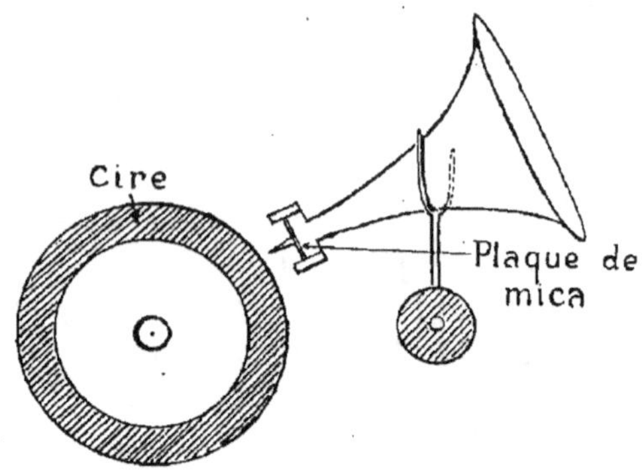

Fig. 203. — Principe du phonographe Edison.

et la pointe se mettent à vibrer ; la pointe entre plus ou moins profondément dans la cire en creusant un sillon très accidenté.

Réciproquement si on fait tourner le cylindre en engageant la pointe de saphir dans la rainure déjà tracée, les sinuosités qu'elle présente forcent la pointe à vibrer, et les vibrations sont transmises par la membrane de mica à l'air du pavillon et de là à l'oreille. Le son est reproduit avec toutes ses qualités ; seul le timbre est légèrement modifié.

Dans les phonographes actuels, les cylindres de cire sont remplacés par des **disques** en matière dure plus pratique. Au lieu d'une hélice, c'est une rainure en spirale que suit la pointe du diaphragme. Les disques du commerce sont moulés à chaud sur une plaque de cuivre, reproduction galvanoplastique du disque en cire qui a reçu l'impression originale du diaphragme.

10. Téléphone. — Le téléphone (*fig.* 204) qui permet de transmettre la parole à de grandes distances a été inventé par Graham Bell. Dans les systèmes actuels on y ajoute le **microphone** Hughes.

Le **microphone** est formé d'une mince planchette de sapin devant laquelle on parle ; derrière cette plaque on a collé deux prismes de charbon qui supportent librement plusieurs baguettes également en charbon (*fig.* 205). Ces baguettes sont intercalées

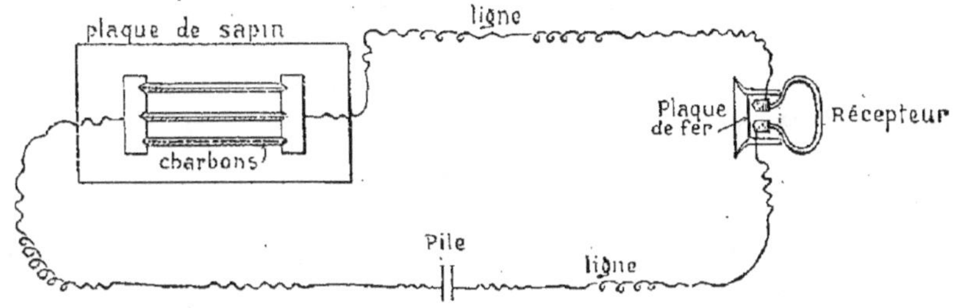

Fig. 204. — Principe du téléphone.

dans le circuit téléphonique, qui comprend aussi une pile et le récepteur (*fig.* 206).

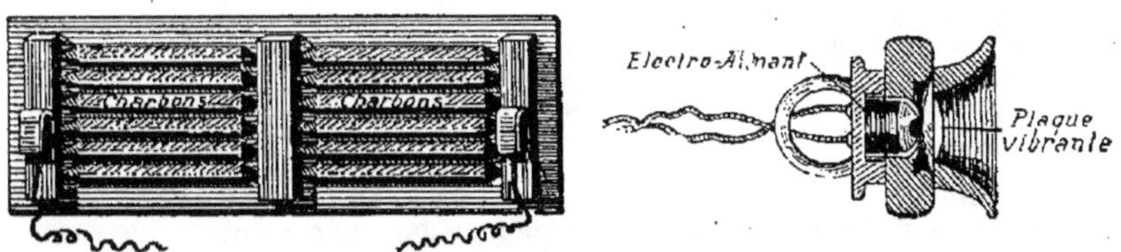

Fig. 205. — Transmetteur.   Fig. 206. — Récepteur.

Le récepteur est formé d'un électro-aimant en fer à cheval dont les branches sont **aimantées** ; en face des pôles est une mince plaque de fer qui forme le fond d'un petit pavillon que l'on place à l'oreille.

Quand une personne parle devant la plaque du microphone (*fig.* 206 *bis*), les vibrations de cette plaque dérangent les contacts de charbon et font ainsi varier la résistance électrique du circuit et par suite l'intensité du courant. L'attraction produite par l'électro-aimant sur la plaque de fer du récepteur variera en même temps,

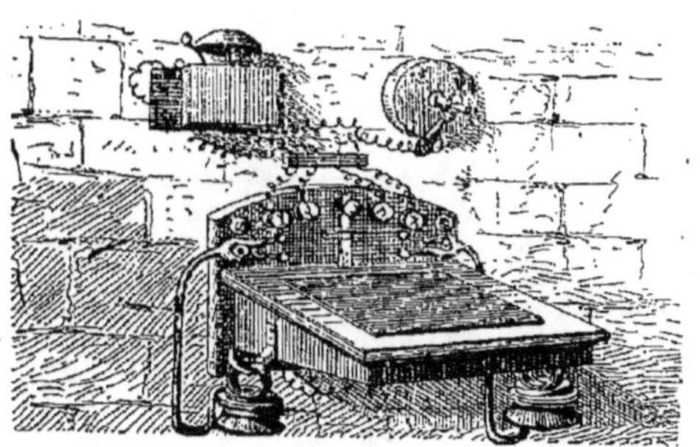

Fig. 206 *bis*. — Un poste téléphonique.

ᴕ il en résultera des vibrations de cette plaque. L'expérience a montré que le son émis devant le microphone se trouve reproduit.

On peut actuellement téléphoner à de très grandes distances, de Paris à Rome, par exemple.

RÉSUMÉ

1. Le son. — Le son est l'impression produite sur l'oreille par des **vibrations** rapides. On démontre que pendant tout le temps qu'une cloche produit un son, sa paroi vibre.

2-3. Propagation du son. — Le son ne se propage pas dans le vide : il faut un milieu pondérable pour le conduire.

Le son se propage dans l'**air** à la vitesse de 340 mètres à la seconde (expériences entre Villejuif et Montlhéry).

Dans l'**eau**, sa vitesse de propagation est 1.435 mètres (eaux du lac de Genève).

Dans les solides, sa vitesse est plus grande et variable suivant les solides.

4. Réflexion du son. — Lorsque les vibrations se réfléchissent, elles donnent lieu à l'**écho** ou à la résonance.

5-7. Qualités du son. — Les qualités du son sont :

L'**intensité**, qui dépend de l'**amplitude** des vibrations

La **hauteur**   —   du **nombre**   —

Le **timbre**   —   de la **nature** du corps qui vibre et de la **forme** des vibrations.

8. Instruments. — Les instruments de musique se répartissent en deux catégories : les **instruments à cordes** et les instruments **à vent**.

Le **la** normal est produit par 870 vibrations par seconde.

Les **harmoniques** d'un son produisent des vibrations juste 2, 3, 4, 5 fois plus rapides.

9. Phonographe. — Le **phonographe** permet d'inscrire les sons avec leur intensité et leur hauteur en imprimant sur un cylindre de cire des gaufrages correspondant au nombre, à l'amplitude et à la forme des vibrations. Il reproduit ensuite les sons en faisant de nouveau vibrer la membrane exactement comme la première fois qu'on a parlé devant elle.

10. Téléphone. — Le **téléphone** permet de transmettre au loin la parole ; il utilise pour cela les variations de résistance produites dans le circuit par les vibrations du microphone.

QUESTIONS D'EXAMEN

1. Qu'est-ce qu'on étudie dans le chapitre de l'acoustique ? — Comment se produit un son ? — Comment montre-t-on l'existence des vibrations dans une cloche qui rend un son ? — 2. Le son se propage-t-il dans le vide ? — 3-4. Quelle est la vitesse de propagation du son dans l'air ? — Comment et par qui a-t-elle été calculée ? — Combien le son parcourt-il de mètres à la seconde dans l'eau ? — 5. Quelles sont les qualités d'un son ? — De quoi dépend l'intensité et comment est-elle indiquée en musique ? — Qu'entendez-vous par hauteur d'un son ? Comment est-elle indiquée ? — De quoi dépend le timbre d'un son ? — 6-7. Quelle différence y a-t-il entre un son et un bruit ? — 8. En combien de catégories sont distribués les instruments de musique ? — 9. Qu'est-ce que le phonographe ? — Par qui a-t-il été inventé ? — De quoi se compose-t-il ? — Comment fonctionne-t-il ? — Quels sont ses usages ? — 10. A quoi sert le téléphone ? — Par qui a-t-il été imaginé ? — Décrire le microphone, le récepteur.

CHAPITRE XVI

OPTIQUE [1]

1. Lumière. — La lumière est l'agent qui nous rend les objets visibles, à la condition que les rayons lumineux qu'ils émettent soient perçus par l'œil, organe de la vue.

Les corps sont lumineux par eux-mêmes lorsqu'ils émettent leur propre lumière : comme le soleil, les étoiles, le charbon incandescent ; ou bien ils deviennent visibles parce qu'ils renvoient la lumière qu'ils ont reçue : la lune, les planètes, le livre que nous lisons, etc.

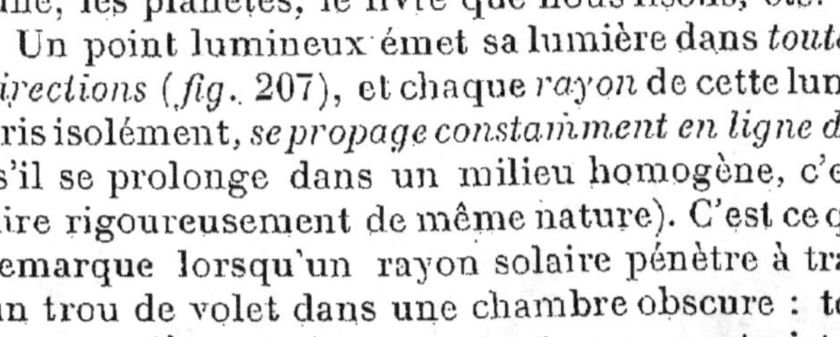

Fig. 207.
Émission de la lumière dans toutes les directions.

Un point lumineux émet sa lumière dans *toutes les directions* (*fig.* 207), et chaque *rayon* de cette lumière pris isolément, *se propage constamment en ligne droite* (s'il se prolonge dans un milieu homogène, c'est-à-dire rigoureusement de même nature). C'est ce qu'on remarque lorsqu'un rayon solaire pénètre à travers un trou de volet dans une chambre obscure : toutes les poussières qui se trouvent sur son trajet sont éclairées et produisent une trace lumineuse parfaitement droite (*fig.* 208).

La lumière se propage avec une vitesse prodigieuse : elle parcourt, en effet, environ 77.000 lieues par seconde.

2. Ombre. — **Pénombre.** — Lorsqu'un corps opaque est placé près d'un corps lumineux, il arrête tous les rayons qui tombent sur lui. Il y aura donc derrière ce corps un espace qui ne reçoit aucune lumière et qu'on nomme **ombre** portée par le corps.

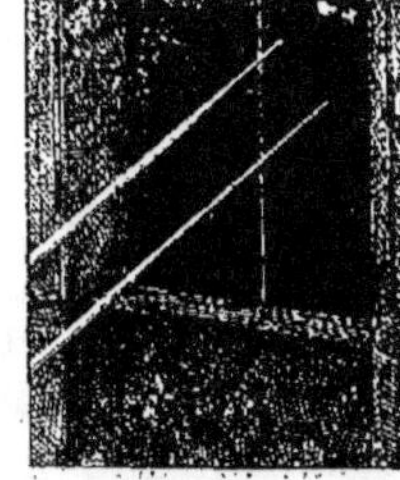

Fig. 208. — Propagation d'un rayon en ligne droite.

Pour déterminer la forme de cette ombre, on devra distinguer le cas où la lumière est émise par un **point** de celui où elle est envoyée par un corps de **volume appréciable**.

---

1. Pour l'étude de ce chapitre, il est absolument indispensable de posséder les notions générales de la géométrie. Elles sont suffisamment exposées dans notre *Arithmétique du Brevet*, à laquelle les élèves doivent se reporter.

1" La source lumineuse est comparable a un point. — Par
ce point S on mène une infinité de
tangentes au corps opaque ; elles
déterminent la surface d'un cône
(*fig.* 209). Toute la portion de volume du cône, située au delà du
corps opaque par rapport au point
lumineux, sera dans l'ombre. En
effet, aucun point, *a*, par exemple,
ne pourra voir le point lumineux,
puisque la lumière se propage en ligne droite.

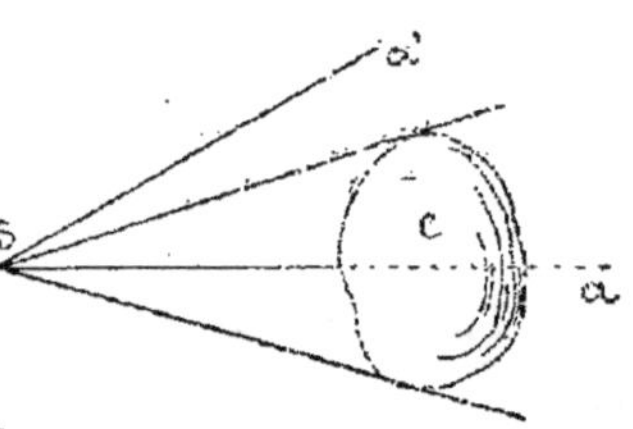

Fig. 209. — Théorie de l'ombre.

2° La source lumineuse a un volume. — Supposons que le
volume lumineux soit une sphère S (*fig.* 210), et le corps opaque
une autre sphère M. En menant toutes les tangentes communes
extérieures à ces deux sphères, nous déterminerons un cône
dont le sommet sera A et qui formera sur un écran un cercle GH

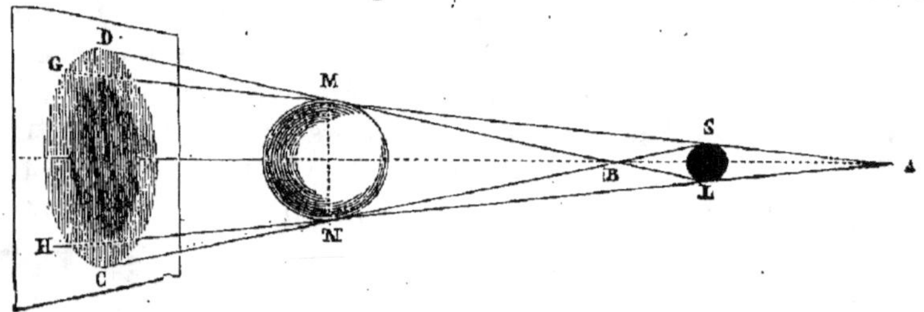

Fig. 210. — Ombre et pénombre.

absolument obscur. Mais la région voisine de ce cercle n'est pas,
dans ce cas, brusquement éclairée ; en effet, l'ombre diminue
graduellement d'intensité pour devenir nulle à la circonférence.
DC déterminée par l'intersection avec l'écran des tangentes
communes intérieures qui ont pour sommet B. Cette partie un
peu dans l'ombre est appelée **pénombre**, tandis que le premier
cercle constituait l'**ombre pure**.

RÉFLEXION. — MIROIRS

3. Réflexion de la lumière. — Lorsqu'un rayon lumineux
rencontre une surface polie, une partie de sa lumière est absorbée par le corps, mais une autre est renvoyée par la surface ; on
dit dans ce cas que la lumière est réfléchie, qu'il y a **réflexion**.

4. Formation des images dans les miroirs plans. — Quand on

se regarde dans une glace, on voit son image derrière la glace ;
si on se rapproche de la glace, l'image se rapproche aussi ; si
on s'éloigne, elle s'éloigne ; si on agite le bras droit, l'image
agite le **bras gauche**.

De ces expériences et d'autres plus précises, que l'on peut

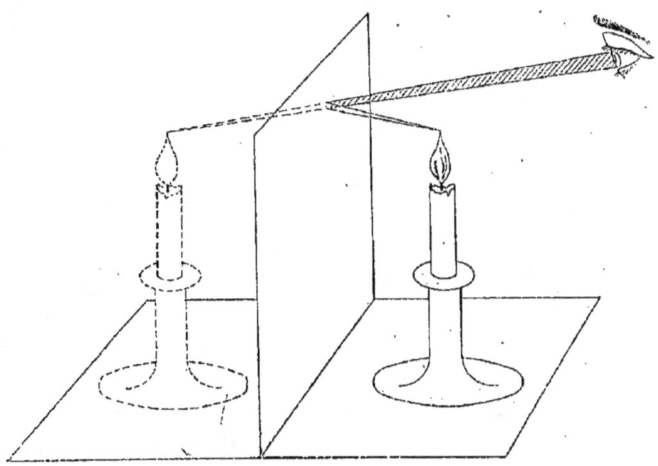

Fig. 211. — Image d'une bougie dans un miroir plan ; chemin suivi par la
lumière partant de la pointe de la flamme et aboutissant à l'œil de l'observateur.

faire en plaçant une bougie devant une glace transparente, on
conclut que *l'image d'un objet dans un miroir plan est le
symétrique de l'objet par rapport au plan du miroir.*

On dit que cette image est **virtuelle**, ce mot signifiant qu'il
n'y a rien de réel derrière le miroir, et **que l'objet ou la personne que nous croyons voir à cet endroit ne sont que des
apparences.**

Ces apparences sont produites par la réflexion des rayons
lumineux, qui sont partis des différents points de l'objet placé
devant le miroir. Ces rayons nous sont renvoyés par la glace ;
quand notre œil les reçoit, ils paraissent provenir de l'image
vue derrière le miroir.

4 bis. Lois de la réflexion. — De ce fait d'expérience que
l'image d'un point est le symétrique de ce point par rapport au
miroir, on peut déduire par un raisonnement mathématique les

lois de la réflexion, que nous nous contenterons d'énoncer :

1° Le rayon incident, le rayon réfléchi et la normale au point d'incidence sont dans un même plan...

2°. La normale fait des angles égaux avec le rayon incident et le rayon réfléchi.

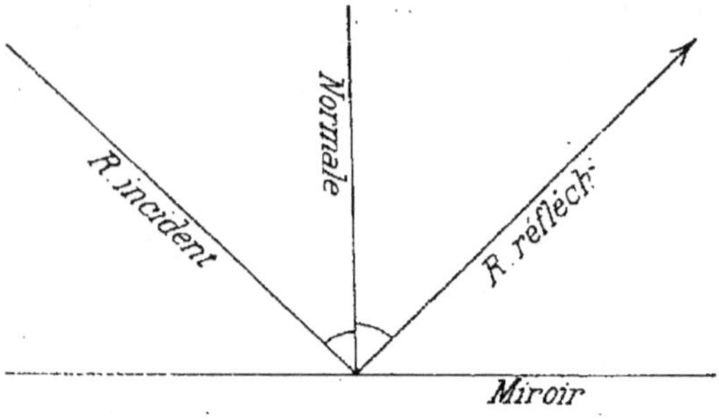

La figure ci-contre

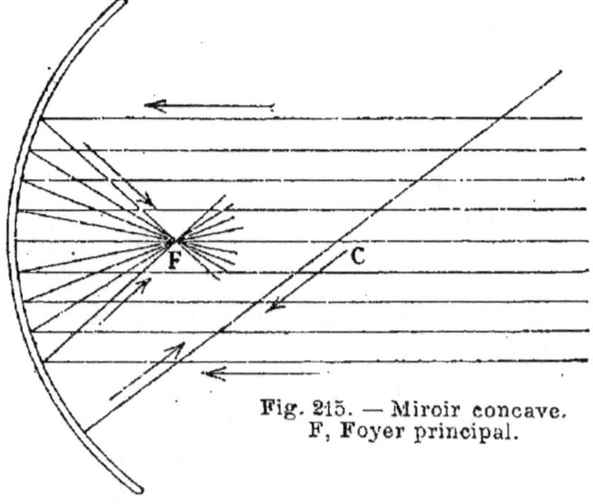

Fig. 212. — Réflexion sur un miroir plan.

montre la disposition des deux rayons et de la normale.

6. Miroirs sphériques. — Les miroirs sphériques sont de deux genres : ils sont **concaves**, lorsqu'ils sont polis sur leur surface intérieure. Dans ceux-ci, par conséquent, les objets regardent la surface concave.

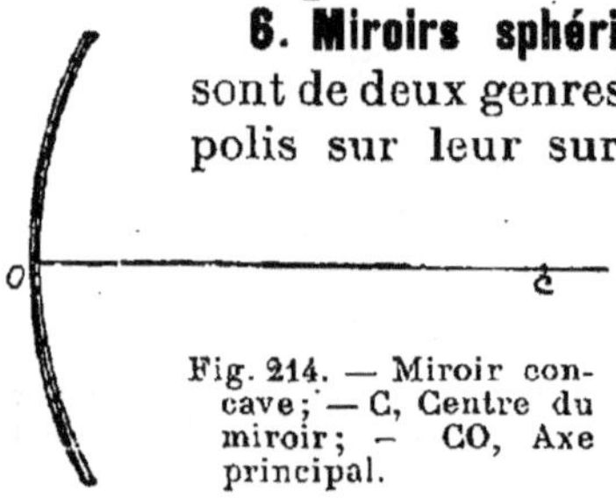

Ils sont **convexes** dans le cas contraire.

On appelle **centre** d'un miroir sphérique (*fig. 214*) le centre de la

Fig. 214. — Miroir concave; — C, Centre du miroir; — CO, Axe principal.

sphère à laquelle appartiendrait la portion de surface d'où pourrait provenir le miroir; et **axe principal**, la ligne qui passe par le centre C et le milieu O du miroir; soit CO dans la figure 214.

7. Foyer. — On vérifie facilement que, lorsque des rayons viennent frapper un miroir concave parallèlement à l'axe principal, ils se réfléchissent de telle sorte qu'ils

Fig. 215. — Miroir concave. F, Foyer principal.

viennent tous couper l'axe en un même point F, situé à égale distance du centre et du miroir, point qu'on nomme **foyer principal** (*fig.* 215). La chaleur s'y concentre en même temps que la lumière. On peut y allumer une allumette. L'endroit où on le projette imprudemment peut être brûlé.

On sait, en outre, que tout rayon lumineux passant par le centre du miroir se réfléchira en passant par le centre, c'est-à-dire en revenant sur lui-même, puisqu'il est perpendiculaire à la surface réfléchissante.

8. Images obtenues avec les mirois concaves. — Un miroir sphérique concave donne du même objet des images différentes suivant la position de cet objet par rapport au miroir :

1° L'OBJET EST PLACÉ AU DELÀ DU CENTRE DU MIROIR. Son image est alors **renversée** et plus petite que l'objet lui-même ; elle est **réelle**, c'est-à-dire que les rayons lumineux qui sont partis d'un point A vont se couper **réellement** au point A′ après leur réflexion sur le miroir ; de

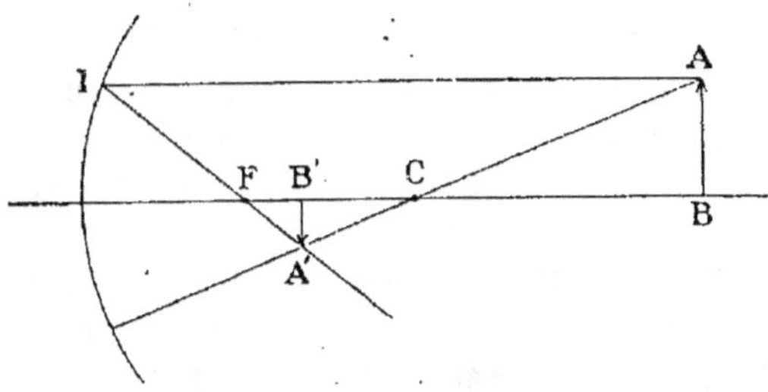

Fig. 216.
Image d'un objet situé au delà du centre.

sorte qu'en plaçant un petit écran en A′, l'image est visible sur l'écran.

On peut d'ailleurs construire géométriquement l'image A′, en utilisant deux rayons particuliers issus du point A, et pour lesquels nous connaissons d'avance les rayons réfléchis.

Le premier est le rayon AI parallèle à l'axe : il se réfléchit suivant IF en passant par le foyer.

Le second est le rayon AC qui passe par le centre ; il se réfléchit sur lui-même et coupe le

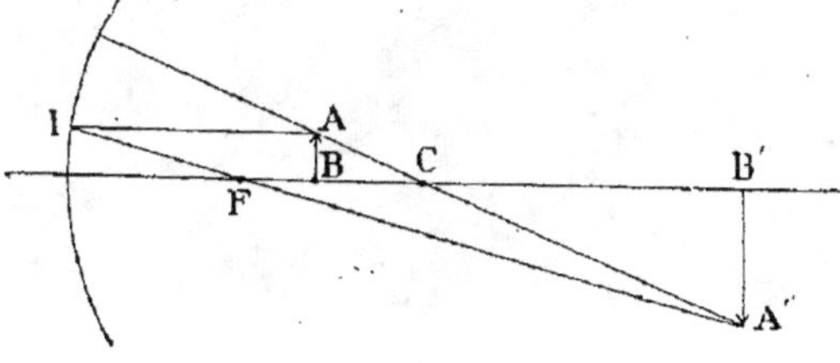

Fig. 217.
Image d'un objet situé entre le centre et le foyer.

rayon précédent au point A′ qui se trouve ainsi déterminé.

Ayant construit le point A′, on a immédiatement l'image A′B′ d'une petite droite AB perpendiculaire à l'axe.

La même construction s'applique aux deux cas suivants.

2° L'OBJET EST ENTRE LE CENTRE ET LE FOYER. L'image est renversée, plus grande que l'objet; c'est encore une image réelle.

3° L'OBJET EST ENTRE LE FOYER ET LE MIROIR. L'image est droite, plus grande que

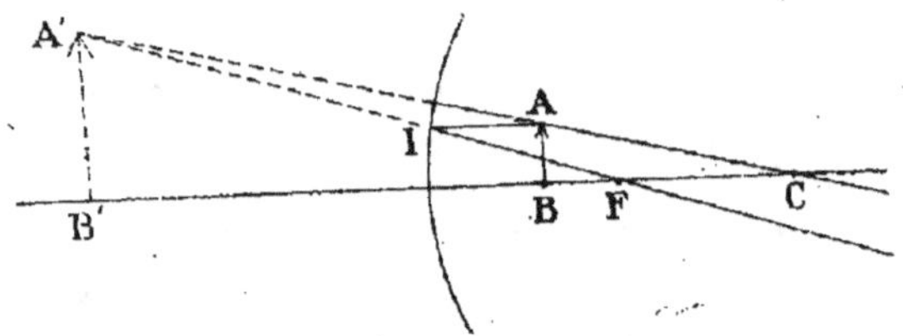

Fig. 218. — Image virtuelle d'un objet situé entre le miroir et le foyer.

l'objet. Mais cette fois, elle est **virtuelle** et placée derrière le miroir, comme on l'a vu pour les miroirs plans. La construction géométrique montre en effet que les rayons lumineux réfléchis ne passent pas au point-image A′, mais que, en les prolongeant suffisamment, ils semblent venir de ce point.

9. Foyer virtuel des miroirs convexes. — Nous rappellerons que le miroir convexe est un miroir sphérique poli sur la surface qui ne regarde pas le centre.

Lorsqu'on fait arriver sur un miroir convexe un faisceau de lumière parallèle à l'axe principal (*fig.* 219), tous les rayons incidents se réfléchissent de telle sorte que leurs prolongements passeraient par un point unique F, situé à égale distance du centre et

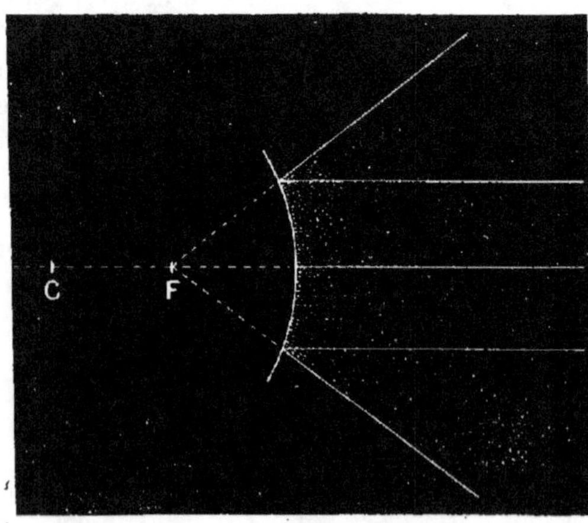

Fig. 219. — Miroir convexe.

du miroir. Ce point se nomme aussi **foyer**; mais, comme ce n'est pas un **foyer réel**, où se concentre la chaleur, on l'appelle **foyer**

virtuel. Cette fois, ce ne sont pas les rayons réfléchis qui passent eux-mêmes par ce foyer, mais seulement leurs prolongements; sa place est indispensable à connaître pour la construction des images. Quant aux rayons réfléchis, on les voit, ici, s'éloigner l'un de l'autre après avoir touché le miroir; on dit qu'ils **divergent.** On retiendra, en outre, que tout rayon incident, dont le prolongement passerait par le centre C'est à lui-même son rayon réfléchi. Connaissant la marche de deux rayons, cela nous suffira pour construire des images.

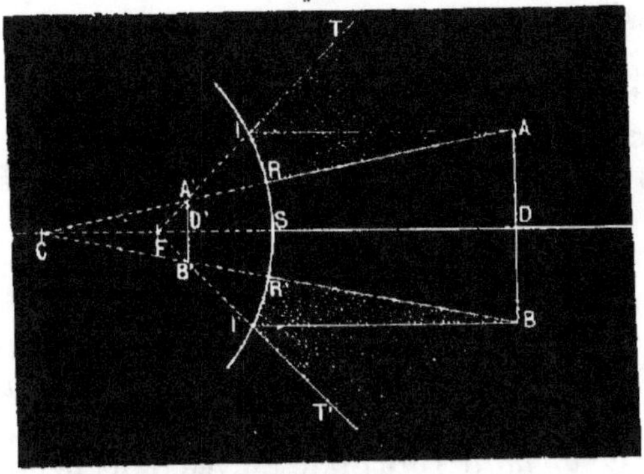

Fig. 220. — Image d'un objet dans un miroir convexe.

10. Images obtenues avec les miroirs convexes. — Un miroir

convexe donne toujours une image **droite, plus petite** que l'objet et **virtuelle.**

On s'en rend compte en construisant comme précédemment les trajets du rayon parallèle à l'axe

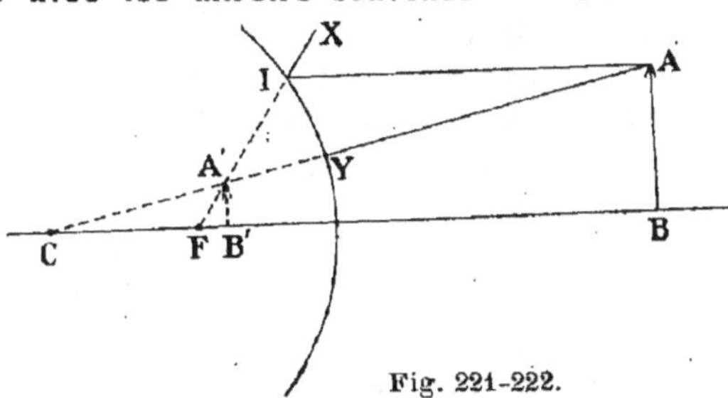
Fig. 221-222.
Image virtuelle donnée par un miroir convexe.

(AIFX) et du rayon passant par le centre (ACY). Les prolongements des rayons réfléchis se rencontrent derrière le miroir au point A′, image virtuelle du point A.

On observera facilement l'image donnée par un miroir convexe en

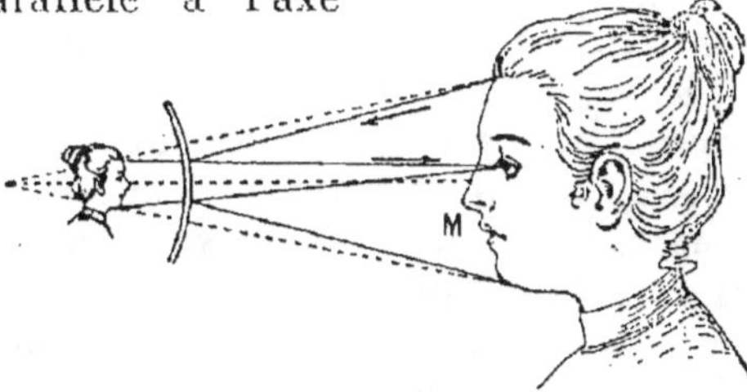
Fig. 223. — Miroir convexe.

se regardant sur une boule argentée, le dos d'une cuiller, etc.

RÉFRACTION. — PRISME. — LENTILLES

11. Réfraction. — Lorsqu'un rayon lumineux passe d'un milieu transparent B dans un autre de densité différente, il subit une déviation qui a reçu le nom de **réfraction**.

Soit un rayon RI (*fig.* 224) traversant l'air et pénétrant dans l'eau : il ne suivra pas la direction IR′, prolongement de RI, mais se brisera en IS, pour se rapprocher de la normale, phénomène qu'on a formulé dans les deux lois suivantes :

Fig. 224. — Réfraction.

1° *Lorsqu'un rayon lumineux passe d'un milieu moins dense dans un milieu plus dense, il reste dans le plan normal à la surface de séparation;*

2° *Il se rapproche de la normale* (normale élevée dans le nouveau milieu).

Ces lois permettent d'expliquer les phénomènes optiques tels que le relèvement du fond d'un vase, la rupture apparente d'un bâton plongé dans l'eau, etc.

Pour rendre plus sensible la première expérience, on place une pièce de monnaie M au fond d'un vase vide (*fig.* 225), puis on se recule peu à peu jusqu'à ce que les bords opaques du vase ne permettent plus d'apercevoir que la plus petite partie de la pièce. Si l'on vient à verser de

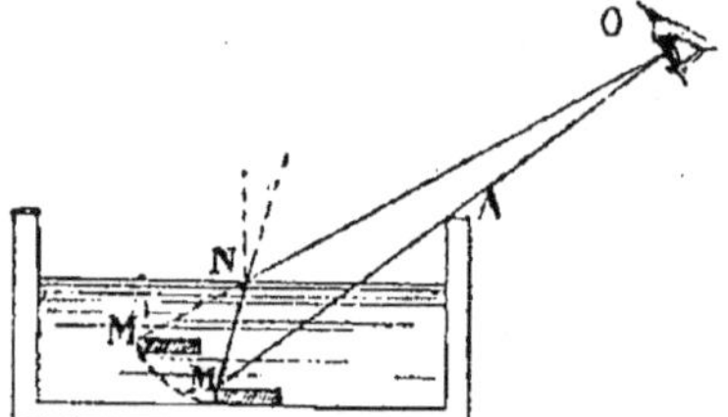

Fig. 225. — Effet de la réfraction.

l'eau dans le vase, sans déplacer la pièce, celle-ci pourra redevenir entièrement visible.

Dans cette expérience, l'œil était sur le prolongement de MA (*fig.* 225); il ne pouvait, avant la mise de l'eau, apercevoir que le point M de la pièce. Mais, dès que le vase contient de l'eau, les rayons partis du point M, par exemple, ne vont plus en ligne droite. Prenons un de ceux-ci, MN, et suivons sa marche : arrivé en N, il passe d'un milieu plus dense, l'eau, dans un milieu moins dense, l'air; il s'éloigne de la normale et suit la direction NO. Si l'œil le rencontre, il sera impressionné de telle sorte qu'il reportera le point lumineux sur le prolongement du rayon qu'il a reçu, et que le point lumineux lui paraîtra être en M′, plus voisin de la surface de l'eau que ne l'était M.

Il en est de même pour tous les points du fond du vase, qui lui paraîtra par conséquent relevé.

Fig. 226.

Le bâton brisé.

Fig. 227.

Un bâton, en partie plongé dans l'eau, paraît brisé au point où il pénètre dans le liquide, car (*fig.* 226 et 227), en suivant la direction d'un rayon émis par l'extrémité B du bâton immergé, nous trouvons que l'œil placé en A verra l'extrémité en B, plus près de la surface. Il en serait de même pour tous les points du bâton.

12. Prisme. — Réfraction à travers un prisme. — Un prisme est, en optique, un volume de verre (*fig.* 228) dont les

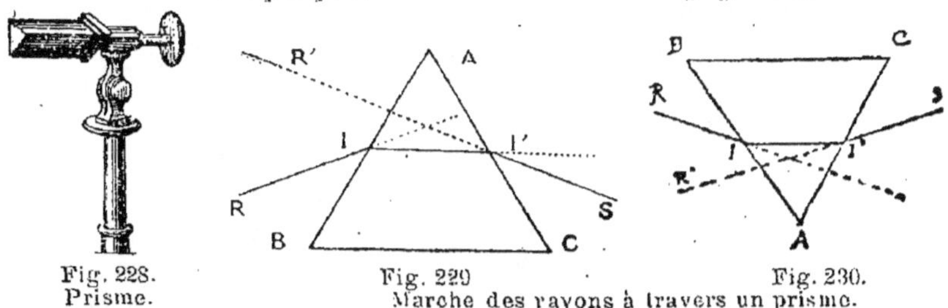

Fig. 228.
Prisme.

Fig. 229

Fig. 230.

Marche des rayons à travers un prisme.

bases sont deux triangles et dont les faces sont trois rectangles.

Par suite de la réfraction que subissent les rayons lumineux en changeant de milieu, un objet vu à travers un prisme ne paraîtra jamais dans sa position réelle.

Soit RI (*fig.* 229) un rayon lumineux rencontrant le prisme ABC; il se brisera en I et suivra II′ (en se rapprochant de la normale) ; en I′ il se brisera de nouveau suivant I′S (en s'éloi-gnant de la normale), de sorte que l'œil placé en S verra le point lumineux en R′ quelque part sur le prolongement de SI′.

Le point lumineux R paraît donc relevé lorsque la base BC du prisme est au-dessous du sommet A.

L'inverse aurait lieu si le sommet était au-dessous de la base (*fig.* 230).

13. — Lentilles. — Réfraction à travers les lentilles. — On nomme *lentilles* des masses de verre terminées par des por-tions de sphères. Elles sont **convexes**, lorsque la partie centrale est plus épaisse que les bords a, b, c ; et **concaves** dans le cas contraire, a', b', c'. Les lentilles con-vexes (*fig.* 231) sont **plan-convexes**, b,

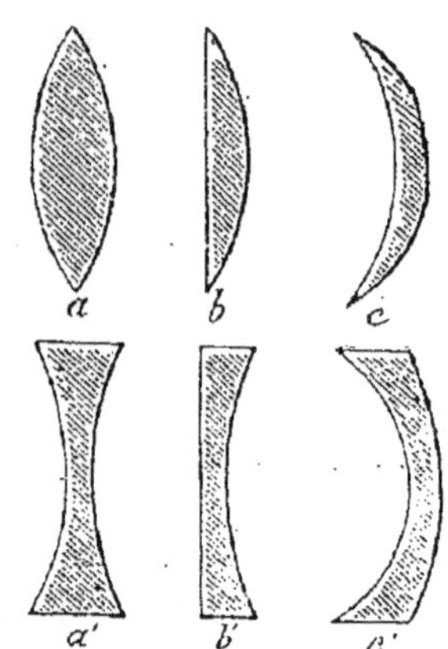

Fig. 231. — Lentilles. — On appelle ménisques les len-tilles telles que c, c'.

quand l'une des faces est plane et l'autre convexe ; ou **bicon-vexes**, a, quand les deux faces sont convexes. Il existe également des lentilles **plan-concaves**, b' et des lentilles **biconcaves**, a'.

On appelle **ménisques** les lentilles dont les deux faces sont courbées dans le même sens, $c\ c'$,

On emploie plus souvent les lentilles biconvexes et les lentilles biconcaves.

14. Lentilles biconvexes. — On appelle **axe principal** d'une len-tille biconvexe la droite qui joint les centres des deux surfaces sphériques qui limitent la lentille : soit CC′ (*fig.* 232).

Nous désignerons sous le nom de **centre optique** le point O situé sur l'axe principal, dans l'inté-rieur de la lentille et à égale distance des faces.

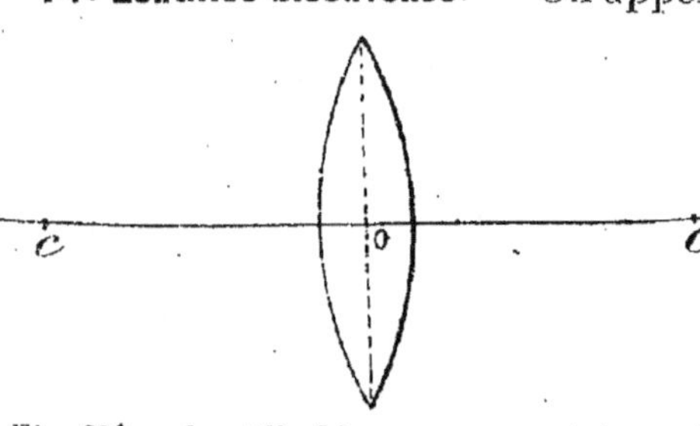

Fig. 232. — Lentille biconvexe. — cc', Axe prin-cipal. — O, Centre optique.

Tous les rayons lumineux qui viennent frapper une lentille convexe la traversent en subissant **deux déviations**, une à leur entrée dans la lentille, l'autre à leur sortie.

Supposons d'abord qu'un rayon RI (*fig.* 233), parallèle à l'axe principal, vienne frapper la lentille convexe en I; la normale en ce point est IC′; passant de l'air dans le verre, le rayon se rapproche de la normale et suit la direction II′; en I′, changement inverse de milieu, le rayon s'éloigne alors de la normale, il devient I′F′. Le rayon parti de R suit donc la marche R′II′F′ pour se continuer maintenant en ligne droite.

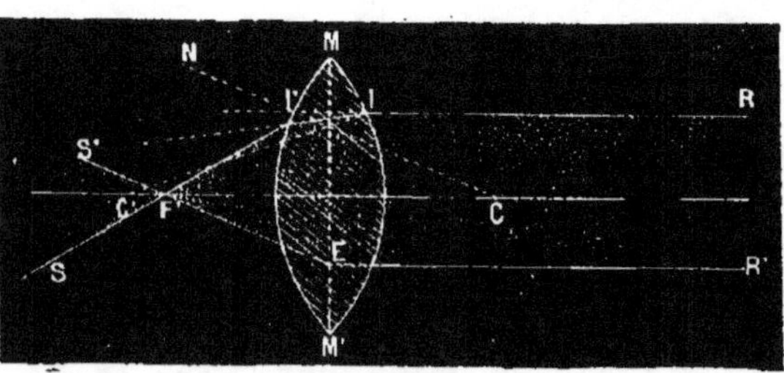

Fig. 233. — Marche des rayons à travers une lentille biconvexe.

Il en sera de même pour tout autre rayon parallèle à l'axe principal: après avoir traversé la lentille, il passera par le même point F′, qu'on nomme **foyer principal** de la lentille. Comme celui des miroirs concaves, il est réel et dangereusement chaud. Ce foyer principal est donc le point de passage de tous les rayons réfractés provenant de rayons incidents parallèles à l'axe principal. Sa position ne peut pas être déterminée par le calcul aussi facilement qu'on l'a fait pour les miroirs, car elle dépend de la nature du verre de la lentille, de sa courbure, etc.

Dans toutes les figures qui suivront, relatives aux lentilles, nous ne marquerons plus la réfraction comme nous l'avons fait sur la figure 233 ; nous n'indiquerons qu'une seule déviation du rayon lumineux, telle que R′EF′ ; mais il reste entendu qu'en réalité la réfraction s'effectue deux fois dans les lentilles.

Ces sortes de lentilles, qui réunissent vers un même point F′ les rayons lumineux qui les traversent, sont dites lentilles **convergentes**.

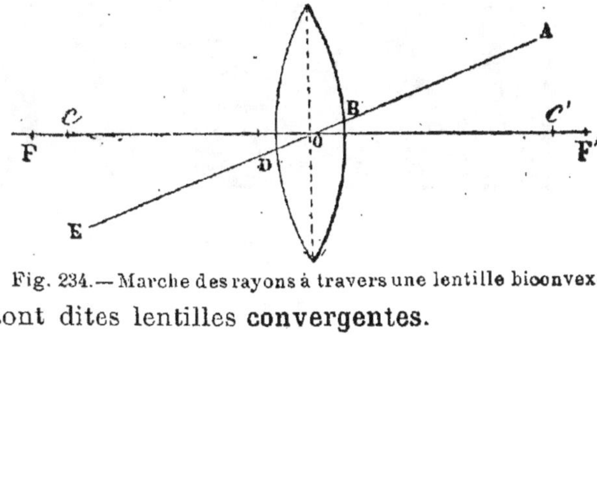

Fig. 234. — Marche des rayons à travers une lentille biconvexe.

Supposons maintenant qu'un rayon lumineux A B (*fig*. 234) rencontre la lentille suivant une direction telle que son prolongement passe par O, le centre optique de la lentille ; il subira également deux déviations, mais telles que le rayon réfracté DE sortira parallèlement à AB. Or DE est une parallèle si voisine de AB, dans nos lentilles peu convexes, que, dans toutes nos constructions de marche de rayons, nous la supposerons sur le prolongement de AB. Nous dirons alors *que tout rayon incident passant par le centre optique d'une lentille ne subit pas de réfraction.*

15. Images données par les lentilles convexes. — Maintenant que nous connaissons la marche de deux rayons rencontrant une lentille convexe, nous pouvons rendre compte de la formation des images à travers ces lentilles.

1° L'objet AB est situé au delà du foyer (*fig*. 235). —
Parmi l'infinité des rayons émis par le point A, je prends d'abord le rayon AI se dirigeant parallèle-

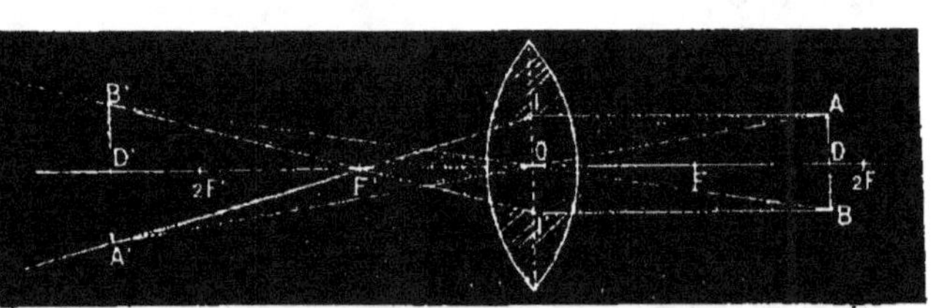

Fig. 235.
Formation d'une image à travers une lentille convergente (1ᵉʳ cas).

ment à l'axe principal ; je sais qu'après réfraction il passera par F', foyer de la lentille ; A formera donc son image quelque part sur F' A'. Je prends ensuite le rayon AO, passant par le centre optique ; comme il ne subit pas de déviation, il continue sa marche suivant OA' ; ce rayon doit également contenir l'image de A. Au point de rencontre A' des

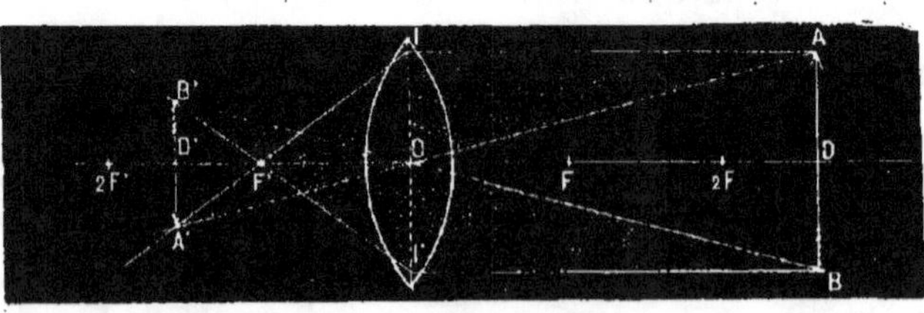

Fig. 236.
Formation d'une image à travers une lentille convergente (1ᵉʳ cas).

deux rayons réfractés se trouvera l'image de A.

La même construction faite pour B en prenant BI parallèle à l'axe principal, puis BO passant par le centre optique, nous fournit en B' l'image de B, et en A'B' l'image de AB.

Nous voyons donc que, *pour un objet placé au delà du foyer, l'image est renversée et plus grande que l'objet, dans les cas où nous avons pris AB près du foyer. Mais, si nous éloignons AB du foyer, nous verrons l'image diminuer de grandeur, devenir plus petite que l'objet, et d'autant plus petite que l'objet sera plus éloigné (fig. 236).*

Toutes ces images, se formant de l'autre côté de la lentille

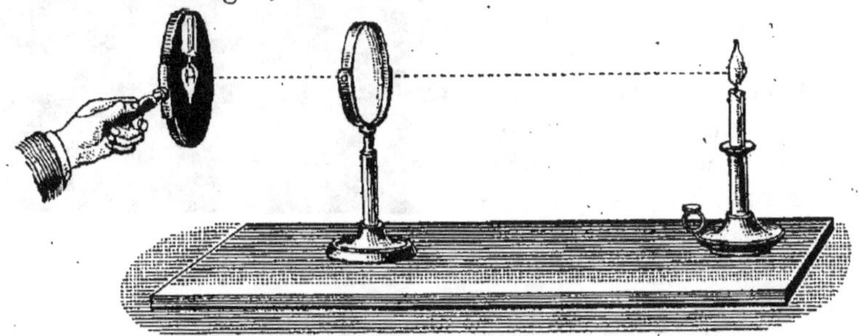

Fig. 237. — Image réelle à travers une lentille biconvexe.

par rapport à l'objet, peuvent être recueillies sur un écran convenablement placé (*fig.* 237); elles sont dites alors **images réelles**.

2° L'OBJET AB EST SITUÉ ENTRE LE FOYER ET LA LENTILLE (*fig.* 238). — AI parallèle à l'axe principal se réfracte suivant IF' qui contient l'image de A ; AO, passant par le centre optique, ne subit pas de réfraction : il rencontre le premier rayon réfracté en A', image de A. De même les deux rayons choisis, partis de B, se rencontrent après réfraction en B', qui est l'image de B. L'image de AB est alors A'B'.

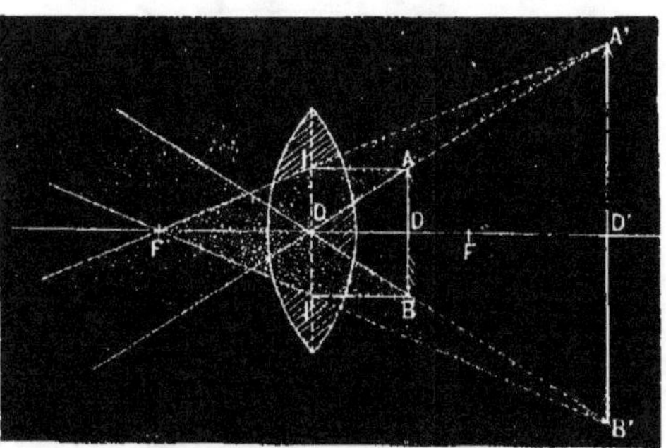

Fig. 238. — Image d'un objet à travers une lentille biconvexe (2° cas).

Cette fois, *l'objet, se trouvant placé entre le foyer et la lentille forme une image de même sens et toujours plus grande que l'objet* ; l'image sera d'autant plus grande que l'objet sera plus rapproché du foyer. La lentille ainsi employée à grossir de petits objets s'appelle une **loupe** (Voir *fig.* 256).

L'image ainsi obtenue ne peut être reçue sur un écran : c'est une image virtuelle.

16. Lentilles biconcaves. — Nous ne redirons pas les définitions d'axe principal CC' (*fig.* 239) et de centre optique O, qui sont les mêmes que celles que nous avons données à propos des lentilles convexes.

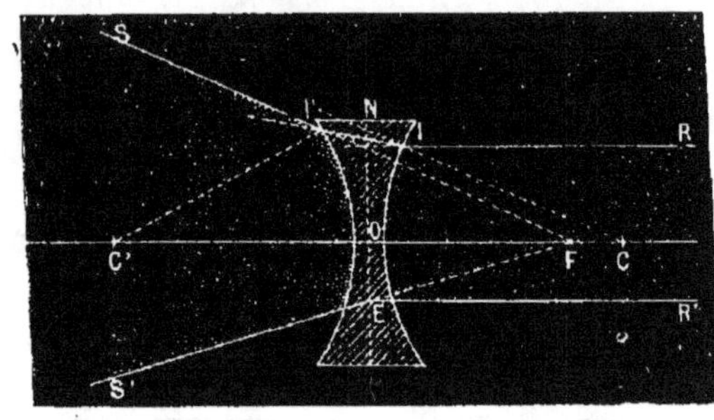

Fig. 239. — Marche des rayons à travers une lentille biconcave.

CONSIDÉRONS UN RAYON R (*fig.* 239), PARALLÈLE A L'AXE PRINCIPAL rencontrant là lentille concave : il subit, à son entrée dans la lentille et à sa sortie, deux déviations telles qu'après la deuxième le rayon s'éloigne de l'axe pour suivre II'. Si l'on **prolonge** II'S du côté du rayon incident, il rencontre l'axe principal en F, qui prend encore le nom de **foyer principal**, mais virtuel. Ainsi, dans cette lentille, ce n'est pas le rayon réfracté qui passe par le foyer, mais seulement son prolongement. Il en serait de même pour tous les rayons incidents parallèles à l'axe principal.

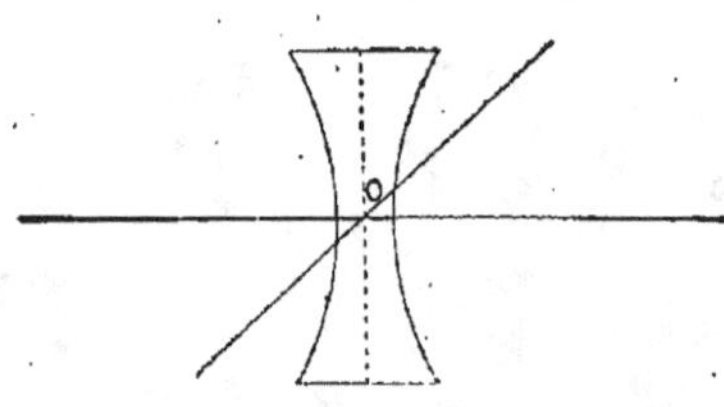

Fig. 240. — Marche des rayons à travers une lentille biconcave.

Ces lentilles concaves qui font s'éloigner l'un de l'autre les rayons qui les ont traversées, sont dites **lentilles divergentes**. Elles servent surtout à améliorer la vue des myopes (Voir § 24).

De même que pour les lentilles convexes, nous admettrons que tout rayon passant par le centre optique ne subira pas de déviation à sa sortie (*fig.* 240).

17. Images données par les lentilles concaves. — Supposons

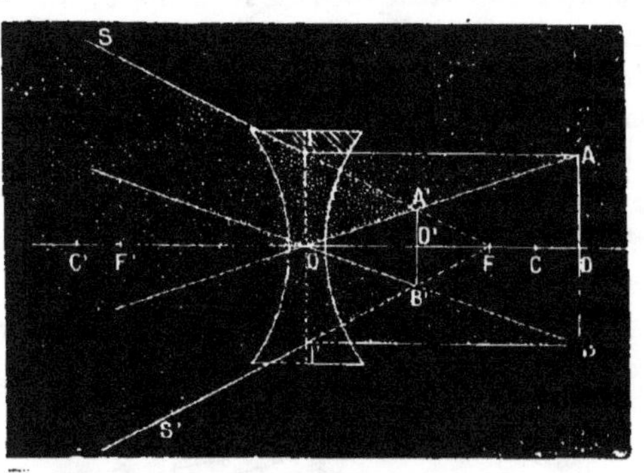

Fig. 241. — Image d'un objet à travers une lentille biconcave.

un objet AB (*fig.* 241), placé à une distance **quelconque** de la lentille concave, et choisissons parmi l'infinité des rayons émis par A les deux rayons dont nous connaissons la marche : AI, parallèle à l'axe principal, qui suit IS dont le prolongement passe par le foyer F, et AO passant par le centre optique sans subir de déviation ; nous verrons alors que A forme son image en A′. De même, B forme son image en B′. Par conséquent AB a pour image A′B′.

Dans les lentilles concaves, quelle que soit la position de l'objet, son image est toujours plus petite et de même sens ; en outre elle ne peut être recueillie sur un écran, elle est virtuelle. De sorte que si l'œil placé du côté de F′ veut regarder AB à travers la lentille concave, il ne verra que A′B′, son image plus petite et d'autant plus petite que l'objet sera plus éloigné de la lentille.

DÉCOMPOSITION DE LA LUMIÈRE BLANCHE

18. Lorsqu'un faisceau de rayons solaires ou de **lumière** blanche traverse un prisme (*fig.* 242), en plus de la déviation qu'il éprouve, il subit une coloration au sortir du prisme ; et, si l'on recueille les rayons réfractés sur un

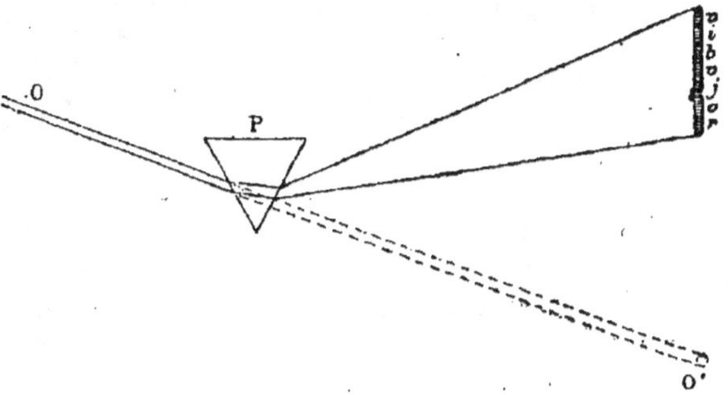

Fig. 242. — Décomposition de la lumière blanche par le prisme.

écran on trouve une image allongée et colorée d'une suite de couleurs fondues qu'on peut cependant rapporter aux sept couleurs suivantes : **violet, indigo, bleu, vert, jaune, orangé, rouge,** c'est ce qu'on appelle le *spectre solaire.*

Pour expliquer la formation de ce spectre, Newton admet que la lumière blanche est une lumière **composée** de l'infinité des couleurs recueillies sur l'écran et que le prisme a séparées à cause de l'inégale réfraction de leurs rayons, le rayon violet se réfractant beaucoup plus que le rouge.

Si la lumière blanche est une lumière composée, il n'en est pas de même des rayons colorés du spectre. En effet, si nous perçons d'un petit trou (*fig.* 243) l'écran qui reçoit le spectre, de façon à ne laisser passer qu'un seul des faisceaux colorés, le jaune par exemple, et que nous lui fassions traverser un prisme,

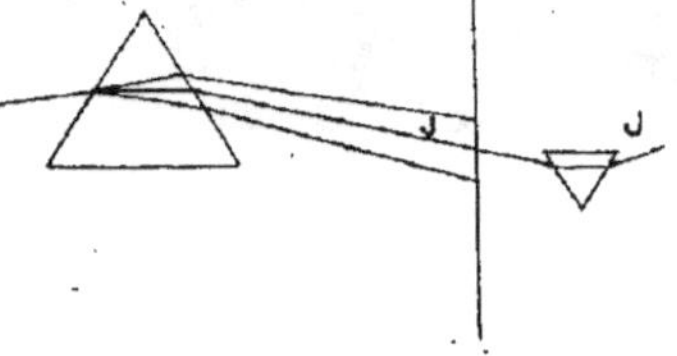

Fig. 243.
Chaque couleur du prisme est simple.

c'est encore une tache jaune que nous recueillerons sur un second écran. Chacune des lumières du spectre est donc une lumière **simple.**

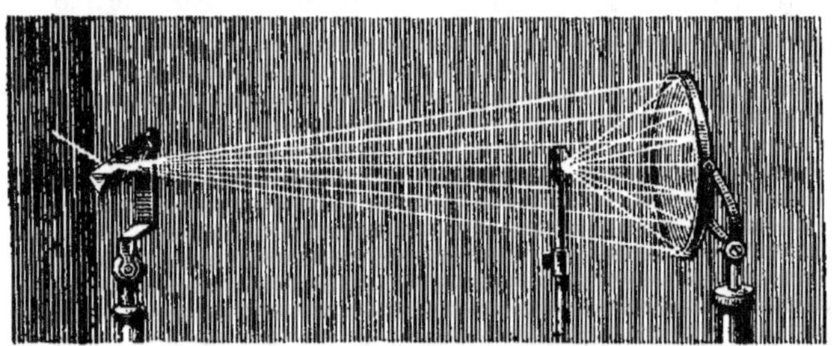

Fig. 244. — Recomposition de la lumière blanche.

Répéter l'expérience de Newton, c'est pour ainsi dire faire l'analyse de la lumière blanche, c'est-à-dire sa décomposition. Mais on peut compléter l'expérience en faisant la synthèse de cette lumière, c'est-à-dire en la recomposant à l'aide des rayons séparés par le prisme.

En effet, si l'on recueille sur un miroir concave (*fig.* 244) tous les rayons qui frappaient l'écran de l'expérience précédente, ils deviendront convergents et passeront tous au foyer en y formant une tache blanche.

19. Disque de Newton.

— Newton a disposé une expérience fondée sur la persistance des impressions lumineuses dans l'œil pour renouveler la synthèse de la lumière blanche. En effet les impressions de lumière ne cessent pas dans l'œil, au moment précis où la source lumineuse disparaît : l'œil reste impressionné environ un quart de seconde après qu'il a reçu l'impression.

Il fit donc un disque de carton qu'il divisa en quatre quadrants égaux (*fig.* 245). Dans chaque quadrant se trouvent

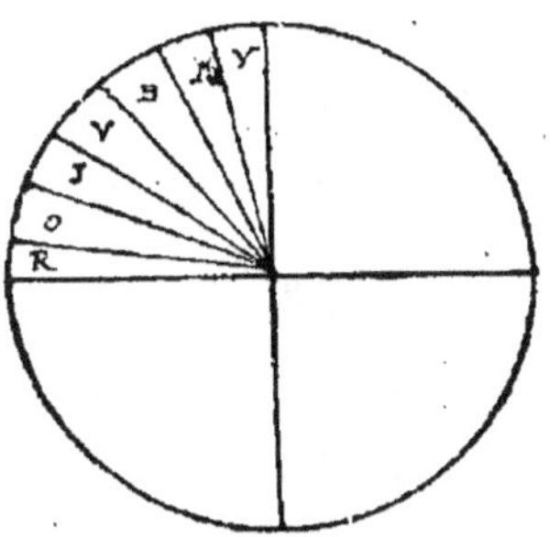

Fig. 245.— Disque de Newton.

collés les uns à côté des autres des secteurs de papiers, colorés chacun d'une des couleurs du spectre. Ce disque, mobile autour d'un pivot central, pouvait tourner (*fig.* 246) avec une vitesse telle que les couleurs, venant frapper l'œil dans un espace de temps qui ne surpassait pas un dixième de seconde, lui donnaient l'impression d'une couleur unique, qu'on trouve être la **couleur blanche**, car l'impression du rouge n'est pas encore effacée de la rétine quand le violet vient l'impressionner. Ces deux expériences montrent bien que la couleur blanche est une lumière

Fig. 246. — Disque de Newton.

composée des sept principales couleurs énoncées plus haut.

CHAMBRE OBSCURE

20. Lorsqu'on place un objet AB (*fig.* 247) devant une petite
ouverture pratiquée dans le
volet d'une chambre maintenue
obscure, on voit se former sur
le fond de la chambre ou sur un
écran interposé une image renversée de l'objet AB.

En effet, parmi les rayons
partis du point A, les seuls qui
puissent pénétrer dans la chambre sont ceux que la figure
réunit en AA', c'est-à-dire, ici,
ceux qui viennent de haut en

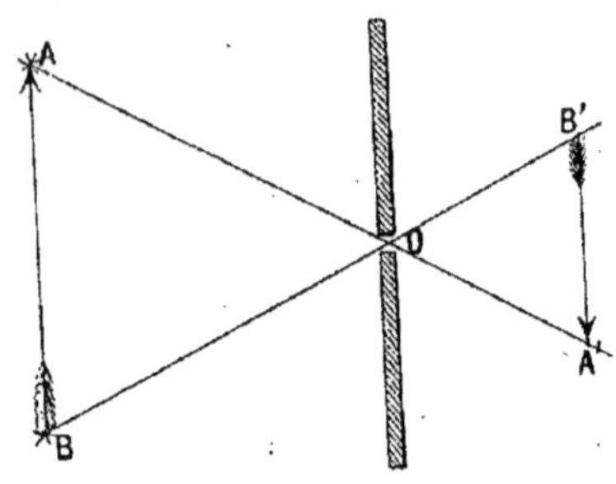

Fig. 247.
Image d'un objet dans la chambre noire.

bas, de sorte que A, plus élevé que l'ouverture, forme son
image quelque part sur AA', plus bas que l'ouverture; inversement les seuls rayons partis de B, et non interceptés par les
murs de la chambre, suivront une direction de bas en haut.
L'image AB devra nécessairement se trouver renversée et formée dans le cône qui a pour sommet O. L'image que l'écran
recevra sera plus ou moins nette et dépendra de la petitesse de
l'ouverture, de l'intensité lumineuse de AB et de la distance de
l'écran par rapport à l'ouverture, car plus cette distance sera
faible, plus l'image sera petite, mais nette, puisque c'est la
lumière éclairant l'objet qui éclaire également l'image. Alors,
dans toute chambre obscure, si l'on cherche l'intensité de lumière sur l'image, il faut restreindre sa grandeur. Mettons une
lentille convergente dans l'ouverture, et un écran blanc à son
foyer; nous verrons sur celui-ci une admirable image en minia-
ture de tous les objets extérieurs avec leur couleur. C'est la
chambre noire des dessinateurs et des photographes. Mais il
existe une chambre noire plus admirable encore, et c'est notre œil.

ŒIL

21. Structure de l'œil. — L'œil, l'organe de la vision, réunit
et les effets de la chambre obscure et ceux que produit la réfraction de la lumière en traversant des milieux de densités différentes.

L'œil a la forme d'un globe enveloppé par plusieurs mem-branes (*fig.* 248). La plus extérieure de ces membra-nes est la **sclérotique** ou **cornée opaque**, qui cons-titue le blanc de l'œil et porte enchâssée à sa partie antérieure la **cornée trans-parente**. Un peu en arrière se trouve tendue une mem-brane opaque, l'**iris**, colo-rée en noir, marron, bleu, qui donne à l'œil sa cou-

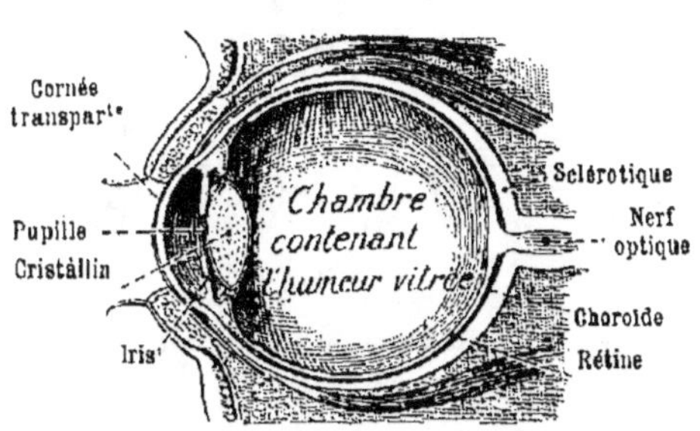

Fig. 248. — Œil.

leur. L'iris est percé en son milieu d'une ouverture appelée **pupille**, par laquelle on voit le fond noir de l'œil. A une dis-tance d'environ **1** millimètre en arrière de l'iris se trouve une espèce de lentille convexe, le **cristallin**. Ce cristallin, porté par les **procès ciliaires**, divise l'œil en deux parties d'inégal volume. Dans la chambre intérieure est un liquide limpide, l'**humeur aqueuse**. La seconde partie de l'œil est entièrement remplie d'un liquide plus volumineux, l'**humeur vitrée**, limitée en avant par le cristallin et de tous les autres côtés par les parois intérieures de l'œil. Celles-ci sont formées par la **rétine** qui, n'est autre que l'épanouissement du **nerf optique** qui tapisse complètement le fond de l'œil de sa couche mince et translucide étendue sur la **choroïde**. Celle-ci ressemble à du fin velours noir et empêche la lumière entrée de se répandre dans l'œil.

22. Marche des rayons dans l'œil. — Nous voyons bien main-tenant l'analogie entre l'œil et la chambre noire. L'ouverture percée dans le volet : c'est la pupille; l'écran : c'est la rétine. Mais, en outre, pour permettre à l'image de se former petite, et par conséquent nette sur l'écran qui est relativement très près de l'ouverture, les rayons sont rapprochés de l'axe princi-pal, grâce à la lentille convergente qu'on trouve derrière la pupille et aux liquides, tous plus denses que l'air, qui emplis-sent l'œil.

Ainsi l'objet AB placé devant l'œil envoie des rayons dans toutes les directions. Un rayon émis par A et pénétrant dans l'œil subira, à cause de l'humeur aqueuse qu'il traverse, une

légère réfraction qui le rapproche de l'axe; il en subira une
autre causée par le cris-
tallin, qui est la lentille
convergente, puis une
dernière dans l'humeur
vitrée, et toutes ces dé-
viations agiront pour
rapprocher le rayon de
l'axe (*fig.* 249). A formera donc son image en *a*.

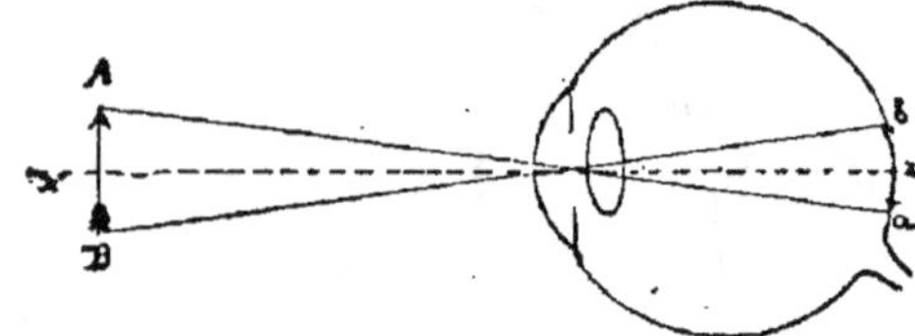

Fig. 249. — Image d'un objet dans l'œil.

De même pour B, qui formera son image en *b*. Il en résultera
en *ab* une **image renversée** de AB, et bien nette, si l'objet est
à la distance normale : 0 m. 30, et si l'œil est bien conformé.

23. Myopie et presbytisme. — Les images sont encore bien
nettes lorsque la distance entre l'objet et l'œil s'écarte même
très sensiblement de cette distance 0 m. 30, car l'œil est constitué de telle sorte qu'il se prête avec grande facilité à ces changements de distances.

Mais, si les milieux de l'œil sont trop fortement convergents,
si surtout le cristallin est trop
bombé, les images se forme-
ront nettes en avant de la
rétine (*fig.* 250), et l'image
sera diffuse sur l'écran; il en
résultera une vision confuse.
C'est ce qui arrive chez les
personnes myopes, qui sont
obligées de placer près de

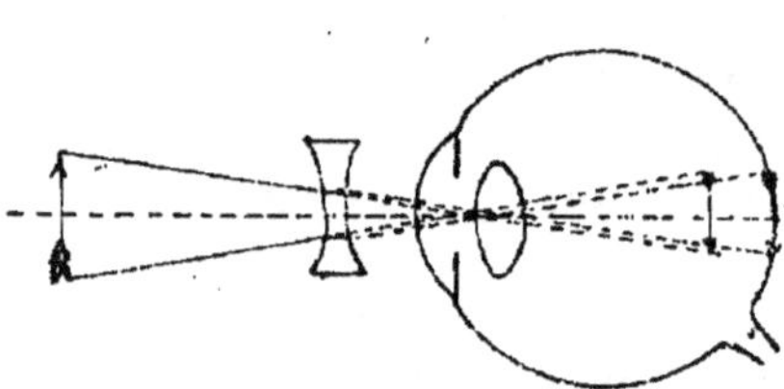

Fig. 250. — Myopie.

l'œil les objets qu'elles veulent distinguer, afin de reculer l'image.

Pour remédier à cet inconvénient, il suffit de placer en avant
de l'œil une lentille diver-
gente, concave, convena-
blement réglée, de telle
sorte qu'elle compense par
la divergence qu'elle fera
subir aux rayons la trop
grande convergence qu'y
cause le cristallin.

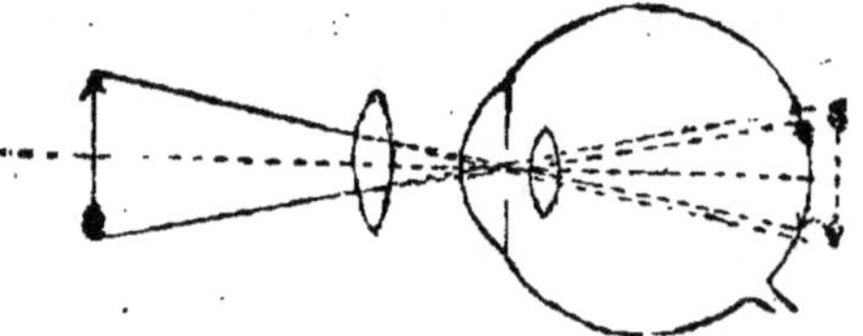

Fig. 251. — Presbytisme.

Chez les presbytes, au contraire (*fig.* 251), les milieux de l'œil et surtout le cristallin sont trop peu convergents : l'image se formerait nette en arrière de la rétine, et, pour y voir distinctement, les presbytes doivent éloigner fortement l'objet de l'œil, afin de rapprocher l'image. On corrige ce défaut en plaçant devant l'œil une lentille convergente qui unit son action à celle du cristallin pour former l'image nette sur la rétine elle-même.

Ces lentilles placées en avant de l'œil chez les presbytes et les myopes sont les lorgnons et les lunettes qu'on leur voit porter et dont on ne doit faire usage que lorsqu'il y a absolue nécessité.

APPLICATION DES LOIS DE L'OPTIQUE.
PHOTOGRAPHIE

24. La photographie consiste à produire un dessin par l'action de la lumière solaire, de la lumière électrique ou même d'agents peu lumineux (rayons X) sur différents produits, et notamment sur les sels d'argent; nous parlerons des sels d'argent qui sont le plus souvent employés.

Les sels d'argent ont la propriété de subir une modification ou une décomposition chimique sous l'influence des causes ci-dessus énumérées, et l'on peut, par les procédés photographiques, obtenir un dépôt d'argent métallique (qui est noir lorsqu'il est en poudre fine) reproduisant un objet, un portrait, un paysage.

Niepce et Daguerre ont, les premiers, trouvé le moyen de fixer les images photographiques. Leurs procédés ont été extrêmement perfectionnés, et nous ne nous occuperons ici que des procédés modernes les plus ordinaires et les plus simples [1].

Fig. 252.— Appareil photographique.

25. Chambre noire. — L'appareil employé est une chambre noire (*fig.* 252), c'est-à-dire une boîte à parois opaques montée sur un trépied.

---

1. Ces procédés sont, à vrai dire, du domaine de la chimie; mais, comme nous n'entrerons pas dans le détail des opérations chimiques, ils se trouveront ici mieux à leur place.

Dans les appareils les plus simples, la paroi antérieure porte
un tube muni d'une lentille biconvexe : c'est l'**objectif** simple.
La paroi opposée, que l'on peut éloigner ou rapprocher à
volonté, à l'aide d'un soufflet en étoffe ou en peau imperméable à la lumière, est formée d'un châssis de verre dépoli
mobile dans une rainure.

D'après ce que nous avons vu précédemment, les rayons
émanés d'un objet placé devant l'appareil traverseront la lentille et iront former sur la glace dépolie servant d'écran une
image renversée plus ou moins nette de l'objet ; en faisant
avancer ou reculer le châssis, il arrivera un moment où on
obtiendra sur la glace dépolie une image d'une parfaite netteté.
L'image est alors **mise au point**. Si maintenant on remplace cette
glace dépolie par une surface sensible à l'action de la lumière,
on pourra obtenir sur celle-ci une image photographique de
l'objet. On emploie pour cet usage une plaque de verre recouverte d'une mince couche de gélatine, mélangée d'un sel d'argent, ordinairement du bromure d'argent, très sensible à l'action de la lumière.

26. Obtention du négatif. — Ces plaques se trouvent toutes
préparées dans le commerce ; on les vend en boîtes hermétiquement closes. Comme elles sont sensibles à la lumière blanche,
il faut les manier dans un cabinet noir ou éclairé seulement par
une faible lumière rouge qui n'agit presque pas sur les sels
d'argent.

Au moyen d'un châssis spécial, on remplace la glace dépolie
par la plaque sensible ; on l'expose quelques instants à la
lumière, dans l'appareil photographique et on la rentre dans le
cabinet éclairé à la lumière rouge.

27. Développement. — La plaque retirée du châssis paraît
exactement semblable à ce qu'elle était auparavant : elle est
d'un blanc jaunâtre, sans la moindre trace d'image. Les rayons
lumineux ont agi trop peu de temps pour qu'elle soit visible.
Mais plongeons cette plaque dans un liquide appelé révélateur [1].

---

1. Ce liquide (il y en a beaucoup de sortes) a la propriété de **réduire** les sels
d'argent touchés par la lumière, c'est-à-dire de transformer le sel en **argent**
métallique noir.

Au bout de quelques instants, voici que se dessine l'objet que nous avions vu sur l'écran dépoli de la chambre noire. Mais tout ce qui était fortement éclairé dans l'objet vient en noir ; tout ce qui était sombre est venu en gris ou resté blanc, le blanc correspondant aux grandes ombres du modèle. L'image obtenue est **négative**. Quand on la juge suffisamment nette — c'est affaire d'expérience — on la retire du révélateur.

Fig 253.
Image négative.

Mais, si à ce moment nous la transportions à la lumière, les parties restées blanches noirciraient : elles contiennent du sel d'argent encore sensible à l'action de la lumière : notre image disparaîtrait. Il faut donc enlever les sels non impressionnés et restés sensibles.

28. Fixage. — Pour cela, toujours dans le cabinet noir, on plonge le cliché dans un bain d'hyposulfite de sodium qui dissout seulement les sels d'argent non impressionnés, laissant intact l'argent métallique qui s'est déposé sous l'action du révélateur. Quand toute trace blanche a disparu sur le cliché, il est **fixé** : la lumière n'a plus d'action sur la plaque. Si maintenant nous regardons notre cliché, nous voyons un dessin noir, sur un fond transparent.

29. Épreuves sur papier. — Si, à présent, nous plaçons notre cliché lavé et séché sur du papier recouvert de sel d'argent et que nous l'exposions un instant à la lumière, les parties transparentes du cliché vont laisser passer les rayons

Fig. 254

Comment on obtient
l'image positive.

Image positive.

lumineux ; les parties noires, au contraire, protégeront de leur contact le papier sensible.

Dans la pratique, on emploie des papiers moins sensibles que les plaques et qui noircissent à la lumière ; on n'a pas besoin de les développer, mais seulement de les fixer.

On ne prépare pas les plaques de cette façon parce qu'elles exigeraient une pose trop longue.

Les papiers noircissant à la lumière prennent au fixage une vilaine teinte jaune. Aussi, avant de les fixer, les fait-on tremper dans un bain de sel d'or, appelé **bain de virage**, où ils prennent une teinte violacée plus agréable à l'œil.

30. Remarques. — Les objectifs ne sont pas toujours aussi simples qu'il a été dit. On accole souvent plusieurs lentilles de forme différente pour obtenir une image plus nette ou une impression plus rapide ; mais le principe est toujours le même.

On a obtenu des plaques si sensibles qu'il suffit, pour les impressionner, d'une exposition à la lumière de un centième et même un deux-centième de seconde.

Avec de pareilles plaques on n'a pas à craindre un mouvement de l'appareil et on peut le tenir à la main, et photographier un cheval au galop, un train en marche, un oiseau au vol.

On fait aussi des chambres dites à **magasin** contenant une douzaine de plaques qu'on peut impressionner successivement sans ouvrir l'appareil.

Dans certains appareils on a même remplacé les glaces par des bandes extrêmement minces de **celluloïd** recouvert de gélatine sensible.

On est arrivé aussi à obtenir des photographies en couleur, mais par des méthodes que nous ne pouvons exposer ici.

31. Photographie à travers les corps opaques. — Nous avons dit que les rayons Röntgen permettaient d'obtenir une épreuve photographique à travers un corps.

Voici comment on procède pour conduire l'expérience :

On prend une plaque photographique ordinaire, qu'on enveloppe de plusieurs doubles de papier noir ; on fixe celle-ci à 10 centimètres environ du tube donnant les rayons cathodiques, et l'on interpose, entre le foyer de lumière et la plaque, l'objet ou l'organe qu'on veut scruter.

Cela préparé, il suffira de faire passer dans le tube la décharge d'une bobine de Ruhmkorff donnant des étincelles de 6 à 8 cen-

timètres [1] ; on prolonge la pose pendant dix à vingt minutes.
Puis on développe la plaque comme pour toute autre photographie.

On a photographié ainsi une boussole à travers un mince couvercle en métal, une serrure à travers une porte mince,

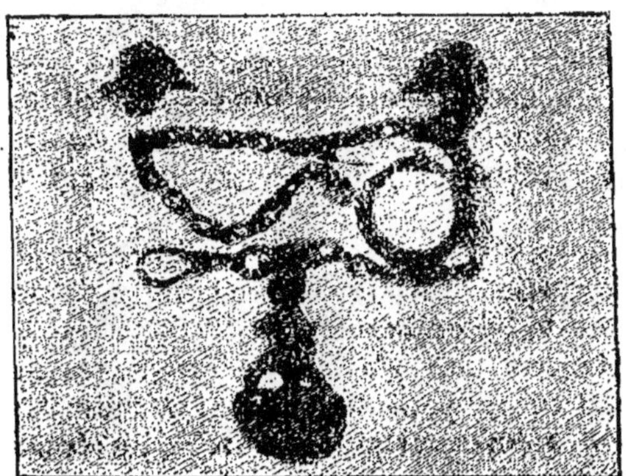

Fig. 255. — Photographie d'une chaîne de montre dans une cassette fermée.

une chaîne de montre dans une boîte fermée, etc. (*fig.* 255).

On a pu saisir l'ossature d'une main à travers les muscles (*fig.* 199 *bis*), le squelette d'un oiseau, d'une grenouille. etc.

La chirurgie s'est immédiatement emparée de ce moyen d'investigation pour chercher la présence d'un séquestre osseux [2] ou d'une balle ou d'un corps étranger au milieu des muscles, etc.

32. Chronophotographie. — La chronophotographie consiste à prendre, à intervalles de temps très rapprochés (1/15 de seconde), des photographies successives d'objets en mouvement. Ces photographies sont obtenues sur une longue bande souple de celluloïd transparent, ou film. Au moyen d'un mécanisme convenable, on fait alors passer cette bande dans un appareil de projections; chaque image projetée sur l'écran n'est visible que pendant un temps très court; par suite de la persistance des impressions sur la rétine chaque image semble continuer la précédente et le spectateur a exactement l'impression d'une scène animée se produisant sur l'écran. C'est le principe des **cinématographes** imaginés par les frères Lumière.

---

1. Les rayons cathodiques traversent plus ou moins et l'organe à photographier et les doubles de papier qui enveloppent la plaque et viennent l'impressionner.
2. *Séquestre osseux*, débris, portions d'os.

INSTRUMENTS D'OPTIQUE

33. Loupe. — La loupe, avons-nous dit, est une lentille biconvexe dans laquelle l'objet est placé entre le foyer et la lentille ; elle fait voir l'image plus grande, droite et virtuelle (*fig.* 256). On la monte sur un support mobile, qui permet d'éclairer par derrière et par devant l'objet qu'on examine.

Il suffit pour s'en rendre compte de se reporter à la figure.

Fig. 256. — Loupe.

34. Lanterne à projections. — L'image qu'on projette sur un écran est produite encore par une lentille biconvexe. On place cette fois le dessin AB à projeter un peu au delà du foyer F de la lentille (*fig.* 257) ; il forme son image réelle, renversée et plus grande que l'objet. C'est cette image agrandie qu'on reçoit sur un écran et qu'un grand nombre de spectateurs peuvent voir à la fois.

Mais, si l'image est vingt fois plus grande que l'objet, comme on est obligé d'opérer dans l'obscurité, elle sera vingt fois moins éclairée ; alors, pour le rendre très visible, on est obligé d'éclairer considérablement l'objet soit à la lumière électrique soit à la lumière oxhydrique, soit à la lampe à pétrole, munie d'un réflecteur, dans la lanterne magique ordinaire.

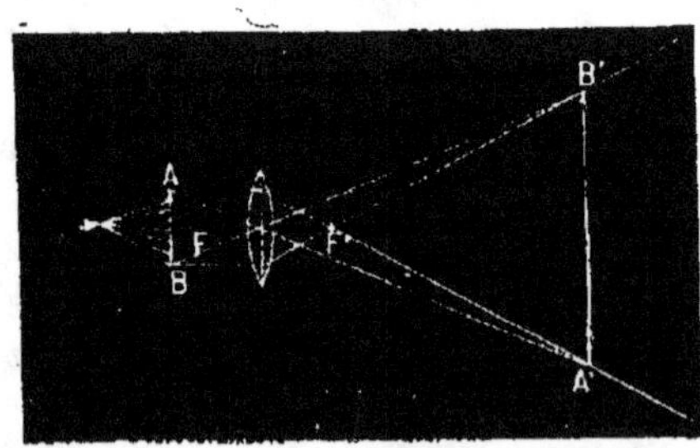

Fig. 257. — Lanterne à projections.

35. Microscope. — Le microscope, l'appareil avec lequel on étudie les très petits êtres, est formé de deux lentilles biconvexes, l'une, l'**objectif**, devant laquelle on met l'objet, l'autre l'**oculaire**, derrière laquelle on met son œil (*fig.* 258).

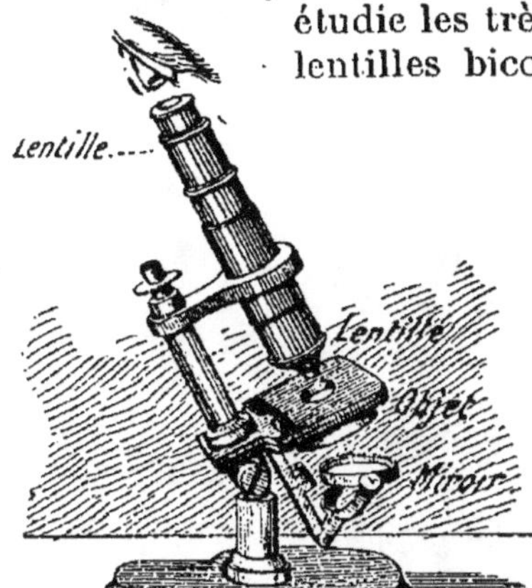

Fig. 258. — Microscope.

L'objet AB (*fig.* 259) est placé devant l'objectif, un peu au delà du foyer F (comme dans la lanterne à projections) ; il forme une image réelle A′ B′ plus grande et renversée ; cette image est alors regardée à la loupe par l'oculaire, c'est-à-dire qu'elle est reçue dans un tube noirci à l'intérieur, au bout duquel est l'oculaire ; elle est alors vue en A″B″ plus grande encore que A′B′ et à plus forte raison que AB et renversée par rapport à AB.

Le microscope peut grossir les objets jusqu'à mille fois et plus.

Avec le microscope on n'étudie que les corps transparents ou le contour des corps. Pour étudier la structure d'une branche d'arbre par exemple, on en coupe une lame transversale assez peu épaisse pour pouvoir être examinée par transparence ; il en est de même d'un nerf ou de tout autre objet dont on veut surprendre la structure.

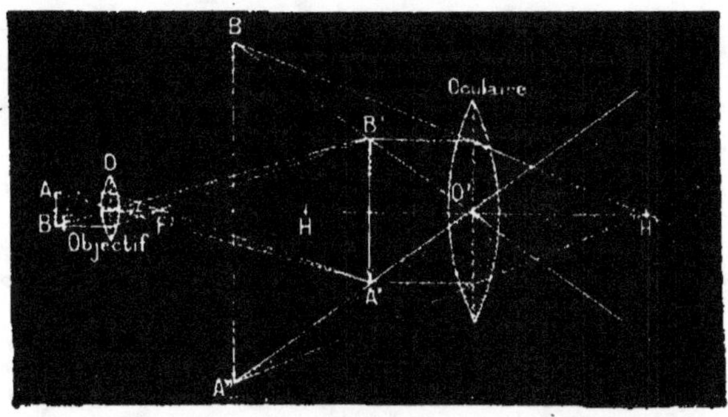

Fig. 259. — Formation de l'image dans le microscope.

36. Jumelle de théâtre. — Elle est formée de deux lunettes de Galilée accouplées. Chacune d'elles est composée d'un

objectif convergent et d'un oculaire divergent. L'objectif
donne de l'objet une image renversée, que l'oculaire redresse

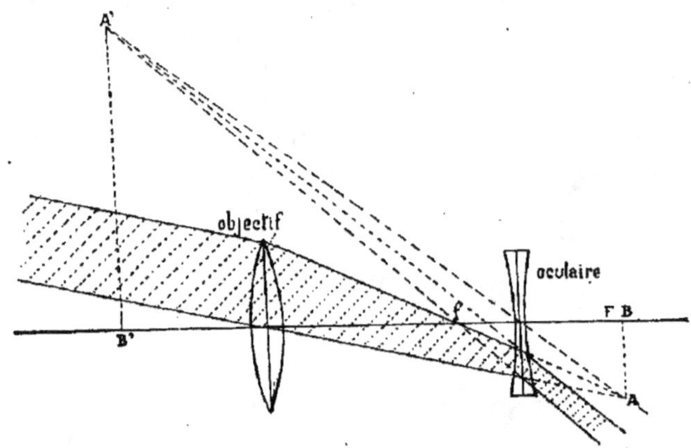

Fig. 260. — Lunette de Galilée. — A B, Image que donnerait l'objectif seul d'un
objet éloigné ; — A' B, Image définitive, virtuelle donnée par l'oculaire.

et agrandit : l'objet semble alors rapproché. Une crémaillère
permet de déplacer l'oculaire pour mettre au point (*fig.* 260).

RÉSUMÉ

1. **Lumière.** — La lumière est l'agent de nature inconnue qui nous rend les
objets visibles. *La lumière se propage dans un milieu homogène.* Elle parcourt
77.000 lieues à la seconde.

2. **Ombre, pénombre**. — Lorsqu'un corps opaque intercepte la lumière, il
fait **ombre** derrière lui.

Si le corps lumineux est un point, de l'ombre on passe sans transition en
lumière complète.

Si le corps lumineux a un volume, l'ombre est séparée de la lumière complète
par une zone de **pénombre**.

3. **Réflexion.** — Lorsqu'un rayon lumineux rencontre une surface polie, il
est **réfléchi**.

L'angle de réflexion est égal à l'angle d'incidence.

4-7. **Image.** — L'**image** d'un point est le point de rencontre des rayons
réfléchis provenant des rayons incidents partis de ce point.

*Dans un miroir plan, l'image d'un point est symétrique de ce point par rap-
port au miroir.*

*L'image d'un objet placé devant un miroir plan est symétrique de l'objet par
rapport au miroir, de même sens et virtuelle.*

Les miroirs courbes sont **convexes** ou **concaves**.

Le **foyer principal** d'un miroir concave est le point de concours des rayons réfléchis provenant des rayons incidents parallèles à l'axe principal ; il est à égale distance du centre et du miroir.

Tout rayon incident passant par le centre revient sur lui-même.

8. **Images obtenues avec les miroirs concaves.** — **Trois cas :**

A. Lorsqu'un objet est placé **au delà du** centre du miroir, son image est plus petite que l'objet, renversée et située entre le centre et le foyer ;

B. Si l'objet est placé **entre le centre et le foyer,** son image est renversée, plus grande et située au delà du centre ;

C. Si l'objet est placé **entre le foyer et le miroir,** son image est droite, plus grande et paraît placée derrière le miroir.

9-10. **Images obtenues avec les miroirs convexes.** — Dans les miroirs convexes, le **foyer principal** est le point par où passeraient, s'ils étaient prolongés, les rayons réfléchis provenant des rayons incidents parallèles à l'axe principal. Ce foyer est **virtuel.**

Tout rayon incident dont le prolongement passerait par le centre est à lui-même son rayon réfléchi.

L'image d'un objet placé devant un miroir convexe est toujours droite, plus petite que l'objet et virtuelle.

11. **Réfraction.** — Lorsqu'un rayon change de milieu, il se **réfracte** en suivant la loi suivante :

Lorsqu'un rayon passe d'un milieu moins dense dans un milieu plus dense, il se rapproche de la normale, et inversement.

C'est la réfraction qui explique la rupture apparente d'un bâton plongé dans l'eau, le relèvement apparent du fond d'un vase contenant de l'eau.

12. **Prismes.** — Un objet regardé à travers un prisme de verre paraît déplacé.

13. **Lentilles.** — Il existe deux genres principaux de lentilles, les lentilles biconvexes et les lentilles biconcaves.

Le **foyer principal** d'une lentille biconvexe est le point de concours des rayons réfractés provenant des rayons incidents parallèles à l'axe principal.

Tout rayon passant par le centre optique ne subit pas de réfraction apparente.

14-15. **Images dans les lentilles biconvexes.** — **Deux cas :**

A. Lorsqu'un objet est placé devant une lentille biconvexe, au delà du foyer, et près de lui, son image est renversée et plus grande que l'objet ; si nous éloignons l'objet, l'image diminue, devient plus petite que l'objet, et d'autant plus petite que l'objet est plus éloigné.

B. Si l'objet est placé entre le foyer et la lentille, son image est droite et toujours plus grande que l'objet.

16-17. **Lentilles biconcaves.** — Dans les lentilles **biconcaves,** les rayons réfractés sont **divergents,** c'est leur prolongement qui se rencontre en un foyer virtuel.

Un objet placé devant une lentille biconcave forme une image droite, plus petite que l'objet et virtuelle.

18-19. **Décomposition de la lumière.** — Lorsque la **lumière blanche** traverse un prisme, elle est décomposée en une infinité de nuances, qui se rapportent aux couleurs : **violet, indigo, bleu, vert, jaune, orangé, rouge :** c'est le **spectre solaire.**

Chacune des couleurs du spectre est simple.

On fait la **synthèse** de la lumière blanche à l'aide du **disque de Newton ;** en recevant sur un miroir concave les couleurs du spectre, on trouve au foyer une tache blanche.

20. **Chambre obscure.** — Dans la chambre obscure, les images des objets sont renversées et généralement plus petites.

21-22. **Œil.** — L'œil est une chambre obscure, dont l'enveloppe antérieure s'appelle **cornée transparente ;** en arrière d'elle, se trouve l'iris, percé de la **pupille**; puis, en arrière, le **cristallin**. La chambre postérieure est remplie de **l'humeur vitrée**; l'écran impressionnable de l'œil est la **rétine**.

Dans l'œil, les images se forment renversées.

23. Myopie et Presbytisme. — Chez les **myopes**, les milieux de l'œil sont trop convergents; les images seraient nettes en avant de la rétine, il faut, pour les rejeter sur la rétine, rapprocher les objets de l'œil, ou lui adjoindre une lentille **divergente**.

Chez les **presbytes**, les milieux sont trop peu convergents; l'image serait nette en arrière de la rétine, si l'on n'éloignait pas les objets de l'œil, ou si l'on n'y adjoignait pas une lentille **convergente**.

Usage des lunettes ou lorgnons.

24-32. Photographie. — Dans la photographie, la lumière **impressionne** une plaque de verre enduite de gélatine et d'un **sel d'argent**; on **développe** cette plaque, et l'on obtient le cliché **négatif**. On fait le **positif** sur papier ou sur verre, également recouverts de sels d'argent; on le **vire** et on le **fixe**.

33. Loupe. — La loupe est une lentille biconvexe dans laquelle on place l'objet entre le foyer et la lentille.

34. La lanterne à projections est une lentille biconvexe dans laquelle on place l'objet un peu au delà du foyer. Son image est recueillie, agrandie et renversée sur un écran. Pour rendre l'image très visible, on éclaire considérablement l'objet.

35. Microscope. — Le microscope est l'accouplement de deux lentilles biconvexes. L'objet est placé devant l'objectif; un peu au delà du foyer il forme une image plus grande, renversée, qu'on regarde avec l'oculaire formant loupe, qui l'agrandit encore plus.

36. La jumelle de théâtre est une lunette double de Galilée. Elle est formée d'un objectif biconvexe et d'un oculaire biconcave. L'image, plus grande que l'objet, le fait paraître plus rapproché.

QUESTIONS D'EXAMEN

1. De quelles façons les corps peuvent-ils être lumineux? — Comment se propage la lumière? avec quelle vitesse? — 2. Qu'appelez-vous ombre? — Dans quel cas y a-t-il pénombre? — 3. Quelle est la loi de réflexion de la lumière? — 4. Comment se forme l'image d'un point placé devant un miroir plan? — 5. Qu'est l'image d'un objet placé devant un miroir plan? — 6-8. Comment se réfléchit tout rayon parallèle à l'axe principal d'un miroir concave? — Où se trouve le foyer? — Comment se réfléchit un rayon passant par le centre? — Construire l'image d'un objet placé au delà du centre. — Quelle est l'image d'un objet placé entre le centre et le foyer? — Si l'objet est placé entre le foyer et le miroir, comment se forme son image? — 10. Qu'est le foyer dans un miroir convexe? — 11. Construisez l'image d'un objet placé devant un miroir convexe. — 12. Qu'entendez-vous par réfraction? — Quelle est la loi de la réfraction? — Expliquez quelques illusions d'optique causées par la réfraction. — 13. Parlez de l'action déviatrice d'un prisme sur un rayon lumineux. — 14. Qu'appelez-vous lentilles? — Combien en connaissez-vous de genres? — 15. Comment trouvez-vous le foyer d'une lentille biconvexe? — 16. Construisez l'image d'un objet placé devant une lentille : 1° quand l'objet est au delà du foyer; 2° quand il est entre le foyer et la lentille. — 17-18. Comment voit-on les objets regardés à travers une lentille biconcave? — 19. Comment agit un prisme sur un rayon de lumière blanche qui le traverse? — Chacun des rayons colorés du spectre solaire est-il une lumière simple? — 20. Comment fait-on la synthèse de la lumière blanche? — 21. Qu'entendez-vous par chambre obscure? — 22. Comment se forment les images sur l'écran de cette chambre? — De quels milieux se compose l'œil? — 23. Quelle est la marche des rayons dans l'œil? — 24. Comment remédie-t-on à la myopie, au presbytisme? — 25-33. Quel est le principe de la photographie?

— Quelles opérations nécessite la photographie? — 34. Qu'est-ce qu'une loupe?
— Comment voit-on les objets à travers la loupe? — 35. De quoi se compose la
lanterne à projections? — Pourquoi faut-il considérablement éclairer l'objet dans
cet appareil? — 36. De quoi se compose un microscope? — Comment est placé
l'objet par rapport à l'objectif, et l'oculaire par rapport à l'image? — 37. Qu'est-ce
que la jumelle de théâtre?

CHIMIE

LIVRE PREMIER

CHAPITRE PREMIER

NOTIONS PRÉLIMINAIRES

1. Définition. — La *Chimie* est une science qui étudie les propriétés particulières à chaque corps, ainsi que les **phénomènes** qui sont des modifications **profondes, essentielles** et **permanentes** de la nature des corps.

Par exemple, si l'on vient à enflammer un morceau de soufre, il répand dans l'air un gaz d'une odeur insoutenable. Or ce gaz ne rappelle en rien le soufre qui l'a fourni, et nous verrons plus loin que, dans ce cas, le soufre s'est combiné avec un des éléments de l'air, l'oxygène, pour former un corps tout à fait nouveau, l'anhydride sulfureux. La **combustion** a produit ici une modification essentielle, puisque le corps a changé de nature : de corps simple il est devenu composé ; la modification est permanente, car on ne reproduit pas le soufre avec l'anhydride sulfureux ; nous avons alors tous les caractères d'un phénomène chimique.

Mais, si nous prenons ce même soufre et que nous le chauffions légèrement, nous le verrons bientôt devenir liquide, subir la fusion. Si nous avons alors un nouvel état du soufre, nous n'avons pas pour cela une nouvelle substance ; de plus, cet état n'est que passager, car, si nous laissons refroidir le soufre fondu, nous retrouvons le soufre avec son aspect et ses propriétés primitives. Nous n'avons ici qu'un phénomène physique : la fusion.

D'ailleurs, nous avons suffisamment donné l'idée de ces espèces de phénomènes au commencement du cours de physique, pour qu'il nous soit permis de n'y plus insister de nouveau.

2. Corps simples. — **Composés**. — Un corps *simple* ou *élément* est celui dont on ne peut tirer qu'une seule espèce de matière, celui qui, par conséquent, est indécomposable. Le nombre des corps simples est actuellement de soixante-dix ; on voit qu'il s'est considérablement accru depuis l'époque où les peuples de l'antiquité en comptaient trois : l'air, l'eau, la terre, dont aucun n'est un corps simple ; et il est fort probable que leur nombre s'augmentera encore à mesure que se perfectionneront nos moyens de décomposition. L'**oxygène**, le **phosphore**, le **mercure**, le **fer** sont des corps simples.

Les **corps composés** sont des corps dont on a pu retirer plusieurs substances différentes ; tels sont l'**eau**, le **sel de cuisine** ou **chlorure de sodium**, l'**alcool**.

Les corps composés ont des propriétés différentes de celles de leurs composants. L'eau, formée d'**oxygène** et d'**hydrogène**, ne ressemble ni à l'un ni à l'autre ; le **sel**, formé de **chlore** et de de **sodium**, ne ressemble ni au chlore, qui est un gaz vert, ni au sodium, qui est un métal mou et brillant.

Des corps composés peuvent être formés des mêmes éléments, mais en proportions différentes ; alors ces corps composés sont eux-mêmes différents.

Exemple : le **sucre** et l'**alcool** sont des corps bien distincts ; ils sont cependant formés tous deux de carbone, d'hydrogène et d'oxygène, mais pas dans les mêmes proportions.

C'est à l'aide de l'**analyse** qu'on peut reconnaître si un corps est composé ; car, faire l'analyse d'un corps, c'est le décomposer en ses éléments.

Mais la constitution d'un corps ne pourra être donnée d'une façon certaine que si, à l'aide des éléments trouvés dans l'analyse et dans les proportions qu'elle a révélées, il est possible de reconstituer le composé ; effectuer cette opération, c'est faire la **synthèse** du corps.

3. Combinaison. — **Mélange**. — Lorsqu'on met en contact deux corps de nature différente, on peut obtenir soit une combinaison, soit un mélange.

Il y a une **combinaison** quand, de l'union de ces deux corps, il en est résulté un troisième de nature et d'aspect absolument différents des corps mis en présence, et seulement décomposable par des moyens chimiques.

Dans un **mélange**, au contraire, il est toujours facile de séparer, soit à l'œil, soit par des moyens mécaniques, les éléments qui l'ont formé ; en outre, le mélange tire son aspect et ses propriétés de ceux des composants.

Lorsqu'une combinaison s'effectue, elle est généralement accompagnée de chaleur, d'électricité et même de lumière.

Si l'on met dans un flacon de la limaille de fer et du soufre, tous deux pulvérisés, et qu'on agite le flacon, on trouvera une poudre d'apparence homogène dont la couleur tiendra de celle du fer et de celle du soufre, mais dont l'examen à la loupe trahira la composition. Nous avons ici un mélange.

Si maintenant on chauffe ce mélange placé dans un creuset, le soufre s'allie au fer en le portant à l'incandescence, et on trouve bientôt, après refroidissement, un corps noirâtre, cassant, dont les propriétés ne rappellent en rien celles du fer et du soufre. Nous avons eu, cette fois, tous les caractères d'une combinaison.

4. Métalloïdes. — Métaux. — Les corps simples ont été divisés en deux groupes, qui diffèrent et par leurs propriétés physiques et surtout par leurs propriétés chimiques ; ce sont les **métalloïdes** et les **métaux**, formant un ensemble d'environ soixante-dix corps simples.

Ce n'est guère là, d'ailleurs, qu'une division un peu arbitraire : mais elle est fort commode.

Les **métalloïdes** ne possèdent guère de propriétés physiques communes ; ils varient d'état et d'aspect ; ils sont mauvais conducteurs de la chaleur et de l'électricité. En combinaison avec l'oxygène, ils forment ou des **acides** ou des **oxydes neutres**.

Les **métaux** possèdent un éclat particulier appelé éclat métallique ; ils sont bons conducteurs de la chaleur et de l'électricité. En combinaison avec l'**oxygène**, ils forment au moins une **base**, encore appelée **oxyde basique**.

PRINCIPAUX MÉTALLOIDES		PRINCIPAUX MÉTAUX		
Oxygène.	Chlore.	Hydrogène.	Fer.	Mercure.
Azote.	Brome.	Potassium.	Zinc.	Argent.
Carbone.	Iode.	Sodium.	Étain.	Or.
Phosphore	Silicium.	Calcium.	Cuivre.	Platine
Soufre.		Aluminium.	Plomb.	

5. Acide. — Base. — Oxyde neutre. — On reconnaît qu'un corps est **acide** lorsque, liquide ou en dissolution, il possède la propriété de rougir la teinture bleue de tournesol; tels sont le vinaigre, l'eau forte, l'huile de vitriol.

Un **anhydride** est un corps qui, en s'unissant à l'eau, forme un acide.

Une **base** est un corps qui, en dissolution, ramène au bleu la teinture de tournesol rougie par un acide. On voit qu'à ce point de vue, sa propriété est absolument contraire à celle de l'acide. Une base est en effet capable de neutraliser un acide; des bases énergiques sont la potasse, la chaux.

Un **oxyde neutre** est un corps qui n'a aucune action ni sur la teinture bleue ni sur la teinture rougie de tournesol.

6. Sel. — Si, dans une dissolution d'une base, on verse une dissolution d'acide, il arrivera un moment où la base sera neutralisée, c'est-à-dire n'aura aucune action sur le papier de tournesol; on aura alors une liqueur qui contient un **sel** en dissolution; il suffira de faire évaporer le liquide pour en séparer le sel.

Il se produit également un sel quand on fait agir un métal sur un acide, et en même temps il se dégage de l'hydrogène.

Aussi on appelle **acide** tout corps contenant de l'hydrogène remplaçable par un métal. Le **sel** est le résultat de cette substitution. Ainsi, en substituant du cuivre à l'hydrogène de l'**acide sulfurique**, on a un sel, le sulfate de cuivre.

7. Nomenclature chimique. — Un corps composé rappelle toujours, par son nom, les noms de ses composants.

Acides et anhydrides. — 1° Lorsqu'un métalloïde, en combinaison avec l'oxygène, ne forme qu'un acide ou un anhydride, la terminaison **ique** est ajoutée au nom du métalloïde :

Anhydride carbonique, formé de carbone et d'oxygène;

2° Si le métalloïde, en combinaison avec deux quantités différentes d'oxygène, forme deux acides ou anhydrides, le plus oxygéné est en **ique**, et l'autre en **eux** :

Acide phosphor**ique**, acide phosphor**eux**, tous deux formés de phosphore et d'oxygène;

3° Lorsqu'un métalloïde forme, avec des quantités différentes d'oxygène, plus de deux acides ou anhydrides :

Si l'acide ou anhydride formé est moins oxygéné que l'acide

ou anhydride en **eux**, le métalloïde est précédé de **hypo**[1] et terminé par **eux**; mais si l'acide ou anhydride est plus oxygéné que l'acide ou anhydride en **eux** et moins que l'acide ou anhydride en **ique**, le métalloïde est précédé encore de **hypo**, mais terminé par **ique**; enfin, si l'acide ou anhydride est plus oxygéné que l'acide ou anhydride en **ique**, le métalloïde est précédé de **per**. La combinaison du chlore avec l'oxygène va nous fournir la série complète des acides; soit, en commençant par le moins oxygéné :

Acide et anhydride **hypochloreux**;

Acide et anhydride **chloreux**;

Acide **chlorique**.

Acide **perchlorique**.

Hydracides. — On appelle ainsi les acides qui ne contiennent pas d'oxygène; la terminaison est **hydrique**.

Acide **chlorhydrique** formé de chlore et d'hydrogène;

Acide **sulfhydrique**, formé de soufre et d'hydrogène.

Bases. — *Oxydes neutres.* – Les bases, qu'on nomme encore oxydes basiques, et les oxydes neutres rappellent aussi le métal ou le métalloïde qui les a formés.

Si le composé est unique, on dit simplement *oxyde* :

Oxyde de carbone, **oxyde** de plomb.

Cependant quelques bases ou oxydes basiques ont des noms dans lesquels le mot **oxyde** est supprimé, parce que ces corps étaient connus bien avant l'établissement de la nomenclature et que leurs noms anciens sont conservés.

Ainsi :

L'oxyde de potassium s'appelle **potasse**;

L'oxyde de calcium, **chaux**;

L'oxyde de sodium, **soude**.

Mais, si les oxydes formés sont au nombre de deux, le moins oxygéné s'appelle **protoxyde**, et l'autre **bioxyde** :

Protoxyde de plomb;

Bioxyde de plomb.

On peut aussi employer les terminaisons **eux** et **ique**.

Oxyde **cuivreux**;

Oxyde **cuivrique**.

1. *Hypo* vient d'un mot grec qui signifie *sous, au-dessous,* et par suite *moins;* il indique l'infériorité.

Sels. — Un sel rappelle et son acide anhydride et sa base.

Le nom du sel est terminé en **ate** ou en **ite**.

Il est terminé en **ate** s'il provient d'un acide en **ique** :

Sulfate de calcium, formé d'acide sulfurique et de la base oxyde de calcium ;

Carbonate de fer, formé d'anhydride carbonique et d'oxyde de fer.

Le nom du sel est terminé en **ite**, s'il provient d'un acide ou anhydride en **eux** :

Hyposulfite de sodium, formé de l'acide hyposulfureux et de la soude, base qui est l'oxyde de sodium.

Corps non oxygénés. — Enfin, lorsque la combinaison de deux corps ne renferme pas d'oxygène, la terminaison du premier est **ure** :

Chlorure de sodium (formé de chlore et de sodium).

Carbure d'hydrogène (formé de carbone et d'hydrogène).

Il y a exception pour les hydracides dont la terminaison est **hydrique**, comme on l'a vu plus haut.

THÉORIE ATOMIQUE

8. La théorie atomique repose sur l'hypothèse, que nous avons signalée en physique, de la constitution des corps. Nous avons dit alors que les corps étaient formés de particules de matière, toutes identiques entre elles pour un même corps, et auxquelles on a donné le nom de **molécules**.

A leur tour, les molécules des corps peuvent être décomposées en particules plus petites qui sont chacune des **éléments** et qui ont reçu le nom d'**atomes**.

En résumé, les corps sont formés de molécules, et chaque molécule est elle-même composée de plusieurs atomes. Mais, alors que la molécule d'un **corps simple** n'est formée que d'atomes semblables entre eux, la molécule d'un **corps composé** est constituée d'**atomes différents**.

Le poids d'un atome d'un corps est son **poids atomique**; le poids d'une molécule d'un corps est son poids **moléculaire**, et ce poids est égal à la somme des poids des atomes qui la constituent.

On prend pour unité le poids atomique de l'hydrogène, et, comme on admet que la *molécule d'hydrogène est formée de 2 atomes*, le poids moléculaire de l'hydrogène sera 2.

9. Poids moléculaire. — Le poids moléculaire d'un corps quelconque est le poids de ce corps qui occupe à l'état gazeux le même volume que 2 gr. d'hydrogène. Or 2 gr. d'hydrogène occupent à 0°, sous la pression de 77 cm. de mercure un volume de 22 litres 4. On peut donc dire que le poids moléculaire d'un corps est le nombre de grammes de ce corps qui occupe un volume de 22 l. 4 à l'état gazeux.

10. Constitution de la molécule. — En *général*, les molécules des corps simples contiennent 2 atomes ; elles sont dites **diatomiques** : leur poids moléculaire est double de leur poids atomique.

EXCEPTIONS : 1° La molécule du phosphore, de l'arsenic, est formée de 4 atomes ; cette molécule est dite **tétratomique** : son poids moléculaire est quadruple de son poids atomique ;

2° La molécule du mercure, du zinc, n'est elle-même qu'un atome ; elle est dite **monoatomique** : son poids moléculaire est le même que son poids atomique.

NOTATION

11. Notation chimique [1]. — Pour représenter en chimie les **corps simples**, on emploie un symbole, qui est généralement la première lettre de leur nom, français ou latin :

O signifie oxygène.		S — signifie soufre.
H — hydrogène.		I — iode.
C — carbone.		K — potassium.
P — phosphore.		

Mais, quand plusieurs noms commencent par la même lettre, on en ajoute une autre, généralement la seconde, qui s'écrit en lettre minuscule :

Cl signifie chlore.		Pb signifie plomb.
Cr — chrome.		Mn — manganèse.
Ca — calcium.		Mg — magnésium.
Co — cobalt.		Hg — mercure.
Cu — cuivre.		

Les corps composés sont représentés par l'ensemble des symboles des éléments qui entrent dans leur composition.

1. Nous rappelons ici que tout ce qui est relatif à la notation chimique : poids atomiques, symboles, équations, formules, ne doit être appris que dans la deuxième année d'étude de notre ouvrage.

12. Tableau des principaux corps simples avec leurs symboles et leurs poids atomiques.

MÉTALLOÏDES PRINCIPAUX

Noms	Symboles	Poids atomiques	Noms	symboles	Poids atomiques
Oxygène. . .	O	16	Soufre. . . .	S	32
Azote	Az	14	Chlore. . . .	Cl	35,5
Phosphore . .	P	31	Iode . . .	I	127
Carbone . . .	C	12	Silicium . . .	Si	28

MÉTAUX PRINCIPAUX

Noms	Symbole	Poids	Noms	Symbole	Poids
Hydrogène	H	1	Étain	Sn	118
Potassium . .	K	39	Cuivre . .	Cu	63
Sodium . . .	Na	23	Plomb . . .	Pb	207
Calcium . . .	Ca	40	Mercure. . .	Hg	200
Aluminium .	Al	27	Argent . . .	Ag	108
Fer.	Fe	56	Or	Au	196,2
Zinc	Zn	66	Platine . .	Pt	197,4

Chaque corps simple est représenté par un seul *symbole*, comme il vient d'être dit.

Les réactions chimiques se représentent par des équations, dans lesquelles chaque gaz simple libre sera représenté par son poids atomique ; son symbole sera donc accompagné d'un coefficient, exprimant le nombre des atomes qui constituent sa molécule ; ainsi : $H^2 - O^2 - Cl - {}^2 P^4$.

13. Valence des métaux. — Quand on substitue un métal à l'hydrogène, pour la formation des oxydes basiques et des sels, cette substitution ne se fait pas toujours par échange d'un atome de métal contre un atome d'hydrogène ; il faut, parfois, 2 atomes d'hydrogène pour en remplacer 1 de métal ; parfois 3, quelquefois 4.

Les métaux sont dits alors :

Monovalents : potassium, sodium, argent ;

Divalents : calcium, fer, zinc, étain, cuivre, plomb ;

Trivalents : or ;

Tétravalents : platine.

14. Symboles. — Les corps composés se figurent à l'aide des symboles qui représentent leurs éléments ; chaque symbole est affecté d'un exposant exprimant le nombre d'atomes qui entrent dans la molécule. Ces exposants n'ont pas la même signification que les exposants algébriques.

Ainsi la molécule d'eau formée de 2 atomes d'hydrogène pour 1 d'oxygène s'écrira H^2O.

De même les oxydes de potassium, de sodium, d'argent s'écriront K^2O, Na^2O, Ag^2O puisque ces métaux sont monovalents.

Mais l'oxyde de calcium, l'oxyde de zinc, l'oxyde de plomb s'écriront CaO, ZnO, PbO, puisque ces métaux sont divalents.

La formule de l'acide sulfurique SO^4H^2, signifie que dans une molécule d'acide sulfurique il y a 1 atome de soufre, 4 atomes d'oxygène et 2 atomes d'hydrogène. En remplaçant l'hydrogène par le cuivre (divalent), nous aurons le sulfate de cuivre de formule SO^4Cu.

16. Équations chimiques. — Lorsqu'on met ensemble, dans un même flacon, deux ou plusieurs corps, il peut résulter, de leur contact seul ou de l'influence de la chaleur, des corps nouveaux, fluides ou solides. Pour exprimer la réaction qui s'est produite, on met en premier membre d'une égalité les symboles des corps mis en présence, et en second membre les symboles des corps formés. Et, comme dans ces formules on ne fait figurer que les quantités strictement suffisantes pour la production des réactions, et que, d'après la loi posée par Lavoisier, *rien ne se crée, comme rien ne se perd*, mais que seulement des transformations se produisent, on doit trouver en second membre la même quantité d'atomes que contenait le premier membre.

Ainsi, lorsqu'on veut préparer de l'ammoniaque, on traite du chlorhydrate d'ammoniaque par la chaux et par la chaleur, il se forme de l'ammoniaque, du chlorure de calcium et de l'eau.

On écrit alors :

$$2\,AzH^4Cl \; + \; CaO \; = \; 2\,AzH^3 \; + \; CaCl^2 \; + \; H^2O.$$

| Chlorhydrate d'ammoniaque | Chaux | Ammoniaque | Chlorure de calcium | Eau |

Comptons les atomes des éléments dans les deux membres :

Le 1ᵉʳ contient :   le 2ᵉ contient :

$2\,Az$; $2\,Az$

$2 \times 4H = 8\,H$; $(2 \times 3H) + 2H = 8\,H$

$2\,Cl$; $2\,Cl$

Ca ; Ca

O ; O

Les équations peuvent se traduire numériquement en remplaçant les symboles par les poids atomiques. Une fois établie et traduite numériquement, l'équation qui représente une réaction permet de résoudre tous les problèmes relatifs — au point de vue chimique — à cette réaction. Exemple :

Quel poids de chlorhydrate d'ammoniaque peut être décomposé par 100 gr. de chaux ? Quel volume de gaz ammoniac obtiendra-t-on alors ?

Poids atomiques : $Az = 14$; $H = 1$; $Cl = 35,5$; $Ca = 40$; $O = 16$

1° Le poids moléculaire du chlorhydrate d'ammoniaque AzH^4Cl est :

$$14 + 4 + 35,5 = 53,5$$

celui de la chaux est :

$$40 + 16 = 56.$$

L'équation de la réaction signifie alors qu'avec $2 \times 53,5$ de chlorhydrate d'ammoniaque on emploie 56 de chaux.

Avec 100 gr. de chaux, il faudra alors :

$$\frac{2 \times 53,5 \times 100}{56} = 191 \text{ gr. de chlorhydrate d'ammoniaque.}$$

2° En employant 56 gr. de chaux on obtient $2\,AzH^3$, c'est-à-dire 2 molécules ; chaque molécule occupe, nous l'avons vu, un volume de 22 l. 4. Avec 1 gr. de chaux, nous n'aurions eu que :

$$\frac{2 \times 22\,l.\,4}{56}$$

et avec 100 gr. de chaux, nous aurons 100 fois plus, soit :

$$\frac{2 \times 22,4 \times 100}{56} = 80 \text{ litres de gaz ammoniac.}$$

RÉSUMÉ

1. **La chimie.** — La chimie étudie les propriétés particulières des corps et leurs modifications profondes, essentielles et permanentes.

2. **Corps simples, composés.** — Un **corps simple** est indécomposable par les agents dont nous disposons ; il y en a environ soixante-dix. Un **corps composé** est un corps dont on peut retirer plusieurs substances différentes.

L'**analyse** décompose les corps en leurs éléments ; la **synthèse** combine les éléments et reproduit le corps composé.

3. **Combinaison, mélange.** — La combinaison fait de deux ou plusieurs corps un nouveau corps différent de ses composants. Dans un **mélange**, les corps ne changent pas de nature et peuvent être séparés par des moyens physiques.

4. **Métalloïdes, métaux.** — Les corps simples ont été divisés en **métalloïdes** et en **métaux**. Ceux-ci ont un aspect appelé **aspect métallique** et sont bons conducteurs de la chaleur et de l'électricité. Les autres, non.

5-6. **Acide, base, oxyde neutre, sel.** — Un **acide** rougit la teinture de tournesol ; une **base** bleuit cette teinture rougie par un acide ; un corps **neutre** reste sans action sur elle.

Un **anhydride** est un corps qui, en s'unissant à l'eau, donne un acide.

Un **sel** résulte du remplacement, dans un acide, de l'hydrogène par un métal.

7. **Nomenclature.** — Acides ou anhydrides : combinaisons formées d'un métalloïde et d'oxygène (**acides hypochloreux, chloreux, chlorique, perchlorique**).

Métalloïdes et hydrogène (acide **chlorhydrique**).

Bases et oxydes neutres (**protoxyde, bioxyde**). — Noms anciens conservés : chaux, soude, potasse.

Sels : sulfate, sulfite.

Corps non oxygénés (chlorures).

8-15. **Théorie atomique.** — Les corps sont formés de **molécules** ; les molécules, d'**atomes**, semblables dans un corps simple, différents dans un corps composé.

Le poids d'un atome d'un corps est son poids atomique. On prend pour unité le poids atomique de l'hydrogène.

Le **poids moléculaire** d'un corps est le nombre de grammes de ce corps qui occupe le même volume que deux grammes d'hydrogène.

Les poids moléculaires des corps à l'état gazeux occupent tous 22 l. 4.

La formule d'un corps composé indique exactement sa composition en poids et en volume.

QUESTIONS D'EXAMEN

1. Donnez des exemples de phénomènes chimiques. — 2. Qu'entendez-vous par corps simple, corps composé ? — Citez-en. — Que signifient ces mots : analyse, synthèse ? — 3 Établissez la différence entre un mélange et une combinaison. — 4. Définissez les métalloïdes, les métaux. — 5-6. Qu'est-ce qu'un anhydride, un acide, une base, un oxyde neutre, un sel ? — 7. Comment a-t-on donné des noms aux acides ? — Nommez les composés oxygénés du chlore. — Quelle est la nomenclature des oxydes ? — Comment est formé le nom d'un sel ? — 8-14. Qu'appelez-vous poids atomique d'un corps simple ? — 11. Comment les chimistes représentent-ils les corps ? — Comment est représenté un oxyde ? — Quelle est la signification d'un exposant ? — 15. Qu'entendez-vous par équation chimique ? — A quoi peut-elle servir ?

CHAPITRE II

MÉTALLOÏDES ET LEURS COMPOSÉS : ANHYDRIDES, ACIDES OU OXYDES NEUTRES

OXYGÈNE
$$O = 16$$

1. Historique. — L'oxygène a été découvert par Priestley, le 1er août 1774 ; cette date est mémorable pour l'histoire de la chimie, car ce n'est qu'à partir de cette découverte que la chimie peut véritablement prendre le titre de science. Quelque temps après, Lavoisier faisait connaître le rôle immense que joue l'oxygène dans la combustion, dans la respiration et dans l'oxydation des corps.

2. Propriétés physiques. — L'oxygène est un gaz qui ne présente ni odeur, ni saveur, ni couleur.

Sa densité (prise par rapport à l'air, comme pour tous les gaz) est de 1,1056 ; 1 litre d'oxygène pèse donc :

$$1 \text{ gr. } 293 \times 1{,}1056 = 1 \text{ gr. } 42954.$$

Il est peu soluble dans l'eau, assez cependant pour la vie des poissons et des plantes.

3. Propriétés chimiques. — L'oxygène est le gaz qui, par excellence, entretient et avive les combustions ; il est même capable de rallumer avec production de flamme une bougie ou une allumette ne présentant plus que quelques points en ignition (*fig.* 261). Il est donc très comburant ; mais il n'est pas combustible, c'est-à-dire qu'il ne brûle pas lui-même.

Fig. 261. — L'oxygène est comburant mais non combustible. L'allumette presque éteinte s'y rallume mais ne l'enflamme pas.

Pour montrer d'une façon frappante cette propriété comburante de l'oxygène, on fait brûler dans des flacons pleins de ce gaz du soufre, du phosphore, du charbon, et tous ces corps brûlent très rapidement en produisant une vive lumière (*fig.* 261 *bis*). En outre, si on analyse les gaz

que les flacons renferment après la combustion, on trouve
dans l'un de l'anhydride sulfureux,
dans l'autre de l'anhydride phosphorique, et dans le troisième de l'anhydride carbonique ; c'est que la combustion a produit une combinaison de
ces métalloïdes avec l'oxygène du
flacon, d'où il est résulté des anhydrides.

Les métaux eux-mêmes brûlent dans
l'oxygène avec une lumière éclatante ;
et, comme les métalloïdes, ils se combinent à l'oxygène, mais forment des
oxydes basiques ; on dit qu'ils **s'oxydent.**

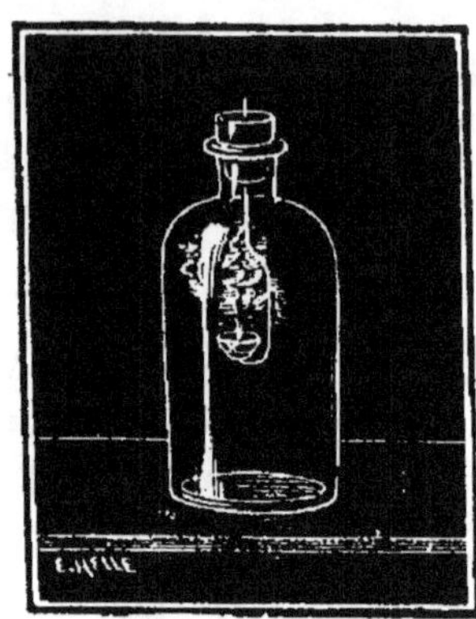

Fig. 261 *bis*. — Combustion du
phosphore dans l'oxygène.

Pour montrer la combustion du fer,
on en contourne un fil en forme de spirale (*fig.* 262) à l'extrémité de laquelle on met un morceau d'amadou enflammé. Puis

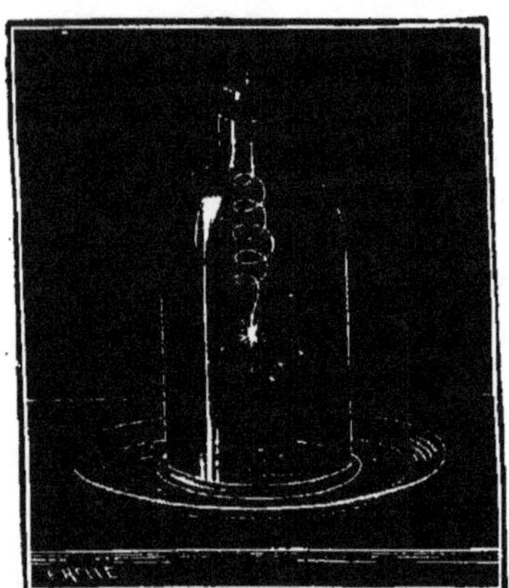

Fig. 262. — Combustion du fer
dans l'oxygène.

on plonge le tout dans une cloche
pleine d'oxygène reposant sur une
assiette contenant un peu d'eau.
L'amadou échauffe le fer qui
s'enflamme bientôt en produisant
de vives étincelles projetées en
tous sens et tellement brûlantes
qu'elles viennent s'incruster dans
la porcelaine après avoir traversé
l'eau.

Toutes ces combustions, accom-
pagnées d'un grand dégagement
de chaleur et de lumière, sont
dites **combustions vives.**

Mais l'oxydation des corps n'est
pas toujours accompagnée de ces
phénomènes lumineux ; elle prend
alors le nom de **combustion lente.** Telle est l'oxydation du
fer, qui se produit toutes fois que ce métal reste exposé à
l'air humide (et nous verrons plus loin, grâce à la présence
de l'acide carbonique de l'atmosphère) et passe à l'état de rouille.

On voit donc que **oxydation** et **combustion** sont deux opérations identiques ; il ne peut y avoir combustion qu'aux dépens de l'oxygène.

Ce gaz a mérité le nom d'**air vital**, car on sait, grâce à Lavoisier, que la respiration, qui entretient la vie, est une véritable combustion.

4. État naturel. — L'oxygène est le gaz le plus abondant de la nature. On le trouve dans l'air, dans l'eau, dans la plupart des substances animales, végétales et minérales ; il forme à lui seul le tiers, au moins, de l'enveloppe terrestre.

5. Préparation. — Pour préparer rapidement de l'oxygène pur, et pour éviter tout danger, on met, dans une cornue de verre, poids égaux de **chlorate de potassium** et de **bioxyde de manganèse** (*fig.* 263). Puis, on chauffe le mélange d'abord douce- ment. Le chlorate de potas- sium (qui est un sel) se décompose ; l'oxygène est conduit, par un tube qui part de la cornue, dans

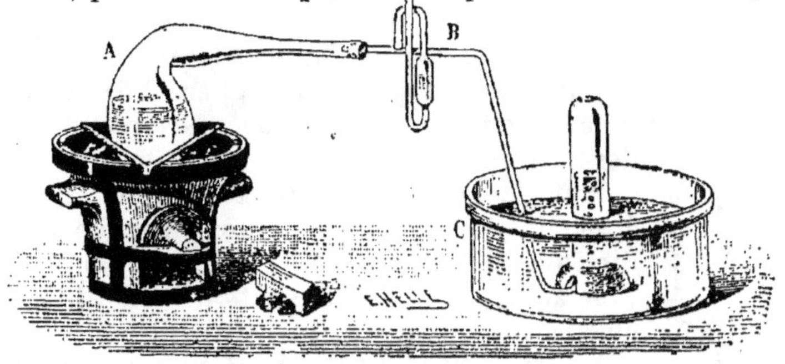

Fig. 263. — Préparation de l'oxygène avec le chlorate de potassium.

la cuve à eau, où on le recueille dans des éprouvettes ; 50 grammes de chlorate de potassium peuvent fournir 20 litres d'oxygène. La réaction est exprimée par l'équation suivante :

$$ClO^3K \qquad = \qquad KCl \qquad + \qquad 3\,O$$

Chlorate de potassium   Chlorure de potassium   Oxygène

On obtient encore plus commodément de l'oxygène en décomposant par l'eau le **bioxyde de sodium** ou **oxylithe**. La réaction s'écrit :

$$Na^2O^2 \qquad + \qquad H^2O \qquad = \qquad 2\,NaOH \qquad + \qquad O$$

Bioxyde de sodium   Eau   Soude caustique   Oxygène

Le bioxyde de sodium est une matière blanche que l'industrie prépare en faisant passer un courant d'air sec sur du sodium légèrement chauffé.

On trouve maintenant dans l'industrie de l'oxygène comprimé à 120 atm. dans des tubes en acier (*fig.* 264) fermés par des robinets à vis. Cet oxygène est extrait de l'air ou provient de la décomposition de l'eau par le courant électrique.

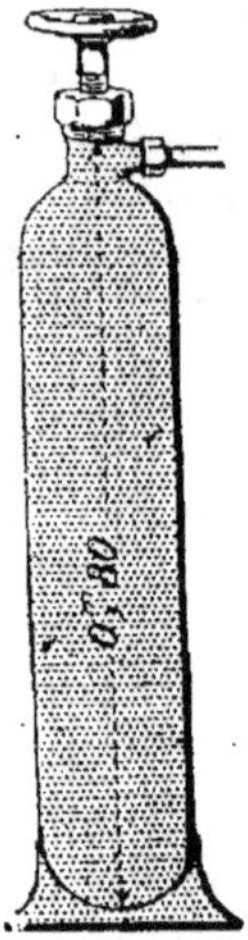

6. Usages. — On fait respirer de l'oxygène pur dans certaines maladies.

Industriellement, l'oxygène est employé pour obtenir des températures élevées (chalumeau).

OZONE

7. L'ozone est un gaz qui possède à un plus haut degré les propriétés de l'oxygène; il est plus comburant et plus oxydant que l'oxygène.

Incolore sous une petite épaisseur, il est bleu de ciel sous une grande épaisseur. On pense que c'est à l'ozone qu'elle contient que l'atmosphère doit sa coloration bleue. L'ozone a une odeur forte qui provoque l'inflammation des muqueuses.

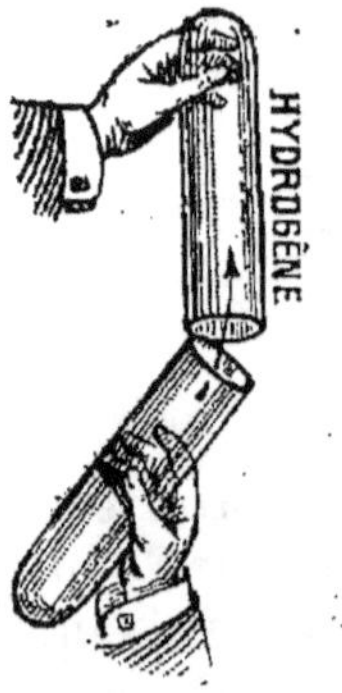

Fig. 264.
Tube à gaz comprimé.

Pour le produire, il suffit de faire jaillir des étincelles électriques dans l'oxygène. Le volume diminue; l'ozone est donc de l'oxygène rendu plus actif par sa condensation sous l'influence électrique.

Il s'en forme pendant le fonctionnement des machines électriques et on en perçoit facilement l'odeur.

Il a des propriétés microbicides très énergiques, ce qui le fait utiliser dans certaines villes pour purifier l'eau.

Fig. 265. — L'hydrogène est plus léger que l'air.

HYDROGÈNE

$$H = 1$$

8. Propriétés physiques. — L'hydrogène est un gaz incolore, inodore et sans saveur.

Sa densité est 0,069, ce qui donne pour le poids du litre
$$1 \text{ gr. } 293 \times 0,069 = 0 \text{ gr. } 089.$$
C'est le plus léger de tous les corps : il est environ quatorze
fois et demie plus léger que l'air.

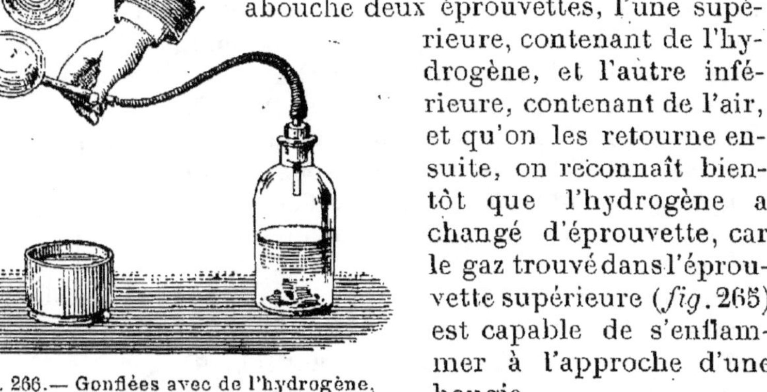

Fig. 266.— Gonflées avec de l'hydrogène,
des bulles de savon s'élèvent.

Cette grande légèreté est mise en évidence par diverses expériences. Si l'on abouche deux éprouvettes, l'une supérieure, contenant de l'hydrogène, et l'autre inférieure, contenant de l'air, et qu'on les retourne ensuite, on reconnaît bientôt que l'hydrogène a changé d'éprouvette, car le gaz trouvé dans l'éprouvette supérieure (*fig.* 265) est capable de s'enflammer à l'approche d'une bougie.

On peut encore gonfler des bulles de savon avec de l'hydrogène (*fig.* 266) contenu dans un flacon prolongé par un tube; les bulles s'élèvent dans l'air où on peut les enflammer en les poursuivant avec une bougie allumée.

9. Propriétés chimiques. — L'hydrogène est un corps combustible, mais il n'est pas comburant. On met en évidence ces deux propriétés par l'expérience suivante : dans une éprouvette pleine d'hydrogène (*fig.* 267), on fait pénétrer une bougie allumée; le gaz s'enflamme à l'entrée de l'éprouvette, mais la bougie s'éteint si on la fait pénétrer plus avant, pour se rallumer seulement au contact de l'hydrogène enflammé, lorsqu'on la retire.

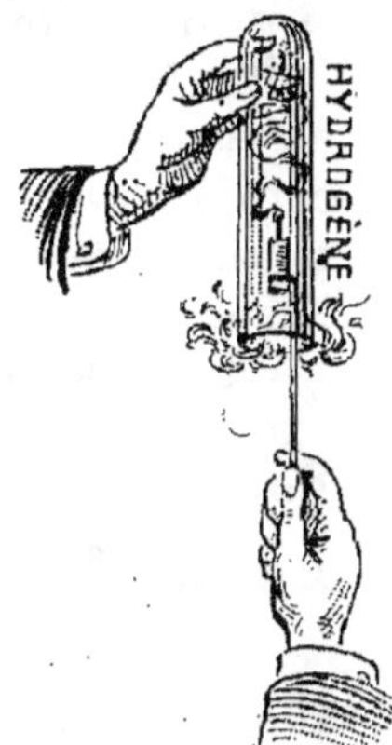

Fig. 267. — L'hydrogène est combustible mais non comburant.

Comme tous les gaz qui ne sont pas comburants, il n'entretient pas la respiration ; mais cependant il est par lui-même dépourvu de toute propriété délétère.

La combinaison de l'oxygène et de l'hydrogène se fait avec détonation; aussi faut-il avoir soin, lorsqu'on mélange de l'hydrogène et de l'oxygène dans une éprouvette, d'entourer cette éprouvette d'un linge épais, avant d'enflammer le mélange.

Si l'on entoure d'un gros tube de verre la flamme d'hydrogène qui brûle à 1 extrémité d'un tube effilé, on perçoit bientôt un son continu qui n'a rien d'harmonieux, mais qui cependant a fait donner à l'appareil le nom d'**harmonica chimique** (*fig*. 268). Ce son est causé par les petites détonations qui se produisent dans la combustion de l'hydrogène entraîné, mélangé à l'air ; elles sont renforcées par l'air du tuyau mis en vibration.

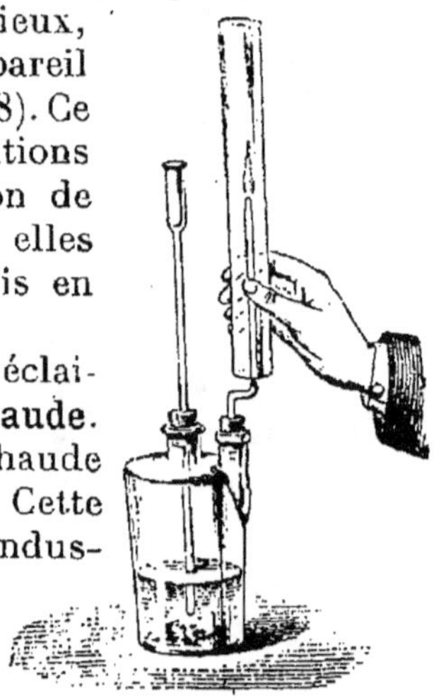

Si la flamme de l'hydrogène est peu éclairante, elle est, en revanche, **très chaude**. Mais sa flamme est encore plus chaude lorsqu'elle brûle dans l'oxygène pur. Cette puissante chaleur est utilisée dans l'industrie pour fondre les corps réfractaires aux autres foyers.

Fig. 268. — Harmonica chimique.

10. État naturel. — L'hydrogène n'existe dans la nature qu'à l'état de combinaisons : dans l'eau, dans les matières végétales et animales, uni soit à l'oxygène, soit à l'azote ou au carbone.

11. Préparation. — On retire l'**hydrogène** de l'eau, en utilisant la propriété que possèdent la plupart des métaux, lorsqu'ils sont portés au rouge, de décomposer l'eau, en l'y remplaçant par un métal ou des **acides**.

1° Décomposition de l'eau par le fer porté au rouge. — Dans une cornue ou dans un ballon reposant sur le feu d'un fourneau, on met de l'eau. Le col de la cornue communique avec un tube en porcelaine renfermant des copeaux de fer. Ce cylindre de porcelaine est prolongé par un tube abducteur communiquant avec une cuve à eau.

On commence par chauffer très fortement le tube qui traverse un fourneau à réverbère pour faire rougir le fer; puis, on porte

l'eau de la cornue à l'ébullition (*fig*. 269). La **vapeur**, en passant
sur le **fer rouge**, se **décompose** en oxygène, qui se porte sur

Fig. 269. — Préparation de l'hydrogène par la décomposition de l'eau avec du fer
porté au rouge.

le fer pour le transformer en oxyde de fer et en hydrogène qui
continue sa marche et qu'on recueille dans l'éprouvette. La
réaction est la suivante :

$$8Fe + 4H^2O = Fe^3O^4 + 4H^2$$
Fer   Eau   Oxyde de fer   Hydrogène
                          magnétique

2° DÉCOMPOSITION DE L'ACIDE SULFURIQUE PAR LE ZINC
(*fig*. 270). — On prend un vase à deux tubulures renfermant
de l'eau et du **zinc** en petits mor-
ceaux. Dans la **tubulure** centrale
s'engage un tube muni d'un entonnoir et plongeant dans l'eau. De la
tubulure latérale part le tube abducteur se rendant à la cuve à eau. On
verse peu à peu, par la tubulure
centrale de l'acide **sulfurique** ; il
se produit aussitôt une vive efferves-

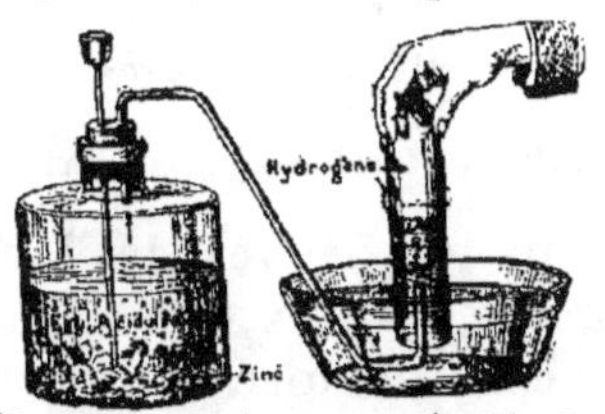

Fig. 270. — Préparation de l'hydrogène par la décomposition du
zinc avec l'acide sulfurique.

cence, et l'hydrogène se dégage. Cette façon de préparer l'hydrogène est celle qu'on devra employer dans les classes ; elle exige
un appareil beaucoup moins compliqué que le précédent.

Le zinc remplace dans l'acide l'hydrogène qui se dégage :

le sulfate de zinc formé se dissout dans l'eau mise dans le flacon avant l'opération. La réaction est la suivante :

$$Zn \quad + \quad SO^4H^2 \quad = \quad SO^4Zn \quad + \quad H^2$$

Zinc   Acide sulfurique   Sulfate de zinc   Hydrogène
                    hydraté

3° DÉCOMPOSITION DE L'EAU PAR LE COURANT ÉLECTRIQUE. — L'hydrogène employé dans l'industrie s'obtient en décomposant par un courant électrique de l'eau dans laquelle on a mis de l'acide sulfurique ou de la potasse. L'eau se décompose en oxygène et en hydrogène, que l'on recueille séparément et que l'on vend comprimés à 120 atmosphères dans des tubes d'acier (*fig.*264).

Usages. — La chaleur de combustion de l'hydrogène est utilisée dans le **chalumeau** à gaz oxygène et hydrogène. Les deux gaz, amenés par deux tubes très fins, ne se mélangent qu'au bec où s'effectue la combustion. On peut, à l'aide de ce chalumeau (*fig.* 271), fondre du platine, volatiliser l'argent, l'or.

Cette flamme dardée sur un bâton de craie lui donne un éclat très violent, utilisé, sous le nom de **lumière oxhydrique** pour éclairer les objets dans les lanternes à projections.

A cause de son extrême légèreté, l'hydrogène est employé pour gonfler les ballons dirigeables.

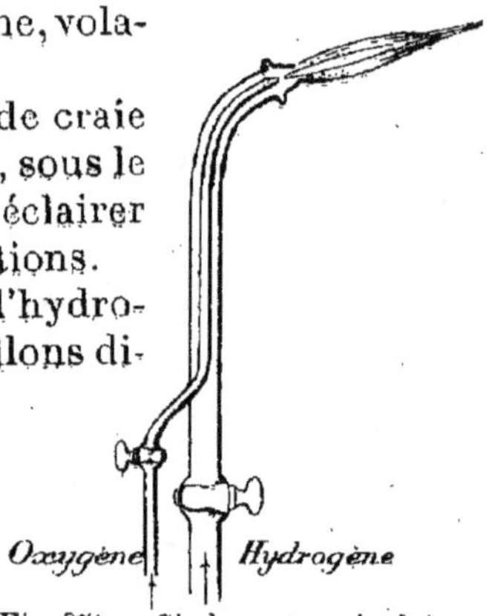

EAU

12. Propriétés physiques. — L'eau se rencontre dans la nature sous les trois états : solide, sur les hautes montagnes, dans les nuages élevés

Fig. 271. — Chalumeau oxhydrique.

et dans les régions polaires ; liquide, dans les fleuves, les lacs, les mers et les nuages bas de nos climats ; gazeux, ou à l'état de vapeur, dans l'atmosphère. L'eau est incolore sous une faible épaisseur et d'un bleu indigo, lorsqu'elle est pure et vue sous une grande épaisseur. Elle est sans odeur et fade. Sa densité a été prise pour unité de densité des liquides et des solides ; elle pèse 772 fois plus que l'air. La densité de l'eau solide, la glace, est plus faible que celle de l'eau, nous l'avons vu en Physique : elle est de 0,93. Les autres propriétés physiques de l'eau sont étudiées en détail dans le cours de Physique.

13. Propriétés chimiques. — L'eau est une combinaison de l'oxygène et de l'hydrogène. C'est de l'hydrogène brûlé (*fig.* 271 *bis*).

Fig. 271 *bis*. — L'eau est une combinaison de l'oxygène avec l'hydrogène. C'est de l'hydrogène brûlé.

Elle peut neutraliser en partie les acides, et dans ce cas sert de base, comme elle peut diminuer l'intensité des bases et servir d'acide.

L'acide sulfurique étendu d'eau est moins acide ;

La potasse étendue d'eau est moins basique.

L'eau peut être décomposée par le courant électrique, quand elle est additionnée d'acide sulfurique ou de soude caustique.

A une température élevée, la vapeur d'eau est décomposée par le carbone ; il se produit un mélange combustible d'hydrogène et d'oxyde de carbone appelé *gaz à l'eau*.

Un grand nombre de métaux décomposent l'eau ; les **uns** comme le sodium et le potassium à la température ordinaire, les autres comme le fer et le zinc à température élevée; l'hydrogène est mis en liberté, et le métal s'unit à l'oxygène pour former un oxyde métallique.

14. Analyse et synthèse de l'eau. — Lorsqu'on procède à la décomposition de l'eau par le courant de la pile (*fig.* 272), à l'aide du voltamètre, on trouve que le volume du gaz contenu dans l'une des éprouvettes est constamment double de celui que contient l'autre. L'étude de ces gaz nous fournit les indications suivantes : l'eau est formée de 2 volumes d'hydrogène et de 1 d'oxygène.

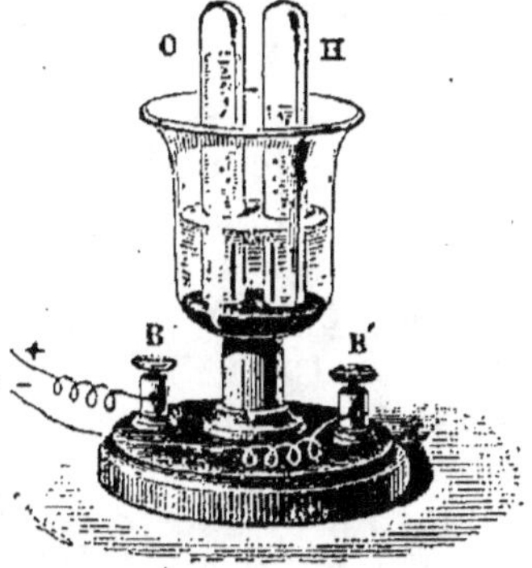

Fig. 272. — Analyse de l'eau.

Mais, lorsqu'on détermine la combinaison de 2 litres d'hydrogène avec 1 litre d'oxygène, on trouve seulement 2 litres de vapeur d'eau, il y a eu contraction d'un volume.

En poids, l'eau est formée de :

16 grammes d'oxygène ;

2   —   d'hydrogène qui forment 18 grammes d'eau.

Nous avons fait l'**analyse de l'eau par le fer**, quand nous avons préparé de l'hydrogène (§ 27 à l'aide de l'eau décomposée par le fer porté au rouge).

Faisant passer de la vapeur d'eau sur le fer, nous avons constaté que l'hydrogène se dégageait et que l'oxygène se combinait au fer brûlant.

Pour faire la **synthèse** de l'eau, Lavoisier et Meunier firent arriver de l'hydrogène dans un ballon de verre rempli d'oxygène (*fig.* 273). L'hydrogène était enflammé à la sortie du tube qui l'amenait, à l'aide d'étincelles électriques jaillissant entre des boutons métalliques reliés à une pile. Pendant toute la combustion, ils virent de l'eau ruisseler le long des parois du ballon. La combinaison de l'oxygène et de l'hydrogène fournit donc de l'eau.

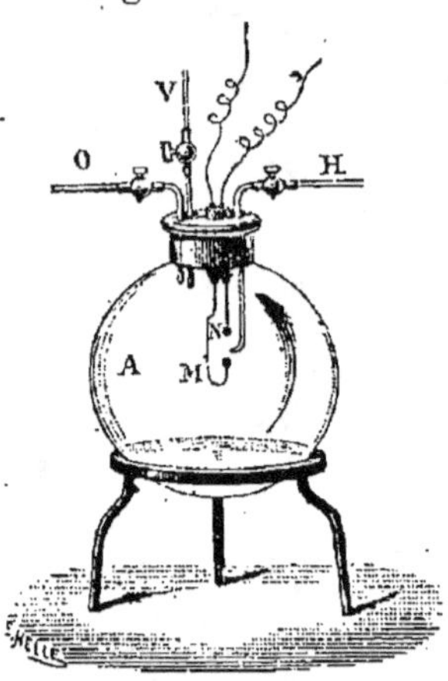

Fig. 273.— Synthèse de l'eau.

15. Synthèse eudiométrique. — Si, dans l'eudiomètre à mercure (*fig.* 274), on fait passer 100 volumes d'oxygène et 100 volumes d'hydrogène et qu'on fasse jaillir l'étincelle électrique dans le mélange, on ne trouve, après détonation, que 50 volumes d'un gaz qu'on reconnaît être de l'oxygène (puisqu'il rallume une allumette, présentant un point en ignition). Il a donc disparu 150 volumes de gaz, formés de

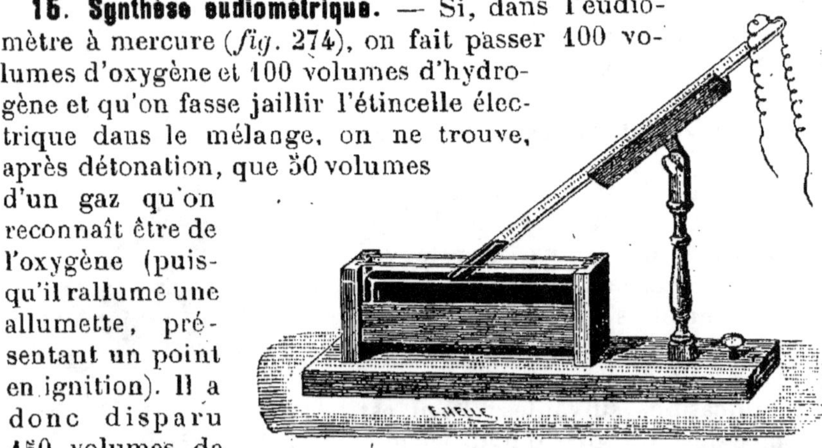

Fig. 274. —Synthèse eudiométrique de l'eau.

la totalité de l'hydrogène, soit 100 volumes, et de 50 volumes d'oxygène pour former 100 volumes de vapeur d'eau qui se sont liquéfiés. L'eau est donc formée de 2 volumes d'hydrogène pour 1 volume d'oxygène, condensés en 2 volumes.

16. État naturel. — L'eau qu'on trouve en si grande abondance autour de nous, contient, à l'état de **dissolution**, une grande quantité de gaz et de sels, dont la nature varie avec la composition des terrains qu'elle a traversés.

Les principaux gaz qu'on y rencontre sont : **l'oxygène, l'azote, l'acide carbonique**. Leur présence est nécessaire à la bonté de l'eau, qui sera *lourde* si elle contient moins de 25 centimètres cubes de gaz par litre. L'oxygène et l'azote y sont indispensables à l'entretien de la vie des animaux aquatiques, qui meurent dans une eau débarrassée d'air par l'ébullition.

Les principaux sels qu'on trouve dans l'eau sont : le carbonate de calcium (grâce à la présence de l'acide carbonique), le sulfate de calcium (plâtre), le chlorure de sodium (sel de cuisine) ; elle peut également contenir de la silice. Lorsque l'eau rencontre diverses autres substances qu'elle est capable de dissoudre en assez grande quantité, elle est dite **eau minérale**. Telles sont les eaux sulfureuses, les eaux alcalines, salines, etc.

17. Eau potable. — **Eau séléniteuse**. — On appelle eau potable une eau qui est bonne à boire. Pour cela il est nécessaire qu'elle soit bien aérée, qu'elle contienne peu de matières salines (moins de 4 décigrammes par litre) et pas de matières organiques.

Une eau est dite **séléniteuse** lorsqu'elle contient beaucoup de sulfate de calcium, comme celle qui coule à la base d'une montagne de laquelle on extrait du plâtre. Une telle eau n'est pas potable et est impropre aux usages domestiques : elle durcit les légumes à la cuisson ; elle occasionne des désordres dans le système digestif.

Une eau **calcaire**, c'est-à-dire contenant en dissolution du carbonate de calcium, se trouble à l'ébullition. Une eau trop calcaire forme des grumeaux avec le savon. Donc, 1° elle ne peut pas servir au savonnage ; 2° elle incruste les parois des bouilottes et celle des chaudières à vapeur.

On reconnaît la présence de matières organiques dans l'eau en y ajoutant quelques gouttes de chlorure d'or en dissolution et en chauffant légèrement : il se forme un précipité brun d'or très divisé.

18. Usages. — Les usages de l'eau sont tellement nombreux et connus qu'il nous semble inutile de les énumérer et d'y insister ici.

RÉSUMÉ

1-6. Oxygène (O, poids atom., 16). — PROPRIÉTÉS PHYSIQUES. — Gaz incolore, inodore, sans saveur : densité, 1,1056 : 1 litre d'oxygène pèse donc : 1 gr. 293 × 1,1056 = 1 gr. 430. Peu soluble dans l'eau.

PROPRIÉTÉS CHIMIQUES. — *C'est le plus comburant de tous les gaz. Combustions vives des métalloïdes* et des métaux. — *Combustions lentes* du fer, du plomb, du cuivre, etc., en présence de la vapeur d'eau et de l'acide carbonique qu'on trouve dans l'air.

ÉTAT NATUREL. — *C'est le plus répandu de tous les corps* ; il existe soit à l'état de mélange, soit à l'état de combinaison dans la plupart des corps.

PRÉPARATION. — Chauffer du chlorate de potasse et du bioxyde de manganèse dans une cornue de verre, recueillir sur la cuve à eau.

$$ClO^3K = KCl + 3O.$$

Verser de l'eau sur de l'oxylithe.

$$Na^2O^2 + H^2O = 2NaOH + O.$$

Usages. — Alimentation des chalumeaux à hydrogène et à acétylène.

7. Ozone. — Oxygène condensé par les décharges électriques.

8-11. Hydrogène (H, poids atomique, 1). — PROPRIÉTÉS PHYSIQUES. — Gaz incolore, inodore, sans saveur, peu soluble dans l'eau. Densité, 0,0692 ; 1 litre d'hydrogène pèse : 1 gr. 293 × 0,0692 = 0.089 ; il est 14 fois plus léger que l'air.

PROPRIÉTÉS CHIMIQUES. — *Gaz combustible* au contact de l'air, non comburant. Il détone lorsque, mélangé avec l'oxygène, on l'enflamme. — Harmonica chimique.

PRÉPARATIONS. — On le retire de l'eau acidulée, qu'on décompose par un métal à froid (le zinc par exemple), ou de l'eau seule décomposée par un métal porté au rouge (fer par exemple).

$$1^o \quad Zn + SO^4H^2 = SO^4Zn + H^2 ;$$
$$2^o \quad 3Fe + 4H^2O = Fe^3O^4 + 8.H.$$

USAGES. — Gonflement des ballons, chalumeau, éclairage oxhydrique.

12-18. Eau. — ($H^2O = 18$). — PROPRIÉTÉS PHYSIQUES. — Inodore, insipide, bleue sous une grande épaisseur.

PROPRIÉTÉS CHIMIQUES. — *Composition en poids :* 16 grammes d'oxygène et 2 grammes d'hydrogène = 18 grammes d'eau. — Analyse par le fer au rouge (préparation de l'hydrogène).

Composition en volumes : 2 litres d'hydrogène pour 1 litre d'oxygène = 2 litres d'eau (il y a contraction de 1 litre). Décomposition par la pile.

Synthèse de l'eau : Lavoisier et Meunier. Synthèse endiométrique.

L'eau ordinaire contient quelques gaz dissous : oxygène, azote, acide carbonique, et des sels dont la nature dépend des terrains traversés.

Eau potable. — Elle doit être aérée, ni trop séléniteuse, ni trop calcaire, dépourvue de matières organiques.

Eau séléniteuse, eau calcaire. — Elle contient du plâtre et de la craie (sulfate et carbonate de chaux) ; elle ne savonne pas et durcit les légumes. Elle est mauvaise à boire.

QUESTIONS D'EXAMEN

1. Historique de l'oxygène. — 2. Ce gaz est-il plus lourd que l'air ? — 3-4. Quelle est sa propriété caractéristique ? — Quand un métalloïde est brûlé dans l'oxygène que se produit-il ? — Si c'est un métal ? — L'oxygène ne produit-il que des combustions vives ? — 5. Comment le prépare-t-on ? — 7. Que savez-vous sur l'ozone ?. — 8. L'hydrogène est-il plus lourd que l'air ? — 9-10. Est-il combustible ? comburant ? comment le montre-t-on ? — En quoi consiste l'expérience dite harmonica chimique ? — Que savez-vous sur la flamme de l'hydrogène ? — Comment le prépare-t-on ? — Quel appareil utilise la chaleur de combustion de l'hydrogène ? — 12. Sous quels états se présente l'eau ? — 13. De quoi est composée l'eau, en poids, en volume ? — 14-15. Analyse et synthèse de l'eau. — Quels sont les corps qui la décomposent, et dans quelles conditions ? — 16. L'eau des rivières est-elle chimiquement pure ? — Quels corps peut-elle contenir ? — 17. Qu'est-ce qu'une eau séléniteuse ? comment la reconnaît-on ? — Qu'est-ce qu'une eau calcaire ? quels sont ses caractères ? — Qu'est-ce qu'une eau potable ?

CHAPITRE III
AZOTE ET SES COMPOSÉS

AZOTE[1]

$$Az = 14$$

1. Propriétés physiques. — L'azote est un gaz incolore, inodore, sans saveur. Sa densité est 0,971. — Il est peu soluble dans l'eau.

2. Propriétés chimiques. — Ce gaz n'est ni combustible ni comburant. Non seulement il ne brûle pas au contact d'une allumette enflammée, mais il l'éteint (*fig. 274 bis*). Pour cette dernière raison, il n'entretient pas la respiration : une souris, un oiseau placés sous une cloche ne renfermant que de

Fig. 274 *bis*. — L'azote n'est ni comburant ni combustible.

l'azote meurent rapidement asphyxiés. Cependant il n'est pas délétère.

3. État naturel. — L'azote existe dans l'air à l'état de mélange ; il forme les $\frac{4}{5}$ de son volume. Il entre dans la constitution des matières animales et de presque toutes les substances végétales.

4. Préparation. — On retire ce gaz de l'air. Sur un large bouchon de liège (*fig. 275*), qui flotte sur la cuve à eau, on met une coupelle de terre contenant un morceau de phosphore qu'on enflamme ; puis on recouvre le tout d'une cloche. Le phosphore brûle aux dépens de l'oxygène de l'air contenu dans la cloche pour former de l'acide phosphorique, qui se répand en abondantes fumées blanches. Peu

Fig. 275.
Extraction de l'azote de l'air.

---

1. *Azote* vient de deux mots grecs signifiant : qui n'entretient pas la vie.

à peu l'atmosphère de la cloche s'éclaircit, parce que l'acide phosphorique se dissout dans l'eau de la cuve ; et bientôt il ne reste plus dans la cloche que de l'azote à peu près pur.

Dans le commencement de cette opération, il faut avoir soin d'enfoncer et de maintenir très fortement la cloche, à cause de l'expansion que produit la chaleur de combustion du phosphore. A la fin, au contraire, un vide se fait dans la cloche, où l'eau s'élève au-dessus du niveau de l'eau de la cuve ; en effet, par suite de la composition de l'air, $\frac{1}{5}$ du volume de l'air de la cloche a disparu : c'est ce volume qui est remplacé par l'eau.

5. Usages. — A l'état de corps simple, l'azote n'est guère employé ; il n'a d'usage que par ses combinaisons.

AIR

6. Propriétés physiques. — L'air est un gaz incolore sous une petite épaisseur, et bleu sous une grande épaisseur, inodore et sans saveur. Sa densité a été prise pour unité de densité des gaz. L'air pèse 772 fois moins que l'eau ; un litre d'air pèse 0 kg. 001293 soit 1 gr. 293.

On peut liquéfier l'air à une très basse température (194° au-dessous de zéro). L'air liquide est incolore et répand à l'air d'épaisses vapeurs. Il se conserve assez facilement pendant quelques heures dans des vases ouverts, formés de deux parois entre lesquelles on a fait le vide, pour éviter dans la mesure du possible, toute cause d'échauffement.

7. Propriétés chimiques. — L'air est un **mélange** des deux gaz oxygène et azote, dans les proportions de 21 contre 79, soit à peu près $\frac{1}{5}$ d'oxygène pour $\frac{4}{5}$ d'azote.

Si l'air est comburant, c'est grâce à la présence de l'oxygène qui entre dans le mélange ; et, dans les phénomènes de combustion, il agit à la façon de l'oxygène, mais avec une moins grande énergie.

C'est **Lavoisier**, qui, le premier, détermina la composition de l'air, après l'expérience suivante (*fig.* 276) : il chauffa du mercure dans un ballon de verre à col deux fois recourbé, aboutissant au-dessus de la cuve à mercure dans une éprouvette graduée contenant de l'air. L'expérience dura douze jours, il vit peu à peu apparaître des pellicules rouges sur le mercure du ballon,

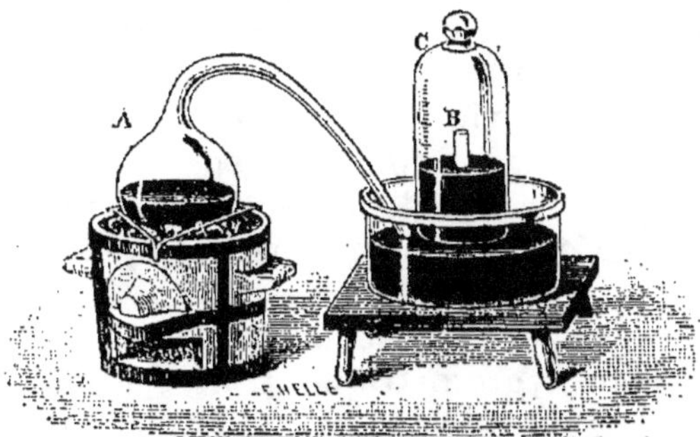

et l'air de l'éprouvette diminuer. A la fin de l'expérience, il constata que le gaz de l'éprouvette n'avait plus les propriétés comburantes de l'air ; c'était un autre gaz, l'azote ; il chauffa dans une cornue les pellicules rouges et recueillit de l'oxygène

Fig. 276. — Analyse de l'air, par Lavoisier.

qui s'échappait et du mercure qui restait dans la cornue.

Le mercure chauffé s'était donc emparé de l'oxygène de l'éprouvette pour se transformer en oxyde de mercure, laissant l'azote dont le volume représentait un peu plus des $\frac{4}{5}$ du volume de l'air primitif ; l'air est donc formé à peu près de $\frac{1}{5}$ d'oxygène et de $\frac{4}{5}$ d'azote.

Pour faire l'**analyse** de l'air, on peut encore prendre une petite éprouvette graduée (*fig*. 277) qu'on fait reposer sur l'eau d'un verre ; on laisse dans l'éprouvette 100 centimètres cubes d'air et on y fait pénétrer un long bâton de phosphore. Le phosphore s'oxyde en formant de l'anhydride, puis de l'acide phosphoreux ; et, quand il a cessé d'être lumineux dans l'obscurité (au bout de deux jours environ), on le retire. On remarque alors qu'il ne reste plus dans l'éprouvette que 79 centimètres cubes d'un gaz qu'on reconnaît être l'azote. Il a disparu 21 centimètres cubes d'oxygène. Ainsi :

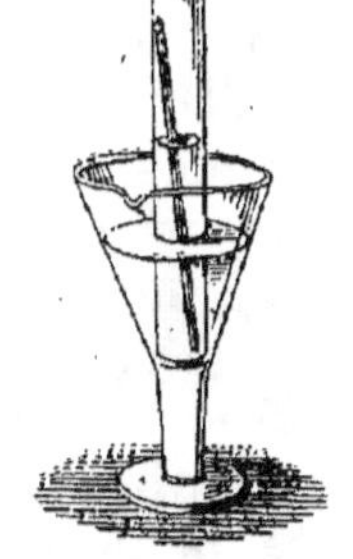

Fig. 277. — Analyse de l'air par le phosphore, à froid.

100 vol. d'air = 79 vol. d'azote + 21 vol. d'oxygène

ou 5 vol. d'air = environ 4 vol. d'azote + 1 vol. d'oxygène.

8. État naturel. — L'air qu'on trouve dans l'atmosphère contient, outre son oxygène et son azote, un nombre considérable de corps différents, mais en proportions généralement infimes.

Les gaz qu'on y rencontre en plus grande quantité sont d'abord la vapeur d'eau et l'anhydride carbonique. La proportion d'anhydride carbonique en volume n'y dépasse guère 4 dix-millièmes; elle y est plus grande dans les villes, et plus encore la nuit que le jour, ce que nous verrons à propos de l'anhydride carbonique.

La quantité de vapeur d'eau varie beaucoup; elle dépend de la température et de l'état hygrométrique. L'air contient, en outre, des poussières de tous genres, et notamment des matières organiques et des êtres organisés, parmi lesquels se trouvent des moisissures, des fermentations, etc.

L'air qui existe en dissolution dans l'eau n'a pas exactement la même composition que l'air atmosphérique : il est plus riche en oxygène, parce que ce gaz est un peu plus soluble dans l'eau que l'azote, et surtout plus riche en anhydride carbonique.

L'air est absolument nécessaire à la respiration des animaux.

L'homme seul en introduit par jour 10 mètres cubes dans ses poumons. Aucun animal ne peut vivre sans air, ni demeurer, sans en souffrir, dans un air vicié.

L'air est également indispensable à la vie des végétaux; la graine a autant besoin d'air pour germer que le fruit vert pour mûrir.

9. L'air est un mélange. — L'air est un mélange, non une combinaison. En effet, l'air dissous dans l'eau n'a pas la même composition que l'air atmosphérique; sa richesse plus grande en oxygène et en anhydride carbonique, prouve que chaque gaz formant l'air s'est dissous chacun avec son degré de solubilité et non l'air en bloc, comme il l'aurait fait si c'eût été une combinaison.

De même l'air liquide ne se vaporise pas d'une seule pièce, mais l'azote, plus volatil que l'oxygène s'évapore le premier, de sorte que le liquide est de plus en plus riche en oxygène.

10. Autres gaz contenus dans l'air. — L'air contient un peu de tout ce qui se dégage en quantité notable à la surface du sol : gaz ammoniac, gaz sulfhydrique, carbures d'hydrogène.

Tout récemment, dans le résidu inerte d'azote qu'on obtient après absorption des corps précédents, on a fait de curieuses découvertes. En 1895, un chimiste anglais, Ramsay, découvrait un gaz nouveau contenu dans l'air, l'**argon**; depuis on a trouvé encore l'**hélium**, le **néon**, le **krypton**, le **xénon**. Ces gaz sont dans l'air en très petite quantité.

COMBINAISONS DE L'AZOTE AVEC L'OXYGÈNE

11. — L'azote donne avec l'oxygène six composés inégalement intéressants pour nous :

L'oxyde azoteux ou protoxyde d'azote.	Az^2O
L'oxyde azotique ou bioxyde d'azote .	AzO
L'anhydride azoteux.	Az^2O^3
Le peroxyde d'azote	AzO^2
L'anhydride azotique	Az^2O^5
L'anhydride perazotique	AzO^3

PROTOXYDE D'AZOTE

12. Protoxyde d'azote. — Le protoxyde d'azote est un gaz incolore, inodore, d'une saveur faiblement sucrée.

Ce gaz pur, respiré en petite quantité, produit une sorte d'ivresse accompagnée de sensations agréables, ce qui lui a fait donner le nom de **gaz hilarant**. En plus grande quantité, il provoque le sommeil et l'insensibilité, ce qui le fait employer aujourd'hui comme anesthésique dans la grande chirurgie, où il remplace avec avantage le chloroforme.

Ce gaz facilement décomposé par la chaleur est également très comburant; il entretient et avive les combustions avec une intensité presque égale à celle de l'oxygène, ce qu'on peut vérifier comme nous l'avons fait pour ce dernier gaz.

13. Préparation. — Il suffit de décomposer par la chaleur de l'azotate d'ammoniaque. L'opération se fait dans un appareil semblable à celui qui nous a servi à préparer l'oxygène par le chlorate de potassium.

$$Az O^3, AzH^4 \quad = \quad 2H^2O \quad + \quad Az^2O$$

Azote d'ammoniaque   Eau   Protoxyde d'azote

ACIDE AZOTIQUE

$$AzO^3H = \frac{1}{2}\,(Az^2O^5 + H^2O)$$

14. Acide azotique. — L'acide azotique, encore désigné sous les noms d'acide **nitrique**, d'**eau-forte**, d'**esprit-de-nitre**, est le produit de l'hydratation de l'anhydride azotique.

15. Propriétés physiques. — L'acide azotique hydraté, c'est-à-dire dissous dans l'eau, est un liquide habituellement jaune pâle. Sa densité est de 1,52.

16. Propriétés chimiques. — L'acide azotique est un acide très énergique.

Cet acide, concentré, détruit rapidement les matières animales; il corrode la peau; mais, étendu d'eau, il la teint en jauné.

Il attaque également les substances végétales. Il colore en jaune la laine, la soie, les plumes. Il transforme la glycérine en nitro-glycérine, qui sert à faire la dynamite. Il suffit de plonger pendant quelques instants du coton dans un mélange des acides azotique et sulfurique pour obtenir après lavage et séchage, du **coton-poudre**, corps plus inflammable que la poudre.

Tous les métaux, sauf l'or et le platine, sont attaqués par l'acide azotique, et transformés en azotates.

17. État naturel. — Cet acide existe surtout en combinaison avec le potassium et le sodium formant des sels connus sous le nom de salpêtre.

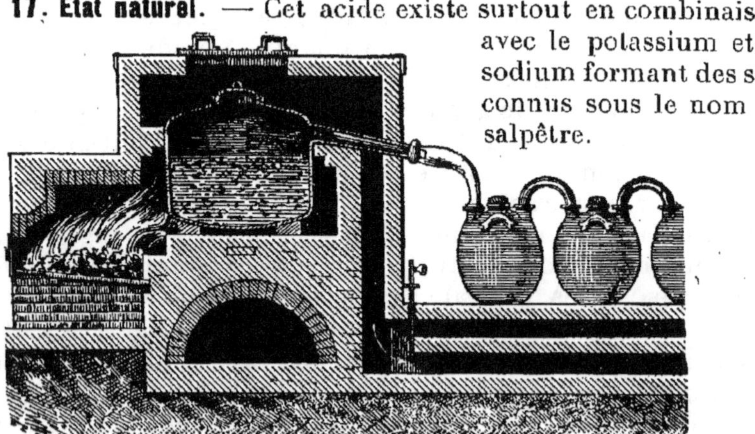

Fig. 278.— Préparation industrielle de l'acide azotique.

18. Préparation. — Dans l'industrie (*fig*. 278) on met dans une chaudière en fonte de l'azotate de sodium (salpêtre du Pérou) et de l'acide sulfurique; puis on chauffe. L'acide azotique se dégage bientôt sous forme de vapeurs qui vont se condenser dans des bonbonnes de grès placées les unes à la suite des autres, communiquant entre elles et contenant de l'eau.

Dans les laboratoires on remplace l'azotate de sodium par l'azotate de potassium ou salpêtre ordinaire; on obtient de l'acide azotique plus pur.

$$AzO^3K \quad + \quad SO^4H^2 \quad = \quad SO^4KH \quad + \quad AzO^3H$$

Azotate de potassium	Acide sulfurique	Bisulfate de potassium	Acide azotique

19. Usages. — L'acide azotique est surtout employé à la fabrication de l'acide sulfurique, de l'eau régale [1], du coton-poudre, dont la photographie fait et surtout a fait, avant l'invention des plaques sèches à la gélatine, un grand usage pour la préparation du collodion. Il est utilisé, en outre, après transformation en acide picrique, pour la teinture en jaune des plumes d'oiseaux, de la laine et de la soie.

Les graveurs sur cuivre et sur acier s'en servent, à cause de la propriété qu'il a d'attaquer les métaux.

Enfin l'acide azotique est employé en énormes quantités pour la fabrication des **explosifs**, utilisés par la guerre ou par l'industrie, tels que le coton-poudre (la poudre sans fumée), la dynamite et la mélinite.

COMPOSÉS HYDROGÉNÉS DE L'AZOTE

AMMONIAC
$$AzH^3 = 17$$

20. Propriétés physiques. — L'ammoniac est un gaz incolore, d'une saveur âcre, d'une odeur très piquante et qui provoque les larmes. Sa densité est 0,591.

Ce gaz est extrêmement soluble dans l'eau; ainsi 1 litre d'eau est capable de

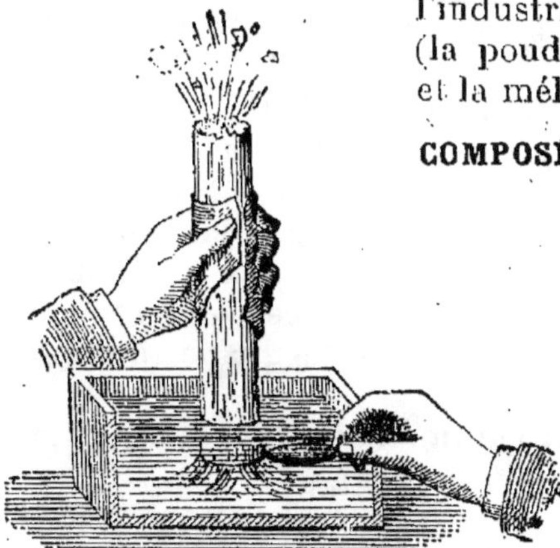

Fig. 279. — Solubilité de l'ammoniac.

dissoudre 1.000 litres d'ammoniac. On peut facilement mettre en évidence cette active absorption en ouvrant, sous l'eau, une éprouvette contenant de l'ammoniac (*fig.* 279) recueilli sur le mercure. On voit immédiatement l'eau se précipiter dans l'éprouvette et avec une force telle que le sommet peut en être brisé. Aussi faut-il avoir soin de l'envelopper de plusieurs épaisseurs de papier humide ou d'un chiffon.

L'eau qui a dissous du gaz ammoniac s'appelle **ammoniaque** ou **alcali volatil.**

21. Propriétés chimiques. — Le gaz ammoniac donne d'épaisses fumées blanches en présence de l'acide chlorhydrique (*fig.* 280); elles sont dues à la formation du chlorhydrate d'ammoniaque.

La dissolution ammoniacale a toutes les propriétés d'une base ; elle bleuit le tournesol, et neutralise les acides. Il se forme dans ce cas des **sels ammoniacaux**; on les appelle aussi sels d'**ammonium**; ainsi au lieu de chlorhydrate d'ammoniaque on peut dire **chlorure d'ammonium**; l'ammonium est le groupe AzH^4.

Fig. 280. — Présence de l'ammoniac révélée par l'acide chlorhydrique.

22. État naturel. — On trouve de petites quantités d'ammoniac dans l'eau de pluie; on en rencontre à l'état de combinaisons : carbonate, azotate, sulfate, dans la plupart des eaux; il se produit dans l'oxydation des métaux à l'air humide; dans la putréfaction des matières organiques azotées, vidanges, fumiers; il existe en abondance dans le **guano** (excréments d'oiseaux).

L'industrie extrait surtout l'ammoniaque des eaux de lavage, des eaux d'épuration du gaz d'éclairage.

23. Préparation. — Pour préparer le gaz ammoniac et sa dissolution, l'ammoniaque, on met, dans un ballon, poids égaux de chaux vive et de sel ammoniac (chlorhydrate d'ammoniaque), on emplit le reste du ballon avec des fragments de chaux vive, et l'on chauffe légèrement. Un tube abducteur le fait communiquer soit avec une cuve à mercure, si l'on veut obtenir le gaz ammoniac, soit avec plusieurs flacons contenant de l'eau (*fig.* 281), si l'on veut avoir sa dissolution dans l'eau ou l'ammoniaque.

$$2AzH^4,Cl + Cao = CaCl^2 + H^2O + 2AzH^3$$

Chlorhydrate   Chaux   Chlorure   Eau   Ammoniac
d'ammoniaque   de calcium

24. Usages. — Il est utilisé comme base dans les laboratoires. Lorsque sa dissolution est concentrée, elle est très caustique, on l'utilise alors pour la cautérisation des piqûres de guêpes, des morsures de vipères.

Quelques gouttes d'ammoniaque dans un verre d'eau dissipent l'ivresse ; mais ce remède est dangereux, et on ne doit jamais en mettre plus de 5 à 6 gouttes. Les vétérinaires l'emploient pour guérir la

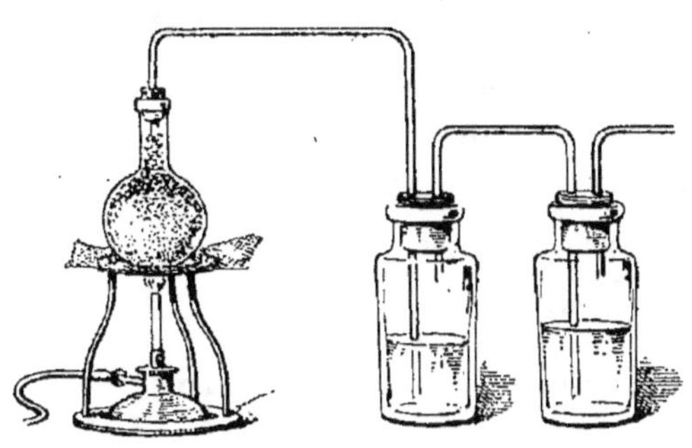

Fig. 281. — Préparation de la dissolution de gaz ammoniac.

météorisation, gonflement du ventre, souvent mortel, qui se produit chez les ruminants qui ont mangé trop d'herbes fraîches.

Son odeur peut ramener à la vie les personnes tombées en syncope.

L'ammoniaque est employée aussi au dégraissage des étoffes et à la préparation de certaines matières colorantes.

Le gaz ammoniac liquéfié produit, par évaporation, un froid intense qui est utilisé pour la fabrication de la glace, dans l'appareil de M. Carré.

RÉSUMÉ

1-5. **Azote** (Az, 14). — Propriétés physiques. — Gaz un peu plus léger que l'air.

Propriétés chimiques. — Il n'est pas combustible, n'est pas comburant, il n'entretient donc pas la respiration.

Etat naturel. — Il existe dans l'air et dans un grand nombre de substances animales, végétales et minérales.

Préparation. — On le retire de l'air en faisant brûler du phosphore sous une cloche qui repose sur l'eau. Le phosphore brûle aux dépens de l'oxygène de l'air de la cloche pour se transformer en acide ou anhydride phosphorique, lequel se dissout dans l'eau. Il reste de l'azote. L'azote, combiné avec l'oxygène, forme plusieurs acides dont le plus important est l'*acide azotique*.

6-11. Air. — 1 litre pèse 1 gr.293.

Expérience de Lavoisier avec le mercure chauffé.

Composition. — 79 litres d'azote et 21 litres d'oxygène = 100 litres d'air. L'azote forme en volume les 4/5 de l'air. Analyse par le phosphore. On trouve encore mélangé à l'air : un peu d'anhydride carbonique (4 à 6 dix-millièmes), de la vapeur d'eau et plusieurs gaz nouvellement découverts, tels que l'argon.

12-13. Protoxyde d'azote : Az^2O ; employé comme anesthésique en chirurgie.

14-19. Acide azotique ou **nitrique** ou **eau-forte** : AzO^3H. — Liquide légèrement coloré en jaune, acide très énergique corrodant la peau en la colorant en jaune. Il a la même action sur la soie, la laine (teinture en jaune de ces matières). *Coton-poudre, dynamite, mélinite*. — Il attaque les métaux : gravure sur cuivre, eaux-fortes.

Préparation. — On décompose l'azotate de potassium par l'acide sulfurique.

$$AzO^3 + SO^4H^2 = SO^4KH + AzO^3H$$

20-24. Ammoniaque. — L'azote combiné avec l'hydrogène donne l'*ammoniac* AzH^3, gaz d'une odeur vive et piquante, plus léger que l'air. Très soluble dans l'eau. Cette dissolution s'appelle ammoniaque (ou alcali volatil); elle est utilisée contre les piqûres des guêpes, contre les morsures des vipères, l'ivresse, et pour le nettoyage d'objets gras (brosses, peignes).

Préparation. — Par le sel ammoniac et la chaux

$$2AzH^4,Cl + CaO = CaCl^2 + H^2O + 2AzH^3.$$

QUESTIONS D'EXAMEN

1-3. Quelles sont les propriétés physiques et chimiques de l'azote? — **4-5.** D'où tire-t-on ce gaz? — **6.** Quel est le poids d'un litre d'air? — **7.** Quelle est la composition de l'air? — Comment fait-on son analyse? — Sa synthèse? — **8.** Que trouve-t-on, en outre, dans l'air de notre atmosphère? — L'air que les poissons respirent a-t-il même composition que l'air atmosphérique? — **9-10.** L'air est-il un mélange ou une combinaison? — **11.** Nommez les composés oxygénés de l'azote. — **12-13.** Que savez-vous du protoxyde d'azote? — **14.** Quels sont les différents noms de l'acide azotique? — **15.** Quelles sont ses propriétés physiques? — **16-18.** Quelles sont ses propriétés chimiques? — Quelle action a-t-il sur les matières animales? — Comment le prépare-t-on? — **19.** Quels sont ses usages? — **20.** Quelles sont les propriétés physiques de l'ammoniac? — Comment montre-t-on son extrême solubilité? — Comment s'appelle l'ammoniac en dissolution? — **21.** Quelles sont ses propriétés chimiques? — **22.** Où se forme-t-il naturellement? — **23.** Comment le prépare-t-on? — **24.** Quels sont ses usages?

CHAPITRE IV

CARBONE ET SES COMPOSÉS

CARBONE

$$C = 12.$$

1. Carbone. — Tout corps qui, en brûlant à l'air, produit de l'anhydride carbonique, est un **carbone** : le mot *carbone* est le nom général et scientifique des charbons.

Les variétés de carbones sont innombrables; mais ils possèdent tous, sous leurs différents aspects, d'abord la propriété générale sus-énoncée : de former par leur combustion de l'anhydride carbonique; en outre, celle d'être solides et infusibles aux températures de nos fourneaux.

Le résidu de leur combustion complète peut être un peu de cendre plus ou moins abondante, suivant le degré d'impureté des carbones brûlés.

La propriété chimique la plus importante du carbone est de réduire les oxydes métalliques à température élevée; il s'empare de l'oxygène pour en faire de l'oxyde de carbone ou du gaz carbonique et met en liberté le métal. Ainsi en chauffant de l'oxyde de fer et du charbon, il se forme de l'anhydride carbonique et il reste du fer. Cette propriété du carbone est utilisée constamment en métallurgie.

On donne le nom de **réducteurs** aux corps qui sont, comme le carbone, capables de s'emparer de l'oxygène.

2. Division des charbons. — Nous diviserons en deux groupes les charbons que nous étudierons : les **charbons naturels** : diamants, graphite, anthracite, houilles, lignites, corps qu'on trouve tout formés dans la nature; puis, les **charbons artificiels** : coke, charbons de cornues, charbons de bois, noir de fumée et noir animal, que l'industrie prépare en faisant brûler incomplètement des matières riches en carbone, ou en les décomposant sous l'action de la chaleur.

CHARBONS NATURELS

DIAMANT

3. Diamant. — Le diamant est **blanc**, mais quelquefois légèrement teinté en jaune ; on le trouve parfois noir (*fig.* 282).

C'est le plus dur de tous les corps ; il les raye tous sans pouvoir être rayé par aucun d'eux ; aussi, pour le tailler, l'use-t-on avec sa propre poussière appelée **égrisée** (*fig.* 283).

Le diamant tire sa valeur de la propriété qu'il a d'être aussi le plus réfringent de tous les corps, c'est-à-dire de disperser, mieux que tous les autres corps, les rayons lumineux qui le traversent.

Brûlé dans un ballon plein d'oxygène, il ne fournit guère que de l'anhy-

Fig. 282. — Diamant brut enfermé dans sa gangue pierreuse.

dride carbonique, ce qui prouve que le diamant est du **carbone presque pur**, puisque sa combustion complète donne très peu de résidu.

On trouve le diamant dans les terres transportées par les eaux ; on le tire des Indes, du Brésil, de Bornéo, du Transvaal, de la Sibérie dans les monts Ourals· Le Brésil en fournit environ 36 kilogrammes par an, mais une très faible partie est susceptible d'être taillée.

Fig. 283. — Taille du diamant.

Il est utilisé en horlogerie pour faire des pivots ; dans la bijouterie, comme pièce d'ornement ; pour la taille et la gravure des pierres précieuses et des camées ; enchâssé à l'extrémité d'outils spéciaux, il sert à travailler le granit, à percer des montagnes rocheuses pour livrer passage à un chemin de fer, **à couper le verre,** etc.

GRAPHITE

4. Graphite. — Ce charbon, encore nommé **plombagine** ou **mine de plomb**, est gris de plomb, brillant et doux au toucher ; frotté sur le papier, il y laisse une trace semblable à celle qu'y laisserait le plomb, d'où le nom de mine de plomb donné à ce corps, qui ne contient cependant aucune trace de ce métal.

Le graphite est un carbone qui contient de 2 à 5 % d'impuretés.

Il est employé à la fabrication des crayons ; en galvanoplastie il sert à **métalliser** les moules de gutta-percha. On en fait des creusets infusibles. Mêlé à l'eau, il sert à noircir et à faire briller les poêles de fonte, les tuyaux de tôle, etc.

ANTHRACITE

5. Anthracite. — L'anthracite, connu encore sous le nom de **charbon de pierre**, ressemble beaucoup à la houille ; il est brillant et très compact ; il contient de 8 à 10 % d'impuretés. C'est un excellent combustible toutes les fois qu'on dispose d'un tirage suffisant ; il brûle avec une flamme courte ; il est fort en usage pour les poêles à combustion lente.

On le trouve dans le terrain antérieur au terrain carbonifère, dans la Mayenne, la Sarthe, dans le pays de Galles et aux États-Unis.

HOUILLE

6. Houille. — La houille, connue aussi sous le nom de **charbon de terre**, est noire et brillante ; elle est encore moins pure que le graphite.

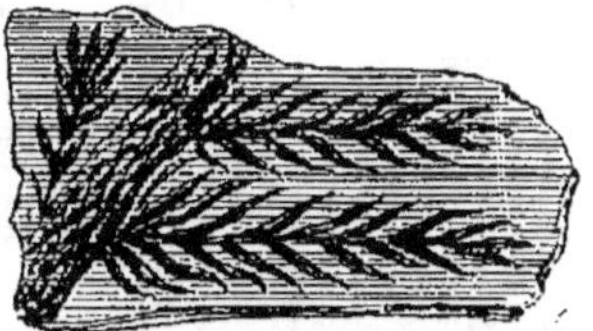

Fig. 283 *bis*.
Empreinte de fougères
sur un morceau de charbon.

Les éléments qui constituent ce charbon sont aussi nombreux que variés. Ainsi on a trouvé qu'une tonne de houille, outre sa quantité de gaz, produit 750 kilogrammes de coke, 50 litres d'eau ammoniacale et 70 kilogrammes de goudron. Mais ce goudron servira lui-même de matière première pour préparer de nombreux corps : benzine, naphtaline, alizarine, phénol, poix, etc.

Le charbon de terre doit être formé par la combustion lente

des végétaux accumulés, ce qu'atteste suffisamment la présence d'empreintes de tiges et de feuilles qu'on y rencontre souvent.

On l'extrait du terrain carbonifère, en Belgique, en Angleterre, en Allemagne, et en France dans les bassins du Nord et du Pas-de-Calais, de la Loire et de l'Allier.

Fig. 283 *ter*. — Mine en exploitation.

C'est un excellent combustible, une matière première qui fait la richesse d'un pays, car c'est le pain de l'industrie.

LIGNITES. — TOURBE

7. Lignites. — Les lignites sont des charbons de formation récente, ils sont très impurs.

Ils proviennent de l'altération du bois enfoui très longtemps à l'abri de l'air. Ce sont d'assez mauvais combustibles.

Quelquefois le lignite se présente sous l'aspect d'une masse compacte, dure et brillante ; il est alors connu sous le nom de jais ou jayet et sert à faire des bijoux de deuil.

Fig 283 *quater*.
Extraction de la tourbe.

8. Tourbe. — La tourbe, de formation encore plus récente, provient de l'altération des végétaux qui croissent dans les marais ; elle est un mauvais combustible qui dégage beaucoup de fumée.

CHARBONS ARTIFICIELS

COKÉ ET CHARBON DES CORNUES

9. Coke. — Le coke est gris-noirâtre, à éclat d'acier et d'aspect caverneux. C'est un des meilleurs combustibles ; il laisse très peu de cendre.

Le coke est le résidu de la calcination de la houille en vases clos ; c'est donc le charbon artificiel de la houille ; il reste dans les cornues où la houille était placée pour la fabrication du gaz de l'éclairage.

10. Charbon des cornues. — Outre ce résidu, on trouve, incrustant les parois de ces cornues, un charbon très dense : le **charbon des cornues**.

Celui-ci est bon conducteur de la chaleur et de l'électricité, et pour cette dernière raison nous l'avons vu employé dans les piles, dans les lampes à arc (*fig.* 168) ; comme il est infusible, il sert à faire des creusets, des fours électriques.

CHARBON DE BOIS

11. Charbon de bois. — Le charbon de bois est obtenu par la combustion incomplète du bois, ou c'est le résidu de la calcination du bois en vase clos. Dans cette opération, le bois est devenu noir, mais il a conservé sa forme.

12. Procédé des meules. — Pour préparer le charbon de bois sur place, dans les forêts, on choisit d'abord une surface bien plane, on dresse quelques longues perches enfoncées dans le sol, qui vont limiter la cheminée.

Des branches d'arbre de 1 mètre environ de hauteur sont ensuite entassées de manière à en faire trois étages dont les djamètres vont en diminuant à partir de la base. On a pris soin de ménager sur le sol des canaux communiquant avec la cheminée centrale. Cette espèce de meule est recouverte de feuilles, de mousse, de gazon, en ne ménageant d'ouvertures

Fig. 284. — Fabrication de charbon de bois (coupe d'une meule).

que celles de la base de la cheminée (*fig.* 284).

On jette alors du charbon embrasé par la cheminée ; le feu se communique au bois voisin de celle-ci, par suite de la communication avec l'air amené par les évents de la base. Quand la combustion est bien déclarée, ce qu'on voit à la couleur de la fumée qui s'éclaircit et devient bleue, on bouche la cheminée et l'on pratique des ouvertures au sommet de la meule à 20 ou 25 centimètres au-dessous de l'ouverture de la cheminée. La combustion se propage cette fois sur le passage du nouveau courant d'air et on l'arrête de nouveau, quand la fumée s'éclaircit, en bouchant ces évents. On en ouvre alors d'autres plus bas, et ainsi de suite jusqu'à la base de la meule. Enfin toutes les issues sont fermées, on laisse refroidir, puis on démolit la meule sous laquelle on trouve le charbon de bois.

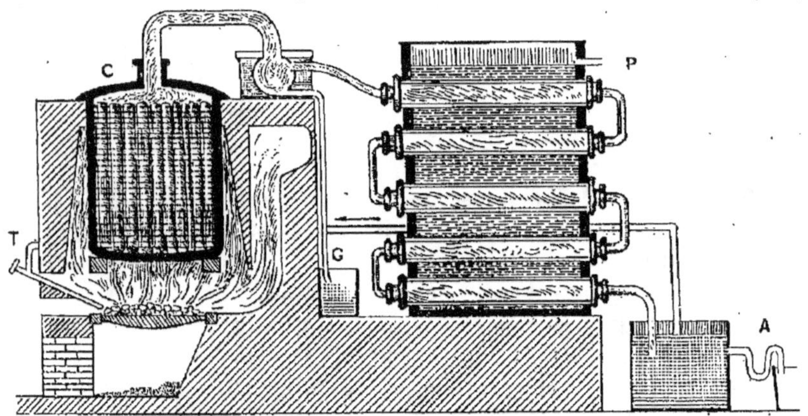

Fig. 284 *bis*. — Distillation du bois.
T. Tuyau amenant l'air pour activer le feu. — C. Chaudière où l'on chauffe le bois. — G. Récipient destiné à recevoir le goudron. — A droite, tubes réfrigérants plongés dans l'eau froide pour faciliter la condensation des gaz ; vinaigre de bois, esprit de bois que l'on recueille en A.

13. Procédé par distillation. — On peut obtenir un charbon de bois plus homogène et plus combustible en distillant le bois. Pour cela, on le place dans des cornues cylindriques qu'on chauffe ; des gaz, oxyde de carbone, anhydride carbonique, carbures d'hydrogène s'échappent ; des produits facilement liquéfiables, vinaigre de bois, esprit-de-bois, goudron, etc., sont recueillis, et il reste dans les cornues le charbon de bois. Le charbon ainsi préparé est surtout utilisé pour la fabrication de la poudre (*fig.* 284 *bis*).

Le charbon de bois est utilisé comme combustible. En outre, à cause de la propriété qu'il possède d'absorber les gaz, on l'emploie dans les filtres à charbon pour purifier et désinfecter l'eau qui peut contenir des matières organiques, des gaz désagréables ou dangereux (*fig.* 284 *ter*).

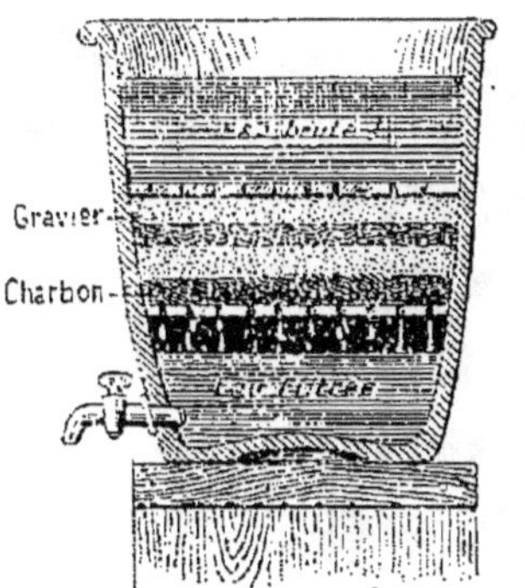

Fig. 284 *ter*. — Filtre à charbon.

NOIR DE FUMÉE

14. Noir de fumée. — Le noir de fumée présente l'aspect d'une poudre noire, douce et onctueuse au toucher, à cause d'un peu de matière huileuse qu'elle contient souvent.

Pour l'obtenir, on brûle dans une chaudière (*fig.* 285) des résines ou des goudrons ; les fumées qui s'en dégagent se rendent dans des chambres circulaires tapissées de grosse toile sur laquelle se dépose le noir. Pour le recueillir, on fait descendre le long des parois un cône de tôle qui, en les frottant, détache le noir de fumée qu'on ramasse sur le sol.

Le noir de fumée est employé à la fabrication de l'encre d'imprimerie et de l'encre de Chine.

NOIR ANIMAL

15. Noir animal. — Le noir animal est noir et conserve la forme des os qui l'ont formé.

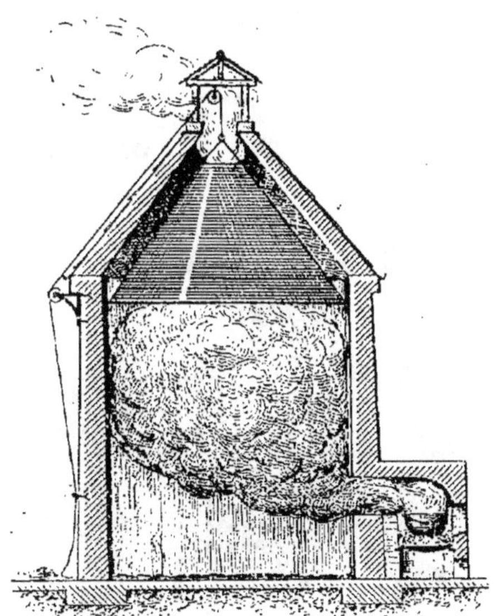

Fig. 285. — Fabrication du noir de fumée.

On l'obtient en calcinant des os en vases clos. C'est un carbone très impur.

Sa propriété importante est de décolorer les liquides organiques (*fig.* 286). Il est d'un usage presque constant pour la décoloration du jus sucré de la betterave. Or cette décoloration est absolument nécessaire, parce que la matière colorante empêcherait la cristallisation du sucre de se produire.

On peut vérifier cette propriété en agitant du noir animal en grain dans du vin ; celui-ci passera décoloré à travers le filtre.

Le charbon de Paris est du poussier de charbon aggloméré; il ne constitue pas une variété de carbone.

Fig. 286.
Décoloration par le noir animal.

Sous le nom de **briquette** on fait, avec des charbons pulvérulents et du goudron, des combustibles de formes variées.

COMPOSÉS OXYGÉNÉS DU CARBONE

OXYDE DE CARBONE

$$CO = 28.$$

16. Propriétés physiques. — L'oxyde de carbone est un gaz incolore, inodore, sans saveur ; sa densité est 0,967.

17. Propriétés chimiques. — Ce gaz est un oxyde neutre, il n'a aucune action sur la teinture de tournesol. C'est une combinaison de carbone avec l'oxygène, mais combinaison moitié moins oxygénée que l'anhydride carbonique. C'est du carbone à moitié brûlé.

L'oxyde de carbone est combustible et brûle avec une flamme bleue caractéristique : il a ainsi complété sa combustion.

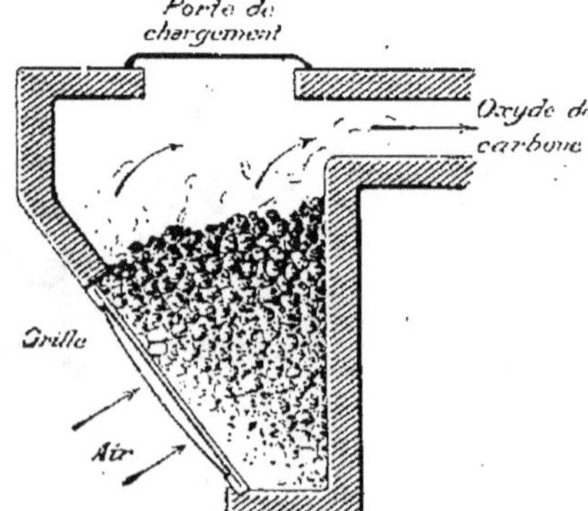

Fig. 286 *bis.*—Gazogène industriel pour la production de l'oxyde de carbone (Figure théorique).

Il possède au plus haut degré des **propriétés délétères**; c'est lui, beaucoup plus que l'anhydride carbonique, qui est la cause de la mort par le charbon. Il est dix fois plus dangereux que l'anhydride carbonique: un oiseau meurt dans une atmosphère contenant 1 p. 100 de ce gaz. L'oxyde de carbone est un **poison** qui se combine avec les globules rouges du sang et les rend impropres à entretenir la vie. On doit le redouter d'autant plus que ni sa couleur, ni son odeur ne trahissent sa présence. Mais il détermine d'abord des maux de tête, des vertiges, des nausées, la syncope et bientôt la mort, si les secours n'arrivent pas. Aux premiers symptômes, on doit porter le malade à l'air ou établir une ventilation rapide.

Afin d'éviter ces accidents, on ne doit pas fermer les portes ou les fenêtres d'une pièce où l'on brûle beaucoup de charbon, si la cheminée n'a pas un tirage suffisant. Il faut éviter d'allumer un fourneau au milieu d'un appartement, de laisser fermée la clef d'un poêle, de se servir de poêles sans tuyaux, et même de chaufferettes.

18. Etat naturel. — Ce gaz se produit chaque fois qu'on brûle incomplètement du charbon; c'est lui qui brûle dans la flamme bleue du foyer.

19. Usages. — L'oxyde de carbone est surtout utilisé en métallurgie, à cause de la facilité avec laquelle il s'empare de l'oxygène pour se transformer en anhydride carbonique. C'est grâce à sa présence que l'oxyde de fer est décomposé, dans les hauts fourneaux, en fer qu'on recueille et en oxygène qui se combine à l'oxyde de carbone.

On utilise l'oxyde de carbone en tant que gaz combustible pour chauffer les fours où l'on prépare l'acier, le verre, etc.

ANHYDRIDE CARBONIQUE
$$CO^2 = 44.$$

20. Propriétés physiques. — L'anhydride carbonique est un gaz incolore, d'une faible odeur, d'une saveur légèrement aigrelette et agréable.

Sa densité est 1,529; on met en évidence sa grande densité en faisant tomber des bulles de savon dans une cloche de verre pleine de ce gaz; les bulles, en arrivant sur sa surface, y rebondissent et y restent suspendues jusqu'à ce qu'elles crèvent.

On peut aussi renouveler une expérience semblable à celle qui nous a permis de vérifier le peu de densité de l'hydrogène, en abouchant cette fois une éprouvette d'anhydride carbonique et une éprouvette d'air (*fig.* 287).

Ce gaz est soluble dans l'eau, qui peut en dissoudre un volume égal au sien sous la pression normale. Mais, sous l'influence d'une pression plus considérable, il est capable d'être absorbé en plus grande quantité (eau de Seltz).

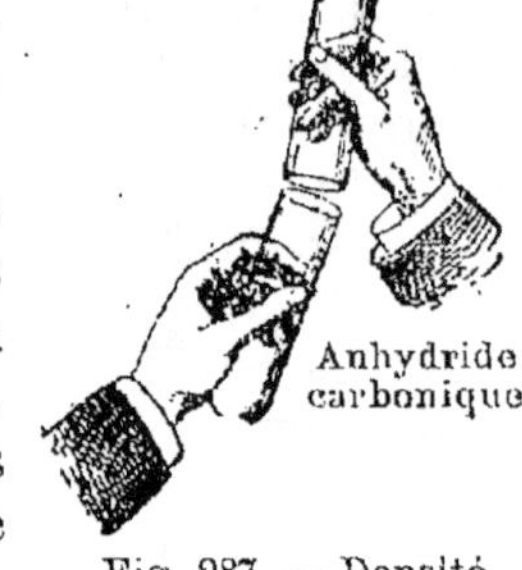

Fig. 287. — Densité de l'anhydride carbonique

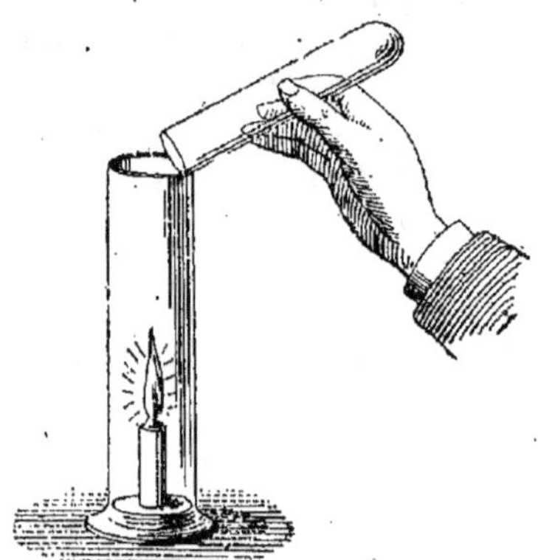

Fig. 288. — L'anhydride carbonique n'est ni combustible ni comburant. Versé sur la bougie, il l'éteint aussitôt.

21. Propriétés chimiques. — Ce gaz n'est ni combustible ni comburant; on le montre soit en faisant pénétrer une bougie dans une éprouvette pleine d'anhydride carbonique, soit en versant sur la bougie placée au fond d'une éprouvette l'anhydride carbonique contenu dans une autre (*fig.* 288). Dans ces deux cas, la bougie s'éteint.

L'anhydride carbonique est impropre à la respiration, non pas parce qu'il est délétère, mais parce que tout gaz qui n'est pas de l'air est impropre à la respiration.

La dissolution du gaz carbonique dans l'eau est un acide faible, l'acide carbonique. Il trouble l'eau de chaux, parce qu'il forme avec elle du **carbonate de calcium** insoluble; ce caractère sert à reconnaître l'anhydride carbonique.

22. Etat naturel. — L'anhydride carbonique existe dans l'atmosphère, où il est produit par la respiration des animaux, ce qu'on vérifie (*fig.* 289) en soufflant par un tube dans de l'eau de chaux : on voit bientôt celle-ci se troubler; c'est le moyen de reconnaître la présence de l'anhydride carbonique. Il peut s'accumuler, en raison de sa grande densité, dans les

caves, les égouts, et y produire une atmosphère irrespirable, si la proportion vient à y atteindre 25 à 30 p. 100.

Fig. 289. — L'anhydride carbonique trouble l'eau de chaux.

Il se dégage partout où se produisent des fermentations: dans la fabrication du vin, du cidre; et les asphyxies ne sont malheureusement pas rares dans ces milieux.

Enfin il se dégage du sol en certains endroits et peut y former comme dans la grotte du Chien, près de Naples, une couche assez épaisse. Dans cette grotte, l'homme n'éprouve aucun malaise tandis qu'un animal de petite taille, un chien par exemple, y périt asphyxié, parce que l'anhydride carbonique se maintient dans les couches inférieures, puis s'écoule par l'ouverture de la grotte.

Avant de pénétrer dans un endroit où l'on soupçonne la présence de l'anhydride carbonique, on y fait descendre une bougie enflammée ; si la bougie cesse de brûler, on devra éviter de pénétrer plus avant (*fig.* 289 *bis*).

Pour assainir un milieu renfermant ce gaz, on devra neutraliser l'acide par une base ; on pourra l'arroser avec de l'ammoniaque, ou mieux avec de l'eau de chaux.

Fig. 289 *bis*. — L'anhydride carbonique se dégage du cidre ou du vin en fermentation, des égouts, des puits. Aussi, avant de descendre dans un puits, dans une cuve, est-il prudent d'y faire pénétrer une bougie allumée, accrochée à un fil de fer.

Fig 289 *ter*. — L'eau de Seltz contient de l'anhydride carbonique.

L'anhydride carbonique existe encore à l'état de dissolution dans les eaux gazeuses ; comme l'eau de Seltz naturelle, l'eau de Saint-Galmier et autres.

Les causes que nous venons d'énumérer : combustions, fermentations, etc., fournissant constamment à

l'air de nouvelles quantités d'anhydride carbonique, le vicie-
raient si les végétaux ne vivaient aux dépens de ce gaz. En
effet, sous l'influence des rayons solaires, la partie verte des
végétaux décompose l'anhydride carbonique en carbone qu'elle
absorbe (pour former le bois), et en oxygène qui est restitué à
l'air. Les végétaux nous préservent donc de l'asphyxie par
l'anhydride carbonique. Il est vrai que, comme les animaux,
les plantes exhalent de l'anhydride carbonique dans leur respiration, mais cette respiration est peu active et, tout compte
fait, les plantes contribuent
beaucoup plus à purifier
l'air qu'à le vicier [1].

L'eau des pluies agit
aussi, à cause de la solubilité de l'anhydride carbonique, pour enlever à l'air
son excès de gaz nuisible ;
et c'est alors seulement
que, chargée d'anhydride
carbonique, elle sera capable de dissoudre du carbonate de chaux qui, sous
cette forme, servira de nourriture aux plantes, et de
maison aux mollusques de
la mer qui sauront le séparer de l'eau.

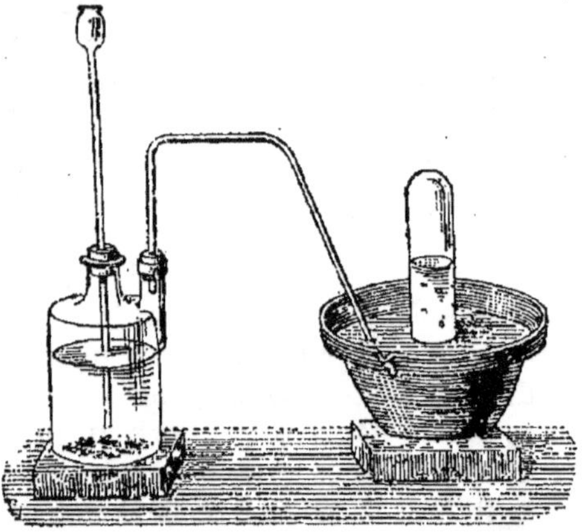

Fig. 290. — Préparation de l'anhydride
carbonique.

23. Préparation. — On retire l'anhydride carbonique du sel
carbonate de calcium en chassant l'acide carbonique de celui-ci
par un acide plus fort.

Dans le flacon à deux tubulures (*fig.* 290) qui nous a servi
à préparer l'hydrogène, on met du marbre ou de la craie. On
remplit à moitié le flacon d'eau, puis par la tubulure centrale
on verse de l'acide chlorhydrique. Une vive effervescence se
produit, et le gaz se dégage par le tube abducteur; on le
recueille sur la cuve à eau, malgré sa solubilité qui, d'ailleurs,

1. C'est surtout l'odeur des plantes qui est à redouter dans l'air confiné ou la
nuit, quand on dort.

est relativement faible, eu égard au dégagement abondant qui se produit.

$$CO^3Ca \quad + \quad 2HCl \quad = \quad CaCl^2 \quad + \quad H^2O \quad + \quad CO^2$$

Carbonate de calcium	Acide chlorhydrique	Chlorure de calcium	Eau	Anhydride carbonique

24. Usages. — L'anhydride carbonique est surtout employé à la fabrication des limonades, des vins et des eaux gazeuses : l'eau de Seltz artificielle, par exemple.

C'est l'anhydride carbonique qui est dissous dans le vin de Champagne, le cidre en bouteille, et qui s'échappe en emportant le liquide, dès qu'on cesse de le comprimer, en enlevant le bouchon.

L'anhydride carbonique en dissolution dans l'eau rend celle-ci capable de dissoudre des sels : les carbonates de potassium, de calcium, de sodium, dans les eaux de Vichy ; le carbonate de fer, dans celles de Spa, etc.

C'est grâce à l'anhydride carbonique qu'elle renferme, que l'eau dissout la silice et le carbonate de calcium qui entretiennent la vie des plantes et des animaux aquatiques.

COMBINAISONS HYDROGÉNÉES DU CARBONE

25. — Les combinaisons du carbone et de l'hydrogène sont extrêmement nombreuses et font l'objet d'une étude spéciale ; la chimie organique peut être, en effet, considérée comme l'étude des composés hydrogénés du carbone. Elles se trouvent généralement toutes formées dans la nature ; telles sont : les essences végétales de térébenthine, de citron, d'orange, de rose, etc ; le caoutchouc, la gutta-percha.

Il en est d'autres que l'industrie prépare : la **benzine**, l'huile de schiste, l'alcool, la glycérine, les acides végétaux, etc.

MÉTHANE ou PROTOCARBURE D'HYDROGÈNE

CH⁴.

26. — Ce gaz est encore désigné sous les noms d'**hydrogène protocarboné**, **gaz des marais** et **formène**.

27. Propriétés physiques. — C'est un gaz incolore, inodore, sans saveur ; sa densité est 0,559. Il est très peu soluble dans l'eau.

28. — Propriétés chimiques. — Ce gaz est combustible et brûle avec une flamme blanc jaunâtre bordée de bleu. Il n'est pas comburant. Il n'entretient pas la respiration, mais il n'est pas délétère ; les mineurs ne sont pas très incommodés au sein d'une atmosphère contenant $\dfrac{1}{11}$ de ce gaz.

Mais ce mélange de méthane et d'air détone violemment à l'approche d'un corps enflammé : c'est le feu grisou.

29. — Etat naturel. — Le méthane se dégage lorsqu'on agite la vase des eaux stagnantes des marais ; il s'y forme dans la décomposition des matières végétales.

Il s'échappe du sol en un grand nombre de lieux, et, une fois allumé, il ne s'éteint plus ; telle est l'origine des feux per-

Fig. 291. — Puits de pétrole en exploitation.

pétuels qu'on remarque sur les côtes de l'Asie Mineure. Il est alors l'indice presque certain de gisements de pétrole.

On trouve des sources abondantes de cette nature en France dans le département de l'Isère, en Italie, en Angleterre, près de la mer Caspienne, en Perse, dans l'Inde, en Amérique (*fig.* 291).

Nous avons dit qu'il se dégage dans certaines mines de houille, et qu'il cause, lorsqu'il est enflammé par la lampe des mineurs, les terribles explosions qu'ils désignent sous le nom de **feu grisou**.

30. Préparation. — On peut recueillir du méthane d'une pureté relative, en agitant avec un bâton la vase des marais (*fig.* 292). On reçoit les bulles qui se dégagent dans un flacon rempli d'eau et muni d'un entonnoir.

Fig. 292. — Manière de recueillir le méthane, ou gaz des marais.

31. Usages. — Lorsqu'il se dégage du sol, on l'emploie comme combustible pour les usages domestiques ; il est utilisé, dans l'Isère, à la cuisson des poteries.

GAZ DE L'ÉCLAIRAGE

32. Historique. — La découverte de l'éclairage au gaz est due à un ingénieur français, **Philippe Lebon**, qui fit les premières expériences en 1785, en enflammant le gaz qui se dégage du bois dans sa distillation sèche ; bientôt après, il remplaça le bois par la houille. Mais, surtout à cause de l'odeur insupportable de ce gaz non épuré, son procédé fut abandonné.

Cette idée de Lebon fut reprise par Murdoch, en Angleterre, qui éclaira vers 1803, à l'aide du gaz tiré de la houille, les ateliers de construction de Watt.

33. Propriétés. — Ce gaz a une odeur désagréable : sa densité par rapport à l'air est environ 0,5. Il est formé en grande partie d'hydrogène et de méthane, mais contient de petites quantités de bien d'autres gaz : l'oxyde de carbone, l'acétylène, les vapeurs de benzine et de naphtaline.

Comme le méthane et l'hydrogène, il forme avec l'air des mélanges qui détonent par inflammation.

34. Préparation. — On chauffe la houille dans des cornues en terre (*fig.* 293), rangées au-dessus d'un foyer ardent. Les gaz qui se produisent sont conduits par un tube dans un long cylindre appelé **barillet**, à moitié plein d'eau. Le tube plonge de quelques centimètres dans cette eau ; le gaz y abandonne déjà une partie de ses produits liquéfiables. Il traverse ensuite

une série de tubes réfrigérants ayant la forme d'U, débouchant
sur une caisse dont le fond est garni d'eau ; enfin on le fait
filtrer à travers un double cylindre vertical renfermant du coke ;
il termine là son **épuration physique**. Alors commence l'épuration **chimique**, qu'on obtient en faisant passer le gaz dans une
caisse garnie de claies portant du sulfate de chaux et un oxyde
de fer qui enlève au gaz les produits volatils qui le rendraient

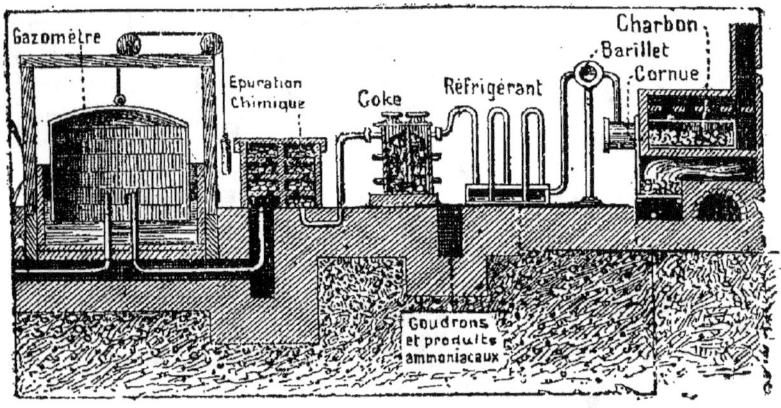

Fig. 293. — Fabrication du gaz de l'éclairage. Coupe schématique des appareils
d'une usine à gaz.

trop insalubre. On ne cherche pas à le purifier au point de lui
enlever son odeur pour qu'elle puisse trahir la présence du gaz
échappé dans une pièce, et qu'on n'y pénètre pas avec un corps
enflammé, sous peine de produire une explosion.

Le gaz est ensuite recueilli dans une immense cloche retour-
née sur l'eau, le gazomètre.

L'épuration physique a séparé du gaz le **goudron**, dont on
retire par distillation la benzine, l'acide phénique, la naphtaline
et autres produits avec lesquels on fabrique l'aniline et des
matières colorantes d'une grande importance. Elle produit
encore des sels ammoniacaux.

En résumé, l'épuration physique a eu pour but d'enlever aux
produits de la distillation les substances facilement liquéfiables ;
l'épuration chimique a débarrassé le gaz d'éclairage des gaz

étrangers qui l'auraient rendu trop insalubre et de ceux qui auraient nui à son pouvoir éclairant.

En outre, la cornue renferme, après distillation, deux charbons que nous avons étudiés : le coke, d'un volume souvent plus considérable que la houille qui l'a produit, et le charbon des cornues.

35. Usages. — Le gaz d'éclairage dégage en brûlant une chaleur considérable. On l'utilise pour l'éclairage en portant à l'incandescence les manchons Auer, formés d'oxydes de **thorium** et de **cérium** qui deviennent très lumineux. Pour obtenir ce résultat, le gaz mélangé d'air vient brûler à l'orifice d'un tube, le brûleur de Bunsen (*fig.* 293 *bis*).

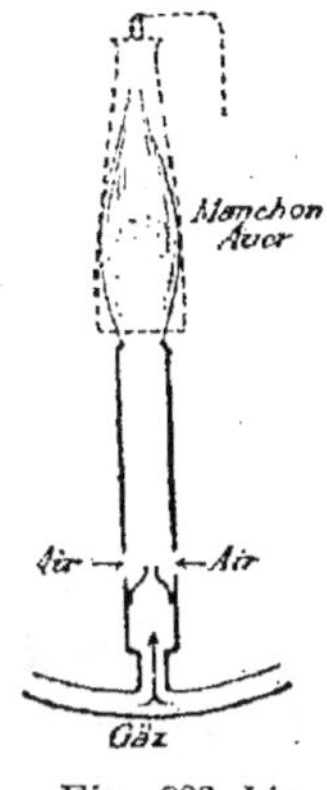

Fig. 293 *bis*.
Brûleur de Bunsen.

Le gaz sert aussi au chauffage et à l'alimentation des moteurs à explosion.

ACÉTYLÈNE
$$C^2H^2.$$

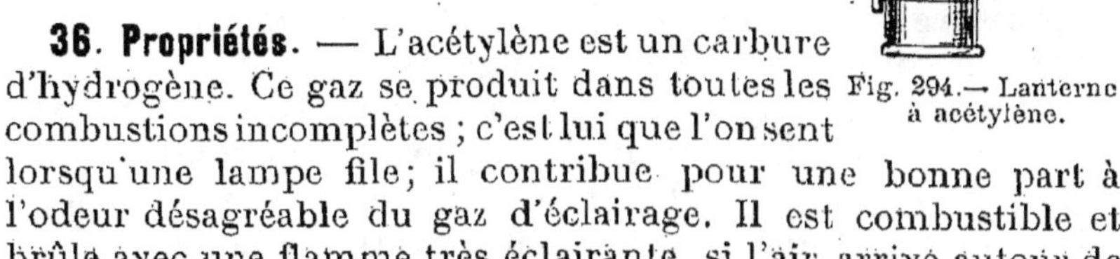

Fig. 294.— Lanterne
à acétylène.

36. Propriétés. — L'acétylène est un carbure d'hydrogène. Ce gaz se produit dans toutes les combustions incomplètes ; c'est lui que l'on sent lorsqu'une lampe file ; il contribue pour une bonne part à l'odeur désagréable du gaz d'éclairage. Il est combustible et brûle avec une flamme très éclairante, si l'air arrive autour de la flamme en quantité suffisante.

Il produit alors de l'anhydride carbonique et de l'eau.

$$C^2H^2 \ + \ 5O \ = \ 2CO^2 \ + \ H^2O$$

Acétylène — Oxygène — Anhydride carbonique — Eau

Sinon, la flamme est fuligineuse ; il se produit de l'eau et il se dépose du carbone sous forme de noir de fumée.

Aussi les becs qui servent à le brûler doivent-il être pourvus d'une fente très étroite : alors qu'un bec papillon pour le gaz ordinaire a une fente de 7 dixièmes de millimètre de largeur, les becs à acétylène n'ont qu'une fente de 1 ou 2 dixièmes de millimètre.

37. Préparation. — L'acétylène est la seule combinaison qu'on puisse obtenir directement entre le carbone, et l'hydrogène : elle se produit quand l'arc électrique éclate dans un ballon plein d'hydrogène.

L'acétylène se prépare aujourd'hui par la décomposition du carbure de calcium. Le carbure de calcium est obtenu par la combinaison de la chaux et du charbon à la température extrêmement élevée du four électrique. La réaction est la suivante :

$$3C \quad + \quad CaO \quad = \quad C^2Ca \quad + \quad CO$$

Carbone   Chaux   Carbure   Oxyde
         vive   de calcium   de carbone

Le carbure de calcium est un corps gris brun finement cristallisé, qui absorbe avec avidité l'humidité de l'air. La vapeur d'eau atmosphérique ou l'eau liquide le décomposent en chaux et acétylène d'après la réaction :

$$C^2Ca \quad + \quad 2H^2O \quad = \quad C^2H^2 \quad + \quad CaO^2H^2$$

Carbure   Eau   Acétylène   Chaux
de calcium   éteinte

38. Usages. — L'acétylène est employé pour l'éclairage : on le conserve sous faible pression dans des gazomètres, et on peut l'envoyer comme le gaz d'éclairage dans des canalisations. Il faut prendre certaines précautions, car il attaque le cuivre et forme avec lui un explosif, l'acétylure de cuivre. On peut le transporter en le dissolvant sous pression dans un liquide particulier, l'acétone dans lequel il est très soluble.

Comme le gaz d'éclairage il forme avec l'air des mélanges explosifs : son emploi exige donc les mêmes précautions.

BENZÈNE ou BENZINE
C^6H^6.

39. Propriétés. — C'est un liquide incolore d'une odeur agréable quand il est pur; très volatil; plus léger que l'eau avec laquelle il ne se mélange pas. Il dissout un grand nombre de corps, tels que l'iode, le caoutchouc, les corps gras.

Il est combustible et brûle comme l'acétylène avec une flamme fumeuse.

L'acide azotique fumant donne à froid avec la benzine un corps important, la **nitrobenzine** $C^6H^5AzO^2$. L'hydrogène a été en partie remplacé par le radical AzO^2 ; un tel corps s'appelle un **dérivé nitré**; il y en a en chimie de nombreux exemples. La nitrobenzine s'appelle aussi **essence de mirbane**; elle a une odeur analogue à celle des amandes amères.

40. Préparation. — La benzine s'extrait du goudron de houille par distillation fractionnée.

41. Usages. — La benzine sert au dégraissage des vêtements; mais la plus grande partie sert de matière première pour la fabrication du phénol et des matières colorantes artificielles dites couleurs d'aniline.

RÉSUMÉ

1. **Carbone** (C,12) ou **charbon pur**. — Solide, infusible.
Le carbone, en brûlant, dégage de l'**anhydride carbonique**. Il est employé en métallurgie pour réduire les oxydes métalliques.

2. **Division**. — **Charbons naturels** : *diamant, graphite, anthracite, houille, lignite et tourbe*.
Charbons artificiels. — *Coke, charbon des cornues, charbon de bois, noir de fumée, noir animal*

3. **Diamant**. — Carbone pur. Taille en rose ou en brillants. — *Usages :* Bijouterie (pouvoir dispersif des rayons). Horlogerie (dureté). Gravure sur pierres dures, outils de forage.

4. **Graphite** ou plombagine ou mine de plomb (ne contient pas de plomb). *Usages :* Fabrication des crayons, noircissage des poêles, métallisation des moules en galvanoplastie.

5. **Anthracite ou charbon de pierre**. — Bon combustible lorsqu'on dispose d'un fort tirage.

6. **Houille ou charbon de terre**. — Combustible formé de la décomposition lente des végétaux. Sa distillation fournit le gaz d'éclairage, des huiles, du goudron, des couleurs, etc.

7. **Lignites**. — Combustible. Jais.

8. **Tourbe**. — Mauvais combustible, formé de la décomposition des végétaux.

9-10. **Coke et charbon des cornues**. — Tous deux résidus de la distillation de la houille; ce dernier sert de conducteur dans les piles électriques; on l'emploie aussi pour faire des creusets et des tubes infusibles.

11-13. **Charbon de bois**. Résidu de la combustion incomplète du bois. Carbonisation en meules ou distillation en vase clos.

14. **Noir de fumée**. — Recueilli dans la fumée qui se dégage de la combustion de matières résineuses. — Sert à faire l'encre d'imprimerie, l'encre de Chine.

15. **Noir animal**. — Calcination des os en vases clos. — Réduit en poudre et agité avec un liquide coloré, il laisse filtrer un liquide incolore.

16-19. **Oxyde de carbone** (CO). — Gaz très délétère. Employé en métallurgie pour la réduction des oxydes métalliques.

20-24. **Anhydride carbonique** (CO^2). — Il se forme chaque fois qu'un charbon ou carbone brûle à l'air ou dans l'oxygène. Gaz d'une odeur piquante, de saveur agréable, légèrement acide. Il pèse 1 fois 1/2 plus que l'air. Il trouble l'eau de chaux en formant du carbonate de calcium ; il n'est ni combustible, ni comburant : pour cette dernière raison il est impropre à la respiration.

Présence de l'anhydride carbonique dans l'atmosphère : dégagement du sol (grotte du Chien, à Pouzzoles), combustions, fermentations, etc.

Purification de l'air par la *partie verte* des végétaux; cette partie verte décompose l'anhydride carbonique, sous l'influence de la lumière solaire, en carbone qu'elle absorbe et en oxygène qui est restitué à l'air.

Préparation. — Décomposition du carbonate de calcium par l'eau acidulée. Malgré sa solubilité, on le recueille sur la cuve à eau.

$$CO^3Ca + 2HCl = CaCl^2 + H^2O + CO^2.$$

Usages. — Eau de Seltz, limonades gazeuses, vins mousseux.

26-31. Méthane ou gaz des marais (CH^4). — Gaz combustible utilisé comme tel lorsqu'il se dégage du sol : dans le département de l'Isère (cuisson des poteries), l'Italie, l'Angleterre. — Gaz détonant lorsqu'il est mélangé avec l'air et enflammé (*feu grisou*).

On le retire en agitant la vase des marais et en recueillant le gaz qui s'en dégage.

32-35. Gaz de l'éclairage. — Formé en grande partie de méthane et d'hydrogène libre.

Préparation. — Distillation de la houille.

Epuration physique pour le débarrasser des huiles, goudrons, etc.

Epuration chimique pour le débarrasser des gaz étrangers qui le rendraient trop insalubre. Conservation dans des gazomètres.

36-38. Acétylène (C^2H^2). — Sa préparation par le carbure de calcium; sert pour l'éclairage.

39-41. Benzine (C^6H^6). — Extraction du goudron de houille. *Nitrobenzine*. Matière première des couleurs d'aniline.

QUESTIONS D'EXAMEN

1-2. Quelles sont les propriétés générales des carbones? — 3. Que savez-vous du diamant? — Comment le polit-on? — Où le trouve-t-on? — Quels sont ses usages? — 4. Qu'est-ce que le graphite et à quoi sert-il? — 5. Quel est l'usage de l'anthracite? — 6. Quels corps retire-t-on de la houille? — Comment a dû se former la houille? — 7-8. Les lignites et les tourbes sont-ils de bons combustibles? — 9-10. D'où tire-t-on le coke et le charbon des cornues? — 11-13. Comment prépare-t-on le charbon de bois, en meules? par distillation? — Quels sont ses propriétés et ses usages? — 14. Comment obtient-on le noir de fumée et à quoi sert-il? — 15. Le noir animal est-il un charbon bien pur? — Quel est son usage? — 16-19. Quels sont les composés oxygénés du carbone? — Quelles sont les propriétés de l'oxyde de carbone? — Est-il bon à respirer? — Quelles précautions doit-on prendre pour éviter l'empoisonnement par l'oxyde de carbone? — 20. Quelles sont les propriétés physiques de l'anhydride carbonique? — 21. Ce gaz est-il combustible, comburant? — Comment le montre-t-on? — 22 Dans quelles proportions le trouve-t-on dans l'atmosphère? — Quelles sont les causes de sa production naturelle? — Quelle est la propriété caractéristique de l'anhydride carbonique? — Comment se fait-il que la quantité de CO^2 n'augmente pas dans l'atmosphère? — 23. Comment le prépare-t-on? — 24. Quels sont ses usages? — 26-28. Quelles sont les propriétés du méthane? — Que se produit-il si, mélangé à l'air, on l'enflamme? — 29. Comment se forme-t-il naturellement? — 30-31. Quels sont ses usages? — Quelle est sa préparation? — 32-35. Faites l'histoire du gaz de l'éclairage. — D'où le tire-t-on? — En quoi consiste son épuration physique? — Pourquoi pratique-t-on son épuration chimique, et comment? — 36-38. L'acétylène. — Sa préparation. — Comment a-t-on réalisé la synthèse de ce corps? — 39-41. D'où vient la benzine? Qu'est-ce que la nitrobenzine? — Qu'est-ce qu'un dérivé nitré?

CHAPITRE V

PHOSPHORE, SOUFRE
ET LEURS COMPOSÉS

PHOSPHORE

$$P = 31.$$

1. Propriétés physiques. — Le phosphore est un corps solide, légèrement ambré, d'une odeur qui rappelle celle de l'ail; sa consistance est faible, il peut être rayé par l'ongle.

Sa densité est 1.83. Il fond à 44°; si, par exemple, on en met quelques morceaux dans de l'eau chauffée à 44°, le phosphore se liquéfie et prend l'aspect d'une huile jaune et épaisse. Il s'enflamme à 60°.

2. Propriétés chimiques. — Le phosphore brûle avec une flamme brillante en donnant de l'**anhydride phosphorique**. Une oxydation lente (sans inflammation), à l'air humide, donne de l'acide **phosphoreux**, moins oxygéné.

Le phosphore possède la singulière propriété de s'enflammer spontanément à l'air, lorsqu'il est fortement divisé. Ainsi, si l'on a fait dissoudre du phosphore dans son meilleur dissolvant, le sulfure de carbone, et qu'on y plonge quelques morceaux de papier, lorsqu'on abandonnera ensuite ceux-ci à

Fig. 294.   Fig. 294 *bis*.

Manière de conserver le phosphore blanc, de le couper et de le manier sans danger de brûlure.

l'air, le sulfure de carbone s'évaporera et laissera sur le papier du phosphore très divisé qui s'enflammera spontanément en brûlant le papier.

Le frottement suffit aussi pour enflammer le phosphore. Ce métalloïde présente cette autre curieuse propriété d'être lumineux dans l'obscurité. La cause de cette **phosphorescence** paraît devoir être attribuée à la combustion lente du phosphore par suite de son oxydation.

Pour ces différentes raisons : 1° on conserve le phosphore dans des flacons remplis d'eau ; on le voit alors se recouvrir d'une poussière blanche formée de cristaux microscopiques de phosphore ; 2° on le traite toujours sous l'eau (*fig.* 294 *bis*) ; autrement la chaleur de la main suffirait à l'enflammer, et il produirait des brûlures très douloureuses et difficiles à guérir.

Lorsque le phosphore est **exposé à la lumière solaire** ou à **l'action de la chaleur**, il se transforme en **phosphore rouge**. Ce phosphore rouge possède des propriétés complètement différentes de celles du phosphore ordinaire ou **phosphore blanc** : il n'est pas phosphorescent, il ne s'enflamme qu'à une haute température, 260° ; il **n'est pas toxique**, alors que le phosphore ordinaire est un poison violent. On l'appelle aussi **phosphore amorphe**.

3. État naturel. — Le phosphore est très répandu dans la nature, surtout à l'état de phosphate de calcium.

On en trouve dans presque toutes les substances de l'organisme, dans les os, le cerveau, l'urine, les nerfs, la laitance des poissons, etc.

4. Préparation. — Les premiers alchimistes qui découvrirent ce corps le retirèrent de l'urine.

On l'extrait maintenant et en bien plus grande abondance des os, qu'on sait contenir en grande partie du

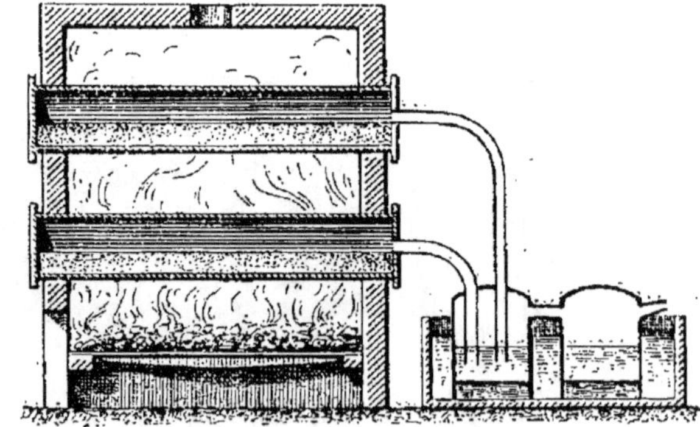

Fig. 294 *ter*. — Préparation du phosphore par la réduction de l'acide phosphorique à l'aide du charbon.

phosphate de calcium. On emploie pour cela des os de bœuf ou de mouton d'abord calcinés, afin de les débarrasser de leur substance animale.

On l'extrait surtout du phosphate de calcium trouvé dans le sol. Le phosphate est mélangé avec du sable ou silice et du charbon, le tout en poudre, et fortement chauffé dans des cornues (*fig.* 249 *ter*), ou dans un four électrique. La silice le décompose et met en liberté de l'anhydride phosphorique qui est réduit par le charbon : des vapeurs de phosphore se dégagent et sont amenées par un tube dans des récipients d'eau où elles se condensent. Le phosphore ainsi obtenu est fondu, filtré à plusieurs reprises, coulé en bâtons et enfin livré au commerce.

5. Usages. — Le phosphore est employé à la fabrication des allumettes, qui en consomme par an environ 38.000 kilogrammes.

En raison de ses propriétés très vénéneuses, on l'utilise dans la confection d'une **pâte phosphorée**, dont les rats et les souris sont très friands, mais qui cause leur mort.

6. Fabrication des allumettes. — Les allumettes ordinaires sont garnies d'une pâte contenant du **sesquisulfure de phosphore** P^4S^3 ; ce corps prend feu par le frottement ; on aide son inflammation en ajoutant dans la pâte une matière comburante, le chlorate de potassium, et une matière rugueuse, le verre pilé.

Les allumettes au **phosphore amorphe** ou allumettes de sûreté ne portent pas de phosphore ; ce corps est placé sur le frottoir, avec du bioxyde de manganèse en poudre. En frottant l'allumette on détache une parcelle de phosphore qui s'enflamme et met le feu à la pâte combustible dont l'allumette est garnie. A son tour cette pâte enflamme le soufre.

Ces deux sortes d'allumettes ne sont pas vénéneuses comme les anciennes au phosphore ordinaire ; et leur fabrication est moins insalubre.

COMPOSÉS OXYGÉNÉS DU PHOSPHORE

Le seul composé du phosphore et de l'oxygène, qui soit un peu intéressant pour nous, est l'*anhydride phosphorique*. Les deux autres sont l'*acide hypophosphoreux* et l'*acide phosphoreux*.

ANHYDRIDE PHOSPHORIQUE

$$P^2O^5.$$

7. Propriétés. — L'anhydride phosphorique est une poudre blanche semblable à de la neige. Sa propriété essentielle est son avidité pour l'eau. Il devient rapidement déliquescent lorsqu'il est abandonné à l'air. Projeté sur l'eau, il y produit un sifflement analogue à celui qu'y produirait un fer rouge. A cause de son avidité pour l'eau, il est employé pour dessécher les gaz

8. Préparation. — Il suffit de recouvrir d'une cloche bien sèche un fragment de phosphore enflammé (*fig*. 295). Celui-ci brûle aux

Fig. 295. — Préparation de l'anhydride phosphorique avec l'oxygène de l'air.

dépens de l'oxygène de l'air contenu dans la cloche en formant de l'anhydride phosphorique qui tombe peu à peu sur l'assiette supportant la cloche.

En se combinant à l'eau l'anhydride phosphorique forme l'acide phosphorique, PO^4H^3, acide énergique qui donne les phosphates.

COMPOSÉS HYDROGÉNÉS DU PHOSPHORE

9. Phosphure d'hydrogène gazeux. — Une des trois combinaisons du phosphore avec l'hydrogène, le **phosphure d'hydrogène gazeux** (PH^3), présente cette curieuse propriété, qu'il s'enflamme spontanément à l'air libre, en produisant de belles couronnes de fumée blanche d'anhydride phosphorique.

La façon la plus simple de le produire consiste à jeter un fragment de **phosphure de calcium** dans l'eau d'un verre (*fig*. 296).

Mais pour le préparer dans les laboratoires, on fait des boulettes avec de la chaux, un peu d'eau et un petit fragment de phosphore. On remplit de ces boulettes les trois quarts d'un ballon de verre (*fig*. 297), qu'on achève de remplir avec de la chaux éteinte, puis on chauffe. Le gaz commence à s'enflammer dans le tube abducteur, puis bientôt à sa sortie de la cuve à eau.

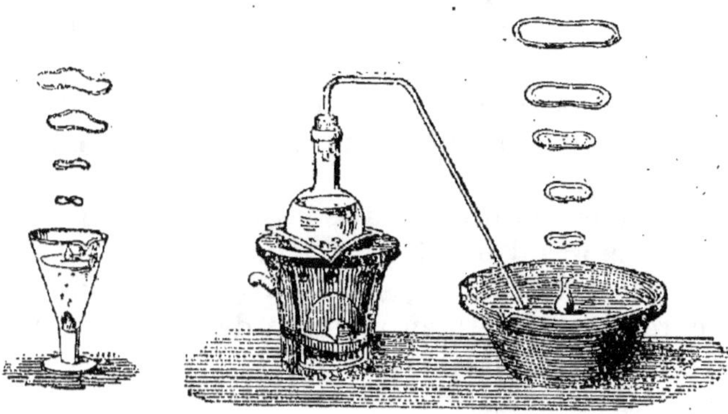

Fig. 296.   Fig. 297.
Préparation du phosphure d'hydrogène gazeux:
1° (à gauche) avec du phosphore de calcium et de l'eau.
2° (à droite) avec de la chaux, de l'eau et du phosphore. A noter
la caractéristique de ce gaz qui s'échappe en couronnes.

C'est ce phosphure gazeux qui se dégage du sol partout où se décomposent, au sein d'un terrain calcaire, des matières animales, dans les cimetières, par exemple, et qui s'enflamme au contact de l'air en formant ce qu'on appelle les **feux follets**. Cette production n'a donc rien de surnaturel.

SOUFRE

$$S = 32.$$

10. Propriétés physiques. — Le soufre est solide, d'une couleur jaune citron, inodore et sans saveur.

Il est mauvais conducteur de l'électricité, nous l'avons vérifié en physique ; il est également mauvais conducteur de la chaleur, à tel point que, si l'on serre dans la main un bâton de soufre, la partie extérieure seule s'échauffe, se dilate, sans que les parties voisines soient échauffées ; il se produit des craquements qui deviennent plus intenses si l'on vient à plonger le soufre dans l'eau chaude : c'est ce qu'on appelle le **cri du soufre**.

Sa densité est 2.

Le soufre fond à 117° en un liquide très fluide, transparent, d'un jaune clair ; si on continue à le chauffer, il brunit vers

150° en devenant visqueux ; à 200°, il est assez épais pour qu'on puisse retourner le vase qui le contient sans en renverser. Au delà de 200°, il redevient fluide, tout en gardant sa coloration; il bout à 440°. Refroidi, il repasse par les mêmes phases en sens inverse.

Chauffé à 220° et refroidi brusquement en le coulant dans de l'eau froide, il forme le **soufre mou,** élastique comme le caoutchouc.

Insoluble dans l'eau, on le dissout dans l'alcool, la benzine et surtout dans le sulfure de carbone.

11. Propriétés chimiques. — Le soufre est combustible à l'air, à la température de 250°, en formant de l'acide sulfureux.

Il se combine très facilement à chaud avec les métaux tels que le fer, le cuivre, l'argent.

12. État normal. — Le soufre se rencontre en abondance dans les contrées volcaniques, en des endroits appelés **solfatares** ; on le recueille soit pur, soit mélangé de matières terreuses.

Il existe à l'état de combinaisons dans les sulfures métalliques, dans les sulfates et surtout dans le sulfate de calcium (plâtre).

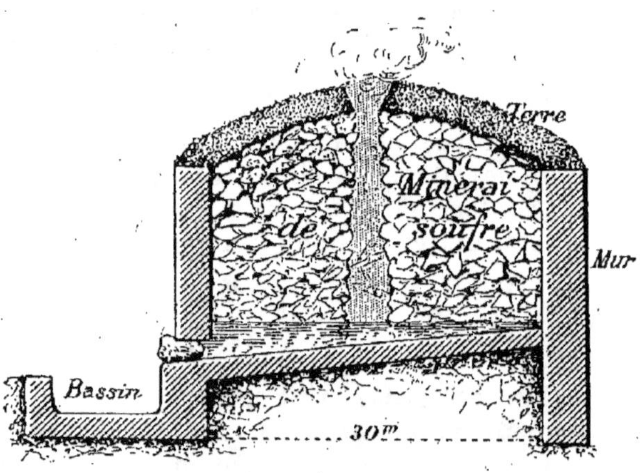

Fig. 298. — Calcarone pour la fusion du soufre naturel.

13. Extraction. — Le principal procédé d'extraction du soufre est celui des **calcaroni** pratiqué en Sicile.

On appelle ainsi de grosses meules construites avec le minerai de soufre ; on enflamme ces meules : une partie du soufre brûle, le reste fond et s'écoule sur un plan incliné en se séparant de la terre et des roches (*fig.* 298). On obtient ainsi du soufre impur, gris ou verdâtre, contenant encore un peu de matières terreuses.

14. Raffinage. — Pour raffiner le soufre on le met dans une chaudière C (*fig.* 299) où il fond; de là il coule dans une cornue cylindrique exposée au milieu du foyer, où il se vaporise. La vapeur se rend dans une grande chambre en maçonnerie E. En arrivant dans cette chambre froide, la vapeur se condense brusquement, et

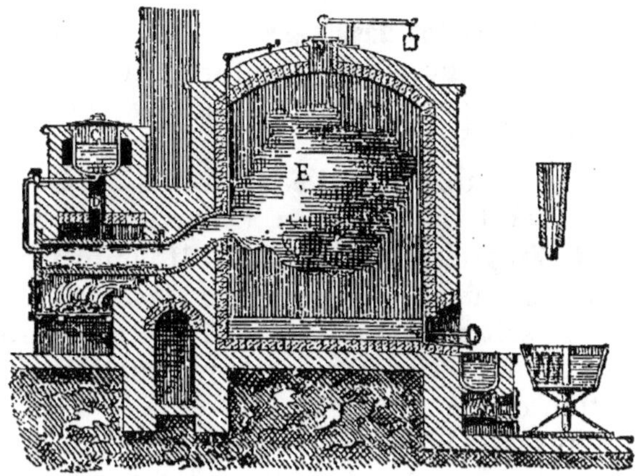

Fig. 299. — Raffinage du soufre.

le soufre se prend en une poussière jaune appelée **fleur de soufre**, qui tombe sur le sol et qu'on recueille si on le désire. Mais peu à peu la température de la chambre s'élève et, à partir du moment où elle atteint 117°, la vapeur se condense en soufre liquide qui se répand sur le sol. En débouchant un orifice inférieur, le soufre coule au dehors, où il est recueilli dans des moules coniques. Il prend alors le nom de **soufre en canon**.

15. Usages. — Le soufre est employé à la fabrication de l'acide sulfureux et de l'acide sulfurique, des allumettes, de la poudre, au soufrage de la vigne pour la préserver de l'oïdium, à la vulcanisation du caoutchouc.

On s'en sert aussi pour sceller le fer dans la pierre, pour le moulage des médailles que l'on veut reproduire par la galvanoplastie.

La médecine l'emploie dans certaines maladies de la peau.

COMPOSÉS OXYGÉNÉS DU SOUFRE

16. — Le soufre forme avec l'oxygène des composés dont nous étudierons les deux principaux : *anhydride sulfureux, acide sulfurique*.

ANHYDRIDE SULFUREUX

$$SO^2.$$

17. Propriétés physiques. — L'anhydride sulfureux est un gaz incolore, d'une odeur très forte qui provoque la toux. C'est lui qui se dégage quand on enflamme une allumette. Sa densité est de 2.234.

Il est soluble dans l'eau, qui en dissout 50 fois son volume à la température ordinaire, et facilement liquéfiable.

18. Propriétés chimiques. — Il éteint les corps en combustion. Non seulement il n'entretient pas la respiration, mais tout le monde sait de quelle façon il irrite les muqueuses lorsqu'on le respire, même dans la petite proportion qui se forme à l'inflammation d'une allumette.

L'anhydride sulfureux décolore plusieurs substances végétales, comme les violettes, les roses qui blanchissent dans l'anhydride sulfureux.

La dissolution rougit fortement le tournesol; c'est **l'acide sulfureux** $SO^2 + H^2O$ ou SO^3H^2 qui donne avec les bases des **sulfites.**

19. Etat naturel. — L'anhydride sulfureux se dégage en grande quantité des volcans en éruption.

20. Préparation — L'anhydride sulfureux se produit dans la combustion du soufre à l'air. Il est plus économique de substituer au soufre raffiné les pyrites ou sulfures de fer, qu'il suffit de griller à l'air.

$$2FeS^2 \quad + \quad 11O \quad = \quad Fe^2O^3 \quad + \quad 4SO^2$$

Sulfure de fer	Oxygène	Sesquioxyde de fer	Anhydride sulfureux

On trouve aujourd'hui, dans le commerce, de l'anhydride sulfureux liquéfié sous pression, dans des siphons analogues aux siphons d'eau de Seltz.

21. Usages. — L'anhydride sulfureux sert surtout à la fabrication de l'acide sulfurique.

Il est employé au blanchiment des tissus animaux : la laine et la soie. A Lyon, on suspend des écheveaux mouillés dans les chambres où l'on brûle du soufre placé dans une terrine. L'anhydride sulfureux, se dissolvant dans l'eau qui imprègne la soie, y détruit la matière colorante. Un lavage dans une eau alcaline fait disparaître l'excès d'acide.

Fig. 300.— L'anhydride sulfureux enlève les taches de couleur.

On enlève les taches de fruits ou de vin sur le linge en plaçant la tache, qu'on a pris soin de mouiller, au-dessus du sommet ouvert d'un cornet en papier sous lequel on brûle du soufre (*fig*. 300). On empêche le vin de fermenter et de tourner au vinaigre en brûlant une mèche soufrée dans le tonneau qui doit le contenir.

La médecine l'utilise pour guérir la maladie que cause le sarcopte de la **gale**, pour désinfecter les literies ou les appartements contaminés.

Comme il n'est pas comburant, on s'en sert pour l'extinction des feux de cheminée. En jetant dans l'âtre du soufre allumé, il se produit de l'anhydride sulfureux qui, montant dans la cheminée, arrête la combustion de la suie.

Enfin, le froid que produit l'évaporation, de l'anhydride liquide est utilisé dans les machines frigorifiques.

ACIDE SULFURIQUE ORDINAIRE

$$SO^4 H^2.$$

Cet acide est encore nommé **huile de vitriol ou vitriol.**

22. Propriétés.— L'acide sulfurique ordinaire concentré est un liquide incolore [1] et inodore, sirupeux, presque deux fois plus dense que l'eau, d'une acidité telle qu'il rougit encore la teinture de tournesol après avoir été étendu de 1.000 fois son poids d'eau.

Cet acide a une grande affinité pour l'eau ; aussi, quand on mêle ces deux liquides, faut-il avoir soin de verser lentement l'acide dans l'eau en agitant celle-ci avec une baguette de verre ; si l'on versait brusquement l'eau dans l'acide, on déterminerait de violentes explosions.

Il carbonise le bois en faisant de l'eau avec son oxygène et son hydrogène ; il brûle et détruit de même les tissus organiques ; introduit dans l'estomac, il amène immédiatement la mort par suite de l'altération instantanée qu'il fait subir aux membranes.

---

[1] L'acide, incolore quand il est préparé depuis peu, brunit très rapidement en carbonisant les poussières de l'air.

23. Préparation.— Pour préparer l'acide sulfurique, on suroxyde l'anhydride sulfureux à l'aide d'un des composés oxygé-

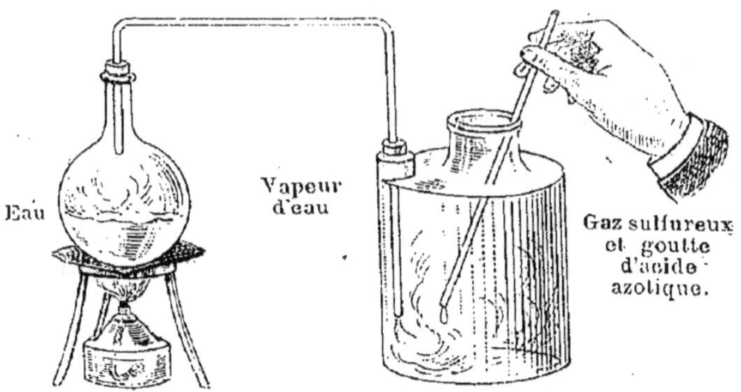

Fig. 300 *bis*. — Principe de la fabrication de l'acide sulfurique.

nés de l'azote : l'acide azotique, en présence de la vapeur d'eau. Cette opération, assez compliquée, se produit dans des chambres à parois de plomb, dites **chambres de plomb**. La figure 300 *bis*, très simplifiée à dessein, donnera une idée du principe de la fabrication de l'acide sulfurique.

24. Usages. — L'acide sulfurique est l'acide le plus constamment employé dans l'industrie ; il suffira de savoir que la France seule en produit annuellement plus de 75 millions de kilogrammes, pour être convaincu de son importance.

C'est lui qu'on emploie pour la fabrication de l'acide azotique, de l'acide chlorhydrique, de la soude ; pour la préparation des bougies, du sucre de fécule ; pour l'affinage de l'or et de l'argent.

Il sert aussi à la fabrication des **sulfates** de fer et de cuivre, des *superphosphates*, ou engrais phosphatés utilisés en agriculture, à l'épuration des huiles, à la construction des accumulateurs, etc.

Dans les expériences de chimie, on l'emploie pour dessécher les gaz.

AUTRES COMPOSÉS DU SOUFRE
ACIDE SULFHYDRIQUE
$$H^2S.$$

25.—L'acide sulfhydrique est une combinaison du soufre avec l'hydrogène. Il se dégage des fosses d'aisances et des égouts et de toutes les matières organiques contenant du soufre et qui viennent à se putréfier. Ce gaz ne se signale à notre attention que par son odeur fétide, nous rappelant celle des œufs pourris. C'est à sa présence que les eaux de Bagnères, de Barèges, d'Enghien doivent leur odeur et leurs propriétés thérapeutiques.

Il est combustible et brûle avec une flamme bleue en produisant de l'anhydride sulfureux. Il noircit les peintures au blanc de plomb par la formation de **sulfure de plomb**.

Il attaque les métaux ; c'est ainsi qu'il forme à la surface de l'argent une couche noire de **sulfure d'argent**.

Ce gaz est un poison violent : il est capable d'asphyxier un cheval à la dose de $\frac{1}{200}$. C'est lui qui frappe de mort les vidangeurs et les égoutiers : c'est le **plomb des vidangeurs**. On combat ses effets à l'aide du chlore, employé habituellement à l'état de chlorure de chaux.

SULFURE DE CARBONE
$$CS^2.$$

26. Propriétés. — Le sulfure de carbone est un liquide incolore, d'une odeur fétide : très mobile, très volatil, très réfringent.

Il dissout le soufre, le phosphore, le caoutchouc, les graisses.

Il est très combustible, brûlant avec une flamme bleue. Ses vapeurs produisent avec l'oxygène ou l'air des mélanges détonant avec violence.

27. Préparation. — Pour le préparer, on fait passer des vapeurs de soufre sur du charbon porté au rouge ; les vapeurs de sulfure de carbone qui se dégagent sont condensées dans un vase refroidi.

28. Usages. — C'est surtout à cause de ses propriétés dissolvantes que le sulfure de carbone est employé. Comme tel, il sert à retirer le suint des laines, à extraire l'huile de certaines graines ou des chiffons qui ont servi au nettoyage des machines.

On l'utilise pour **vulcaniser** le caoutchouc, c'est-à-dire le rendre souple à toutes les températures ; il suffit pour cela de le tremper dans du sulfure de carbone, contenant du soufre et un peu de chlorure de soufre.

Il sert également pour la destruction du phylloxera de la vigne.

RÉSUMÉ

1-6. **Phosphore** (P = 31). — Solide, odeur d'ail, couleur ambrée, lumineux dans l'obscurité.

Enflammé dans l'air, il donne naissance à des fumées blanches d'anhydride phosphorique.

Il existe dans les os, le cerveau, la laitance des poissons. On le retire des os et surtout du phosphate de calcium du sol.

Il sert, avec le soufre, à la préparation des allumettes.

7-8. Anhydride phosphorique (P^2O^5) : poudre blanche très avide d'eau ; obtenu en brûlant du phosphore à l'air.

Donne avec l'eau l'acide phosphorique PO^4H^3.

9. Phosphure d'hydrogène gazeux (PH^3), gaz spontanément inflammable produisant de belles couronnes de fumée blanche.

10-14. Soufre ($S = 32$). — Solide, inodore, jaune citron. Cri du soufre.

Enflammé, il donne de l'anhydride sulfureux d'une odeur vive et insoutenable.

Il existe mélangé aux terres qui avoisinent les volcans.

Fleur de soufre. — Soufre en canon.

15. Usages. — Fabrication des allumettes, de la poudre, soufrage des vignes, traitement de certaines maladies de la peau.

17-21. Anhydride sulfureux (SO^2). — Gaz incolore, d'une odeur suffocante. Sa densité est 2.

Acide éteignant les corps en combustion ; il décolore les substances végétales et animales.

Usages : Blanchiment de la laine, soie. La médecine l'emploie pour guérir la gale. Il empêche la fermentation du vin. Extinction des feux de cheminée ; désinfections

22-24 Acide sulfurique (SO^4H^2), appelé aussi **vitriol**. — Liquide incolore. Acide très énergique qui corrode très fortement la peau et produit de terribles brûlures. Obtenu en suroxydant l'anhydride sulfureux, en prenant pour intermédiaires les composés oxygénés de l'azote.

25. Acide sulfhydrique (H^2S). — Odeur d'œufs pourris ; poison.

26-28. Sulfure de carbone (CS^2), dissout le soufre, le phosphore, le caoutchouc, les graisses. — Vulcanisation du caoutchouc. Destruction du phylloxera.

QUESTIONS D'EXAMEN

1. Quelles sont les propriétés physiques du phosphore ? — 2. Peut-il s'enflammer spontanément ? — Comment le montre-t-on ? — Qu'entendez-vous par phosphorescence ? — Qu'est-ce que le phosphore rouge ? — 3. Où trouve-t-on du phosphore ? — 4. De quoi le retire-t-on ? — 5-6. Comment fabrique-t-on les allumettes ? — Quelle est la composition des dernières allumettes ? — 7-8. Quels sont les composés oxygénés du phosphore ? — Quelles sont les propriétés de l'anhydride phosphorique ? — Comment obtient-on l'acide phosphorique hydraté ? — 9. Que savez-vous du phosphure d'hydrogène gazeux ? — Comment le prépare-t-on ? — Que sont les feux follets ? — 10-11. Comment montre-t-on que le soufre est mauvais conducteur de la chaleur ? — Quelles sont ses modifications sous l'influence de la chaleur ? — 12. Où trouve-t-on le soufre ? — 13-14. Quelles opérations fait-on subir aux matières terreuses mélangées de soufre ? — 15. Quels sont ses usages ? — 16. Nommez les composés oxygénés du soufre. — 17 Quelles sont les propriétés physiques de l'anhydride sulfureux ? — 18. Comment agit-il sur les organes respiratoires ? — Causes de son action décolorante ? — 20. Comment le prépare-t-on ? — 21. Quels sont ses usages ? — 22. L'acide sulfurique est-il énergique ? — Quelle est son action sur les matières animales et végétales ? — 23. Comment le prépare-t-on ? — 24. Quels sont ses usages ? — 25. Comment s'appelle le composé hydrogéné du soufre, et quelles sont ses propriétés ? — 26. Que savez-vous du sulfure de carbone ? — 27. Préparation ? — 28. Usages ?

CHAPITRE VI

CHLORE, BROME, IODE ET LEURS COMPOSÉS

CHLORE

$$Cl = 35,5.$$

1. Propriétés physiques. — Le chlore est un gaz jaune verdâtre, d'une odeur forte et désagréable ; absorbé dans la respiration, il amène la toux ; il provoque même des crachements de sang, s'il est respiré en grande quantité.

Sa densité est 2,4. Il est soluble dans l'eau, et l'on emploie plus souvent sa dissolution que le gaz lui-même.

2. Propriétés chimiques. — La propriété caractéristique du chlore, c'est sa grande affinité pour l'hydrogène. Si un mélange de ces deux gaz est fait dans un flacon et qu'il soit exposé à la lumière solaire, la combinaison est si instantanée que le flacon vole en éclats ; à la lumière diffuse, la combinaison des deux gaz est lente ; elle n'a pas lieu dans l'obscurité.

Le chlore n'est pas combustible.

A l'égard de nombreux corps, le phosphore, l'arsenic, le potassium, il est plus comburant que l'oxygène lui-même par exemple ; avec d'autres corps, comme les carbones, il n'est pas comburant ; ainsi un charbon rouge s'éteint dès qu'on le plonge dans le chlore ; il en sera de même d'une bougie.

Le chlore décolore les substances organiques, par suite de son affinité pour l'hydrogène. Le tournesol, le vin, l'encre sont blanchis par l'eau de chlore. Mais l'encre de chine, l'encre d'imprimerie ne sont pas décolorées parce que le chlore est sans action sur le carbone.

Si l'on fait passer un courant de chlore dans une dissolution de potasse ou de soude, ou sur de la chaux éteinte, on obtient trois **chlorures décolorants**, très connus : 1° l'*eau de Javel*, avec la potasse ; 2° l'*eau de Labarraque*, avec la soude ; 3° le *chlorure de chaux*.

Ces chlorures décolorants cèdent facilement leur chlore et remplacent le chlore dans la plupart des applications, comme nous le verrons plus loin.

3. État naturel. — Le chlore, en combinaison, est très abondant dans la nature ; on le trouve surtout à l'état de chlorure de sodium (sel de cuisine) dans l'eau de la mer et dans les mines de sel gemme. Il existe dans certains minéraux, tels que les chlorures d'argent, de plomb.

4. Préparation. — Pour préparer ce gaz, on chauffe dans un ballon de verre (*fig.* 301) du bioxyde de manganèse avec de l'acide chlorhydrique.

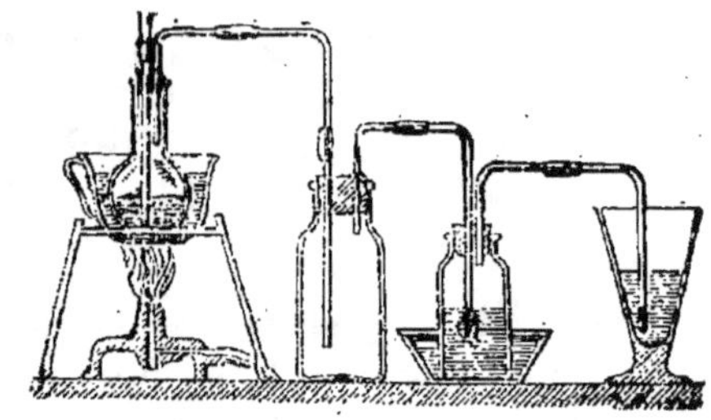

Fig. 301. — Préparation du chlore avec du bioxyde de manganèse et de l'acide chlorhydrique.

On le recueille dans l'appareil disposé comme celui que nous avons indiqué pour la préparation de l'ammoniaque.

$$MnO^2 \quad + \quad 4HCl \quad = \quad 2H^2O \quad + \quad MnCl^2 \quad + \quad Cl^2$$

Bioxyde de manganèse — Acide chlorhydrique — Eau — Chlorure de manganèse — Chlore

Dans le premier flacon dépourvu d'eau, on recueillera le gaz chlore, qui chassera l'air à cause de sa grande densité. Dès que le flacon sera plein de ce gaz, ce qu'on verra facilement par suite de sa coloration, il passera dans les autres flacons contenant de l'eau, s'y dissoudra et nous fournira l'eau de chlore.

On ne recueille pas ce gaz sur la cuve à eau, à cause de sa trop grande solubilité dans ce liquide ; on ne le recueille pas non plus sur le mercure, parce qu'il s'unit à lui. Mais on peut le recueillir dans l'air, comme nous venons de le prescrire et en disposant les tubes comme l'indique la figure.

L'industrie prépare beaucoup de chlore par l'électrolyse du chlorure de sodium ou de potassium dissous dans l'eau.

5. Usages. — Le chlore est utilisé comme décolorant et comme désinfectant. Ce n'est pas à l'état de gaz ni d'eau de chlore qu'il est employé pour ces usages, mais à l'état de chlorures décolorants : *eau de Javel, eau de Labarraque, chlorure de chaux*, plus faciles à transporter et à conserver.

Les ménagères se servent couramment d'eau de Javel ou d'eau de Labarraque pour nettoyer le linge et remplacer l'eau de lessive.

Le chlorure de chaux est employé à décolorer les chiffons qui doivent servir à la fabrication du papier, il sert aussi à désinfecter les fosses d'aisances et les égouts.

6. — Parmi les composés du chlore avec l'oxygène nous citerons seulement :

L'anhydride et l'acide hypochloreux qui forment les hypochlorites existant dans les chlorures décolorants ;

L'acide chlorique ClO^3H qui forme les chlorates et en particulier le chlorate de potassium.

COMPOSÉ HYDROGÉNÉ DU CHLORE

ACIDE CHLORHYDRIQUE
HCl.

7. — Ce corps est quelquefois encore désigné sous le nom d'**esprit-de-sel** ou d'**acide muriatique**. C'est le plus commun des acides.

Propriétés physiques. — L'acide chlorhydrique est un gaz incolore, d'une odeur piquante, d'une saveur très acide ; il est très corrosif et désorganise les tissus animaux ; sa densité est 1,25.

Ce gaz est très soluble dans l'eau, qui en dissout environ 500 fois son volume. On peut recommencer avec lui l'expérience indiquée pour montrer la solubilité de l'ammoniac ; il faut encore s'entourer des mêmes précautions.

En condensant la vapeur d'eau, il produit à l'air humide un abondant brouillard.

8. Propriétés chimiques. — Ce gaz est la seule combinaison du chlore avec l'**hydrogène**. C'est un acide très énergique, qu'on emploie chaque fois qu'il n'y a pas de raison spéciale d'en employer un autre.

Il est décomposable par les métaux usuels à la température ordinaire.

9. Etat naturel. — On trouve cet acide se dégageant parfois des volcans, et dans les eaux de quelques rivières, le *Rio Vinagre*, par exemple, en Amérique.

10. Préparation. — On met dans un ballon de verre 10 à 15 grammes de chlorure de sodium (sel marin) fondu, puis de l'acide sulfurique. L'opération commence à froid ; on la continue en chauffant légèrement. Si l'on veut recueillir le gaz, on le reçoit dans une éprouvette sur la cuve à mercure.

$$NaCl + SO^4H^2 = SO^4NaH + HCl$$

<table>
<tr><td>Chlorure
de sodium</td><td>Acide
sulfurique</td><td>Sulfate acide
de sodium</td><td>Acide
chlorhydrique</td></tr>
</table>

Si l'on veut obtenir sa dissolution dans l'eau, on dispose l'appareil comme dans la préparation du chlore et de l'ammoniaque.

L'acide chlorhydrique destiné à l'industrie est préparé en grand de la même façon et recueilli dans des bonbonnes remplies d'eau où il se dissout.

11. Usages. — L'acide chlorhydrique, surtout employé à l'état de dissolution, sert à la préparation du chlore et de différents acides ; à extraire la gélatine des os ; il est un des éléments de l'eau régale. Il est très employé pour décaper les métaux ; les ferblantiers et zingueurs s'en servent constamment pour la soudure.

EAU RÉGALE

12. L'eau régale est un liquide qui résulte d'un mélange d'acide chlorhydrique et d'acide azotique. Elle est ainsi appelée parce qu'elle dissout l'or appelé autrefois **roi des métaux**, et le platine, deux corps qu'aucun acide n'attaque séparément.

L'eau régale est jaune rougeâtre. Les métaux ainsi dissous sont à l'état de chlorures.

BROME

Br = 80.

13. Propriétés. — Le brome est un liquide rouge foncé, presque noir, d'une odeur forte et désagréable, rappelant celle du chlore. Sa densité est 2,97. Il est extrêmement caustique ; les brûlures qu'il cause sont très difficiles à guérir ; ses vapeurs sont dangereuses à respirer et provoquent la suffocation.

A la température ordinaire, il émet des vapeurs d'un rouge orangé. Il se solidifie à — 7° en une masse gris de plomb.

Il se combine avec les métaux pour fournir des bromures.

14. État naturel, extraction. — Le brome existe dans les eaux de la mer. On l'extrait des eaux des marais salants après qu'elles ont abandonné leur chlorure de sodium, ou sel marin.

Ces eaux résiduaires sont distillées avec du bioxyde de manganèse et de l'acide sulfurique (comme pour le chlore), et on recueille par condensation le brome dégagé.

15. Usages. — C'est surtout à l'état de bromure qu'il est employé : le bromure de potassium est utilisé par la médecine contre les accidents nerveux. Le bromure d'argent incorporé à la gélatine remplace aujourd'hui le collodion et le nitrate d'argent dans la photographie.

IODE
$$I = 127.$$

16. Propriétés. — L'iode est un solide gris d'acier à reflets métalliques. Sa densité est 5.

Il émet facilement des vapeurs qui sont d'une belle couleur violette.

Il se combine difficilement à l'hydrogène. Avec les métaux il forme les iodures.

L'iode possède la propriété de bleuir l'empois d'amidon.

L'iode colore la peau en jaune ; comme le brome et le chlore, ses vapeurs sont dangereuses à respirer ; elles attaquent les muqueuses.

17. État naturel, extraction. — Comme le brome, on trouve l'iode dans les eaux de la mer, c'est là que le puisent les varechs et les éponges.

Pour l'extraire, on commence par calciner les varechs dans de grandes fosses. Les cendres qu'on en obtient sont projetées dans de l'eau qui dissout les sels que les cendres contenaient. Après évaporation incomplète, cette eau a abandonné surtout des cristaux de sels de sodium qu'on recueille. L'eau résiduaire est alors traitée par une quantité de chlore strictement nécessaire pour ne chasser que l'iode, qui se précipite au fond des récipients. On le purifie ensuite par **sublimation**.

18. Usages. — L'iode est employé en médecine à l'état de **teinture d'iode** et à l'état d'**iodure de potassium** contre l'asthme, les maladies scrofuleuses et les empoisonnements lents par le plomb (*coliques de plomb* des ouvriers peintres qui manient le blanc de céruse). L'iodure d'argent est fort employé en photographie.

SILICE
OU ANHYDRIDE SILICIQUE
SiO^2.

19. Propriétés. — La plus pure des différentes variétés de silice est cristallisée en forme de prisme à six faces terminé par des pyramides. On la désigne sous le nom de **quartz**, ou **cristal de roche** (*fig.* 302). Elle est assez dure pour rayer le verre. Sa densité est 2,6.

Cet acide, très faible à la température ordinaire, est une combinaison de l'oxygène avec le silicium.

Fig. 302. — Cristal de roche (quartz).

Les acides, sauf l'acide fluorhydrique, sont sans action sur lui ; ils ne produisent **aucune effervescence**, comme ils le font avec le carbonate de calcium.

20. Etat naturel. — La silice est, avec le carbonate de calcium, le corps qu'on trouve en plus grande quantité dans le sol.

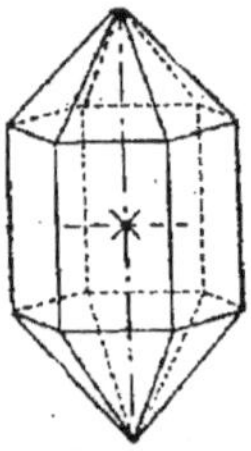

A l'état libre, elle constitue le **quartz**, le **sable blanc**, le **silex**, l'**agate**, la **meulière**, le **jaspe**, l'**opale** qui sont de la silice hydratée ou acide silicique ; on en trouve aussi dans les argiles.

Elle se rencontre en petite quantité dans les eaux courantes ; en grande quantité dans l'eau chaude qui s'échappe des **geysers** d'Islande ; mais là son état est gélatineux et de peu de consistance.

Fig. 303. — Le quartz se cristallise en prismes à six faces terminés par des pyramides.

La silice, à l'époque où la terre était un globe incandescent, a joué le rôle dominant que joue l'eau aujourd'hui.

Ses combinaisons avec les bases ont formé des sels qui constituent le plus grand nombre des roches dites ignées ; tels sont les silicates qu'on désigne sous le nom de **feldspath**, **mica**, qui, avec le quartz, forment les roches granitiques.

21. Usages. — La silice est un des éléments du verre et du cristal, ainsi que des pierres précieuses, comme nous l'avons vu en nommant l'agate, le jaspe, l'opale.

On la trouve dans les argiles employées à la confection des briques, poteries, faïences, porcelaines, etc.

(Voir plus bas : *Aluminium* et *Calcium*.)

ACIDE BORIQUE

$$BO^3H^3.$$

22. Propriétés. — C'est un composé d'un métalloïde assez rare, le bore. On trouve l'acide borique dans le commerce sous forme de paillettes blanches, assez peu solubles dans l'eau. Il est faiblement acide. Chauffé, il fond facilement comme du verre.

23. État naturel. — Il se trouve en petite quantité dans les vapeurs chaudes qui se dégagent du sol dans certaines régions de la Toscane.

24. Usages. — On utilise les propriétés antiseptiques de l'acide borique en médecine (eau boriquée), et pour la conservation des matières alimentaires.

25. Borax. — Le borax ou borate de sodium est un sel de l'acide borique, dont on se sert également en médecine usuelle.

RÉSUMÉ

1-11. Chlore ($Cl = 35,5$). — Gaz jaune, d'une odeur suffocante, et dangereux à respirer, pesant 2 fois 1/2 plus que l'air. Soluble dans l'eau.

Il se combine très facilement avec l'hydrogène. Il décompose les matières colorantes (taches d'encre).

Il est employé pour la fabrication du *chlorure de chaux*, qui sert au blanchiment des toiles et des chiffons, et qui est un puissant désinfectant.

Préparation :

$$MnO^2 + 4HCl = MnCl^2 + Cl^2 + 2H^2O.$$

La combinaison du chlore avec l'hydrogène donne **l'acide chlorhydrique** (HCl), acide énergique.

Préparation : par le sel marin et l'acide sulfurique.

$$NaCl + SO^4H^2 = SO^4NaH + HCl.$$

12. Eau régale. mélange d'acide chlorhydrique et d'acide azotique. Elle dissout les rois des métaux : l'or et le platine.

13-15. Brome, liquide rouge foncé, forme des bromures avec les métaux ; très dangereux ; extrait des eaux-mères des marais salants.

16-18. Iode, solide gris d'acier ; forme des iodures avec les métaux ; bleuit 'empois d'amidon ; retiré des varechs. Teinture d'iode.

19-21. Silice ou **(anhydride silicique SiO²)**. — Quartz ou cristal de roche. Elle constitue le *grès*, le *sable*, le *silex*, la *pierre meulière*, l'*agate* et plusieurs pierres précieuses.

22-25. Acide borique (BO³H³). — Acide faible ; antiseptique. — Borax.

QUESTIONS D'EXAMEN

1. Quelle est la couleur du chlore ? — Quelle est son action sur l'appareil respiratoire ? — 2. Quelle est sa principale propriété chimique ? — Est-il comburant ? — Décolore-t-il toutes les substances ? — 3. Sous quels états existe-t-il dans la nature ? — 4. Comment le prépare-t-on ? — 5. Quels sont ses usages ? — Qu'est-ce que l'eau de Javel ? — Nommez les composés oxygénés du chlore. — 7-8. Quelles sont les propriétés physiques de l'acide chlorhydrique ? — 10. Comment le prépare-t-on ? — 11. Quels sont ses usages ? — 12. Comment obtient-on l'eau régale ? — 13-18. Que savez-vous du brome, de l'iode ? — Quels sont leurs propriétés, leurs préparations, leurs usages ? — 19. Quelles sont les propriétés de la silice ? — 20. Nommez ses variétés. — 21. Quels sont ses usages ? — 22-25. D'où vient l'acide borique ? — Qu'est-ce que le borax ?

LIVRE II

CHAPITRE PREMIER

MÉTAUX

LEURS OXYDES BASIQUES. — SELS

1. Propriétés. — Nous avons dit, dans les *Notions prélimi-naires*, que les métaux sont des corps simples qui possèdent un éclat particulier appelé **éclat métallique** ; qu'ils sont bons conducteurs de la chaleur et de l'électricité ; qu'ils forment des **bases**, en combinaison avec l'oxygène. Ce sont des propriétés que nous ne rappellerons plus dans l'étude de chacun de ces corps.

2. Division. — Pour plus de facilité, nous diviserons les métaux en trois familles comprenant :

La première famille : les **métaux usuels**, c'est-à-dire ceux qui sont communément employés pour eux-mêmes et qu'on extrait facilement ; tels sont : le **zinc**, l'**étain**, le **plomb**, le **fer**, le **cuivre**, l'**aluminium** ;

La deuxième famille : les **métaux précieux**, comme le **mercure**, l'**argent**, l'**or**, le **platine** ;

La troisième famille : les **métaux** dont les composés sont usuels et qui, par eux-mêmes, sont dépourvus d'intérêt immédiat : comme le **potassium**, le **sodium**, le **calcium**, le **magnésium**.

Après chacun de ces métaux, nous étudierons leurs composés oxygénés, ou **bases**, toutes les fois qu'elles présenteront pour nous quelque intérêt ; puis leurs combinaisons avec les métalloïdes ; et enfin leurs **sels** formés, comme nous l'avons dit dans les *Notions préliminaires*, par leur substitution à l'hydrogène d'un acide.

MÉTAUX USUELS

ZINC, ÉTAIN, PLOMB, FER, CUIVRE, ALUMINIUM

3. Propriétés physiques générales. — Tous les métaux usuels
sont solides et opaques; ils sont tous plus lourds que l'eau ;
fusibles à la température de nos fourneaux. Ils sont **malléables,**

Fig. 304. — Laminoir.

c'est-à-dire susceptibles d'être réduits en feuilles minces sous
l'action du laminoir (*fig.* 304); ils sont **ductiles,** c'est-à-dire

acilement étira-
bles en fils sous
l'action de la fi-
lière (*fig.* 305).

Ils ont une té-
nacité plus ou
moins grande,
c'est-à-dire que,
réduits en fils,
ils peuvent sou-
tenir des poids
plus ou moins
forts. Le fer est
le plus tenace

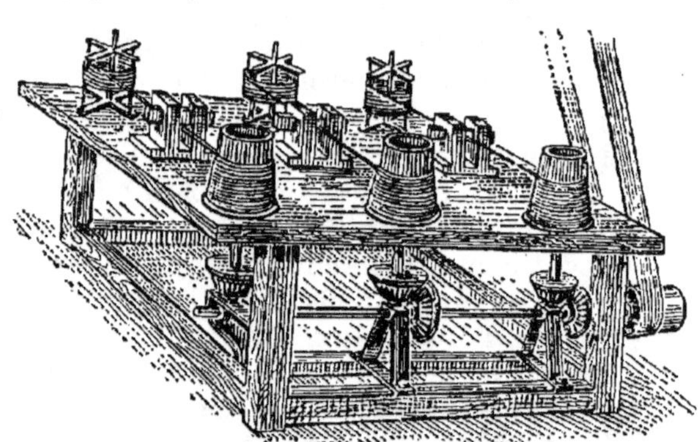

Fig. 305. — Filière.

des métaux usuels. Un fil de fer de 2 millimètres de diamètre
peut porter un poids de 250 kilogrammes.

4. Etat naturel. — Ces métaux se trouvent rarement à l'état
de pureté, c'est-à-dire à l'état natif ; on les trouve généralement
à l'état de combinaisons avec l'oxygène, le soufre, l'anhydride
carbonique, pour former des oxydes, des sulfures, des carbonates, qui constituent ce qu'on appelle les **minerais.**

5. Préparation. — Le traitement des minerais, pour les convertir en métaux, constitue une industrie très importante qu'on appelle **métallurgie**.

Dès que les minerais sont sortis de la mine, on leur fait subir un **traitement mécanique**, consistant d'abord en un triage à la main, qui sépare le minerai en trois tas : l'un renferme du minerai à peu près pur qu'on envoie à l'usine; l'autre renferme en plus grande partie des matières terreuses et qu'on rejette ; le troisième contient des morceaux formés d'un mélange intime de minerai et de matières terreuses, ou gangue. On soumet ce dernier tas au **broyage**, en le faisant passer entre deux cylindres cannelés qui tournent en sens inverse. Le broyage a pour effet de séparer le minerai en morceaux plus petits dans lesquels il est possible de trouver trois tas semblables aux précédents.

Le nouveau troisième tas, formé de petits fragments contenant du minerai uni à sa gangue, est réduit alors en poudre à l'aide d'un pilon; cette opération, nommée **bocardage**, se termine par un lavage ou projection dans l'eau, qui sépare le minerai de sa gangue, grâce à l'inégale densité de ces corps.

6. Traitement. — Les minerais arrivés à l'usine sont alors **traités chimiquement** ; ce traitement a pour but de séparer le métal de son composé.

1° Si le minerai est un **oxyde du métal**, on le mélange avec du **charbon**, et l'on chauffe fortement ; le charbon s'empare de l'oxygène de l'oxyde métallique pour se transformer, suivant les cas, en oxyde de carbone ou en anhydride carbonique ; et l'oxyde métallique, dépourvu maintenant d'oxygène, coule à l'état de métal.

Telle est la raison pour laquelle nous avons dit que le carbone et l'oxyde de carbone étaient des réducteurs d'oxydes métalliques constamment employés en métallurgie ; nous voyons bien, en effet, que le carbone a réduit l'oxyde métallique, puisqu'il l'a transformé en métal.

Si nous désignons par $\mathcal{M}$ le métal quelconque, nous aurons :

$$\mathcal{M}O \quad + \quad C \quad = \quad CO \quad + \quad \mathcal{M}$$

<table>
<tr><td>Oxyde
métallique</td><td>Carbone</td><td>Oxyde
de carbone</td><td>Métal</td></tr>
</table>

2° Si le minerai trouvé est un **carbonate**, il est traité de la même façon que s'il était oxyde, en le chauffant avec du charbon ; cependant, cette opération est parfois précédée d'une calcination du minerai : la chaleur décompose le carbonate métallique en oxyde et en anhydride carbonique :

$$1° \text{ Calcination :} \quad \mathfrak{M}CO^3 = \mathfrak{M}O + CO^2$$
$$2° \text{ Réduction :} \quad \mathfrak{M}O + C = CO + \mathfrak{M}.$$

3° Si le minerai est un **sulfure** c'est-à-dire un métal combiné au soufre, on le grille à l'air; le soufre s'échappe à l'état d'anhydride sulfureux. Mais, dans cette opération, le minerai se transforme souvent de sulfure en oxyde. On le traite alors dans une seconde opération comme nous avons traité les oxydes métalliques.

$$1° \text{ Grillage et oxydation :} \quad \mathfrak{M}S + 3O = \mathfrak{M}O + SO^2$$
$$2° \text{ Réduction :} \quad \mathfrak{M}O + C = CO + \mathfrak{M}$$

ZINC
Zn = 65.

7. Propriétés. — Le zinc est un métal gris bleuâtre qu'on peut facilement réduire en feuilles. Sa densité est 7.

Au contact de l'air humide, le zinc se recouvre d'une petite couche de carbonate de zinc, qui préserve de toute altération le reste du métal. Il fond vers 400° et se volatilise au rouge.

Chauffé à l'air, le zinc s'enflamme en répandant des flocons semblables à de la laine. Ces flocons, qui sont de l'oxyde de zinc, ZnO, sont encore désignés sous le nom de **lana philosophica**. C'est lui qui brûle dans les **feux de Bengale** et les étoiles blanches des feux d'artifice.

Ce métal ne peut pas être employé à la confection des ustensiles de cuisine, parce qu'il forme, avec les graisses, les acides, le vinaigre, le lait, des sels vénéneux.

8. État naturel. — Le zinc ne se trouve pas à l'état natif. Ses minerais sont la **blende**, qui est un sulfure de zinc (ZnS), et la **calamine** qui est un carbonate de zinc (CO^3Zn). Ces minerais sont d'abord grillés ou calcinés et par suite transformés en oxyde de zinc que l'on traite ensuite par le charbon. L'opération se fait dans des cornues cylindriques en terre A, prolongées par un tuyau de fonte B et par un tuyau de tôle C. Sous l'influence de la chaleur, l'oxyde de zinc se décompose en A, et le zinc

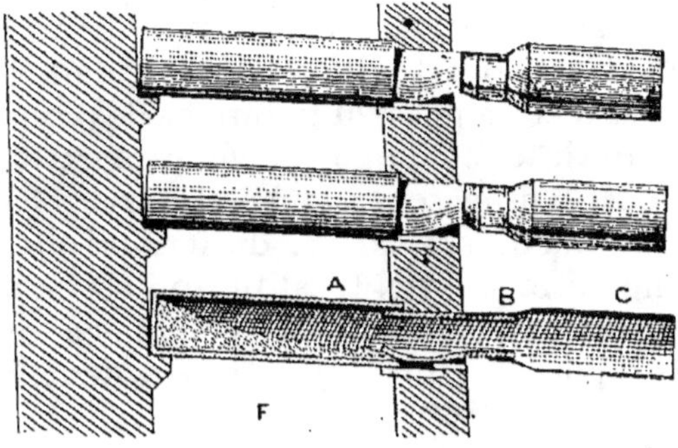

Fig. 305 *bis*.— Appareil servant à traiter l'oxyde de zinc par le charbon pour en extraire le zinc.

vaporisé vient se condenser en B et en C (*fig.* 305 *bis*).

9. Usages. — Le zinc, réduit en feuilles est d'un grand usage en ferblanterie; il sert à la couverture des toits, à la confection des baquets, tuyaux, gouttières, baignoires, etc.

En combinaison avec le cuivre, il constitue le **laiton** ou cuivre jaune, le plus usuel des alliages du cuivre.

On l'emploie pour recouvrir le fer qu'il protège ainsi de toute oxydation. Ce dernier métal est alors nommé **fer galvanisé**.

OXYDE DE ZINC
ZnO.

10. L'oxyde de zinc est la laine blanche que nous avons obtenue en brûlant le zinc à l'air. Il est employé dans la peinture à l'huile, où il remplace très avantageusement le **blanc de plomb ou céruse** ; car l'oxyde de zinc, ou **blanc de zinc**, n'est pas vénéneux ; il ne noircit pas sous l'influence des émanations sulfureuses, et il rend d'aussi bons services pour les peintures qui doivent être abritées.

ÉTAIN
Sn = 118.

11. Propriétés. — L'étain est un métal blanc argentin à reflets jaunâtres, flexible, facilement fusible.

L'étain s'altère très peu à l'air, à la température ordinaire, mais il s'oxyde lorsqu'il est chauffé.

12. État naturel. — L'étain n'existe pas à l'état natif; son minerai est la **cassitérite** (SnO^2), un oxyde très abondant en

Saxe, en Bohême, en Angleterre, dans les Indes. Il est traité par le charbon.

13. Usages. — Comme l'étain ne forme pas de sels vénéneux, et qu'il est peu altérable à l'air, on l'emploie pour la confection de nombreux ustensiles de ménage : plats, fourchettes et cuillers; dans ce cas, il est allié au plomb dans les proportions de 80 grammes d'étain pour 20 grammes de plomb.

On l'emploie pour recouvrir le fer d'une couche protectrice : des plaques de tôle ou de fer laminé sont plongées dans un bain d'étain en fusion, lequel s'attache à la surface du fer, qui prend alors le nom de **fer étamé** ou **fer-blanc**. C'est lui qui sert aussi à étamer les casseroles de cuivre employées pour la cuisine. Mais il faut éviter de les porter à un foyer trop ardent, car l'étain fond à la température de 235°.

Réduit en feuilles très minces, il enveloppe le chocolat. Il entre dans la constitution de nombreux alliages, comme les bronzes, le métal anglais, la monnaie de billon, etc.

PLOMB

$$Pb = 206.$$

14. Propriétés. — Le plomb est un métal blanc bleuâtre, très éclatant lorsqu'il vient d'être coupé; il est assez mou pour que l'ongle puisse le rayer; c'est le plus mou des métaux usuels. Sa densité est 11,5.

Exposé à l'air, le plomb se ternit rapidement en se recouvrant d'une couche d'oxyde de plomb.

Au contact de l'eau de pluie, le plomb forme un carbonate de plomb, qui le détériore rapidement; c'est ce qu'on observe dans les toitures en plomb. En outre, comme ce sel ainsi formé est vénéneux, on évite de faire en plomb les tuyaux de conduite des eaux qui descendent des toits. Ce sel vénéneux ne se produit pas avec les eaux de sources; aussi voit-on ces eaux amenées dans les tuyaux de plomb.

Les sels de plomb étant vénéneux, on devra éviter de conserver du vinaigre, du vin, du lait, dans des vases en plomb.

15. Etat naturel. — Le plomb ne se trouve pas à l'état natif; son minerai le plus constamment traité est la **galène**, qui est du sulfure de plomb, PbS, renfermant généralement de l'argent.

16. Usages. — Le plomb est employé à la confection des tuyaux pour la conduite du gaz et des eaux de sources; à la couverture des toits.

Les jardiniers se servent de petites lames de plomb pour attacher les branches des arbres à leurs supports. On fabrique encore avec le plomb des balles de fusil, des grains pour les fusils de chasse.

Enfin il entre dans la composition de l'alliage des caractères d'imprimerie.

CARBONATE DE PLOMB

$$CO^3Pb.$$

17. — Le carbonate de plomb est une poudre blanche, connue sous le nom de **céruse**, **blanc de plomb**, **blanc d'argent**.

La céruse est employée en peinture, mélangée avec de l'huile. Mais elle cause chez les peintres, qui sont sujets à absorber sa poussière, des désordres graves connus sous le nom de **coliques de plomb**, qu'ils éviteraient en ayant la précaution de boire tous les jours une certaine quantité de lait. On les soigne, comme il a été dit plus haut, par l'iodure de potassium.

FER

$$Fe = 56.$$

18. Propriétés. — Le fer est un métal gris pâle, très dur, ductile et malléable; sa densité est 7,7.

C'est le plus tenace des métaux : il nous fournit les **outils** et les **armes**; il est devenu en ce siècle le principal instrument des progrès de notre civilisation.

Avant de fondre, le fer passe par l'état pâteux, ce qui permet de le travailler et de lui faire prendre toutes les formes désirables sous le marteau. Le fer pur fond à une température qu'on a évaluée être 1600° à 1800°.

Le fer, inaltérable dans l'air sec, à la température ordinaire, se transforme en **rouille** dans l'air humide contenant un peu d'acide, conditions que nous trouvons réunies dans l'air atmosphérique renfermant toujours de la vapeur d'eau et de l'acide carbonique. Et cette rouille ainsi formée, non seulement ne protège pas le reste du métal, mais aide au contraire à sa complète transformation; aussi recouvre-t-on le fer de zinc ou d'étain ou d'une épaisse couche de peinture, lorsqu'on désire le conserver à l'air.

Chauffé au rouge, le fer décompose l'eau. (Voir plus haut : préparation de l'hydrogène.)

Les acides, même peu énergiques, attaquent le fer.

19. État naturel. — Le fer existe très rarement à l'état natif, mais c'est le corps qui existe en plus grande quantité à l'état de combinaisons.

C'est le grand colorant de la nature; toutes les terres et les roches jaunes, rouges, grises; les tuiles, les briques, les bouteilles, etc., lui doivent leur couleur.

On le trouve à l'état d'oxydes, de carbonate, de sulfure ou pyrite; mais on ne traite habituellement que les deux premiers de ces minerais.

Ses oxydes naturels sont : 1° le **sesquioxyde de fer ou oxyde ferrique** Fe^2O^3 qui, cristallisé, constitue le fer oligiste et qu'on trouve à l'île d'Elbe et dans les Vosges. A l'état amorphe, il s'appelle l'**hématite rouge**, l'ocre rouge, la sanguine. Lorsqu'il est hydraté $Fe^2O^3, 2H^2O$, il constitue la **limonite**, l'hématite **brune** de Bourgogne, l'ocre jaune, la rouille.

Le sesquioxyde de fer, préparé industriellement, est appelé **colcothar** et sert à polir les métaux.

2° **L'oxyde magnétique de fer**, Fe^3O^4, qui est noir et qu'on exploite en Suède et en Norvège, se trouve à l'état de pureté absolue et fournit les fers estimés de Manchester et de Sheffield.

Son **carbonate** naturel, Co^3Fe, est connu sous le nom de **fer spathique**; il est cristallisé et souvent mêlé de carbonate de chaux. Il constitue la majeure partie du minerai de fer de l'Angleterre, de Saint-Étienne et d'Anzin. C'est lui qui existe dans les eaux minérales ferrugineuses.

Son **sulfure naturel**, FeS^2, est désigné sous le nom de **pyrite martiale**; il est cristallisé en cube et d'une belle couleur jaune d'or. On le rencontre moins souvent en rognons qui se désagrègent à l'air humide. C'est la **pyrite blanche**.

La méthode employée pour le traitement de ses oxydes et du carbonate est la méthode générale du traitement des oxydes et des carbonates; elle s'effectue avec certaines modifications de détail, dans les **hauts fourneaux**.

Un haut fourneau (*fig*. 306) |est une grande cheminée d'environ 20 mètres de hauteur formée de deux troncs de cône accolés par leurs grandes bases. Le tronc de cône supérieur ou **cuve** est fait de briques réfractaires; l'inférieur, ou **étalages**, en pierres siliceuses infusibles; la base, commune aux deux troncs, est le **ventre**; l'ouverture du haut fourneau par laquelle on introduit le combustible et le minerai s'appelle **gueulard**. La partie inférieure des étalages est terminée en un cylindre en terre réfractaire appelé **ouvrage**, où viennent déboucher les trois tuyères d'une forte machine soufflante. Au-dessous de l'ouvrage se trouve le **creuset** qui se termine antérieurement par une paroi nommée **dame** devant laquelle se trouve un plan incliné. A sa partie inférieure, le creuset est percé d'un **trou de coulée** qui se trouve fermé par un tampon d'argile pendant l'opération.

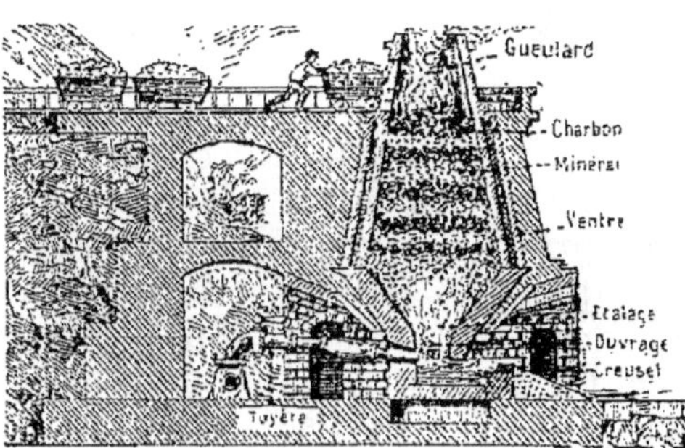

Fig. 306. — Coupe d'un haut fourneau.

On commence par introduire par le gueulard une grande quantité de coke qu'on allume et dont on active la combustion à l'aide de la soufflerie. Quand la température est suffisante, on charge le haut fourneau de couches alternatives de **minerai** additionné de **castine** (pierres calcaires) et de combustible, jusqu'au gueulard.

La combustion du coke produit de l'oxyde de carbone qui, passant sur l'oxyde de fer, devient anhydride carbonique, mais réduit l'oxyde de fer. Le fer coulant jusque dans les étalages, puis le creuset, se combine au charbon pour devenir **fonte**.

Dans les étalages, la gangue du minerai et la castine se combinent pour former des scories liquides qui s'écoulent au dehors le long du plan de la dame.

Quand le creuset est plein de fonte liquide, on débouche le trou de coulée; la fonte coule dans les canaux creusés sur le sol de l'usine, se solidifie en demi-cylindres appelés **gueuses**.

Un haut fourneau, une fois en marche, ne s'arrête jamais, sauf pour les réparations.

FONTE

20. — La fonte que produisent les hauts fourneaux est du fer combiné dans la proportion d'environ 5 % avec du carbone sur- tout, puis du silicium et quelques autres corps.

On distingue deux espèces principales de fonte qui ne dif- fèrent que par leur couleur et quelques autres propriétés :

La **fonte blanche** à couleur argentine, très cassante et si dure que la lime ou le foret peuvent à peine l'entamer.

La **fonte grise**, de couleur gris clair et même noire, qui se laisse facilement limer et percer.

A cause de la facilité qu'a la fonte de fondre et de prendre par **moulage** toutes les formes désirables, on l'emploie à faire des colonnes, des grilles, des candélabres, des poêles, des mar- mites, etc.

Pour transformer la fonte en fer, c'est-à-dire pour **affiner** la fonte, il suffit de lui enlever son charbon. On chauffe la fonte dans un courant d'air (*fig*. 307) : l'oxygène se combine au charbon de la fonte pour former de l'anhydride carbonique, qui s'échappe; il reste le fer. Cette opération se fait en grand dans de vastes ateliers qui ont gardé le nom de **forges**. Celles du Creusot occupent des mil- liers d'ouvriers.

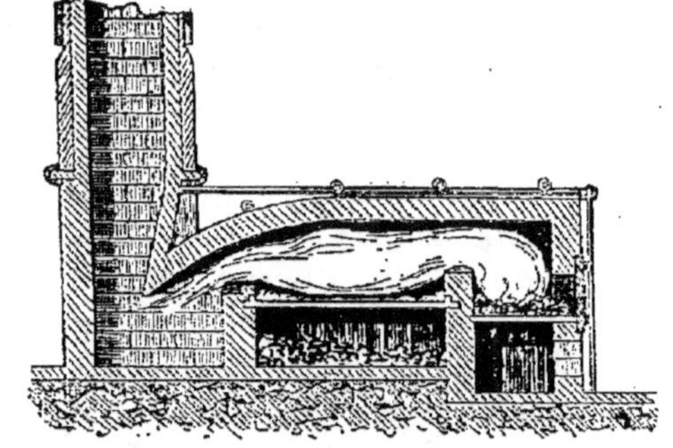

Fig. 307. — Four à puddler.
Le charbon de la fonte est brûlé par l'oxygène de l'air.

Les grosses loupes de fer tirées du bain de fonte, où leur moindre fusibilité les a formées en masses pâteuses sont bat- tues, comme du beurre, sous des **marteaux-pilons** (*fig*. 308), puis écrasées en lames et en barres sous d'énormes lami- noirs : le fer est battu, échauffé, rebattu sur l'**enclume**, tra- vaillé et transformé; plus il se débarrasse des impuretés de la fonte, plus il devient du **fer doux**.

Ce fer doux est d'autant plus ductile et malléable qu'il est plus pur.

Fig. 308. — Marteau-pilon.

ACIER

21. — L'acier est aussi un fer fusible, mais plus homogène et moins carburé que la fonte ; il est blanc et peut acquérir du brillant par le poli. L'acier peut être obtenu de deux façons : ou en carburant le fer, ou en décarburant la fonte.

C'est en carburant le fer qu'on obtient l'acier le meilleur, l'acier de cémentation. Pour le préparer, on chauffe fortement des barres de fer avec un cément formé de charbon de bois pulvérisé, de suie et de sel marin. On chauffe ainsi pendant douze à quinze jours. La combinaison du fer et du carbone s'effectue. On a un acier qui n'est pas très homogène, il suffit de le fondre pour obtenir l'acier fondu.

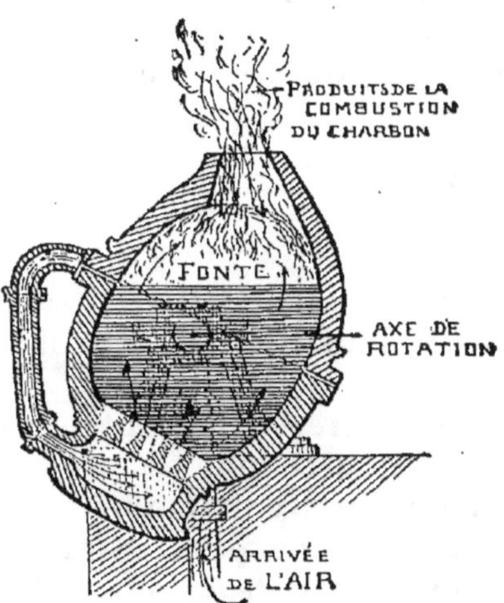

Fig. 309. — Fabrication de l'acier par le procédé Bessemer. (Le courant d'air brûle le charbon contenu dans la fonte.)

Pour décarburer la fonte, on la fait traverser par un courant d'air qui brûle le carbone. On opère dans le convertisseur Bessemer qui permet de couler en une seule fois jusqu'à 10.000 kg. d'acier (*fig.* 309).

L'acier chauffé au rouge et refroidi brusquement en le trempant dans l'eau ou un autre liquide acquiert une dureté considérable. C'est l'**acier trempé** employé pour faire des outils de toutes sortes,

L'acier est employé dans la coutellerie à la fabrication des aiguilles, des lames de couteau, ciseaux, épées, sabres, scies, limes, etc. On s'en sert, à cause de son élasticité, pour les ressorts de voitures, les rails de chemin de fer.

L'acier fondu, qui est très dur, est employé à la confection des burins, des laminoirs, des filières, etc.

A cause de son poli, la bijouterie l'utilise ; comme type le plus précieux et le plus admirable de son travail, on peut citer les ressorts de montres.

SELS DE FER

22. Sulfate de fer. — Le principal est le sulfate de fer (SO^4Fe) appelé aussi **vitriol vert** ou **couperose verte** ; il est en cristaux vert pâle. On l'emploie en teinture et comme désinfectant.

CUIVRE

$$Cu = 63.$$

23. Propriétés. — Le cuivre est un métal rouge, très malléable, très ductile et très tenace ; sa densité est 8,8 ; il fond vers 1.100°

Le cuivre exposé à l'air humide s'altère, en formant à sa surface une couche verte appelée **vert-de-gris**, qui est un carbonate de cuivre et qui n'altère que la surface du cuivre.

Comme ce sel est très vénéneux, on ne peut employer le cuivre seul à la confection des ustensiles de cuisine ; il faut avoir soin de l'étamer pour cet usage.

L'acide azotique attaque facilement le cuivre.

24. État naturel. — Le cuivre existe à l'état natif aux États Unis, sur les rives du lac Supérieur. C'est même à cet état que les Anciens ont dû le trouver, car ils s'en servaient pour faire le bronze bien longtemps avant le fer, parce qu'ils n'avaient pas découvert le mode de traitement des minerais. Les Romains ont épuisé tous les gisements de cuivre natif, puis de minerai de simple oxyde, de leur immense empire.

Le principal minerai de cuivre, aujourd'hui, est la **pyrite cuivreuse**, sulfure double de cuivre et de fer, Cu^2S, Fe^2S^3, qu'on traite par grillage, et dont on sépare le fer par des procédés métallurgiques.

On trouve également, mais en beaucoup moins grande abondance, les carbonates de cuivre : l'**azurite** et le **malachite**, employés comme pierres d'ornement.

25. Usages. — On emploie le cuivre pur pour les ustensiles de cuisine et de distillerie, pour la tuyauterie, la chaudronnerie, pour les conducteurs électriques.

Le cuivre sert aussi à la fabrication de nombreux alliages.

Les plus importants sont : le **laiton** ou cuivre jaune, alliage de cuivre et de zinc, plus dur et plus fusible que le cuivre pur, les **bronzes**, alliages de cuivre et d'étain beaucoup plus faciles à fondre que le cuivre seul.

Le cuivre, en forme de plaques, est utilisé par les graveurs qui opèrent de la façon suivante ; la plaque est enduite d'un vernis formant une pellicule protectrice ; le graveur, à l'aide d'une fine pointe d'acier, trace sur la plaque le dessin qu'il veut reproduire ; il met ainsi à nu le cuivre partout où la pointe

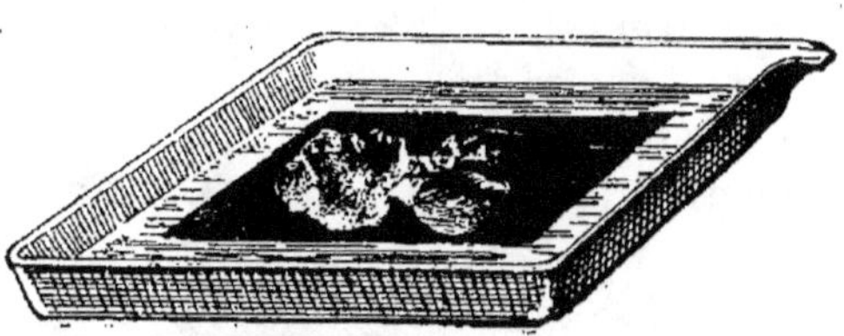

Fig. 279 *bis*. — Gravure sur cuivre.

a passé. On verse alors de l'acide azotique, ou eau-forte, qui ronge le cuivre non couvert de vernis et y trace un sillon d'autant plus profond que son action aura été plus prolongée. Après la disparition du vernis, il restera une plaque de cuivre gravée, dont les creux remplis d'encre pourront reproduire le dessin du graveur ; d'où le nom d'**eaux-fortes** donné à certains dessins obtenus par ce procédé.

SULFATE DE CUIVRE
$$SO^4Cu + 5H^2O.$$

26. Le sulfate de cuivre, encore connu sous les noms de **couperose bleue**, **vitriol bleu**, se présente sous la forme de gros cristaux d'un très beau bleu. Il est soluble dans l'eau.

La médecine l'emploie comme caustique, comme astringent et comme antiseptique. En agriculture, on en fait usage pour **chauler**, ou plus exactement **vitrioler**, le blé de semence, opération qui le préserve de quelques-unes des maladies que lui causent ses parasites; on l'utilise aussi pour la conservation des bois. Enfin il sert également, combiné à un lait de chaux, ou à l'ammoniaque, à sulfater les vignes.

Il sert en teinture pour obtenir les couleurs noire, lilas et violet sur les étoffes de laine et de soie.

C'est dans un bain de sulfate de cuivre qu'on plonge les objets à cuivrer dans la galvanoplastie; on l'utilise également dans la pile de Daniell. (Voir la *Physique*.)

ALUMINIUM
$$Al = 27.$$

27. Propriétés. — L'aluminium est un métal dont la couleur diffère peu de celle de l'argent; il est très léger; sa densité est 2,5.

Il est inoxydable à l'air, mais s'y ternit à la longue par l'action des acides.

Le mélange d'aluminium en poudre et d'oxyde de fer réagit très violemment une fois enflammé en un point; l'oxygène quitte le fer pour se combiner à l'aluminium, et la température s'élève tellement que le fer est fondu. On utilise cette propriété pour souder ensemble deux blocs de fer. (**Aluminothermie.**)

28. Préparation. — L'aluminium se prépare au four électrique en décomposant l'alumine fondue par le courant. L'alu-

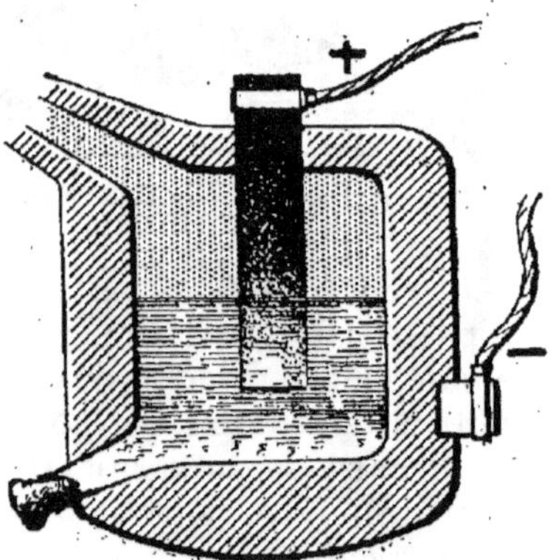

Fig. 310. — Four électrique pour la préparation de l'aluminium.

minium se rassemble sur la paroi du four (*fig*. 310) communiquant avec le pôle négatif de la dynamo.

L'emploi de puissantes chutes d'eau pour actionner les dynamos, et le perfectionnement des appareils a permis de réduire le prix de l'aluminium à 2 fr. le kilog. environ.

29. Usages. — Son inaltérabilité le fait employer à la place de l'argent pour décorer le cuir, le papier. On en fait des ustensiles de cuisine, des pièces de bateaux transportables pour les expéditions coloniales, des pièces d'automobile, des montures de télescope, des conducteurs électriques.

Allié au cuivre, il donne le **bronze d'aluminium**, couleur d'or, et très résistant.

ALUMINE

$$Al^2O^3.$$

30. — L'alumine est un oxyde d'aluminium qui constitue la base des argiles.

A l'état de pureté et incolore, elle se nomme **corindon**; colorée en rouge, c'est le **rubis** oriental ; en bleu, le **saphir** ; en jaune, la **topaze** ; en violet, l'**améthyste** ; en vert, l'**émeraude**. D'autres pierres moins recherchées portent ces noms, mais l'alumine seule constitue celles des pierres précieuses qu'on distingue sous le nom d'orientales.

L'**émeri** est de l'alumine mélangée avec une assez grande quantité d'oxyde de fer. Cette pierre est très dure; elle raye l'acier et la silice, et est employée en poudre pour donner du brillant aux plus durs métaux.

ARGILES

$$Al^2O^3,2SiO^2 + 2H^2O.$$

31. Propriétés. — L'argile pure est une terre blanche, compacte, douce au toucher, difficilement fusible. Elle forme avec l'eau une pâte liante, facile à pétrir et à façonner ; on dit alors qu'elle est **plastique**; telle est la **terre glaise**, qui est de l'argile impure. En se desséchant, l'argile se contracte et se fendille. Chauffée, elle donne les briques, les tuiles, les pipes en terre, et toute la série des **poteries** plus ou moins fines.

L'argile est un sel formé d'acide silicique, d'eau et de base alumine, c'est un **hydrosilicate d'alumine**, provenant de la décomposition du **feldspath** (silicate double d'alumine et de potasse) sous l'action prolongée de l'eau.

Elle possède la propriété d'absorber les couleurs et les corps gras ; pour cette dernière raison, on l'emploie pour le dégraissage et le foulage des draps, sous le nom de **terre à foulon**.

L'argile pure est appelée **kaolin** ou **terre à porcelaine**; on la trouve en abondance à Saint-Yrieix.

On emploie le kaolin pour la fabrication de la porcelaine.

32. Porcelaine. — Pour fabriquer la porcelaine, on fait une pâte en mêlant et en agitant dans l'eau du kaolin, du sable fin pour diminuer le retrait de l'argile, et un peu de feldspath, sable facilement fusible. Avec cette pâte, on fait, soit au tour, soit au moule,

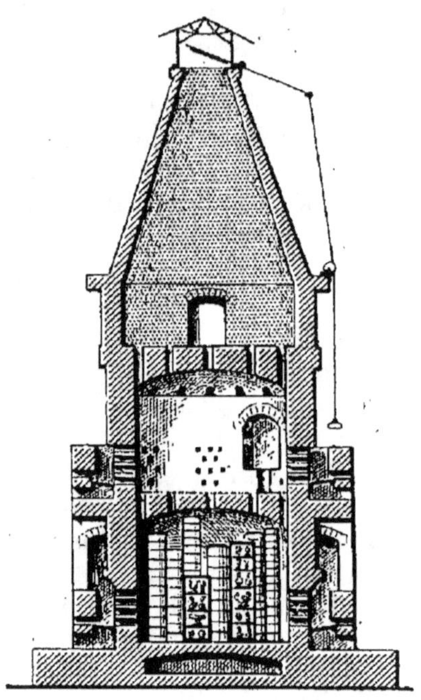

Fig. 311. — Four à porcelaine.

les pièces que l'on veut obtenir; puis on les soumet à une première cuisson. Enduites enfin d'une poudre vitrifiable de feldspath, elle sont soumises à une seconde cuisson dans des fours spéciaux (*fig.* 311).

La poudre fond et s'étend uniformément sur l'argile pour former une espèce d'émail.

33. Faïence. — La faïence est obtenue en employant des argiles moins pures, moins blanches que le kaolin; et la préparation des objets en faïence diffère peu de celle qui est suivie pour les porcelaines; seulement l'émail blanc qui les recouvre doit être opaque.

Avec des argiles plus impures, contenant de l'oxyde de fer, du sable, de la **marne**, on fait les **poteries**, employées aux usages culinaires, les creusets, les pipes.

Lorsque les argiles sont encore plus impures, on les utilise pour les poteries grossières employées au drainage, les **briques, les tuiles, les tuyaux.**

ALUN

34. Propriétés. — L'alun ordinaire est une combinaison du sulfate d'aluminium avec le sulfate de potassium. C'est un sel soluble dans l'eau et d'une saveur astringente.

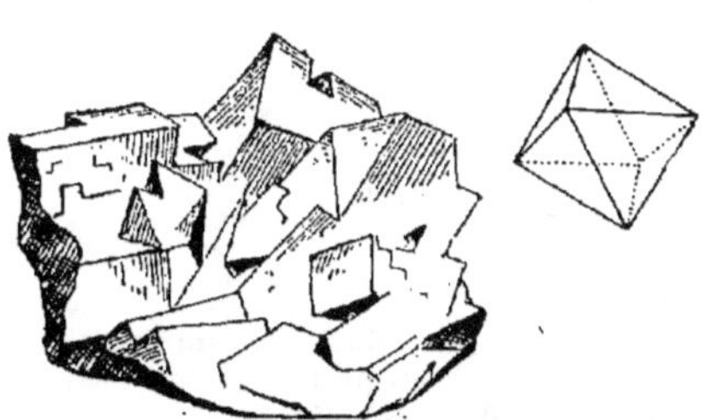

Fig. 312. — Cristaux d'alun (octaèdre régulier).

Pour le préparer, on mélange des dissolutions chaudes de sulfate de potassium SO^4K^2 avec le sulfate d'aluminium $(SO^4)^3Al^2$. L'alun cristallise par refroidissement en octaèdres réguliers.

35. Usages. — L'alun est employé dans la teinture, à cause de la propriété qu'il a de former des *laques* avec les matières colorantes; il sert également au mégissage des cuirs, dans la fabrication du papier, pour clarifier le suif. La médecine l'emploie comme astringent.

36. Isomorphisme. — Quand on remplace dans l'alun l'aluminium par du fer ou chrome, on obtient d'autres aluns appelés alun de fer et alun de chrome. Ils cristallisent également en octaèdres réguliers, et on peut obtenir facilement des cristaux mixtes contenant deux aluns différents en proportion quelconque.

On appelle en général **corps isomorphes** ceux qui ont la même forme cristalline et peuvent se remplacer dans leurs cristaux.

RÉSUMÉ

1-6. Métaux. — Solides, sauf le mercure ; tous plus denses que l'eau.

Certains décomposent l'eau à froid, d'autres, lorsqu'ils sont portés au rouge, ou à froid en présence d'un acide ; tous ceux-ci s'oxydent. D'autres enfin ne s'oxydent pas : les métaux nobles.

Alliages. — Leur utilité. Principaux alliages usuels.

Métallurgie. Minerais.

Traitement physique : Triage à la main, *broyage, bocardage* et *lavage.*

Traitement chimique : 1° Le minerai est un oxyde, $\mathcal{M}O$; on le mélange avec le charbon et on le chauffe :

$$\mathcal{M}O + C = CO + \mathcal{M};$$

2° Le minerai est un carbonate, $CO^3\mathcal{M}$; on le calcine à l'air :

$$CO^3\mathcal{M} = \mathcal{M}O + CO^2.$$

On traite alors $\mathcal{M}O$ par le charbon.

3° Le minerai est un sulfure, $\mathcal{M}S$; on le grille à l'air

$$\mathcal{M}S + 3O = \mathcal{M}O + SO^2.$$

On traite ensuite $\mathcal{M}O$ par le charbon.

7-9. Zinc (Zn,65). — Usage. Ses minerais : Blende (ZnS), calamine (CO^3Zn).

10. Oxyde de zinc ou **blanc de zinc** employé en peinture.

11-13. Étain (Sn,118). — Cassitérite. Fer étamé ou fer-blanc.

14-16. Plomb (Pb,207). — Galène. Usages : couvertures, conduites pour l'eau et le gaz, etc.

19. Carbonate de plomb (CO3Pb), ou **blanc de céruse,** employé en peinture.

18-19. Fer (Fe,56). — **Rouille, fer étamé, fer galvanisé.** — Ses principaux minerais sont les oxydes Fe2O3, Fe3O4 ; le carbonate, CO3Fe; les sulfures FeS, FeS2 (pyrite) — Extraction ; par les *hauts fourneaux*, on obtient la fonte. Construction d'un haut fourneau.

20. Fonte. — Fer plus carburé que l'acier. Fonte grise, fonte noire ; affinage.

21. Acier. — Fer et charbon. Acier de cémentation. Acier Bessemer. — Trempe.

23-25. Cuivre (Cu,63). — Carbonate de cuivre, vert de gris. — Bon conducteur. — Laiton, bronzes.

26. Sulfate de cuivre : galvanoplastie, chaulage du blé ; avec la chaux, bouillie bordelaise employée par les vignerons.

27-29. Aluminium (Al,27). — Métal blanc, très léger. Aluminothermie. — Se prépare en décomposant l'alumine au four électrique.

30. Alumine (Al^2O^3). — Rubis, émeri.

31-33. Argiles ($Al^2O^3, 2SiO^2 + 2H^2O$). — Argile pure, ou *kaolin,* ou terre à porcelaine, formée de silice et d'alumine Argiles ordinaires souillées de fer, de chaux, etc. Les moins impures servent à faire les *faïences,* les *poteries ;* les plus impures sont employées à la confection des *tuiles, briques, tuyaux,* etc. L'argile absorbe les couleurs : elle dégraisse les tissus.

34-36. Alun : isomorphisme.

QUESTIONS D'EXAMEN

1-2. En combien de familles avons-nous divisé les métaux? — 3. Quelles sont les propriétés physiques générales des métaux usuels? — Quelles sont leurs propriétés chimiques générales? — 4. Sous quels états les trouve-t-on? — 5-6. En quoi consiste le traitement mécanique des minerais? Comment traite-t-on chimiquement les oxydes, les carbonates, les sulfures? — 7. Nommez les propriétés du zinc. — 8. Quels sont ses minerais? — 9. Indiquez ses usages. — 10. Quelles sont les propriétés de l'oxyde de zinc? — 11. Indiquez les propriétés de l'étain. — 12. Quel est son minerai? — 13. A quoi sert-il? — 14. Que forme le plomb avec l'eau distillée? — Est-il dangereux à employer avec l'eau des sources? — 15. Quel est son minerai? — 16. Quels sont ses usages? — 17. Quels sont les usages du carbonate de plomb et quels sont ses dangers? — 18. De quoi se recouvre le fer exposé à l'air humide? — Que fait-on pour le préserver de cette altération? — 19. Quels sont les minerais principaux du fer? — Comment traite-t-on ces minerais? — A quel état tire-t-on le fer dans les hauts fourneaux? — Décrivez un haut fourneau. — Quelles opérations chimiques s'effectuent dans un haut fourneau en activité? — 20. Qu'est-ce que la fonte? et quelles sont ses variétés? — Comment affine-t-on la fonte? — 21. Qu'est-ce que l'acier? — Comment le trempe-t-on? — Quels sont ses usages? — Comment obtient-on l'acier de cémentation? — 23. Quelles sont les propriétés du cuivre? — Qu'est-ce que le vert-de-gris? — 24. Sous quels états trouve-t-on le cuivre? — 25. Comment s'effectue la gravure du cuivre? — 26. Que savez-vous du sulfate de cuivre? — 27-29. Quelles sont les propriétés de l'aluminium? — Quel est son oxyde? — 30. Quelles sont les variétés d'alumine? — 31. Qu'est-ce que l'argile? — 32-33. Comment fabrique-t-on la porcelaine? — Avec quoi fait-on les briques? — D'où vient leur couleur jaune ou rouge? — 34-36. Que savez-vous sur l'alun? — Qu'est-ce que l'alun de chrome? — Qu'appelle-t-on corps isomorphes?

CHAPITRE II

MÉTAUX PRÉCIEUX

MERCURE

Hg = 200.

1. Propriétés. — Le mercure est le seul métal liquide à la température ordinaire ; il est blanc et très brillant. C'est un poison violent, ainsi que ses composés.

Sa densité est 13,59.

Si l'on fait bouillir pendant longtemps le mercure au contact de l'air, il se recouvre de pellicules rouges d'oxyde de mercure, qui ont permis à Lavoisier de découvrir la composition de l'air.

2. Etat naturel. — Le mercure se rencontre quelquefois à l'état pur, mais le plus souvent à l'état de sulfure ou **cinabre**, HgS, surtout dans les mines d'Almaden, en Espagne, et d'Idria en Illyrie.

On le traite comme tous les sulfures ; mais ici un simple grillage brûle complètement le soufre et laisse dégager le mercure en vapeurs qu'on condense.

3. Usages. — Les usages du mercure sont très nombreux pour la construction des appareils employés en physique et en chimie: baromètres, manomètres, thermomètres ; pour lester les aréomètres ; pour emplir les cuves à mercure, etc.; il sert à extraire l'or et l'argent.

A l'état d'alliage avec d'autres métaux, il constitue les **amalgames**. Avec l'étain il forme le **tain** employé à l'étamage des glaces.

4. Composés du mercure. — Dans les combinaisons du mercure, nous citerons un de ses chlorures, le **calomel**. C'est un sel blanc, insoluble dans l'eau, mais soluble dans l'alcool.

On l'emploie en médecine comme vermifuge et comme purgatif.

Un autre chlorure de mercure est le **sublimé corrosif**. C'est un sel blanc, comme le calomel, mais un poison très violent ; son contre-poison est l'**albumine** ou blanc d'œuf, qui fournit avec le sublimé une combinaison insoluble qu'on élimine en excitant les vomissements.

Il faut éviter de donner des boissons ou aliments salés à un malade purgé au calomel, car, sous l'action du chlorure de sodium, le calomel se transforme en sublimé corrosif et mercure, tous les deux extrêmement vénéneux.

Le sublimé corrosif est employé comme antiseptique ; il sert à conserver les pièces anatomiques et à injecter les bois pour leur conservation.

ARGENT

$$Ag = 108.$$

5. Propriétés. — L'argent est le plus blanc, le plus brillant par réflexion, de tous les métaux, il est malléable et ductile. Sa densité est 10,5. Il est très difficilement oxydable.

6. Etat naturel. — L'argent se trouve soit à l'état natif, soit à l'état de sulfure d'argent, Ag^2S, d'un gris noir éclatant, que l'on grille et que l'on réduit.

On extrait aussi l'argent du plomb argentifère que l'on fait fondre (*fig.* 312 *bis*). Sous l'influence de la chaleur du foyer F et au contact de l'air amené par des tuyaux, le plomb se transforme en oxyde de plomb et l'argent se dégage. L'oxyde de plomb fondu surnage, tandis que l'argent, plus lourd, tombe au fond du creuset. On enlève l'oxyde de plomb, il reste de l'argent.

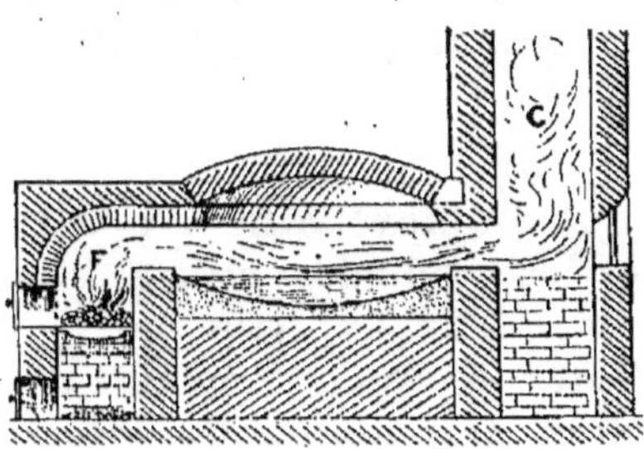

Fig. 312 *bis*. — Appareil pour retirer l'argent du plomb argentifère.

Les mines d'argent les plus importantes sont celles du Mexique, de la Bolivie et du Pérou.

La France produit environ 35,000 kilogrammes d'argent par an.

7. Usages. — C'est à l'état d'alliage avec un peu de cuivre que l'argent est surtout employé à la fabrication soit des pièces de monnaie, soit des objets d'orfèvrerie et de vaisselle, soit en bijouterie.

8. Composés d'argent. — La pierre infernale ou **azotate d'argent**, AzO^3Ag, est un sel qui, fondu et coulé en forme de crayons, sert à ronger les chairs et à cautériser.

Les chlorure, bromure et iodure d'argent ont la propriété de noircir sous l'influence de la lumière. Cette propriété est utilisée pour la photographie.

OR

$Au = 196,2.$

9. Propriétés. —L'or est un métal jaune; c'est le plus brillant, le plus malléable et le plus ductile de tous les métaux. Sa densité est 19,5.

Il est inaltérable à l'air à toutes les températures. L'eau régale peut seul le dissoudre.

10. Etat naturel. — L'or se trouve à l'état natif en Californie, en Australie, au Transvaal, à l'Alaska, dans les monts Ourals ; il constitue soit des grains irréguliers ou **pépites**, soit des paillettes mêlées à des sables d'alluvion, soit des filons qui traversent les terrains primitifs.

11. Usages. — L'or est surtout employé, allié à une faible quantité de cuivre, pour former les monnaies et les bijoux ; et, réduit en feuilles, pour dorer le bois, le carton, etc.

Un de ses sels, le chlorure d'or, est employé pour la dorure galvanique des métaux et, en photographie, pour le virage des épreuves positives.

PLATINE

$Pt = 197.$

12. Propriétés. — Le platine est un métal d'un blanc grisâtre, très malléable et très ductile ; c'est le plus dense de tous les métaux ; sa densité est 22. Il se soude et se forge très facilement; mais il ne fond qu'à la température développée par le chalumeau à gaz de l'éclairage alimenté par l'oxygène.

Le platine est inaltérable à l'air. L'eau régale seule le dissout.

13. Etat naturel. — Le platine se rencontre à l'état natif dans les sables d'alluvion et dans les filons, comme l'or. On le trouve au Brésil, en Californie, dans les monts Ourals.

14. Usages. — A cause de son inaltérabilité et de sa résistance à la chaleur, on l'emploie pour faire des fils, des creusets, de petites capsules. Pour la même raison, on termine souvent par une pointe de platine, très difficile à fondre, la tige de fer des paratonnerres.

Le platine est également employé en bijouterie. Mais ses usages sont nécessairement restreints, à cause de l'élévation de son prix. Il est employé dans les appareils électriques dans lesquels un métal doit être soudé au verre, parce que, se dilatant à peu près comme le verre, il ne risque pas de faire casser les appareils.

ALLIAGES

15. Les alliages sont des métaux artificiels que l'on fabrique en combinant et en mélangeant des métaux naturels. Ils possèdent des propriétés différentes de celles des métaux qui les composent, et surtout des propriétés cherchées et voulues.

Les alliages sont presque constamment obtenus en fondant ensemble les métaux qu'on désire allier.

PRINCIPAUX ALLIAGES USUELS

Monnaie d'or	Or	9
	Cuivre	1
Bijouterie d'or	Or	75
	Cuivre	25
Monnaie d'argent (5 fr.)	Argent	9
	Cuivre	1
Monnaie d'argent (2 fr., 1 fr., 0 fr.50, 0 fr. 20)	Argent	835
	Cuivre	165
Bijouterie d'argent	Argent	4
	Cuivre	1
Bronze des monnaies et des médailles	Cuivre	95
	Étain	4
	Zinc	1
Bronze d'aluminium	Aluminium	1
	Cuivre	9
Maillechort	Cuivre	56
	Zinc	20
	Nickel	24
Caractères d'imprimerie	Antimoine	82
	Plomb	18

RÉSUMÉ

1-4. Mercure (Hg,200). — Métal liquide employé dans un grand nombre d'appareils en physique et en chimie (thermomètres, baromètres); étamage des glaces. Cinabre, Calomel. Sublimé corrosif.

5-8. Argent (Ag = 108). — Métal solide blanc, malléable et ductile. Difficilement oxydable.

Existe à l'état natif ou à l'état de sulfure.

Employé dans la bijouterie et l'orfèvrerie, pour les monnaies.

Nitrate d'argent employé pour cautériser.

Chlorure, bromure, iodure d'argent; employés en photographie.

9-11. Or (Au = 196). — Métal solide jaune, le plus malléable et le plus ductile de tous les métaux.

Inaltérable à l'air. Dissous par l'eau régale.

Se trouve à l'état natif en pépites, en paillettes dans les alluvions, en filons.

Employé pour les monnaies, l'orfèvrerie, la bijouterie, la dorure du bois (cadres).

Le chlorure d'or est employé en photographie.

12-14. Platine (Pt,197). — Métal solide, blanc grisâtre, très malléable, très ductile.

Se trouve à l'état natif dans les alluvions ou en filons. Employé pour la bijouterie, mais surtout pour la chimie, l'électricité et l'industrie.

QUESTIONS D'EXAMEN

1. Que se forme-t-il sur le mercure si l'on prolonge son ébullition ? — 2. Quel est le minerai de mercure ? — 3. Quels sont ses usages ? — 4. Que savez-vous sur le calomel ? — Sur le sublimé corrosif ? — 5. Quelles sont les propriétés de l'argent ? — 6. Sous quels états le trouve-t-on ? — 7. Indiquez ses usages. — 8. Quelle est la principale propriété de l'iodure d'argent ? — A quoi sert la pierre infernale ? — 9. Indiquez les propriétés de l'or. — 10. Comment le trouve-t-on ? — 12. Quelles sont les propriétés du platine ? — 13-14. Où le trouve-t-on et quels sont ses usages ? — 15. Qu'appelle-t-on alliages ? — De quoi est formé le bronze des monnaies ? — Qu'est-ce que le laiton ? — Le maillechort ?

CHAPITRE III

MÉTAUX A COMPOSÉS USUELS

1. Les métaux que nous avons placés dans cette catégorie; le potassium K, le sodium Na, le calcium Ca, le magnésium Mg, sont sans grand intérêt pour nous ; il n'en est pas de même de leurs composés, qui sont d'un usage si constant et qu'on trouve répandus à profusion dans la nature.

POTASSIUM. — SODIUM
$$K = 39. \qquad Na = 23.$$

2. Propriétés. — Ces deux métaux sont solides, mais mous comme de la cire ; fraîchement coupés, ils sont d'un blanc brillant, mais ils se ternissent rapidement à l'air dont ils décomposent la vapeur d'eau. On les conserve dans l'huile de naphte.

Plus légers que l'eau, leurs densités, très voisines l'une de l'autre, sont à peu près 0,9.

Fig. 313.—Décomposition de l'eau par le potassium.

Ils décomposent l'eau à la température ordinaire. Si dans un vase à bords très élevés, contenant de l'eau (*fig.* 313), on vient à projeter un fragment de potassium, on voit bientôt celui-ci se mettre rapidement en mouvement, surmonté d'une flamme pourpre ; puis une petite explosion dont il faut se méfier se produira, accompagnée de projections de potasse. Car le potassium, au contact de l'eau, l'a décomposée en oxygène qui s'est combiné au potassium pour le transformer en potasse, et en hydrogène qui s'est dégagé ; mais la chaleur de combinaison a été telle qu'elle a enflammé l'hydrogène dont la flamme s'est colorée des vapeurs de potassium.

Avec le sodium l'inflammation n'a lieu que si on l'immobilise au moyen d'un papier buvard posé sur l'eau. La flamme est jaune, et on peut remarquer que cette coloration jaune apparaît chaque fois qu'on place dans une flamme très chaude un composé du sodium.

Le potassium et le sodium sont appelés **métaux alcalins** parce que leurs oxydes dissous dans l'eau sont les **alcalis** (potasse et soude).

3. État naturel. — On les trouve sous forme de chlorures, d'azotates, de carbonates, etc.

POTASSE

KOH.

4. Propriétés. — La potasse est un **hydrate** ou **oxyde hydraté de potassium** ; elle est connue dans le commerce de la droguerie sous le nom de **potasse caustique**. C'est un corps solide, blanc, caustique ; il s'empare de l'humidité de l'air et se dissout dans son eau ; on dit pour cette raison que la potasse est déliquescente.

La potasse est une base puissante, un alcali. On la retire du carbonate de potassium. On la prépare en décomposant par la chaux le carbonate de potassium.

5. Usages. — La potasse sert de base dans les laboratoires. Coulée en bâtons et sous le nom de **pierre à cautère**, la médecine l'utilise pour ronger les chairs. Elle est employée à la fabrication des savons mous.

Elle est très dangereuse à manier.

CARBONATE DE POTASSIUM

CO^3K^2.

6. Propriétés. — Le carbonate de potassium est la potasse du commerce. C'est le corps actif de la cendre de bois [1].

Pour l'obtenir, on entasse dans une fosse des arbres et des branchages de toute espèce de végétaux, qui **croissent loin de la mer**, et on y met le feu. Quand la combustion est complète-

---

1. *Potasse* est un mot d'origine germanique : *pot* = vase ; *ash* = cendre. C'est le plus fort des alcalis (en arabe, *al kali* signifie *la cendre*).

ment achevée, on projette les cendres dans l'eau ; celle-ci dissout tous les sels solubles qui s'y rencontrent et surtout le carbonate de potassium : on obtient ainsi par évaporation la potasse brute, qui, suivant son origine, s'appelle potasse d'Amérique, ou potasse de Russie.

On retire également du carbonate de potassium du suint des moutons. On en fabrique aussi artificiellement au moyen du chlorure de potassium que l'on trouve dans les mines de Stassfurt (Allemagne).

7. Usages. — C'est à cause de leurs propriétés fortement alcalines que les ménagères conservent, pour faire la **lessive**, les cendres qui proviennent de la combustion du bois.

Le carbonate de potassium est aussi employé à la fabrication des savons, et à celle du cristal.

AZOTATE DE POTASSIUM
AzO^3K.

8. Propriétés. — Ce sel, encore connu sous le nom de **nitre**, de **salpêtre**, est incolore, inodore, d'une saveur fraîche.

9. État naturel. — Le salpêtre se forme dans la terre végétale et sur les murs humides, et on le voit souvent effleurir à leur surface. Aux Indes, en Égypte, à Ceylan, on le voit se former à la surface du sol après la saison des pluies. On recueille ces efflorescences, qu'on traite par l'eau pour séparer le salpêtre des matières terreuses, et l'évaporation de l'eau donne de gros cristaux d'azotate de potassium. Cette formation est due à l'oxydation des produits ammoniacaux par le ferment nitrique.

Le sol fournit le potassium nécessaire.

10. Propriétés. — L'industrie prépare du salpêtre très pur en traitant par le chlorure de potassium l'azotate de sodium naturel du Chili.

11. Usages. — Le salpêtre est le grand nourricier du règne végétal. Tous les détritus azotés du fumier, tous les débris animaux ensevelis dans le sol sont convertis en acide azotique par l'action vitale d'un microbe, le ferment nitrique. Combiné avec les bases chaux et potasse existant dans le sol, il pénètre par les racines jusqu'à la verdure des feuilles, où il subit, comme l'anhydride carbonique, l'action réductrice des rayons du soleil. Son azote libéré se combine avec le carbone naissant et les éléments de l'eau, pour produire l'albumine végétale, le gluten, la légumine, etc.

Le salpêtre sert surtout à la fabrication de la poudre ; dans ce cas, on emploie le salpêtre le plus parfaitement raffiné.

POUDRE

12. Propriétés. — La poudre est un mélange d'azotate de potassium, de soufre et de charbon dans des proportions variables.

Ce mélange possède la propriété de s'enflammer très facilement et de produire un volume de gaz considérable, propriété qu'on utilise pour chasser des projectiles à de grandes distances.

La poudre de chasse a la composition suivante :

Salpêtre.	75
Soufre	12, 5
Charbon	12, 5

Les poudres employées dans les feux d'artifice sont aussi des mélanges d'azotate, de soufre et de charbon.

Les feux bleus s'obtiennent avec un mélange de salpêtre et d'oxyde de cuivre :

Les feux rouges, avec l'azotate de strontium ;

Les feux verts, avec l'azotate de baryum ;

Les feux jaunes, avec l'azotate de sodium.

SOUDE

$NaOH.$

13. Propriétés. — La soude est un hydrate de sodium qui a le même aspect que la potasse; elle est caustique et déliquescente. C'est aussi une base très énergique, un alcali.

La soude caustique s'extrait en traitant par la chaux le carbonate de sodium.

On l'obtient aussi par l'électrolyse du chlorure de sodium dissous : le sodium dégagé à l'électrode de sortie (négative) décompose immédiatement l'eau en formant la soude. A l'autre électrode il se dégage du chlore.

14. Usages. — Elle sert surtout à la fabrication des savons durs.

CHLORURE DE SODIUM
NaCL.

15. Propriétés. — Le chlorure de sodium, bien connu sous les noms de sel marin, **sel gemme**, **sel de cuisine**, est solide, blanc, d'une saveur connue. C'est le plus simple et le type de tous les sels de la chimie. Ce sel, comme la potasse et la soude,

Fig. 314. — Cristaux de sel en forme de pyramides à gradins.

est déliquescent à l'air humide; nous avons tous remarqué, en effet, que nos salières deviennent humides à l'approche des pluies. Le sel marin cristallise sous la forme cubique, et ses cristaux s'accolent souvent pour former des pyramides à gradins. Nous pouvons voir des débris de ces pyramides et même des pyramides entières appelées **trémies** (*fig.* 314) dans le gros sel gris de la cuisine.

Ce sel a la propriété de crépiter lorsqu'on le projette sur des charbons ardents.

Cela est dû à la vaporisation de l'eau que les cristaux renferment.

16. Etat naturel. — Le chlorure de sodium se trouve en abondance dans les eaux de la mer; c'est le sel marin ; on peut le trouver également en masses considérables dans la terre, comme en Lorraine, à Wieliczka en Pologne ; c'est le **sel gemme** ; enfin on peut l'extraire aussi de sources salées naturelles.

Fig. 315. — Marais salants.

Pour extraire le chlorure de sodium des eaux de la mer, on fait évaporer l'eau amenée dans des **marais salants** (*fig.* 315) par des procédés d'évaporation naturelle. Le sel ainsi obtenu est purifié par des lavages et de nouvelles cristallisations.

Le sel gemme est exploité dans des galeries souterraines, ou bien par dissolution au moyen de forages, comme cela se pratique en Lorraine. Dans ce cas, on creuse une sorte de puits, jusqu'à ce qu'on ait rencontré le sel, puis on y introduit de l'eau qu'on y laisse séjourner jusqu'à ce qu'elle ait dissous le plus de sel possible. On extrait cette eau salée à l'aide de pompes, puis on la fait évaporer dans des chaudières.

17. Usages. — Le sel est un aliment nécessaire, puisque le sang doit en contenir; c'est un des composés les plus employés dans les usages domestiques; il rend les aliments plus agréables et plus digestifs. Il sert à la conservation des viandes, lard, poissons, qu'on dispose par tranches entre deux couches de sel. Il sert aussi dans l'industrie pour la fabrication de l'acide chlorhydrique, de la soude, etc. A cause de sa fusibilité, on l'emploie pour vernir les poteries grossières.

CARBONATE DE SODIUM
CO^3Na^2.

18. Carbonate de sodium, cristaux de soude, soude de commerce. — La soude de commerce, carbonate de sodium impur, était jadis extraite de la lessive des cendres qui proviennent de la combustion des végétaux marins; elle se nommait aussi **soude brute, soude d'Espagne.**

Mais la majeure partie de la soude employée aujourd'hui est la **soude artificielle**, extraite du **chlorure de sodium** (sel ordinaire), suivant deux procédés, imaginés l'un par **Leblanc**, à l'époque du blocus continental, l'autre par **Solvay** [2].

19. Usages. — Le carbonate de soude du commerce étant moins cher que le savon, sert dans les ménages à la lessive courante du linge et au lavage de toutes les surfaces grasses. Il est employé dans l'industrie à la fabrication du verre ordinaire et à celle des savons durs.

Le **bicarbonate de sodium** sert surtout à la fabrication de l'eau de Seltz artificielle; il existe dans un grand nombre d'eaux minérales, auxquelles il communique ses propriétés digestives : telles sont les eaux de Vichy, de Vals, etc.

1. C'est ce produit qu'on appelle très vulgairement et fautivement du « *cristaux* » ou de la « *carbonade* ».

2. Ces procédés qui donnent le carbonate de sodium sous forme de *cristaux* assez purs en ont fait un des sels les moins chers et les plus employés de l'économie domestique

CALCIUM
$$Ca = 40.$$

20. — Le calcium est un métal blanc comme le potassium et le sodium, il s'altère rapidement à l'air humide pour se transformer en chaux hydratée. Il brûle avec un vif éclat.

CHAUX
$$CaO.$$

21. Propriétés. — La chaux est l'oxyde du métal **calcium**; c'est une matière blanche, de consistance terreuse; elle est très peu soluble dans l'eau, qui en dissout un millième de son poids à peine.

La chaux cependant a une grande affinité pour l'eau. Si l'on projette quelques gouttes d'eau sur un fragment de chaux, on voit celle-ci se gonfler et tomber en poussière; en outre, la chaleur produite a été d'environ 300°. On peut y enflammer une allumette soufrée.

Cette chaux, qui a absorbé de l'eau, s'appelle ordinairement **chaux éteinte**, $Ca(OH)^4$; c'est de l'hydrate de calcium (avant qu'elle ne fût hydratée, on la désignait sous le nom de **chaux vive**).

Toutes deux sont de la **chaux caustique**. Cette dernière, exposée à l'air, se transforme vite en chaux éteinte, à cause de l'humidité dont elle s'empare avidement, puis en carbonate de calcium, car elle est presque aussi avide d'anhydride carbonique.

Lorsqu'on agite de l'eau avec une petite quantité de chaux, et qu'on filtre, on voit passer un liquide incolore qui a dissous de la chaux, et qu'on appelle **eau de chaux**. C'est ce liquide incolore qui se trouble lorsqu'on y fait passer un courant d'acide carbonique, car l'anhydride carbonique et la base chaux donnent un sel, le carbonate de calcium ou la craie, corps non soluble dans l'eau.

Si l'on délaye une grande quantité de chaux dans l'eau, on obtient une bouillie blanche plus ou moins claire appelée **lait de chaux**. On emploie le lait de chaux pour blanchir les plafonds et les murs, pour badigeonner au printemps la tige des arbres fruitiers, afin de les préserver des atteintes des insectes; c'est pour cette dernière raison qu'il sert quelquefois à chauler le blé, opération dont nous avons déjà parlé à propos du sulfate de cuivre.

22. Etat naturel, préparation. — La chaux se trouve en grande abondance à l'état de carbonate de calcium (v. n° 24). Pour la préparer on entasse dans de grands fours en forme d'œufs de 3 ou 4 mètres de hauteur (*fig.* 316) des pierres de carbonate de calcium, les plus grosses en bas, en ayant soin de ménager un espace dans lequel seront placés des fagots [1].

Fig. 316. — Four à chaux.

On allume les broussailles, et l'on élève la température jusqu'à porter au rouge le carbonate de calcium. Celui-ci se décompose alors en anhydride carbonique qui s'échappe dans l'atmosphère, et en **chaux** qui reste.

$$CO_3Ca \quad = \quad CaO \quad + \quad CO_2$$

Carbonate   Chaux   Anhydride
de calcium   carbonique

23. Usages. — La chaux pure est employée à la préparation de l'ammoniaque, de la potasse, de la soude, etc. ; le tannage l'utilise pour le gonflement et l'épilage des peaux. Indépendamment des usages que nous avons indiqués pour le lait de chaux, la chaux est surtout employée pour les constructions. Et, suivant la plus ou moins grande pureté des carbonates de calcium employés, la chaux est **aérienne**, **hydraulique**, ou prend le nom de **ciment**.

La **chaux aérienne**, qui provient de calcaires purs, est une chaux grasse, qui lie très bien les pierres et qui durcit à l'air ; elle est employée dans les constructions ordinaires.

La **chaux hydraulique**, qui résulte des calcaires mélangés d'argile, durcit sous l'eau et pour cette raison est employée dans les constructions hydrauliques.

Le **ciment**, poudre fine qui provient des calcaires contenant encore plus d'argile, durcit très fortement à l'air ou sous l'eau.

Les **mortiers** sont des mélanges de sable et de chaux à l'aide

---

1. Les fagots sont souvent remplacés par du charbon.

desquels on soude les pierres dans les constructions. Les mortiers sont hydrauliques quand ils sont formés avec de la chaux hydraulique.

Les bétons, plus durs encore, sont composés de cailloux et de ciment.

CARBONATE DE CALCIUM
CO^3Ca.

24. Propriétés. — Le carbonate de calcium a de nombreuses variétés connues sous le nom de pierres calcaires ; à l'état de pureté, c'est un corps blanc, insoluble dans l'eau pure. Cependant il devient soluble dans les eaux chargées d'anhydride carbonique. Telle est la raison pour laquelle on trouve ce corps en dissolution dans presque toutes les eaux courantes. Certaines

Fig. 316 *bis*. — Stalactites et stalagmites.

eaux, les eaux dites calcaires, en renferment de si grandes quantités que, par suite de l'évaporation de l'anhydride carbonique à leur arrivée à l'air, elles laissent déposer le carbonate de calcium qui incruste les objets qui y sont plongés. Telle est la fontaine pétrifiante de Sainte-Allyre, près de Clermont-Ferrand.

Un phénomène analogue produit, dans la plupart des grottes,

ces concrétions calcaires nommées **stalactites** et **stalagmites** (*fig. 316 bis*).

Les eaux ayant traversé les terrains qui surmontent la grotte viennent suinter goutte à goutte à la paroi supérieure ; en s'évaporant, elles laissent un léger dépôt calcaire, qui, molécule par molécule, s'accumule et augmente de volume pour former une colonne descendante, la **stalactite**. Mais en regard, sur le sol, se produit une colonne ascendante, la **stalagmite**, formée par le résidu de l'évaporation de l'eau, chargée de calcaire, qui est tombée de la voûte.

C'est encore le carbonate de calcium qui incruste les conduites des eaux, les bouillottes, les chaudières, etc.

La propriété chimique de tous les carbonates de calcium, c'est de **faire effervescence** sous l'action des acides. Attaqués par les acides, ils dégagent des bulles d'anhydride carbonique ; c'est la propriété que nous avons utilisée pour produire ce gaz.

25. État naturel. — Le calcaire forme à lui seul une grande partie de l'écorce terrestre.

On le rencontre à l'état cristallisé pour former le **spath d'Islande** et l'**arragonite**. Le marbre blanc statuaire est formé de ces cristaux.

Ses principales variétés sont les **marbres** et tous les **calcaires** qui résultent des débris des coquillages fossiles ; on les rencontre en bancs plus ou moins épais qu'on emploie comme pierre à bâtir ; ils sont extraits en abondance du sol des environs de Paris.

C'est le carbonate de calcium qui constitue encore le **calcaire lithographique**, les **moellons**, la **craie**, le **blanc de Meudon** ou **blanc d'Espagne**. Il compose les coquilles des œufs, des mollusques, des crustacés ; il existe dans les os.

SULFATE DE CALCIUM

$SO^4Ca + 2H^2O$.

26. Propriétés. — Le sulfate de calcium, ou plâtre, devient une poudre d'apparence farineuse, lorsqu'il est chauffé ou écrasé.

Au contact de l'eau, c'est-à-dire en le **gâchant**, il forme une pâte capable de durcir à l'air. D'abord presque liquide, le mélange épaissit peu à peu et se **prend** en masse. Il reprend alors son eau de cristallisation, et ses fers de lance microscopiques s'enchevêtrent et lui donnent ainsi sa résistance.

Un peu soluble dans l'eau, il rend celle-ci **séléniteuse**.

27. État naturel. — On trouve le sulfate de calcium en couches épaisses dans le sol, soit cristallisé en fer de lance pour constituer le **gypse** (*fig.* 317), soit formé par l'agglomération de petits cristaux ; il prend alors le nom de **pierre à plâtre**.

Pour obtenir le plâtre, on cuit la pierre à plâtre à douce température, pour chasser son eau de cristallisation, dans des fours spéciaux établis dans le voisinage des carrières (*fig.* 318) ; puis, lorsqu'elle est suffisamment cuite, on la pulvérise et on la met en sac.

28. Usages. — On utilise le plâtre pour souder entre eux les

Fig. 317. — Gypse
(sulfate de calcium
cristallisé en fer de lance).

Fig. 318. — Four à plâtre.

matériaux de construction et pour recouvrir les murs de nos maisons, pour mouler des reliefs et des statues.

Le plâtre naturel est employé en agriculture.

Une variété de plâtre, l'**albâtre gypseux**, sert à faire des objets d'ornement.

Le stuc est du plâtre gâché dans la colle forte ; il peut être poli, est très dur et peut, lorsqu'il est coloré, imiter les marbres.

PHOSPHATE DE CALCIUM

$(PO^4)^2Ca^3$.

29. Propriétés. — Le phosphate de calcium, appelé couramment phosphate de chaux, est un corps qui forme environ 50 °/₀ des os du squelette des animaux vertébrés. On le trouve dans le sol provenant d'ossements fossiles, et dans les cendres des végétaux alimentaires, surtout les graminées. Il est nécessaire à l'agriculture et doit être ajouté aux engrais qui en manquent. Le pain et la viande le fournissent à notre alimentation.

30. Usages. — Le phosphate de calcium naturel n'est pas soluble dans l'eau et n'est pas directement assimilable par les végétaux. On le rend soluble en le traitant par l'acide sulfurique : on obtient ainsi le **superphosphate de chaux** employé comme engrais.

Le glycérophosphate de chaux est une combinaison de phosphate et de glycérine ; il est employé dans la suralimentation.

VERRES

31. Propriétés. — Les verres sont des corps transparents, durs, cassants, fusibles à la chaleur en passant par l'état pâteux.

Ils sont formés par l'union de deux silicates : l'un alcalin, le silicate de potasse ou de soude ; et l'autre terreux ou métallique, ordinairement le silicate de chaux.

Lorsqu'on refroidit brusquement du verre chauffé, il se trempe à la façon de l'acier, et comme lui devient très cassant. Mais si, après la trempe, on recuit le verre, il devient moins fragile et prend le nom un peu exagéré de verre incassable.

Les usages du verre sont nombreux et variés, à cause de son inaltérabilité presque absolue. Il n'est facilement attaqué que par l'acide fluorhydrique, qui, pour cette raison, est employé dans la gravure sur verre.

Fig. 319. — Four circulaire pour la fusion du verre.

32. Préparation. — Les matières qui doivent servir à la préparation du verre : sable, chaux, carbonate de sodium, mélangées ordinairement de débris de verre, sont placées dans des creusets qui reposent dans les **arches** d'un four circulaire (*fig.* 319). Elles subissent là un commencement de combinaison, une première calcination appelée **fritte**. La masse frittée introduite dans des creusets en terre réfractaire est portée dans la partie centrale du four. Le mélange fond peu à peu ; on le débarrasse de son écume ; au bout de cinq ou six heures, l'affinage est achevé. On laisse refroidir la matière jusqu'à ce qu'elle prenne une consistance pâteuse, et on la façonne. Cette façon se fait soit par **soufflage**, soit par le **moulage**, et le plus souvent par les deux procédés à la fois.

Une fois l'objet fabriqué, on le **recuit**, c'est-à-dire qu'on le chauffe au rouge sombre, puis on le refroidit très lentement.

33. — Dans la fabrication du **verre à bouteilles** on emploie de l'argile, du **sable ferrugineux**, des **cendres**, des **débris de verres** de toutes sortes. C'est l'oxyde de fer qui le colore en vert.

Suivant les proportions et le degré de pureté des silicates employés, on obtient le **verre à bouteilles**, le **verre à vitres**, le **verre de Bohême** avec lequel on fait les verres à boire, les carafes, etc.

Le **cristal** est un silicate de potasse uni à un silicate de plomb ; il est employé pour la verrerie de luxe.

Le **strass**, qui sert à imiter le diamant et les pierres précieuses, a la même composition que le cristal, mais contient plus de minium.

L'**émail** est du cristal rendu opaque par du bioxyde d'étain ou du phosphate de chaux.

CARBURE DE CALCIUM

34. — Ce composé n'a été obtenu que depuis quelques années. Nous avons vu la préparation à propos du gaz acétylène (p. 270).

RÉSUMÉ

1-3. **Potassium et sodium** (K et Na). — Métaux plus légers que l'eau et la décomposant à froid.

4-5. **Potasse** (oxyde de potassium, KOH) ou *potasse caustique*. — La potasse caustique est utilisée en médecine sous le nom de pierre à cautère pour ronger les chairs menacées de gangrène.

6-7. **Carbonate de potassium** (CO^3K^2). — Potasse du commerce.

On retire cette potasse des cendres qui résultent de la combustion de plantes terrestres. Procédé Solvay.

Ce carbonate est employé à la fabrication des *savons*.

8-12. Azotate de potassium, nitre ou salpêtre (AzO^3K). — Se forme sur les murs humides, dans les étables et les écuries.

Poudre de chasse formée de $\left\{\begin{array}{ll} 75 & \text{parties de salpêtre.} \\ 12,5 & - \quad \text{de soufre.} \\ 12,5 & - \quad \text{de charbon.} \end{array}\right.$

13-14. Soude (NaOH). — Oxyde de sodium, obtenu par l'électrolyse du chlorure de sodium dissous, sert à la fabrication des savons.

15-17. Chlorure de sodium (NaCl). — *Sel marin, sel de cuisine.* — Il existe à l'état naturel dans la terre (à Vieliczka, à Cordona, dans l'est de la France) et prend le nom de *sel gemme.* — On le retire, par évaporation, soit de sources salées, soit des eaux de la mer (marais salants)

18-19. Carbonate de sodium ou soude du commerce, retiré des cendres des plantes marines. Procédé Leblanc, procédé Solvay. Sert à la lessive du linge, à la fabrication du verre et des savons durs.

20-23. Calcium. — La **Chaux** (CaO) est un oxyde du métal *calcium*. **Chaux vive, chaux éteinte** (hydrate de calcium), **eau de chaux, lait de chaux.** — On prépare la chaux en calcinant dans des fours le *carbonate de calcium*. La *chaux* est employée dans les constructions aériennes et hydrauliques. — *Mortiers :* chaux et sable. — *Ciment*.

24-25. Carbonate de calcium (CO^3Ca).—Soluble dans l'eau qui contient de l'acide carbonique. *Stalactites, stalagmites;* incrustations des chaudières. Ses variétés sont : le *spath d'Islande*, les *marbres*, l'*albâtre*, la *pierre à bâtir*, la *craie*. Usages.

26-28. Sulfate de calcium ou **gypse, pierre à plâtre** $(SO^4Ca + 2H^2O)$. —. Le plâtre qui s'obtient par la cuisson des pierres à plâtre dans des fours spéciaux, sert surtout à souder entre eux les matériaux de construction.

29-30. Phosphate de calcium. — Employé en agriculture.

31-33. Verres. — Les **verres** sont des silicates de chaux et de potasse ou de soude. Dans le *cristal*, le silicate de chaux est remplacé par du silicate de plomb. Fabrication du verre.

34. Carbure de calcium.

QUESTIONS D'EXAMEN

1-3. Quelles sont les principales propriétés du potassium et du sodium ? — Que se passe-t-il lorsqu'on jette un fragment de potassium sur l'eau ? — 4. Qu'est-ce que la potasse ? — 5. Quel rôle joue-t-elle en chimie, et à quoi l'emploie-t-on ? — 6. Comment obtient-on le carbonate de potassium ? — 7. Quels sont ses usages ? — 8. Quels sont les autres noms de l'azotate de potassium ? — 9. Où le trouve-t-on ? — 10-11. A quoi sert-il ? — 12. Quelle est la composition de la poudre de chasse ? — 13-14. D'où s'extrait la soude brute ? — 15. Quel est le nom vulgaire du chlorure de sodium ? — Comment cristallise-t-il ? — 16. D'où le tire-t-on, et comment ? — 17. Quels sont ses usages ? — 18. Qu'est-ce que le carbonate de sodium ? — 19. Quels sont ses usages ? — 20. Dites un mot du calcium — 21. Quelles sont les propriétés de la chaux ? — Qu'appelez-vous chaux vive, chaux éteinte ? — Qu'est-ce que l'eau de chaux, le lait de chaux ? — 22. Comment prépare-t-on la chaux ? — 23. Qu'entendez-vous par chaux aérienne, chaux hydraulique, et de quoi sont-elles formées ? — Qu'est-ce que le ciment, le mortier ? — 24-25. Nommez les propriétés du carbonate de calcium. — Comment se forment les stalactites, les stalagmites ? — Indiquez toutes les variétés de carbonate de calcium. — A quoi reconnaît-on qu'une pierre est un carbonate de calcium ? — 26. Quel est le nom chimique du plâtre ? — 27. Sous quels états le trouve-t-on ? — 28. Comment fait-on le stuc ? — 29-30. Où trouve-t-on le phosphate de calcium ? — De quoi provient-il ? — 31-32. De quoi est formé le verre ? — Quelle est la composition du cristal ? — 33. Quelle est la composition du verre à vitres, du strass, de l'émail ?

LIVRE III

CHAPITRE PREMIER

MATIÈRES ORGANIQUES

1. Définition. — Dans ce chapitre, nous passerons rapidement en revue les principales substances que l'on rencontre dans les végétaux et les animaux.

Rarement l'analyse dévoile, chez ces corps, de propriétés et d'aspect si divers, des corps simples autres que le **carbone**, **l'hydrogène**, **l'oxygène** et **l'azote**. Ainsi ces quatre éléments, soit réunis, soit plus ou moins séparés et combinés, dans des proportions différentes, suffisent à eux seuls pour former presque toutes les substances végétales et animales.

CARBURES D'HYDROGÈNE

2. Généralités. — Les carbures d'hydrogène sont des matières organiques composées de carbone et d'hydrogène ; ils existent tout formés dans les végétaux et se dégagent dans les décompositions des matières organiques.

Nous avons déjà parlé du méthane CH^4, de l'acétylène C^2H^2, de la benzine C^6H^6. Il en existe beaucoup d'autres, qu'on a classés en séries **homologues**. Une série comprend tous les carbures qui ont les mêmes propriétés chimiques générales ; la formule de chacun d'eux se déduit de la formule du précédent en ajoutant CH^2. Les trois carbures dont nous avons parlé sont les chefs de file de trois séries importantes.

3. Pétroles. — Le pétrole est un mélange de carbures d'hydrogène de la série du méthane, appelés **carbures saturés**. Les premiers, gazeux, se dégagent de la source même, lançant souvent en jet liquide le mélange des autres qui forment le **pétrole**

Fig. 319 *bis*. — Puits de pétrole.

brut ; celui-ci est très inflammable, même à distance, au moyen de ses vapeurs ; il brûle en produisant une épaisse fumée. Par une distillation fractionnée, on le partage en produits inégalement volatils, tous inflammables, et qui seraient applicables à l'éclairage, n'était, pour certains d'entre eux, leur trop grande inflammabilité.

L'huile de pétrole rectifiée ou huile **lampante** [1] : Luciline, Oriflamme, Saxoléine, n'émet que peu de vapeurs à la température ordinaire et n'est pas d'un emploi dangereux ; il n'en est pas de même de l'**essence de pétrole**, qui prend feu à distance, qu'on ne peut employer sans danger que dans des lampes à éponge. On doit la conserver dans des bidons métalliques, toujours bouchés avec soin, et on ne doit jamais charger les lampes que le jour dans une pièce sans feu ou flamme d'aucune sorte ; autrement on s'expose à de graves accidents.

Si l'essence prenait feu, il ne faudrait pas essayer de l'éteindre avec de l'eau, mais avec du sable, de la cendre ou des linges mouillés.

On agira de même en cas d'incendie provoqué par l'inflammation du pétrole ou d'un produit similaire.

---

1. *Lampante*, qui peut être brûlée dans les lampes.

On emploie l'essence de pétrole pour le nettoyage des gants.

Lorsqu'on ne distille pas complètement le pétrole, on peut retirer du résidu la **vaseline**, substance onctueuse employée en pharmacie pour la préparation des pommades. Elle a l'avantage de ne pas rancir ; mais l'inconvénient de ne pas pénétrer la peau.

Un autre produit tiré des résidus de la distillation du pétrole est la **paraffine**, corps solide, incolore, fondant à 55° ; elle est utilisée pour la fabrication des bougies transparentes ; elle rend imperméables à l'eau les bouchons, les tissus, maintient propres les surfaces métalliques, etc.

C'est un des corps les plus isolants au point de vue électrique.

Le pétrole brut n'est autre que le **naphte**, huile qu'on trouve en abondance sur les bords de la mer Caspienne et surtout en Amérique; il forme des lacs souterrains d'où on le retire à l'aide de pompes (*fig.* 319 *bis*).

4. Bitumes. — Les bitumes sont des roches pâteuses ou solides, facilement inflammables, provenant soit de la distillation de la houille, soit de gisements considérables, analogues à ceux du pétrole, enfouis sous la terre.

L'asphalte est un bitume qui, mélangé à du sable, sert à former des chaussées dans les villes.

On retire de certains schistes bitumineux des **huiles de schiste** ou huiles minérales, qu'on emploie pour l'éclairage. C'est le gaz qu'on recueille dans la combustion des schistes bitumineux qui fournit le **gaz portatif**, dont le pouvoir éclairant est supérieur à celui du gaz de houille.

FERMENTATIONS

5. On entend par **fermentations** des décompositions qui se produisent dans certaines substances organiques sous l'influence d'êtres microscopiques appelés **ferments**. Ces ferments sont les microbes, les levures, les moisissures. Les germes de ces ferments existent en grande quantité dans l'air atmosphérique et se développent lorsqu'ils rencontrent un milieu propice, en donnant naissance à une fermentation qui varie avec le germe et le milieu.

Dans la fermentation alcoolique, le ferment est la **levure de bière** (*fig.* 320) ; le liquide qui va fermenter est le **jus sucré des fruits** ; le résultat de la fermentation est l'alcool.

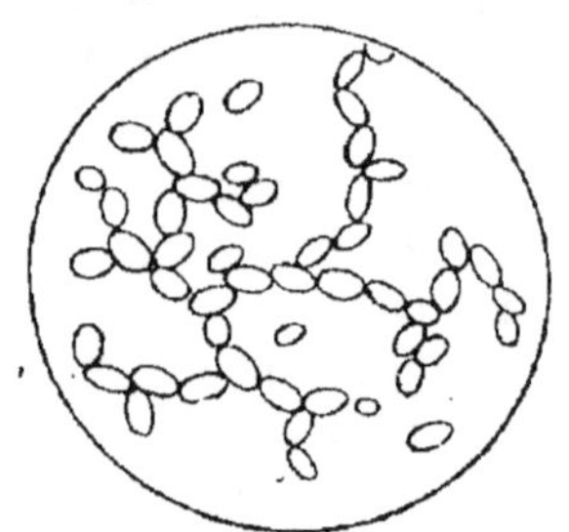
Fig. 320.
Levure de bière très grossie.

ALCOOL
C²H⁶O.

6. Propriétés. — L'alcool pur est un liquide incolore, d'une odeur agréable, d'une saveur brûlante. On n'a pu le solidifier qu'à une température très basse. Sa densité est 0,8.

L'alcool pur est un **poison énergique** ; injecté dans les veines, il cause instantanément la mort.

L'alcool brûle à l'air avec une flamme bleue.

7. Préparation. — *Toutes les fois qu'un liquide sucré fermente, de l'alcool se produit :* alcool plus ou moins étendu d'eau.

L'alcool est dit **absolu** quand il ne contient pas d'eau ; il s'appelle **eau-de-vie** quand il contient au moins autant d'eau que d'alcool.

Les eaux-de-vie sont le produit de la distillation des liquides sucrés, fermentés. Les bonnes eaux-de-vies proviennent de la **distillation du vin** plusieurs fois répétée : tel est le **cognac** tiré des vins blancs des environs de Cognac fermentés sans pulpe ni râfle, afin de ne pas leur communiquer un goût âcre. La fermentation du jus des fruits à noyau donne le **kirsch** ; la mélasse de canne à sucre donne le **rhum**.

Le **jus sucré de la betterave** est également fort employé pour faire l'alcool. Pour cela, on lave, on râpe et on presse les betteraves. Le jus sucré est additionné d'environ $\frac{1}{1\,000}$ de son poids d'acide sulfurique, puis soumis à l'action de la levure de bière ; la fermentation alcoolique se produit, et des distillations fournissent l'alcool au degré voulu.

Quant au résidu de la compression de la betterave, la pulpe, il est donné aux bestiaux comme nourriture.

Pour fabriquer l'alcool, au lieu d'employer les jus sucrés naturels, on peut encore transformer la **fécule des pommes de** terre ou l'amidon des grains en sucre, et provoquer la fermentation de ces sucres : on obtient alors l'alcool de pommes de terre ou l'alcool de grains, dits **alcool d'industrie.**

Pour obtenir l'alcool de pommes de terre, on lave les pommes de terre et on les râpe ; la pulpe est alors mélangée avec de l'orge germée et délayée dans l'eau à la température d'environ 50°. Sous l'influence de la **diastase** développée par la germination de l'orge, l'amidon de la pomme de terre se transforme en **glucose,** c'est-à-dire en sucre. Après refroidissement, on mêle à la masse de la levure de bière qui provoque la fermentation alcoolique : il suffit alors de distiller le liquide obtenu. Mais le produit est très impur et très dangereux à boire.

L'alcool de grains s'obtient de la même façon : on concasse les grains, on les mélange avec de l'orge germée, on ajoute la levure de bière après transformation de l'amidon en glucose, et l'on distille.

8. Usages. — L'alcool, à l'état d'eau-de-vie, est employé comme boisson ; tous les alcools sont plus ou moins dangereux ; mais les alcools à bon marché que les cabarets servent comme eau-de-vie sont de véritables poisons qui déciment la population française. On se sert de l'eau-de-vie pour la conservation des fruits, cerises, prunes, etc.

C'est dans l'alcool qu'on conserve les pièces anatomiques.

On l'emploie comme combustible dans la lampe à alcool. En parfumerie, c'est la base de presque tous les produits liquides.

L'alcool dissout les résines, les corps gras, les essences, l'iode, la potasse, la soude.

VIN

9. Propriétés. — Le vin provient de la fermentation du jus du raisin ; ses propriétés gustatives **différentes** dépendent et du vignoble et de l'espèce de vigne, de la température moyenne de l'année qui l'a fourni et de sa fabrication.

Le vin est formé d'eau dans les proportions de 80 à 70 p. 100, puis d'alcool, de tartre et de nombreuses autres substances en très faibles proportions.

10. Préparation. — Pour faire le vin, on écrase le raisin dans de grandes cuves en bois. Bientôt ce liquide sucré fermente ; on dit qu'il bout. Les matières solides du grain,

Fig. 321. — Fouloir-égrappoir
mécanique.

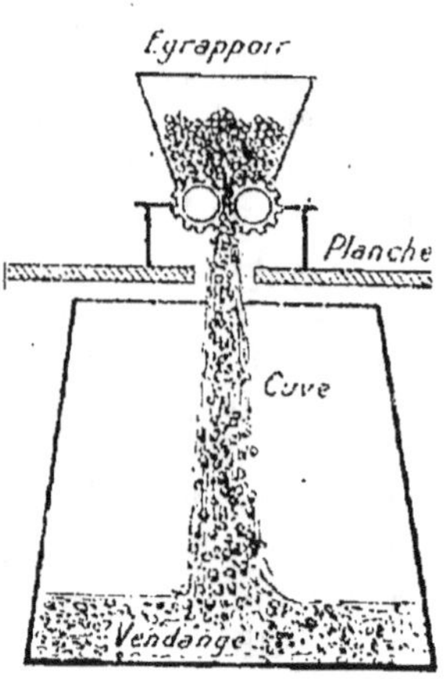

Fig. 321 *bis*.
Schéma de la vinification.

la grappe et sa pulpe, constituant le **marc**, s'élèvent à la surface de la liqueur en une croûte appelée **chapeau**. Lorsque la fermentation se ralentit, on soutire le vin et on le met en tonneaux ; on laisse pendant quelque temps la bonde ouverte, à cause de la fermentation qui n'est pas toujours achevée. Peu à peu le vin s'éclaircit ; on le **colle**. Pour faire cette dernière opération, on bat des blancs d'œufs qu'on verse dans le vin ; l'albumine de l'œuf, en se coagulant, forme une espèce de filet qui entraîne au fond du tonneau toutes les matières qui s'y trouvaient en suspension.

Si on veut obtenir du **vin blanc**, on peut le fabriquer avec du raisin blanc. Mais on peut le faire avec le raisin rouge, en prenant le soin de soutirer le jus sucré avant la fermentation, parce que la matière colorante du vin qui se trouve seulement dans la pellicule du raisin n'est soluble que dans l'alcool ; or, si l'on soutire le jus avant que l'alcool ne se soit produit, le vin sera blanc ou à peine rosé.

La préparation des **vins de Champagne** demande des manipulations délicates et nombreuses : elle a pour but de gorger le vin d'anhydride carbonique. Pour cela, on ajoute au vin en bouteilles un peu de sucre candi, et l'on bouche. Le sucre fermente, produit de l'anhydride carbonique qui, ne pouvant pas s'échapper à cause du bouchage parfait de la bouteille, se dissout dans le vin et le rend mousseux.

Fig. 322 bis. — Fabrication de la bière

BIÈRE

11. La bière provient de la fermentation du jus sucré

Fig. 322. — Grain d'orge germé.

(le glucose) tiré de l'amidon de l'orge. Cette liqueur sucrée, appelée **moût**, est placée après fermentation dans des chaudières où on la fait chauffer avec du houblon qui lui communique son goût amer et agréable et qui la rend plus facile à conserver. Elle est ensuite rapidement refroidie et mise dans des tonneaux où s'achève la fermentation. La mousse qui s'en échappe laisse, par compression, un résidu qu'on nomme **levure de bière** et qu'on emploie toutes les fois qu'on veut activer des fermentations.

CIDRE

12. Le cidre est encore une boisson fermentée, tirée du jus des pommes.

Pour le préparer, on écrase les pommes ; puis après les avoir humectées d'eau, on les soumet à l'action d'une forte presse qui en extrait tout le jus, Ce jus est mis alors dans des tonneaux ouverts où la fermentation s'achève.

Si on le met en bouteilles avant que la fermentation ne soit achevée, on obtient du cidre mousseux qui conserve

Fig. 322 *ter.* — Pressoir.

son goût sucré. Mais, laissé en fût, il prend, moins vite que le vin et la bière un goût plus ou moins prononcé d'acidité.

Le **poiré**, obtenu avec le jus des poires, se prépare de la même façon que le cidre.

13. Alcools en général. — Il existe de nombreux corps comparables à l'alcool du vin : tel est l'esprit de bois ou alcool méthylique CH^4O. Tous ces corps possèdent la propriété de se combiner aux acides pour donner naissance à des corps nouveaux, les **éthers**.

De même que pour les carbures on a classé les alcools en série homologues.

14. Chloroforme, $CHCl^3$. — L'alcool traité par le chlorure de chaux donne naissance au **chloroforme**, liquide incolore, d'une saveur sucrée. Ce corps se rattache au méthane dont c'est un **dérivé chloré**.

Les vapeurs de chloroforme provoquent le sommeil et l'insensibilité ; il est employé pour cette raison pendant les opérations chirurgicales. Mais il amène la mort, si son action est trop prolongée ou s'il est respiré à trop forte dose.

15. Iodoforme. — Si, dans le chloroforme, on remplace le chlore par l'iode, on obtient l'**iodoforme**, corps solide jaune d'une odeur très pénétrante. On l'emploie pour les pansements comme antiseptique.

RÉSUMÉ

1-4. Chimie organique. — **Carbures d'hydrogène.** — *Pétroles :* naphte distillé, vaseline, paraffine.

Huile lampante. — C'est-à-dire pouvant être utilisée dans les lampes, produite par distillation en séparant les produits trop ou trop peu volatils.

Essence de pétrole. — Employée dans les lampes à essence, à éponge, très dangereuse par son inflammabilité, même à distance.

Bitumes : asphalte.

5. Fermentation. — *Ferments* (microbes, levures, moisissures).

6-8. Alcool (C²H⁶O) se produit dans la fermentation de tout liquide sucré, sous l'influence de la levure de bière. *Alcool absolu,* absolument pur ; *eau-de-vie,* autant d'eau que d'alcool.

Cognac, distillation du vin ; *eau-de-vie de betterave, de grains.* L'alcool sert à la conservation des fruits, des pièces anatomiques.

9-10. Vin. — Jus de raisin fermenté. *Vin blanc, vin rouge,* matière colorante dans la pellicule ; *vin de Champagne.*

11. Bière. — Jus fermenté de l'amidon d'orge ; *glucose* et *houblon.*

12. Cidre. — Jus fermenté des pommes ; *poiré.*

13. Alcools en général se combinent aux acides pour donner naissance aux *éthers.*

14-15. Chloroforme, anesthésique. — **Iodoforme,** antiseptique.

QUESTIONS D'EXAMEN

1. Quels sont les éléments qui constituent la plupart des substances organiques ? — 2. Nommez des carbures d'hydrogène. — 3. Qu'est-ce que le pétrole ? — Quelles sont ses variétés ? — D'où tire-t-on le pétrole ? — Qu'est-ce que le naphte ? — De quoi provient la paraffine et à quoi sert-elle ? — 4. Qu'est-ce que le bitume ? — Que retire-t-on des schistes bitumineux ? — 5. Qu'entendez-vous par fermentation ? — 6. Indiquez les propriétés de l'alcool. — 7. Dans quel cas se produit-il un alcool ? — Qu'est-ce que l'eau-de-vie ? — Qu'appelle-t-on esprit ? — 8. Quels sont les usages de l'alcool ? — Comment fabrique-t-on les alcools d'industrie ? — 9. D'où provient le vin ? — 10. Comment le fait-on ? — Comment obtient-on le vin blanc ? — Comment rend-on le vin de Champagne mousseux ? — 11. Avec quoi fait-on la bière ? — Quelle est la substance qui lui communique son goût amer ? — 12. Comment fait-on le cidre ? — 13. Citez un alcool autre que l'alcool du vin. — 14. De quoi est formé le chloroforme ? — Quel est son usage ? — 15. Comment obtient-on l'iodoforme et à quoi sert-il ?

CHAPITRE II

ÉTHERS. — GLYCÉRINE. — CORPS GRAS. SUCRES. — MATIÈRES AMYLACÉES, ETC.

ÉTHERS

1. — On entend par éthers en général les corps obtenus par l'action d'un acide sur un alcool. Leur nombre est très grand; c'est le plus souvent à leur présence que sont dus le goût ou l'arome spécial des fruits et des liqueurs.

2. Ether ordinaire. — L'éther le plus communément employé, est l'éther ordinaire appelé improprement éther **sulfurique**, formé par l'action de l'acide sulfurique sur l'alcool; mais ici l'acide n'a agi que comme déshydratant.

$$\underset{\text{Ether}}{C^4H^{10}O} \;=\; \underset{\text{Alcool}}{2C^2H^6O} \;-\; \underset{\text{Eau}}{H^2O}$$

3. Propriétés. — L'éther $C^4H^{10}O$ est un liquide très volatil, d'une odeur caractéristique; il a pour densité 0,736. Il est difficilement soluble dans l'eau, de sorte qu'un mélange d'eau et d'éther présente deux couches distinctes. Il est très inflammable, même à distance, à cause des vapeurs qu'il produit, et l'inflammation de ses vapeurs produit une détonation.

Il dissout le phosphore, les résines, les corps gras, etc.

L'éther est surtout utilisé en médecine comme anesthésique.

GLYCÉRINE
$$C^3H^8O^3.$$

4. Propriétés. — La glycérine est un liquide de consistance sirupeuse, incolore, d'un goût sucré, très difficilement congelable, présentant, au point de vue chimique, de grandes analogies avec l'alcool. Elle est soluble dans l'eau, et il s'en forme toujours un peu dans la fermentation alcoolique.

La glycérine est un alcool; avec les acides gras elle forme des éthers dont le mélange constitue tous les corps gras. On l'obtient comme produit secondaire dans la fabrication des bougies stéariques.

Lorsque la glycérine est pure, elle est employée en médecine pour le pansement des plaies, dartres, excoriations et gerçures de la peau.

Elle est encore utilisée pour maintenir humides l'argile à modeler, les ciments et mortiers, les cuirs non tannés, etc.

En combinaison avec l'acide azotique, elle donne la **nitroglycérine**, substance très dangereuse qui détone d'une façon formidable au moindre choc. Une seule goutte frappée du marteau suffit pour produire une forte explosion.

La nitroglycérine, absorbée par du sable doux, constitue la dynamite, qui est une substance explosible si terrible.

CORPS GRAS

5. Propriétés. — Les corps gras sont des substances onctueuses au toucher, laissant sur le papier une tache translucide, moins denses que l'eau et solubles dans l'alcool et les essences.

Les trois principaux sont : l'**oléine**, la **margarine** et la **stéarine** : le premier liquide, le second pâteux, le troisième solide, qui se mélangent en proportions variables, avec quelques autres en petite quantité, pour former toutes les huiles, les beurres, les suifs et les graisses.

Chacun de ces corps gras est formé de la combinaison de la **glycérine** avec les acides gras **oléique, stéarique, margarique** (1).

Ainsi, la stéarine est l'union de l'acide stéarique et de la glycérine.

La **stéarine** existe en grande abondance dans la graisse de bœuf et le suif de mouton ; elle y est mélangée à un peu d'oléine et de margarine.

La **margarine**, plus molle, se trouve dans la graisse humaine, et surtout dans l'huile de palme. Elle est la plus abondante dans le beurre et le saindoux.

L'**oléine** s'obtient surtout en refroidissant l'huile d'olive à 0° ; la margarine se fige ; l'oléine reste liquide ; on la décante.

---

1. L'acide margarique est souvent appelé aussi acide palmitique ; de même, la margarine s'appelle aussi palmitine.

6. Huiles. — Les huiles sont des corps gras liquides, d'origine végétale, qu'on extrait par compression (*fig.* 323) de graines ou de fruits oléagineux. Elles sont un mélange d'oléine et de margarine.

Les huiles épurées par l'acide sulfurique sont employées à l'éclairage.

L'huile d'olives vierge, c'est-à-dire purifiée, est employée comme comestible.

Les huiles servent à la fabrication des savons.

7. Graisses. — Les graisses sont des corps gras, mous, mais plus ou moins solides, d'origine animale. La margarine et la stéarine y prédominent. Les beurres sont souvent falsifiés avec de la margarine retirée des suifs.

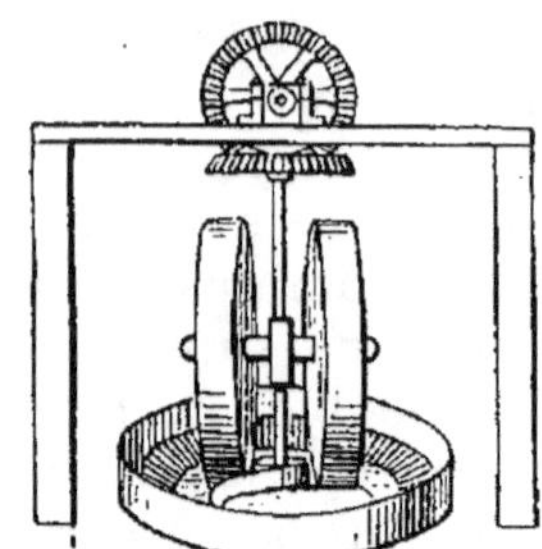

Fig. 323. — Presse à olives pour l'extraction de l'huile.

Le nom de **suif** est réservé à la graisse des herbivores (bœufs, moutons); c'est avec le suif qu'on fait les **chandelles**.

BOUGIES

8. Bougies stéariques. — Les bougies sont faites avec de l'acide stéarique gardant un peu d'acide margarique, que l'on extrait du **suif de bœuf**.

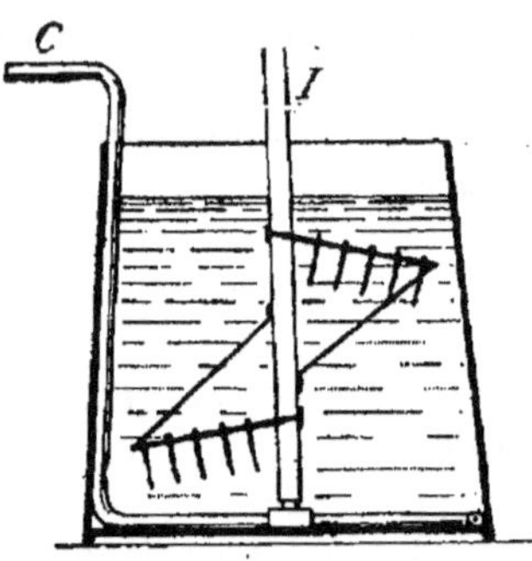

Fig. 323 *bis* — Cuve à saponification.

Pour séparer l'acide stéarique de la stéarine contenue dans le suif, il faut chasser la glycérine qu'elle renferme. Ce dédoublement de stéarine (et margarine) en glycérine et acides gras s'appelle **saponification**.

Plus généralement on appelle ainsi l'opération qui consiste à refaire, avec un éther, l'alcool et l'acide qui l'ont formé; c'est cette réaction qu'on réalise dans la saponification industrielle, c'est-à-dire la fabrication du savon.

La décomposition du suif en acides gras et glycérine se fait dans de grandes cuves à la température de 150° et grâce à l'intervention de la chaux, puis de l'acide sulfurique.

La cuve est à moitié remplie d'eau qui s'échauffe, grâce à un courant de vapeur passant par C. Quand l'eau est chaude, on y verse le suif : celui-ci étant fondu, on ajoute peu à peu de la chaux et l'on agite fortement la masse en faisant mouvoir l'arbre I, armé de dents (*fig.* 323 *bis*),

La chaux, se combinant avec les acides gras des corps gras mis dans la cuve, forme un savon calcaire : oléate, margarate, et surtout stéarate de chaux, qui est insoluble et tombe au fond de la cuve. Quant au liquide, on le décante et on extrait la glycérine. Le savon calcaire recueilli est alors traité par l'acide sulfurique dans une cuve semblable à la précédente ; il se forme un sulfate de chaux encore insoluble qui se dépose, et les acides gras surnagent à la partie supérieure de l'eau. Ils sont décantés, lavés et pressés, lorsqu'ils sont refroidis et solidifiés, entre de grosses toiles qui retiennent l'acide oléique et une partie de l'acide margarique.

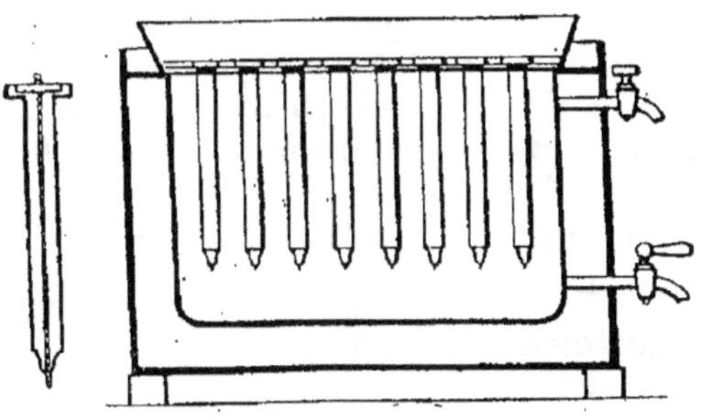

Fig. 324. — Moule à bougies.

Dès que ces acides gras, où domine l'acide stéarique, sont obtenus, on les coule fondus dans un vaste entonnoir (*fig.* 324), communiquant avec des moules cylindriques terminés en cône, et dans l'axe de chacun desquels se trouve tendue une mèche de coton tressé, imprégnée d'acide borique. L'acide stéarique se solidifie, puisqu'il se refroidit, et prend l'aspect connu des bougies, qu'on retire des moules et qu'on fait blanchir à la lumière. L'acide borique qui imprègne la mèche est destiné à fondre les cendres de cette mèche au fur et à mesure qu'elles se produisent.

C'est grâce aux savantes recherches de Gay-Lussac et de M. Chevreul que nous avons pu remplacer l'éclairage à la chandelle par celui de la bougie, dont la supériorité n'a pas besoin d'être démontrée.

9. Chandelles. —La fabrication des **chandelles** est plus simple. On fait fondre du suif au bain-marie et on le coule dans des moules semblables à ceux que nous venons d'employer pour les bougies et dans l'axe desquels est tendue une mèche de coton.

SAVON

10. — Les savons sont des sels formés d'acides gras et de la base soude ou potasse ; ce sont pour les chimistes des **stéarates, margarates, oléates de sodium** ou de **potassium.**

Pour les fabriquer, on fait une lessive de soude, ou de potasse, à laquelle on mélange peu à peu le corps gras ; on ajoute ensuite de l'eau fortement chargée de chlorure de sodium ; le savon formé devient insoluble, surnage sur l'eau sous l'aspect d'une couche huileuse. On laisse refroidir la liqueur, la croûte s'épaissit ; on la décante. Purifiée de nouveau par des lavages à l'eau salée, la **pâte** est coulée dans les moules rectangulaires et coupée en pains lorsqu'elle est complètement solidifiée.

Les savons à base de soude sont les savons **durs** ; ceux qui ont pour base la potasse sont les savons **mous.**

Les savons sont utilisés pour le blanchissage du linge ; ils ont comme effet de s'unir à la matière grasse qui tache le linge, pour former une mousse abondante qu'un rinçage à l'eau suffit à chasser.

Le savon est employé à la toilette, et dans ce cas on mêle à la pâte des essences qui l'aromatisent.

SUCRE
$$C^{12}H^{22}O^{11}.$$

11. Propriétés. — Le sucre ordinaire est un solide blanc à reflets brillants, d'une saveur douce et caractéristique.

Chauffé vers 200°, il se transforme en une matière brun noirâtre : le **caramel.**

Le sucre est soluble dans la moitié de son poids d'eau froide et très soluble dans l'eau chaude.

Lorsqu'on abandonne, par refroidissement, une dissolution concentrée de sucre, le liquide laisse déposer de beaux cristaux jaunâtres qui constituent le **sucre candi.**

Il est obtenu généralement en versant la dissolution dans des bassines de cuivre tendues de fils et maintenues dans une étuve qu'on refroidit lentement ; la cristallisation se produit autour des fils.

Une dissolution plus concentrée et versée dans des moules

coniques renversés et percés à leur sommet se prend en une masse à cristallisation très confuse, et constitue le **sucre en pains**.

Lorsqu'on évapore rapidement une dissolution concentrée de sucre, et qu'on coule la dissolution sirupeuse sur une table de marbre enduite d'huile, la masse se prend en un sucre connu sous le nom de **sucre d'orge**. Pour le **sucre de pomme**, on ajoute au sucre de la gelée de pomme.

12. État naturel. — Le sucre ordinaire (**saccharose**) existe

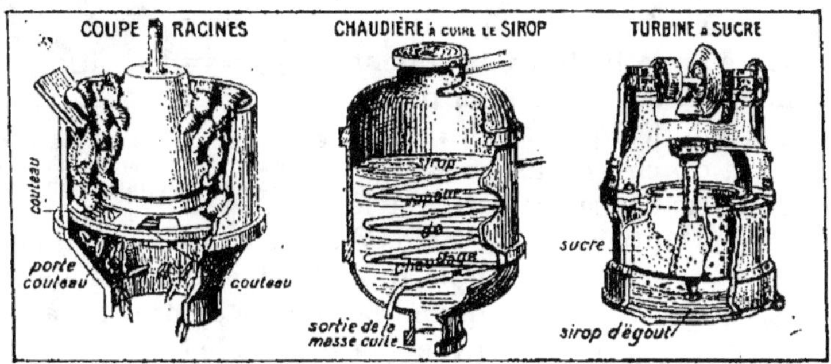

Fig. 325. — Fabrication du sucre de betterave.

surtout dans la canne à sucre et la betterave ; on le trouve d'ailleurs, mais en plus petite quantité, dans tous les sucs végétaux, surtout dans les tiges.

13. Préparation. — Pour extraire le sucre de la canne à sucre, on écrase celle-ci sous des presses ; il en résulte un jus sucré appelé **vesou**, et il reste une partie ligneuse nommée **bagasse**.

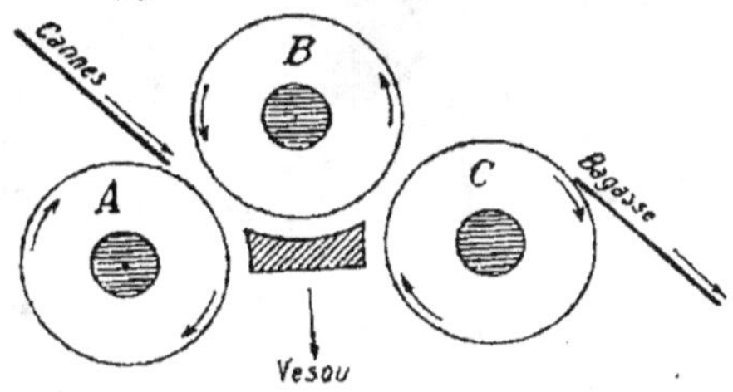

Fig. 325 *bis*. — Moulin à canne à sucre (coupe schématique).

Le vesou est ensuite débarrassé de ses substances albuminoïdes, qui provoqueraient sa fermentation : c'est la **défécation** ; pour cela, on l'additionne de chaux et on porte le tout à l'ébullition dans une chaudière chauffée seulement par de la vapeur d'eau (*fig.* 325 *ter*). On écume plusieurs fois la liqueur, on la **filtre** et on **décolore** au noir animal.

Ensuite on procède à l'évaporation dans le vide, appelée encore **cuite**. La cuite est poussée jusqu'à l'apparition de petits cristaux; on dirige alors le liquide dans des **rafraîchissoirs** où il se refroidit et continue à cristalliser; ces cristaux constituent le sucre brut.

Le liquide sucré, duquel on a extrait le sucre brut, sert, après fermentation, à la fabrication du rhum.

Le sucre de la betterave s'obtient de la même façon; après avoir pressé la pulpe, on défèque, on filtre, on décolore et on cuit le jus.

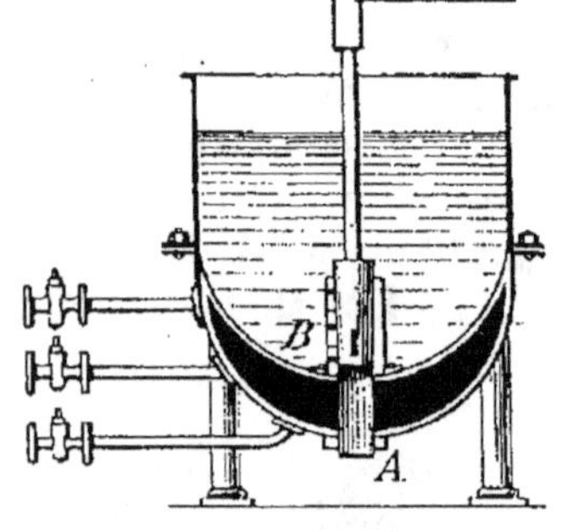

Fig. 325 *ter.* — Chaudière à double fond AB, servant à chauffer le vesou additionné de chaux.

Pour **raffiner** le sucre brut, on le dissout dans le tiers de son poids d'eau chaude, on y ajoute du noir animal, puis du sang de bœuf quand la liqueur commence à bouillir, et l'on brasse le tout. L'albumine du sang se coagule, tombe au fond de la chaudière, en entraînant avec elle toutes les impuretés en suspension. Le liquide clarifié est soutiré, filtré à travers des filtres en étoffe, et décoloré au noir animal.

On le concentre et on le refroidit; les cristaux de sucre se forment, la masse s'épaissit; on l'introduit alors dans des **formes** ou **moules coniques** renversés, à sommet ouvert. Les pains de sucre sont ensuite séchés à l'étuve.

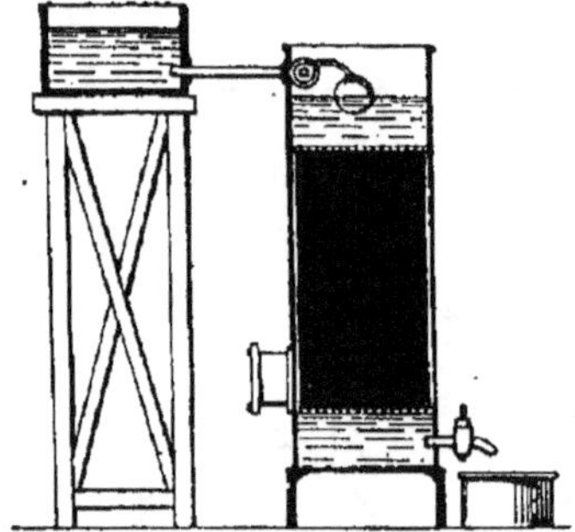

Fig. 325 *quater.*
Filtre à noir animal pour purifier et décolorer le sucre.

GLUCOSE, $C^6H^{12}O^6$.

14. Le glucose est un sucre produit par l'amidon et la fécule, qu'on traite par l'acide sulfurique; il est jaunâtre et sensiblement moins sucré que le sucre ordinaire. On le trouve tout naturellement formé à la surface de certains fruits secs, tels que raisins secs, pruneaux, etc. C'est le glucose qu'on emploie pour le sucrage des vins, pour la fabrication de la bière.

MATIÈRES AMYLACÉES

FÉCULE, AMIDON, $C^6H^{10}O^5$.

15. — La fécule et l'amidon sont des substances dites amylacées qui se présentent sous forme de poussière blanche, formée de petits grains ovoïdes, insolubles dans l'eau froide. Lorsqu'on les plonge dans l'eau bouillante, ils se gonflent en formant l'empois qui sert à empeser le linge.

La propriété caractéristique de l'empois, c'est de se colorer en bleu par l'iode.

La fécule des tubercules (*fig.* 326) diffère dé l'amidon des céréales (*fig.* 327) par ses grains plus gros et jaunâtres, tandis que l'amidon est très blanc.

Fig. 326.
Fécule de tubercule

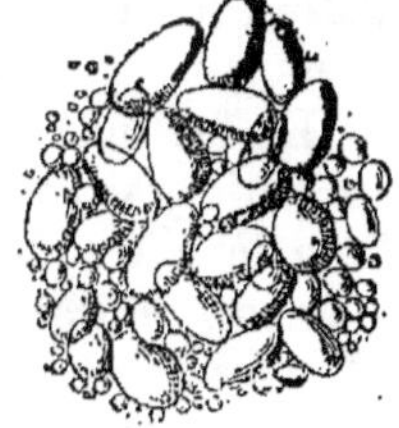

Fig. 327.
Amidon des céréales.

La fécule s'extrait de la pomme de terre, et l'amidon est retiré des céréales : blé, seigle, avoine, orge, maïs, riz. Le marron d'Inde et quelques plantes exotiques fournissent aussi des fécules estimées (tapioca, sagou).

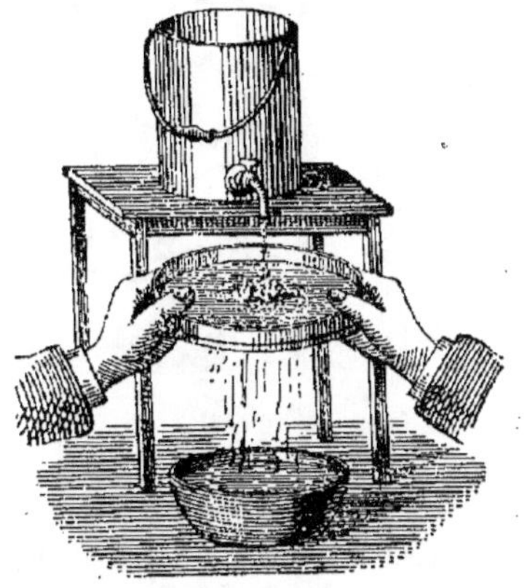

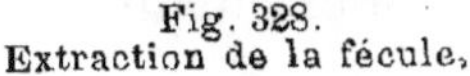

Fig. 328.
Extraction de la fécule,

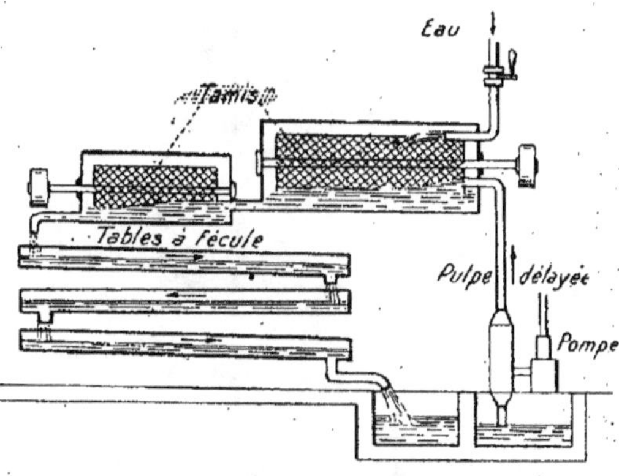

Fig 329.
Préparation industrielle de la fécule.

16. Extraction de la fécule. — Après que les pommes de

terre ont été bien lavées, on les râpe, et on obtient une pulpe
fine. Cette pulpe, placée sur une toile métallique à mailles
très serrées (*fig.* 328), est soumise à l'action d'un mince filet
d'eau qui détermine la séparation de la pulpe et de la fécule :
celle-ci traverse le tamis, passe sur des tables inclinées et se
trouve recueillie dans un vase. La fécule entraînée par l'eau est
bien lavée, puis versée sur du plâtre qui en absorbe l'humidité.

FARINE. — GLUTEN

17.—La farine est ce qu'on obtient après la mouture des grains
débarrassés, par un tamisage, de leur enveloppe appelée **son**.
Elle est blanche, pulvérulente, douce au toucher, formant avec
l'eau une pâte liante.

La farine renferme : de l'**amidon**, un peu d'**albumine**, matière
première du blanc de l'œuf ; du **gluten**, qui ressemble à la **fibrine**
matière de nos muscles ; et de la **caséine**, substance que l'on
rencontre dans le lait.

Ainsi : de l'amidon, de l'œuf, de la viande, du lait, telles sont
les substances que contient une bouchée de pain.

On peut facilement séparer le **gluten** de la farine ; il suffit de

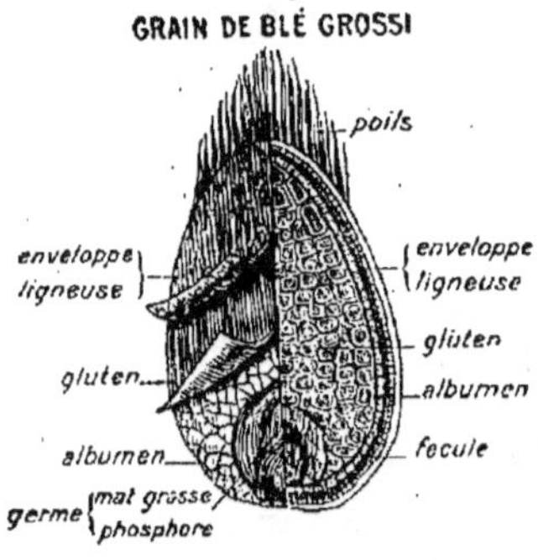

Fig. 330. — Composition d'un
grain de blé.

Fig. 331.
Extraction du gluten.

pétrir dans ses doigts, sous un mince filet d'eau, la pâte faite
avec de la farine (*fig.* 331). L'eau entraîne l'amidon et l'albumine,
et il reste le **gluten**, substance gris jaunâtre, se laissant facilement pétrir, élastique. C'est lui qu'on sent dans la bouche,

lorsqu'on mâche pendant quelques instants des grains de blé.

C'est le gluten qui communique à la pâte son élasticité et qui permet à celle-ci de **lever** sous l'influence du **levain**.

Mais c'est lui aussi qui se putréfie à l'air humide et qui cause l'altération des farines, car l'amidon placé dans les mêmes conditions ne subit aucune modification.

Fig. 332.
Pétrin mécanique.

18. Panification. — Pour fabriquer le pain, on délaye de la farine avec 60 % de son poids d'eau en ajoutant à la masse du sel et du **levain** (pâte de la veille) ou de la levure de bière. La pâte, soumise au pétrissage à bras ou à la mécanique, est ensuite divisée en pannetons et abandonnée à la fermentation dans le voisinage du four. Sous l'influence de la levure, le glucose de la farine et celui qui prend naissance dans l'opération se transforment en alcool et en acide carbonique. Ce gaz soulève la pâte, la rend poreuse et légère. Une fois la pâte ainsi **levée**, on l'**enfourne** dans des fours de forme elliptique, préalablement portés à 300° par une combustion de bois sec. Par la cuisson, qui dure environ une demi-heure, mais est plus longue pour les gros pains que pour les petits, la pâte augmente encore de volume par suite de la dilatation de l'acide carbonique ; sa surface se durcit et se caramélise par la fusion du glucose.

Avec 100 kilogrammes de farine on peut obtenir 135 kilogrammes de pain.

MATIÈRES CELLULOSIQUES

19. — A côté des matières amylacées dont il vient d'être question, il faut placer des substances de composition analogue dites **matières cellulosiques**, parce que la **cellulose** ($C^6H^{10}O^5$) en fait la plus grande partie. La cellulose forme les parois des cellules végétales : la moelle du sureau, le coton, le vieux linge, le papier à filtrer ; les beaux papiers en sont presque uniquement composés.

CELLULOSE

20. Propriétés physiques. — La cellulose est un corps solide, blanc, sans odeur, sans saveur, de densité 1,5.

21. Propriétés chimiques. — La cellulose est décomposée par la chaleur : elle donne par distillation de l'esprit de bois, de l'acide acétique, des goudrons et un résidu de carbone.

L'acide sulfurique étendu se combine à la cellulose et la modifie : c'est par l'action de cet acide étendu sur le papier qu'on obtient le **papier parchemin**.

L'acide azotique la transforme en **nitrocellulose**, dont la forme la plus connue est le **coton-poudre**, explosif violent et dangereux. Sa dissolution dans un mélange d'alcool et d'éther donne le **collodion**.

22. Usages. — Le collodion sert en médecine pour recouvrir les plaies, rapprocher les lèvres d'une blessure. En photographie, on l'a beaucoup employé pour recouvrir les glaces et certains papiers ; il est souvent remplacé aujourd'hui par la gélatine.

Il sert encore à rendre plus facilement transportables les manchons des becs Auer.

Ces manchons sont composés d'un tissu tricoté de coton, imprégné d'une solution de divers sels.

Le manchon, une fois sec, on le met dans une flamme ; le coton brûle et il ne reste plus que les sels desséchés qui gardent la forme du tissu ; mais, ainsi fabriqués, ces manchons sont très fragiles. On les trempe alors dans du collodion qui leur donne une certaine solidité. Une fois le manchon mis en place, quand on allume le bec pour la première fois, le collodion brûle complètement et instantanément, et il reste encore une fois un manchon uniquement composé des sels dont l'incandescence donnera son éclat particulier à la flamme.

La cellulose est encore employée pour fabriquer le **celluloïd** : c'est un mélange de coton-poudre et de camphre ; il est très inflammable. Mais, comme il possède des qualités de transparence et de résistance et que, de plus, on peut le mouler, on l'utilise pour fabriquer divers objets comme les peignes, les épingles à cheveux, des balles, des billes de billard. Avec lui on imite l'écaille, la corne. En le mélangeant d'huile, on lui donne de la souplesse et on en fabrique le linge dit **linge américain**.

Enfin et surtout la cellulose est la matière première du **papier**.

FABRICATION DU PAPIER

23. — Le papier fut d'abord uniquement préparé avec des déchets de linge et de coton ; mais la consommation croissante

Fig. 333. — Fabrication mécanique du papier.

a obligé de recourir à une foule d'autres matières, et on emploie maintenant, outre les chiffons, la paille de blé de maïs, les feuilles de l'alfa, le bois de sapin ou d'autres bois blancs.

Les matières sont triturées avec de l'eau et réduites en une

Fig. 334.—Fabrication du papier à la forme.

espèce de bouillie qu'on décolore par du chlorure de chaux, puis on l'étend à la main (*fig.* 334) pour les papiers de luxe, mécaniquement (*fig.* 333) pour les papiers ordinaires sur des toiles métalliques, où la pâte s'égoutte, se feutre et prend consistance. Elle est ensuite séchée soit à l'air libre, soit sur des rouleaux chauffés. Mais ce papier a besoin d'être encollé ; pour cela, on le trempe dans une solution de gélatine et d'alun ; après nouveau séchage, le papier est prêt.

GOMMES

24. — C'est encore aux matières amylacées que se rattachent les **gommes**. Traitées par des acides étendus, elles donnent

des glucoses ; avec l'acide azotique, elles donnent à la longue
de l'acide oxalique.

La **gomme arabique** qui, aujourd'hui, vient surtout du Sénégal
se recueille sur un accacia ; dans nos régions on la trouve sur la
plupart des arbres fruitiers : cerisiers, pruniers, etc. On n'a qu'à
recueillir le suc qui s'écoule de ces arbres et à le laisser solidifier.

La **gomme arabique** est soluble dans l'eau. Elle sert comme
colle et surtout dans l'apprêt des tissus.

On la remplace industriellement par la **dextrine**, produit de
transformation de la fécule par la chaleur.

ESSENCES ET RÉSINES

25. — Les **essences** sont généralement tirées des végétaux :
ce sont des produits volatils, parfumés, de consistance huileuse.
On les emploie en parfumerie : essences de romarin, de citron,
bergamote, entrant dans la composition de l'eau de Cologne.

26. Essence de térébenthine ($C^{10}H^{16}$). — Elle existe dans le
suc résineux qui s'écoule du pin maritime ; cette résine est distillée en présence de l'eau : l'essence distille avec l'eau ; il reste
dans l'alambic de la **colophane**.

L'essence de térébenthine dissout le soufre, le caoutchouc, les
résines, les corps gras.

En dissolvant de la résine dans de l'essence de térébenthine,
on obtient des **vernis**; pour donner de la souplesse au vernis,
on mélange généralement
l'essence avec des huiles
grasses.

Elle sert également dans
la peinture pour aider à la
dessiccation de l'huile.

27. Résines. — Les résines sont le plus souvent
le résultat de l'oxydation
d'une essence par l'air. Les
principales résines sont
la colophane, extraite,

Fig. 335. — Récolte de la résine.

comme nous venons de le voir, du pin maritime (*fig*. 335), et
le copal. Elles servent dans la fabrication des vernis.

Le **succin**, ou ambre jaune, est une résine fossile.

28. Caoutchouc. — Le caoutchouc s'extrait, lui aussi, de certains arbres tels que le **Siphonia Catechii** et le **Ficus elastica**.

Son élasticité ne se conserve pas à l'état naturel; le froid le rend cassant ; la chaleur le ramollit. Pour lui conserver son élasticité, on le **vulcanise** en le combinant au soufre. Pour cela, on chauffe vers 130°, dans une marmite pleine d'eau et fermée, un mélange de caoutchouc en morceaux et de soufre.

Le caoutchouc durci, ou **ébonite**, est un caoutchouc vulcanisé contenant beaucoup plus de soufre.

On l'emploie pour la confection de divers objets, peignes, porte-plumes, et comme isolant dans les appareils électriques.

Le caoutchouc a une multitude d'usages : on en revêt les vêtements pour les rendre imperméables; on en fait des tuyaux de conduite pour le gaz; des tuyaux pour l'arrosage des jardins, des bandages pour les roues de voitures ou de cycles, des ballons, des jouets.

La **gomme élastique** qui sert pour effacer l'encre ou le crayon est un mélange de caoutchouc et de verre pilé : d'où le danger de dévorer — comme le font beaucoup d'enfants — les gommes à effacer.

D'autres résines sont la gomme-gutte, soluble dans l'eau, qui donne une couleur jaune; la myrrhe, l'encens, l'oppoponax.

ACIDES VÉGÉTAUX

29. Acide oxalique, $C^2H^2O^4$. — L'acide oxalique se trouve dans l'oseille à l'état de **sel d'oseille** (oxalate de potassium) et dans certaines plantes marines.

L'acide oxalique est employé au nettoyage du cuivre; il enlève les taches d'encre sur le linge. Dans les fabriques d'indienne, on s'en sert comme rongeant. La médecine l'emploie pour en faire des pastilles rafraîchissantes ; mais elle proscrit l'usage de l'oseille pour les personnes diabétiques.

30. Acide tannique ou tannin, $C^{14}H^{10}O^9$. — Le tannin se trouve dans l'écorce de presque tous nos arbres, mais en plus grande abondance dans l'écorce du marronnier, du chêne, dans le brou de noix et dans la noix de galle, excroissance qu'on rencontre parfois sur la feuille du chêne et qui est produite par la piqûre d'un insecte.

Le tannin est un corps solide, blanc jaunâtre ; il possède la propriété de rendre imputrescibles les matières animales. Pour cette raison, on l'emploie au **tannage des peaux**. Dès que les peaux ont été débarrassées de leurs poils par un séjour dans un lait de chaux, on les place dans de grandes fosses en intercalant entre chaque couche de peaux un lit de tan ou simplement d'écorce de chêne réduite en petits fragments ; au sortir des fosses, les peaux sont corroyées, puis utilisées dans l'industrie.

La noix de galle est utilisée, à cause de son tannin, à la fabrication de l'encre.

31. Acide tartrique, $C^4H^6O^6$. — L'acide tartrique est un corps solide, cristallisé, qui, dissous dans l'eau, lui communique une saveur acide agréable.

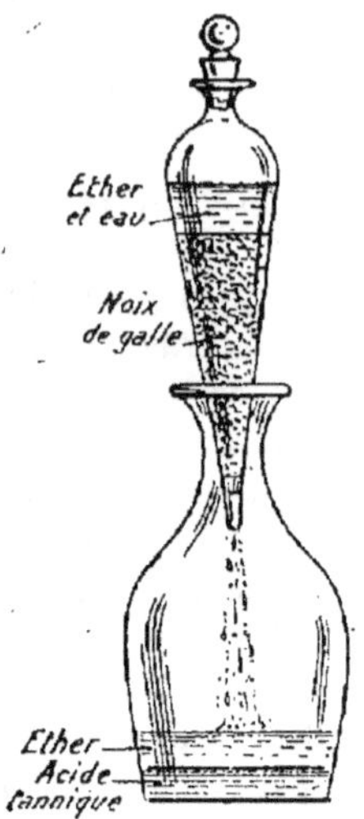

Fig. 336. — Préparation de l'acide tannique.

Cet acide se trouve, à l'état de tartrate de chaux ou de potasse, dans le jus de raisin. C'est le tartrate de potasse qui se dépose dans les tonneaux où l'on conserve le vin ; on le trouve là, coloré en rouge à cause de la couleur du vin qu'il a absorbée.

ACIDE ACÉTIQUE
$C^2H^4O^2$.

32. L'acide acétique pur est solide au-dessous de 17° ; d'une odeur suffocante, il est très corrosif.

Mais, lorsqu'il est étendu d'eau, il constitue le **vinaigre**, dont les propriétés sont bien moins énergiques que celles de l'acide acétique.

L'acide acétique se recueille dans la distillation du bois et s'appelle alors acide pyroligneux. En outre il se forme chaque fois que le vin ou l'alcool s'oxydent à l'air, d'où son nom de vinaigre (vinaigre).

33. Vinaigre. — Pasteur a démontré que l'oxydation du vin provient de la production d'une pellicule mince (**mère** ou **fleur** de vinaigre) qui se forme à la surface du vin. C'est ce ferment qui s'empare de l'oxygène de l'air et le porte sur l'alcool du vin pour le transformer en acide acétique.

$$C^2H^6O + O^2 = H^2O + C^2H^4O^2$$

Alcool   Oxygène   Eau   Acide acétique

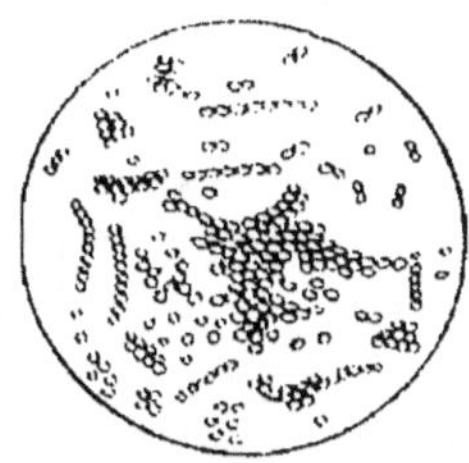

Fig. 337.
Ferment du vinaigre.

Il en sera ainsi de toute matière alcoolique qu'on laissera en communication avec l'air. Cependant, le liquide alcoolique ne devra pas renfermer plus de 10 °/₀ d'alcool, car une dose plus élevée tuerait le ferment; et, de plus, le liquide doit renfermer des phosphates et des matières albuminoïdes.

Dans les ménages on peut faire soi-même un excellent vinaigre. On emplit de vin, aux trois quarts environ, un petit fût qu'on laisse débouché et qu'on place dans un endroit où la température est un peu élevée en tout temps, la cuisine, par exemple; puis, on y ajoute soit une mère de vinaigre, ou mieux 1 litre de bon vinaigre. L'oxydation se produit rapidement. On tire le vinaigre au fur et à mesure des besoins de chaque jour; on remplace la quantité tirée par une quantité équivalente de vin. Le vinaigre ainsi obtenu est un peu coloré en rouge; on peut, si on préfère l'avoir incolore, le faire filtrer sur du noir animal.

Industriellement, pour fabriquer le **vinaigre dit d'Orléans**, on introduit 100 litres de bon vinaigre, puis 10 litres de vin ordinaire dans des tonneaux de 200 litres de capacité, portant deux ouvertures par lesquelles l'air puisse circuler. Ces tonneaux sont placés dans des celliers dont la température est maintenue entre 25 et 30°. Le **Mycoderma aceti**, c'est-à-dire la **mère** du vinaigre, se développe en oxydant le vin. Au bout de quelques

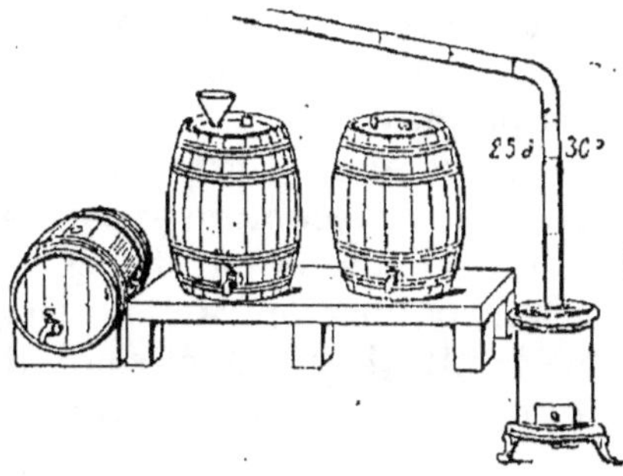

Fig. 338.
Fabrication du vinaigre d'Orléans
(vinaigre de vin).

jours, on soutire une portion de vinaigre qu'on remplace par une quantité égale de vin. On continue ainsi chaque jour.

ACIDE LACTIQUE

34. — Le lait contient un sucre particulier, nommé **lactose**, ou sucre de lait, qui, lorsque le lait se caille, se trouve changé par la fermentation en **acide lactique** $C^3H^6O^3$. C'est celui-ci qui donne son goût aigrelet au petit-lait, goût que l'on retrouve dans les fromages frais. Cet acide a une grande importance pour nous, parce que c'est lui qui se forme dans l'estomac pour rendre acide le **suc gastrique** et permettre la digestion stomacale.

BASES ORGANIQUES

35. — De même que le règne végétal nous a fourni des acides, de même on peut y rencontrer des bases.

Toutes ces bases, peu solubles dans l'eau, sont très solubles dans l'alcool. Elles sont toutes des poisons très énergiques ; elles communiquent aux plantes qui les contiennent leurs propriétés vénéneuses. Telles sont la **morphine** tirée de l'opium, dont l'usage seul affaiblit les facultés cérébrales et dont l'abus amène fatalement l'idiotisme et la folie ; la **nicotine** tirée du tabac, dont l'usage affaiblit la mémoire ; la **strychnine** qu'on trouve dans la noix vomique ; la **quinine** extraite du **quinquina**, qui, à petite dose et surtout à l'état de sulfate de **quinine**, est employée en médecine pour couper la fièvre.

Parmi les bases végétales importantes, il faut encore citer la **théobromine**, principe actif du cacao ; — la **théine**, principe actif du thé ; — la **caféine**, principe actif du café vert. La caféine est employée en médecine comme excitant.

La **cocaïne** est extraite de la coca du Pérou : elle est employée en chirurgie comme anesthésique local.

Indépendamment de ces bases naturelles, il existe aussi des bases artificielles ; telle est l'aniline $C^6H^5AzH^2$, obtenue à l'aide de la nitrobenzine, et servant de matière première à la fabrication de nombreuses couleurs.

PHÉNOLS

36. — Les **phénols** sont des corps qui se rapprochent des alcools par certains caractères et des acides par d'autres.

Le **phénol** ordinaire ou **acide phénique** C^6H^6O est fabriqué à partir de la benzine. C'est un solide cristallisé, d'une odeur forte et tenace, d'une saveur brûlante. Il possède des propriétés microbicides énergiques. Celui qu'on trouve habituellement chez les droguistes est un liquide brun, très impur.

Avec l'acide azotique, il donne un dérivé, l'acide **picrique** ou **tri-nitrophénol** solide jaune, amer, employé en teinture. C'est en outre un explosif très violent, employé sous le nom de **méli-nite** pour charger les obus et les torpilles.

Le **crésyl** est un mélange de différents phénols extraits du goudron ; il sert à la désinfection.

Le **pyrogallol** ou acide **pyrogallique**, et l'**hydroquinone**, employés tous deux en photographie, sont également des phénols.

FONCTIONS CHIMIQUES

37. — Il serait impossible d'étudier séparément tous les corps connus en chimie organique ; ils sont trop nombreux. Aussi, les partage-t-on, comme nous l'avons dit, en séries homologues. Tous les corps d'une même série ont des propriétés chimiques analogues ; l'ensemble de ces propriétés constitue une **fonction chimique**. Ainsi tous les corps qui ont les mêmes propriétés générales que le méthane possèdent la fonction **carbure d'hy-drogène saturé** ; de même la **fonction alcool** appartient à tous les corps qui se comportent en chimie comme l'alcool du vin. Il y a de même la fonction **acide**, la fonction **éther**, la fonction **phénol**, etc. L'étude de la chimie organique se trouve ainsi ramenée à celle des différentes fonctions chimiques.

MATIÈRES COLORANTES. — TEINTURE

38. — Les matières colorantes sont ou **naturelles**, ou arti-ficielles.

Les couleurs **naturelles** sont généralement contenues dans les végétaux : l'**indigotine** (bleue), dans les feuilles de l'**indigofera** ; l'**alizarine** (rouge), dans la racine de la **garance** ; l'**hématoxyline** (rouge), dans le bois de **campêche** ; l'**orcéine** (rouge), dans les **lichens** ; la **safranine** (jaune), dans les stigmates du safran, etc

Les couleurs **artificielles** sont les couleurs d'**aniline** (violets,

rouges, bleus, verts, jaunes, bruns, noirs) et les **couleurs minérales**.

L'**indigo** est la matière colorante bleue qui a pour principe
colorant l'indigotine. Il possède une belle couleur bleu foncé à
reflets rouges ; il est fourni par l'indigofera tinctoria, originaire
des Indes. Pour le préparer, on laisse fermenter les feuilles de
l'Indigofera pendant plusieurs heures dans de l'eau ; il se forme
une liqueur jaune qu'on décante et qu'on agite à l'air ; l'indigo
blanc, qui s'était formé, se transforme en présence de l'air en
indigo bleu qui se précipite en flocons. On recueille ceux-ci, on
les égoutte, on les sèche à l'air et on les découpe en petits morceaux.

Un grand nombre de couleurs artificielles dites couleurs
d'aniline sont fabriquées à partir de la benzine. Exemple la
fuschine. D'autres ont pour matière première la naphtaline et
l'anthracène, carbures d'hydrogène solides extraits du goudron
de houille. Ainsi on fait aujourd'hui l'**alizarine** de la garance
au moyen de l'anthracène ; l'indigo lui-même est fabriqué artificiellement.

39. Teinture. — Les matières colorantes qu'on désire fixer
sur les étoffes doivent **être solubles** au moment où on les met
en contact avec les fibres textiles, afin qu'elles les pénètrent
complètement ; et elles doivent **devenir insolubles** lorsqu'elles
y ont pénétré, afin que les lavages à l'eau ne les fassent pas
disparaître immédiatement.

Généralement les substances colorantes ne prennent pas
directement sur les étoffes ; le plus souvent il faut **mordancer**
l'étoffe, c'est-à-dire faire agir un mordant qui rende les fibres
capables de retenir la couleur.

Immersion simple[1]. — L'indigo peut se fixer directement sur
le coton, et les couleurs d'aniline sur la soie. Il suffit alors de
plonger l'étoffe dans la cuve contenant la matière colorante
désirée, qui reste imprégnée dans les fibres du tissu ; mais pour
l'indigo on trempe l'étoffe dans une solution d'indigo blanc.
L'étoffe, incolore au sortir de la cuve, est exposée à l'air où
l'indigo blanc soluble se transforme en indigo bleu insoluble.

---

1. Avant d'être teints, les tissus doivent être débarrassés des substances
étrangères ; la soie est **décreusée** à l'eau de savon et blanchie à l'acide sulfureux ; le coton et le lin sont blanchis au chlorure de chaux ; la laine est **désuin-
tée** dans une lessive de soude.

Teinture par mordants. — Les principaux mordants employés sont les acétates de fer, de plomb, de cuivre, d'alumine.

L'opération comprend alors deux phases : 1° immersion de l'étoffe dans une dissolution du mordant ; 2° immersion du tissu mordancé dans le bain de teinture.

40. Impressions sur étoffes. — Lorsqu'on veut, sur une étoffe, imprimer des pois, des fleurs, etc., on procède de façons différentes, soit en faisant des réserves, soit à l'aide de mordants, soit à l'aide de rongeants.

Impression avec réserves. — Cette impression se fait pour les couleurs qui se fixent directement sur l'étoffe, sans mordant. A l'aide de substances qui ne prennent pas la couleur, l'acétate de cuivre, par exemple, on imprime sur l'étoffe, au moyen de rouleaux de cuivre gravés, des réserves auxquelles on a donné les figures désirées. On plonge ensuite l'étoffe dans le bain de teinture, qui ne prend qu'aux endroits non réservés; il suffit d'enlever les réserves après la teinture.

Impression sur mordants. — Cette impression ne se fait que pour les couleurs qui ne se fixent que sur mordant. Cette fois le rouleau de cuivre enduit de mordant imprime sur l'étoffe les figures qui devront paraître colorées. Dans l'immersion, la couleur ne prendra que sur les mordants ; un simple lavage rendra au reste de l'étoffe sa couleur primitive.

Impression par rongeants. — Enfin on peut teindre toute l'étoffe d'une couleur uniforme, puis y imprimer des rongeants tels que l'acide oxalique et l'acide tartrique. Ce rongeant enlève la couleur aux points touchés et laisse apparaître en ces points la nuance primitive.

RÉSUMÉ

1-3. Ethers. — Combinaison de l'alcool avec un acide. Éther sulfurique ; dissolvant, anesthésique.

4. **Glycérine.** — Dynamite.

5-7. **Corps gras.** — *Glycérine + acide gras.*

8-9. **Bougies.** — *Acides stéarique et margarique* extraits du suif de bœuf. Fabrication des bougies et des chandelles.

10. **Savons.** — *Oléates de soude* ou de *potasse ; savons durs* ou *mous.*

11-13. **Sucre** ($C^{12}H^{22}O^{11}$). — Tiré des sucs végétaux; *canne à sucre, betterave. Sucre candi,* évaporation d'une dissolution de sucre; *sucre d'orge,* évaporation rapide d'une dissolution concentrée de sucre, pâte coulée sur table de marbre enduite d'huile; *sucre de pomme,* gelée de pomme, ajoutée au sucre d'orge. Préparation du sucre.

14. **Glucose.** — Sucre extrait de l'amidon et de la fécule, sucre des fruits.

15-16. Matières amylacées. — **Fécule,** extraite de la pomme de terre; **amidon,** extrait des céréales ou des légumineuses. *Empois,* coloré en bleu par l'iode.

17. Farine. — Produit de la mouture des céréales. *Son.* La farine renferme : *amidon, albumine, fibrine, caséine, gluten,* partie de la farine formée de fibrine et de caséine.

18. Panification. — Action des levains sur la pâte.

19-22. Matières cellulosiques. — *Cellulose : Papier;* sa fabrication, blanchiment de la pâte; papier à la forme; papier mécanique. Coton-poudre. Celluloïd.

23-27. Caoutchouc. — Gommes et résines.

28-33. Noms d'acides extraits des végétaux. — Acide *oxalique* dans l'oseille; acide *acétique* ou vinaigre produit dans la distillation du bois ou l'oxydation du vin; acide *tartrique* dans le jus du raisin; acide *tannique* ou *tannin* dans l'écorce du chêne, du marronnier, de la noix de galle; il sert au tannage des cuirs.

34. Noms des bases extraites des végétaux. — *Morphine* tirée de l'opium; *nicotine,* du tabac; *quinine,* du quinquina; elles sont toutes des poisons énergiques.

35. Phénol. — Acide picrique.

37-39. Matières colorantes. — Indigotine, alizarine, couleurs d'aniline.

Teinture par immersion simple, par mordants. *Impression sur étoffes* avec réserves, sur mordants, par rongeants.

QUESTIONS D'EXAMEN

1-3. Qu'entend-on par éthers? — 4-5. Qu'appelle-t-on corps gras ?— Que rentre-t-il dans la composition de tout corps gras ?— Nommez les acides gras.— Qu'est-ce que la glycérine? — Quelle est la propriété de la nitro-glycérine ? — D'où extrait-on l'oléine, la stéarine, la margarine ou palmitine? — 6. D'où provient l'huile ? — 7. De quoi sont formées les graisses ?— 8-9. Qu'entend-on par saponification? — Comment fabrique-t-on les bougies stéariques? — Et les chandelles?— A qui doit-on l'invention des bougies? — 10. Qu'est-ce que le savon? — De quoi sont formés les savons durs, les savons mous ?— Comment agissent les savons dans le lessivage? — 11-13. Quelles sont les propriétés du sucre ?— Qu'est-ce que le caramel ? — Comment obtient-on le sucre candi ? — Qu'est-ce que le sucre d'orge, le sucre de pomme?— Comment prépare-t-on le sucre? — 14. Comment fabrique-t-on le glucose? — Le trouve-t-on à l'état naturel? — 15-16. D'où extrait-on l'amidon, la fécule? — Quelles sont leurs propriétés? — 17. Que renferme la farine? — Comment sépare-t-on le gluten de la farine? — 18. Comment fabrique-t-on le pain? — Quelles actions chimiques se produisent dans la panification? — 19. Qu'entendez-vous par matières cellulosiques? — 20-22. Que savez-vous de la cellulose?— Quels sont ses usages ?— 23. Comment fabrique-t-on le papier?— 24. Que savez-vous des gommes ?—25-26. Qu'entendez-vous par essence et résine? — Citez des essences de résine. — 27. Du caoutchouc. — 28. Que savez-vous de l'acide oxalique?— 29. A quoi sert le tannin et où le trouve-t-on ? — 30. D'où tire-t-on l'acide tartrique? — 31. Qu'est-ce que l'acide acétique? — 32. Comment fait-on le vinaigre ? — Comment se fabrique le vinaigre d'Orléans? — 33. Qu'est-ce que l'acide lactique?— 34. Quelles sont les propriétés générales des bases végétales? — D'où proviennent la morphine, la nicotine, la strychnine, la quinine? — 35. Avec quoi fabrique-t-on le phénol?— Qu'est-ce que l'acide picrique?— A quoi sert-il? — 36. Qu'entend-on par série homologue? — 37-39. Citer les principales matières colorantes. — Qu'est-ce qu'un mordant? — un rongeant ?

CHAPITRE III

SUBSTANCES ANIMALES

1. Dans ce dernier entretien sur la chimie, nous dirons quelques mots des principales substances chimiques qui se trouvent en plus grande abondance dans les animaux. Si nous les étudions à part et si nous les sortons des substances végétales, ce n'est pas qu'elles soient toutes uniquement animales; il ne peut d'ailleurs pas en être ainsi, car les animaux, tirant des végétaux tous leurs principes nutritifs, y doivent trouver tous les éléments de leur organisme; ils y trouvent même parfois toutes formées des substances très complexes qui s'assimilent immédiatement.

On appelle encore ces substances **principes albuminoïdes** ; et ce sont des substances **azotées**.

2. Albumine. — L'albumine est cette matière filante, incolore et inodore qui constitue le blanc de l'œuf. Elle possède la propriété de durcir et de blanchir sous l'influence d'une élévation de température d'environ 80°, maintenue pendant quelques minutes. C'est ce que vous avez déjà remarqué lorsque vous avez voulu obtenir des œufs durs.

L'albumine se rencontre non seulement dans le blanc d'œuf, mais encore dans la farine et dans le sang.

On l'emploie pour coller le vin ; avec la chaux, elle forme un ciment très résistant qu'on peut utiliser pour recoller la porcelaine.

3. Fibrine. — La fibrine est un corps qui se présente sous forme de fils blancs, élastiques. On la trouve dans le gluten de la farine, dans le sang et dans les muscles. On peut en obtenir de notables proportions en battant, avec des brindilles de bois, du sang qui vient de sortir des vaisseaux sanguins. La fibrine s'attache aux brindilles en filaments qu'un lavage dans l'alcool rend parfaitement blancs.

4. Gélatine. — La gélatine est une substance molle, transparente et incolore quand elle est pure ; elle est soluble dans l'eau bouillante, et elle se prend en gelée quand on la refroidit; c'est ce qui arrive dans le bouillon d'os concentré et dans beaucoup de sauces de plats de viande. La gélatine brûle en répandant une odeur de corne brûlée.

La gélatine se sépare assez facilement, par l'eau bouillante, de la peau, des cartilages, etc. Mais, pour la retirer des os, il faut les mettre dans l'eau, qu'on soumet

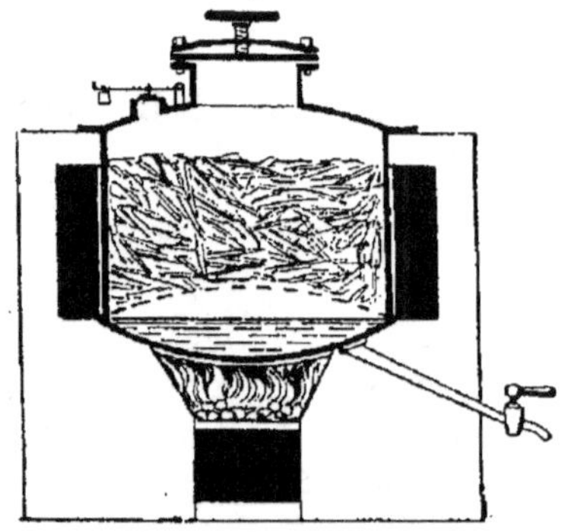

Fig. 339. — Chaudière à gélatine.

à une température qui dépasse 100°, dans une marmite de Papin (*fig.* 339).

La colle de poisson est de la gélatine pure constituée par la vessie natatoire de certains poissons, surtout l'esturgeon. Elle sert à coller le vin et la bière.

C'est la gélatine plus ou moins pure qui constitue la colle forte, dont les usages sont si nombreux.

5. Caséine. Lait. — La caséine est cette masse blanche, floconneuse qui se forme dans le lait quand on le traite par un acide. C'est elle qui forme la partie la plus nutritive du lait, qui constitue le fromage.

Lorsqu'on abandonne le lait à lui-même, il se sépare d'abord en deux couches : l'une, supérieure, constitue la crème, qui contient en beaucoup plus grande quantité les globules gras du beurre, suspendus en émulsion dans le liquide. L'autre, beaucoup plus volumineuse, renferme en plus grande quantité l'eau et les principes solubles du lait qui sont deux principes azotés. la **caséine** et l'albumine; un principe sucré, la **lactose** ; puis des **sels minéraux.**

Les proportions de ces principes contenus dans le lait de vache sont :

Eau 87,6
Beurre 3,2
Lactose 4,3
Caséine 3
Albumine. 1,2
Sels 0,7
____
100 de lait

Le lait est un aliment complet : il est capable d'entretenir, à lui seul, la vie humaine ; sa densité est d'environ 1,03.

Le lait fermente facilement : son sucre spécial (**lactose**) se convertit en acide lactique. L'albumine a servi à développer le ferment. La caséine insoluble dans les liqueurs acides se précipite et se coagule ; on dit que le lait est tourné ou caillé.

Pour éviter cet accident ou, au moins, le retarder, on fait bouillir le lait ; son albumine se coagule et forme les membranes qui, en empêchant la vapeur d'eau de se dégager, font monter le lait bouillant et forment une peau à la surface. L'al-

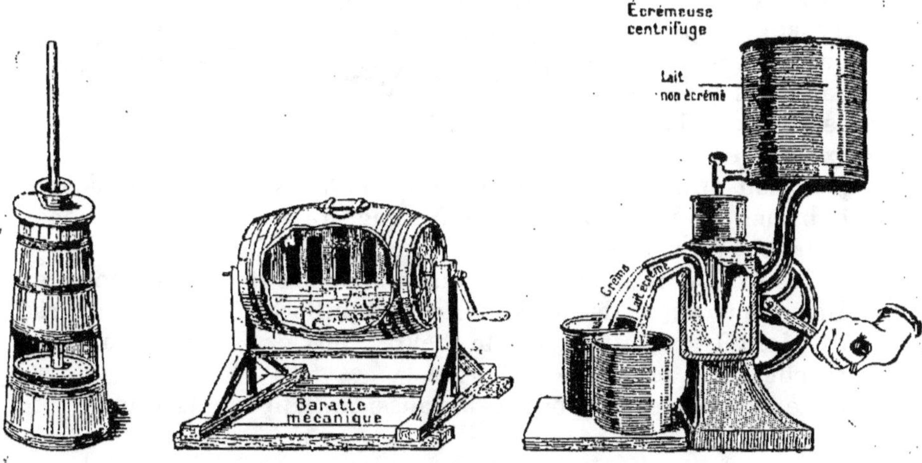

Fig. 340. — Fabrication du beurre. Barattes et écrémeuse.

bumine ne nourrissant plus le ferment du lait bouilli, la fermentation ne peut être que plus lente.

On peut encore ajouter au lait un peu de carbonate de

sodium, de sel de Vichy, ou d'eau de chaux pour saturer l'acide lactique à mesure qu'il se forme.

6. Beurre. — Le beurre est formé par l'agglomération des globules gras du lait qui se réunissent en crème dans le lait abandonné à lui-même. Pour produire cette agglomération, on agite le lait dans des barattes (*fig.* 340); le liquide qui enveloppe les globules, chassé par la pression, laisse ces globules se coller l'un à l'autre, et la matière grasse se trouve réunie en petites masses que le battage agglomère en éliminant tout le petit-lait.

Le beurre est de qualité bien supérieure et rancit bien moins vite quand, au lieu de ne battre que la crème du lait caillé, on bat ce lait tel qu'il sort de la vache.

7. Fromage. — Les fromages sont obtenus en faisant cailler rapidement le lait plus ou moins écrémé, avec de la présure provenant de la caillette des veaux. La liqueur se prend en une pâte qu'on dépose dans des formes en osier d'où l'eau en excès s'égoutte. On

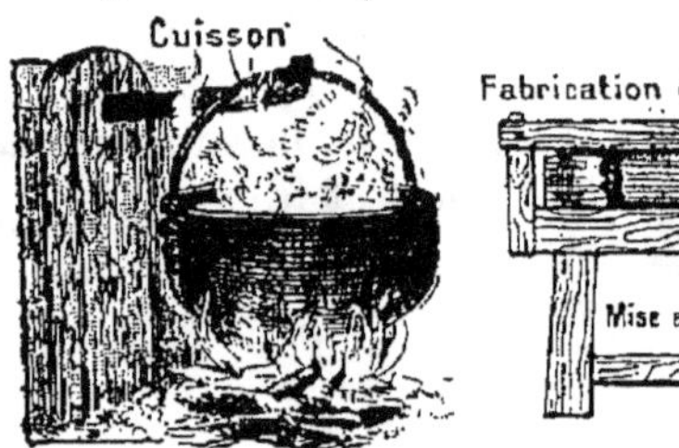

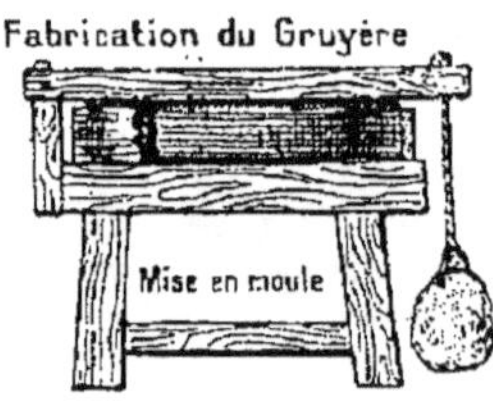

Fig. 341. — Fabrication du fromage de Gruyère.

peut consommer ce fromage blanc en frais; mais on le laisse habituellement fermenter. Le fromage prend alors de la consistance; on le sale, puis on achève de le sécher.

Les fromages au lait de vache sont ceux de Neufchâtel, de Brie, de Gruyère, de Hollande, le Camembert, etc.; les fromages du Mont-Dore sont au lait de chèvre; ceux de Roquefort au lait de chèvre et de brebis mélangés.

Le fromage est, à poids égal, aussi nutritif que la viande.

FERMENTATION PUTRIDE

CONSERVATION DES MATIÈRES ANIMALES

8. — Les matières végétales, et surtout les matières animales, se corrompent rapidement lorsque la vie a cessé de les animer et qu'elles sont soumises à l'action de l'air, de la chaleur et de l'humidité. Pasteur a montré que cette putréfaction, qui est encore une fermentation, est due à la présence d'un ferment microscopique dont le germe est transporté par l'air. Supprimons l'air du récipient qui renferme les matières animales ou élevons sa température pour tuer ces germes, ou refroidissons-le pour empêcher la fermentation, et la putréfaction ne se produira pas. Tels sont les principes sur lesquels est fondée la conservation des végétaux et des matières animales.

Dans la glace, ou à une température inférieure à 0°, on a pu conserver de la viande pendant une dizaine de jours. C'est ainsi qu'en ces dernières années un bateau, **le Frigorifique**, avait été aménagé pour amener de la viande d'Amérique en France. C'est au milieu de blocs de glace qu'on trouve parfois, conservé, le cadavre gigantesque du mammouth, dont l'espèce est cependant disparue depuis des siècles. Par ce procédé de conservation, on empêche seulement le développement des germes de putréfaction.

Mais par la **cuisson** on détruit les germes. Cependant si, après cuisson, le corps reste exposé à l'air, de nouveaux germes seront alors amenés.

Dans le **procédé d'Appert** on introduit les matières à conserver : légumes, viandes toutes préparées dans une boîte en ferblanc. Puis on soude le couvercle en y laissant seulement une petite ouverture; la boîte est ainsi placée dans un vase contenant de l'eau qu'on porte à l'ébullition. Une goutte de soudure bouche alors l'ouverture qu'on avait ménagée, puis enfin on la chauffe de nouveau au bain-marie. Dans ce procédé, les germes ont été détruits par la cuisson; en outre, il ne peut plus s'en introduire, puisque le vase est hermétiquement fermé. Dans les ménages on remplace la boîte par des bouteilles à fortes parois, dans lesquelles on introduit les pois, haricots verts, etc., qu'on désire conserver; un bon bouchon est substitué au couvercle métallique.

On peut, en outre, se servir **des antiseptiques**, ou antiputrides, pour détruire les germes. Le plus employé est la **créosote**, qui existe en quantité suffisante dans la fumée. C'est grâce à la créosote de la fumée qu'on conserve le jambon, les harengs saurs et toutes les viandes dites fumées qu'on a soin de saler préalablement.

Le sel seul est encore un antiseptique; c'est dans le sel qu'on conserve le lard, le hareng, la morue.

L'alcool est surtout employé, dans ce but, à la conservation des fruits : prunes, cerises, qu'on appelle alors fruits à l'eau-de-vie.

Dans certains cas, il suffit d'isoler les matières à conserver de **toute atteinte de l'air**. C'est ainsi qu'on peut **conserver** les œufs en les plongeant pendant une journée dans de l'eau de chaux. Lorsqu'on les retire, la chaux qui a pénétré dans les pores de la coquille se solidifie et arrête en grande partie la rentrée de l'air. On peut encore les ranger dans une boîte, parfaitement entourés de sciure ou de cendres de bois très fines.

On peut conserver les volailles, le gibier, en les plaçant tout **cuits** dans de grands pots en grès. Les intervalles entre chaque volaille sont remplis par de la bonne graisse fondue et coulée dans le pot de grès.

L'huile suffit pour conserver le thon, les sardines, etc.

Le vinaigre est employé pour la conservation des cornichons, des oignons.

RÉSUMÉ

1-7. Substances animales. — *Albumine :* œuf, sang, farine; *fibrine :* muscles, sang, farine; *gélatine :* colle de poisson. — **Caséine**, lait. — *Beurre, fromages.*
8. Conservation des matières animales. — Empêcher les germes de putréfaction de pénétrer jusqu'à la matière à conserver, ou arrêter leur développement, ou les détruire : *glace,* substances *cuites* et *enfermées* dans des boîtes rigoureusement fermées, *fumée, sel, alcool, huile, vinaigre.*

QUESTIONS D'EXAMEN

1. Qu'entendez-vous par substances animales? — Y a-t-il des substances uniquement animales? — 2. Où trouve-t-on de l'albumine ? — Quelles sont ses propriétés ? — 3. Quel est l'aspect de la fibrine ? — Comment fait-on pour la tirer du sang? — 4. Quelles sont les propriétés de la gélatine? — D'où l'extrait-on ? — A quoi sert la gélatine ? — D'où tire-t-on la colle de poisson ? — 5. Qu'est-ce que la caséine? — De quoi se compose le lait? — Que contient la crème de lait ? Et le lait écrémé? — 6. Comment fait-on le beurre? — Comment obtient-on les fromages? — 7. Quels sont les principaux fromages, et de quels laits sont-ils faits ? — 8. Quelles sont les causes de putréfaction des matières organiques ? — Que faut-il faire pour empêcher la putréfaction de ces matières ? — Comment agit la glace? — En quoi consiste le procédé de conservation d'Appert ? — Comment peut-on faire des conserves de légumes dans les ménages? — Quels sont les antiseptiques employés à la conservation des matières animales ?

TABLE DES MATIÈRES

PHYSIQUE

CHIMIE

CHAPITRE IV

Carbone et ses composés.

CHAPITRE V

Phosphore, soufre et leurs composés.

CHAPITRE VI

Chlore, brome, iode, silice et leurs composés.

LIVRE II

CHAPITRE PREMIER

Métaux usuels.

CHAPITRE II

Métaux précieux.

CHAPITRE III

Métaux à composés usuels.

LIVRE III

CHAPITRE PREMIER

Matières organiques.

CHAPITRE II

Éthers. — Glycérine. — Corps gras. — Sucres. — Matières amylacées, etc.

CHAPITRE III

Substances animales.

www.ingramcontent.com/pod-product-compliance
Lightning Source LLC
Chambersburg PA
CBHW051523060726
47597CB00001B/172